U0274414

航天科技图书出版基金资助出版

小卫星星务管理技术

李孝同　施思寒　著

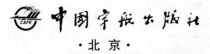

中国宇航出版社
·北京·

版权所有　侵权必究

图书在版编目（CIP）数据

小卫星星务管理技术/李孝同，施思寒著．--北京：中国宇航出版社,2014.9

ISBN 978-7-5159-0794-9

Ⅰ.①小… Ⅱ.①李… ②施… Ⅲ.①人造卫星－管理 Ⅳ.①V474

中国版本图书馆 CIP 数据核字（2014）第 206865 号

责任编辑 舒承东	**封面设计** 文道思

出版发行 中国宇航出版社

社　址	北京市阜成路 8 号	**邮　编**	100830
	（010）68768548		
网　址	www.caphbook.com		
经　销	新华书店		
发行部	（010）68371900		（010）88530478（传真）
	（010）68768541		（010）68767294（传真）
零售店	读者服务部		北京宇航文苑
	（010）68371105		（010）62529336
承　印	北京画中画印刷有限公司		
版　次	2014 年 9 月第 1 版		2014 年 9 月第 1 次印刷
规　格	880×1230	**开　本**	1/32
印　张	21.25	**字　数**	591 千字
书　号	ISBN 978-7-5159-0794-9		
定　价	158.00 元		

本书如有印装质量问题，可与发行部联系调换

航天科技图书出版基金简介

航天科技图书出版基金是由中国航天科技集团公司于2007年设立的，旨在鼓励航天科技人员著书立说，不断积累和传承航天科技知识，为航天事业提供知识储备和技术支持，繁荣航天科技图书出版工作，促进航天事业又好又快地发展。基金资助项目由航天科技图书出版基金评审委员会审定，由中国宇航出版社出版。

申请出版基金资助的项目包括航天基础理论著作，航天工程技术著作，航天科技工具书，航天型号管理经验与管理思想集萃，世界航天各学科前沿技术发展译著以及有代表性的科研生产、经营管理译著，向社会公众普及航天知识、宣传航天文化的优秀读物等。出版基金每年评审1~2次，资助10~20项。

欢迎广大作者积极申请航天科技图书出版基金。可以登录中国宇航出版社网站，点击"出版基金"专栏查询详情并下载基金申请表；也可以通过电话、信函索取申报指南和基金申请表。

网址：http://www.caphbook.com

电话：(010) 68767205，68768904

序 一

在我国卫星发展的过程中，小卫星开拓了一种与过去不同的卫星内部业务管理的方法，创建了一个新的平台服务系统，即小卫星星务系统，实现了卫星的信息共享和星内业务的统一管理。它使得卫星设计从顶层开始，就用四个标准文档规范了全星设备之间的信息接口，用它们来约束星上设备的设计、制造、验收、环境试验、在轨运行。小卫星星务系统在借鉴工业自动化技术的基础之上，充分考虑小卫星的技术特点，将遥测、遥控、程控、时统、设备操纵、任务调度、自主控制等多项卫星内部业务的管理集成于统一的系统之中，形成了一个小卫星的重要信息和决策中枢。星务系统采用内嵌有微计算机的可程控设备和星上网，实现多机分布式的小卫星综合自动化，体现了网络计算、大数据和智能化等多方面的优势，可以完成整星的运行管理、自主控制和信息处理。这是一条达到"快、好、省"地建造小卫星的技术途径。

自 1996 年以来，小卫星星务系统已经发展了近 20 年，在轨运行小卫星数量达 30 多颗。实践证明，星务系统技术已经发展成了一个通信、计算机、控制、管理等多学科融合的系统技术。目前国内虽然发表了大量学术论文和研究报告，但还没有系统论述小卫星星务系统技术的著作。本书针对小卫星星务系统的技术发展路线，对星务系统的第一代、第二代和第三代的技术进行了梳理和总结，全面反映了小卫星星务系统的技术内涵和发展方向。

第一作者从 1966 年开始从事卫星总体的设计工作，执笔起草了东方红一号卫星总体方案，参加了我国通信卫星的电源系统设计和测试设备的研制工作，近十余年来主要从事小卫星的总体设计，是我国第一颗小卫星的星务系统的主任设计师，小卫星星务系统的开创者。第二作者是我国第一颗公益小卫星的星务系统的主任设计师。

本书融入了作者多年的研究成果和心得，内容丰富，工程设计知识面广，从卫星自动化、嵌入式和星上网、遥测、遥控、程控、自主管理、轨道服务管理、姿态控制管理、电源运行管理、在轨自主测试等领域对星务管理系统进行了全面阐述，并提出了小卫星星务系统的发展展望。

星务系统已在我国小卫星中得到大量应用和推广，然而，针对小卫星的星务管理技术的专著目前在国内还是一个空白，相信本书的出版将弥补我国小卫星星务系统技术的理论基础，奠定小卫星发展的理论和技术的基石。

序　二

　　《小卫星星务管理技术》是作者及其团队在中国现代小卫星研制过程中，从星上信息系统体系创建、软件开发、接口协议到在轨管理和调试等一系列实践活动的总结。10 多年来在轨超过 100 星年的经验证明，该项技术在中国现代小卫星上的应用是成功的。

　　本书全面系统地记录了小卫星研制实践的脚印！实践五号卫星开发初期，用户及传统卫星各分系统研制单位，大家按惯性思维，争卫星的遥测、遥控资源，按传统的卫星研制方式根本不可能满足实践五号的三项任务要求，即完成科学试验卫星含有遥操作功能的二相功能流体液池试验、"921"载荷管理技术的试验验证以及推出中国第一个现代小卫星公用平台。作者在总结国内外卫星技术发展及其预先研究的基础上，创新性地提出了星务管理概念，建立星上信息系统的体系框架，改造星上单机设备，利用嵌入式技术，将MEU 置入设备中，使得原来的单机具有简单智能（即遥测、遥控以及上网功能等），这在当时要没有领导和专家的支持是万万办不到的！

　　由于采取了这一框架，变原来的有限的遥测、遥控为可控资源，对智能设备来讲可以做到按需分配，为卫星在轨管理提供了充足的信息资源，使得小卫星率先实现故障探测、隔离与恢复（FDIR）技术，安全管理技术，健康管理技术等总体技术，并为在轨二次开发等作了资源准备。基于这个星务架构，小卫星得以从总体视角自顶向下开发、研制、生产、集成，同时为科研队伍的新人铺就了一条成长之路。10 多年的实践证明了"好、快、省"的原则，在研发过程中，总体设计单位应牢牢掌控卫星资源，并进而为用户更好地服务。

采用星务管理技术的小卫星在为用户（载荷）服务方面，可以提供全方位的信息透明服务，无论是开关机控制还是辅助信息的提供都十分友好，并具有在轨二次开发的潜力。

作者及其研制团队按照现代服务业的职业要求，研制的小卫星好用、省心、好管，这要归功于星务管理系统采用了信息多路径、网上冗余、耐环境的容差容错设计等一系列新技术。

作者最后还对未来作出了展望，结合实验室的预研成果，探讨了快速制造及快速部署的工作设想。

我由衷地祝福本书的出版，并希望年轻一代的设计师站在新的起点上更上一层楼。

前　言

　　本书的目的是总结我国小卫星事务管理技术（简称星务技术）10多年的发展历程和创新内涵。目前，国内许多小卫星都是依据它，在星上建立了卫星事务管理系统（简称星务系统）。

　　星务技术具有极大的吸引力。它不但是用一般的自动化原理来阐述的符合逻辑的技术，而且还是从卫星"总体观"建造小卫星的易于实施的技术，它是一种支持开发者发挥创造能力，在卫星上引入各种新颖技术的技术。星务技术融合了信息技术的成果，依据飞行任务，设计卫星在轨运行信息管控的流程和各个有序的动作，然后再从整星全局需求安排硬件设置和调动其工作，从而提升卫星总体设计水准。星务技术从顶层设计开始，逐层向下，形成卫星信息总体，确保卫星顺畅快速地建造，确保卫星在轨和谐、有序、无竞争地运转，即使出现某些故障也能自主或集同地面专家的知识进行修复，或转为降级工作状态。这就表明，本书所属的技术领域与其说是电子技术类，不如说是卫星总体设计范畴，它试图从另一个思考的角度来说明卫星设计、建造、运行管理的内容和方法。这个角度强调卫星在轨的信息流，以及在轨的功能实施过程，至于构建卫星的物理架构、组成硬件设备等常规的卫星设计内容却放在附属的地位。后者是在前一方面设计完成之后，下达任务书由下一层面的单位研制或从"货架"上直接挑选。当然，对于小卫星来说，最好采用成熟的、货架的、高性能的卫星自动化产品组装，遵循"快、好、省"的技术途径，建立一个开放式的设计环境，即插即用。

　　这就是说，小卫星的星务系统是面向卫星嵌入式建造的应用、面向卫星运行智能化管理和控制的应用。显然，这些应用都需要创造一个基于软件的平台。这个平台可以服务于较广泛的卫星型号需求，将高速度的建造和高性能的管理控制完美地结合在一起。软件平台再加上智能化的管理执行单元，就构成了星务系统，即星上信息物理系统，它由计算、通信和控制部分组成。从而，实现了星上的网络计算、大数据、智能化管理和控制。

第1章首先介绍了卫星自动化技术，为的是要表明航天技术受到它的强有力的支撑，应该把它放在相当重要的地位。卫星自动化技术是从常规自动化技术中引伸出来的，同时也丰富了一般自动化技术。这一章还扼要地描述了星务管理系统的基本概念、内容和特点。我们创建星务系统，在技术层面来说，就是全面强化卫星自动化技术在卫星工程中的应用和推广，提高其性能，使其成为有高智能的产品。

第2、3章分别阐述建造星务系统的几项核心技术：嵌入式技术、星上网和并行化处理。基于这几项技术，建立了小卫星星务系统的体系结构，也可以说是一种小卫星的综合电子系统的体系结构，与卫星自动化产品一起建立星务系统的物质基础。它们为星务系统搭建了一个完美的舞台，使其拥有一个"能充分表演的空间"，充分发挥星务管理和控制的职责，形成"共享一套设备、完成多项功能"的体系架构。

第4章阐述星务系统的遥测功能的技术实现，它将传统卫星的遥测分系统虚拟化、软件化，看似传统卫星的遥测分系统已经消失，其实它依旧存在并且得到加强，达到综合集成的目的。同时，还阐述了对遥测功能运行的管理，包括遥测数量、采集速率、数据源对象、数据时间同步、数据处理和压缩、数据存储和回放等，解决了星上各设备对遥测数量需求的瓶颈，也克服了星地操作的限制。其中提出的"统一遥测"技术是作者首创的，它将卫星上使用的分包遥测和格式遥测集成在一起，发挥各自的优越性，成为当前我国小卫星用的主要的遥测数据格式。

　　第 5 章阐述星务系统的遥控功能的技术实现，它将传统卫星的开关指令控制扩展为带有参数的指令控制，形成复合型遥控指令系统，将遥控与遥调两项技术集成在一起，既增强了功能，又简化了设计。将单指令遥控变成多指令复合遥控，形成"一键操作"，即用一条指令实现多个动作顺序控制，大大简化了星地间的操作。作者还提出了"统一遥控"的概念，实现了卫星遥控向分包遥控的平稳过渡，无缝连接。

　　第 6 章阐述星务系统程序控制功能的技术实现和运行的管理。程序控制是卫星自动化的执行手段，也是星务管理的执行手段。程序控制包括绝对时间程控、事件程控、相对时间程控等。它的管理包括程控数据链的上注、排序整理、保护、发放等。程序控制是卫星自主控制的关键之一，所以本章将程序控制和自主控制合并在一起论述。自主控制就是卫星智能的管理加上程序控制的执行。

　　第 7 章阐述星务系统轨道运行数据服务的管理。卫星自主控制需要时间数据和轨道数据作为判断的依据，并且尽可能较长时间不需要地面的支持。为此，作者开发了一个轨道计算方法，适应于星上环境使用。它是基于"摄动力的离散化处理"和借助"非球形摄动力数据库"，推广 Encke 方法构建的一种轨道外推计算的方法。为了支持星上各设备平稳运作和提升应用水平，通过星上广播，对全星提供时间数据和轨道数据的服务。

　　第 8 章阐述星务系统姿态控制和运行数据服务的管理，实现姿态数据的共享。对于小卫星、微小卫星需要加快姿轨控的控制周期，本章提出了姿态网络控制技术，借助星上网实现姿态的实时控制。为此提出两种技术措施：一是将姿态确定和姿态控制分离；二是对星上网协议进行调整。

　　第 9 章阐述星务系统电源控制运行的管理，内容包括双向 DC/DC 为蓄电池充放电控制电路集成，太阳帆板最大功率点和对日定向双极值控制等。作者还提出了全数字式太阳帆板电源控制器电路，集成化蓄电池模块和带供电信息管理的电源母线通用插座等概念。

第 10 章阐述星务系统载荷设备运行的管理。卫星飞行任务不同，星上载荷设备不同，为了卫星平台化，采用模块化思想，星务系统建立了以载荷下位机为中心的载荷管理机制。它作为卫星平台的代理，实现对载荷设备的管理和控制、对载荷工作所需附加数据的支持、对载荷数据的实时处理和传送。这样，不同的型号卫星，仅仅反映在载荷舱下位机的变动，可以用"一变应万变"来应对各类小卫星的研制。同时，载荷舱下位机也作为高速载荷数据总线的网关，对载荷数据调动和处理实现管控。从而，容易实现在轨的实时处置，提升卫星服务质量和性能。

第 11 章阐述在轨星载自主测试技术，通过分层架构的测试性方法，建立系统级和部组件级的自主测试环境，通过星上网进行系统级的自主测试和诊断，无需星上新添附加的测试设备。

第 12 章在星务系统的实践基础之上，试图将嵌入式技术概念推广到全星，提出一个新型体系结构的小卫星概念，并且与美国的即插即用卫星进行了比较，作为星务系统进一步发展的展望。

本书所论述的概念、机理和方法大多经过实践，也有些部分只是设想。即使实践过的，也可能不十分充分。作者只是希望读者可以从本书的字里行间看出星务技术开发中的"逐步、平稳、无缝"的过程和思想：如何从传统的星上设备运行环境无缝地改造到星上网络环境的过程，如何从当前的技术平稳地提升到新兴的技术的过程，和谐、稳定、大同是我国自古以来的思维方法，用之于设备建造中特别是总体设计中会带来许多的好处，可以保持卫星整体平稳、无竞争地正常运行，使得星上设备运行于一个宽松、易于配合的环境之中。

回顾星务技术的开发过程，作者首先要感激实践五号卫星的第一任总设计师总指挥张国富研究员、王希季院士，实践五号卫星的总设计师总指挥马兴瑞研究员，实践五号卫星项目办主任郑尚敏和张永维研究员，没有他们大力的支持，星务系统是不可能顺利发展的。此外，还要真诚感谢 771 所的康建文、张宏俊、潘海燕、张润宁，539 厂的吴礼平，513 所的任泽亮、冯永等，是他们尽心尽力的工作，支持了星务系统的开发，使得这一项技术能顺利地成长壮大起来。同时，还要感激东方红卫星公司的李延东、袁仕耿、张德全、刘朋、伍保峰、陶志刚、李晴及其他同事们在实践星务系统中的贡献。最后真诚感谢东方红卫星公司 AIT 室的秘书李挺，她在为本书搜集资料和整理文稿中做了大量的工作。作者在写书时参考了许多文章，感激这些作者们传递给我们许多知识和信息。

由于星务技术出现时间不长，涉及的应用范围过广，再加上作者学识有限，书中难免错误和不足之处，请有识者批评指正。

李孝同

2014 年 9 月于北京

目　录

第1章　小卫星事务管理系统概论 …………………………………… 1

1.1　卫星自动化技术 ………………………………………………… 1

1.1.1　自动化技术的发展 ………………………………………… 1

1.1.2　卫星自动化技术的内容 …………………………………… 6

1.1.3　卫星自动化系统的发展阶段 ……………………………… 9

1.2　星务系统 ………………………………………………………… 15

1.2.1　星务系统的定义 …………………………………………… 15

1.2.2　星务系统的基本设计思想 ………………………………… 16

1.2.3　星务系统发展阶段 ………………………………………… 19

1.2.4　星务系统的组成 …………………………………………… 24

1.2.5　星务系统的功能 …………………………………………… 28

1.2.6　星务系统的技术特点 ……………………………………… 29

1.2.7　星务系统的标准文件 ……………………………………… 36

第2章　星务系统的嵌入式技术 …………………………………… 44

2.1　概述 ……………………………………………………………… 44

2.1.1　嵌入式系统的基本概念 …………………………………… 44

2.1.2　嵌入式系统的基本特点 …………………………………… 46

2.1.3　嵌入式系统概念在小卫星的扩展 ………………………… 49

2.2　内嵌式系统硬件、MEU 建造 ………………………………… 54

2.2.1　片上系统和 MCM …………………………………………… 54

2.2.2　MEU 建造 …………………………………………………… 56

2.2.3　内嵌式计算机的抗干扰技术 ……………………………… 67

2.3　内嵌式系统软件及 MEU 配套软件 …………………………… 81

2.3.1　常用的嵌入式软件架构 …………………………………… 81

2.3.2　DFH－OS for MEU 的系统概述 …………………………… 85

2.3.3　MEU 的应用程序 …………………………………………… 87

2.4　DFH－OS for MEU 的内核原理 ……………………… 116
　2.4.1　任务管理 ………………………………………… 116
　2.4.2　任务同步与通信 ………………………………… 119
　2.4.3　信号量 …………………………………………… 120
2.5　DFH－OS for MEU 的系统和用户资源配置 ………… 121
　2.5.1　系统软件数据结构 ……………………………… 121
　2.5.2　系统底层硬件配置 ……………………………… 125
2.6　DFH－OS for MEU 软件编程框架 ………………… 128
　2.6.1　编程框架概述 …………………………………… 128
　2.6.2　系统软件设计约定 ……………………………… 130
　2.6.3　用户任务创建 …………………………………… 134
　2.6.4　软件接口设计 …………………………………… 136
　2.6.5　用户任务扩展 …………………………………… 138
　2.6.6　软件在轨更新方式 ……………………………… 139
2.7　系统提供的函数 API 接口 DFH－OS for MEU ……… 144
　2.7.1　中断服务函数接口 ……………………………… 144
　2.7.2　任务调度函数 API 接口 ………………………… 145
　2.7.3　底层驱动函数 API 接口 ………………………… 147

第3章　小卫星的星上网技术 ………………………………… 153
3.1　星上计算机网络 …………………………………………… 153
　3.1.1　星上网的定义 …………………………………… 153
　3.1.2　星上网的组成 …………………………………… 155
　3.1.3　星上网的拓扑结构 ……………………………… 156
　3.1.4　星上网的体系架构 ……………………………… 158
　3.1.5　星上网的协议 …………………………………… 159
　3.1.6　星上载荷信息高速总线 ………………………… 162
　3.1.7　星上用实时控制总线 …………………………… 167
3.2　星上现场总线 …………………………………………… 172
　3.2.1　为什么要在小卫星上引入现场总线 …………… 172
　3.2.2　现场总线定义 …………………………………… 174
　3.2.3　现场总线的优点 ………………………………… 177
3.3　CAN 总线（控制器局域网） …………………………… 179
　3.3.1　基本概念 ………………………………………… 179

3.3.2　报文传送 …………………………………………… 184

3.3.3　报文的正常处理 …………………………………… 190

3.3.4　报文出错处理和故障界定 ………………………… 194

3.3.5　位定时要求 ………………………………………… 196

3.3.6　CAN 的修改 ………………………………………… 197

3.4　星上网应用层协议 ……………………………………… 199

3.4.1　应用层数据传送方法 ……………………………… 199

3.4.2　应用层数据传送过程 ……………………………… 208

3.4.3　星上网络连接图 …………………………………… 209

第 4 章　遥测管理 …………………………………………… 211

4.1　小卫星星务系统的遥测技术 …………………………… 212

4.1.1　卫星无线电遥测系统的组成和工作原理 ………… 213

4.1.2　卫星遥测系统特点 ………………………………… 215

4.1.3　小卫星遥测系统的进化 …………………………… 216

4.2　统一遥测 ………………………………………………… 221

4.2.1　PCM 遥测 …………………………………………… 221

4.2.2　分包遥测 …………………………………………… 222

4.2.3　统一遥测 …………………………………………… 223

4.3　可控式遥测 ……………………………………………… 232

4.3.1　可控遥测的涵义 …………………………………… 232

4.3.2　可控遥测的内容 …………………………………… 234

4.3.3　可控遥测的方法 …………………………………… 235

4.4　虚拟遥测分系统 ………………………………………… 236

4.4.1　软件遥测概念 ……………………………………… 236

4.4.2　虚拟遥测分系统的工作过程 ……………………… 238

4.5　遥测功能设计 …………………………………………… 239

4.5.1　遥测工作内容 ……………………………………… 239

4.5.2　遥测缓冲区 ………………………………………… 241

4.5.3　遥测缓冲区指针变量表示法 ……………………… 244

4.5.4　遥测读写指针移位规则 …………………………… 245

4.5.5　实时遥测数据汇集管理和格式生成 ……………… 249

4.5.6　存储遥测数据压缩处理，延时遥测（压缩存储遥
　　　　测）功能 …………………………………………… 253

4.5.7 附加遥测数据汇集方法 ·· 254
4.5.8 载荷管理功能 ·· 255
4.5.9 地面测试辅助功能 ··· 255
4.6 遥测数据格式约定 ··· 256
4.6.1 说明 ··· 256
4.6.2 主要参数 ·· 256
4.6.3 遥测数据包格式 ·· 257
4.6.4 传送帧格式 ··· 258
4.6.5 遥测帧格式 ··· 259
4.6.6 遥测数据处理要求 ··· 260
4.6.7 遥测数据使用范例 ··· 262

第5章 遥控管理 ··· 265
5.1 遥控分系统的组成和工作原理 ································· 265
5.1.1 遥控分系统的组成 ··· 265
5.1.2 基本工作原理 ·· 269
5.1.3 小卫星遥控的特点 ··· 271
5.1.4 遥控体制 ··· 274
5.2 PCM 遥控 ··· 275
5.2.1 PCM 遥控数据流格式 ··· 275
5.2.2 PCM 遥控直接指令帧格式 ····································· 277
5.2.3 PCM 遥控注入数据帧格式 ····································· 278
5.2.4 PCM 遥控信息在星内的传送类型 ··························· 280
5.3 分包遥控和统一遥控 ··· 290
5.3.1 统一遥控的信息组合 ··· 292
5.3.2 统一遥控的特点 ··· 298
5.4 差错控制和加密技术 ··· 306
5.4.1 统一遥控的差错控制 ··· 306
5.4.2 统一遥控的数据保护技术 ······································· 312
5.5 虚拟遥控系统 ··· 322
5.6 遥控数据格式约定 ··· 323
5.6.1 卫星遥控指令说明 ··· 323
5.6.2 遥控指令的数据加载格式 ······································· 324
5.6.3 直接指令 ··· 324

　5.6.4　间接指令 ……………………………………………… 325

　5.6.5　上行注入程控数据 ………………………………… 326

　5.6.6　上行注入星务主机和各下位机数据 …………… 327

　5.6.7　各个下位机注入代码 ……………………………… 329

　5.6.8　直接上网上注数传送格式 ………………………… 330

第 6 章　程序控制与自主管理 …………………………… 332

　6.1　程序控制系统 ……………………………………………… 332

　　6.1.1　概述 ……………………………………………………… 332

　　6.1.2　绝对时间程控 …………………………………………… 338

　　6.1.3　事件程控 ………………………………………………… 345

　　6.1.4　相对时间程控 …………………………………………… 355

　　6.1.5　位置程控 ………………………………………………… 359

　6.2　卫星自主管理 …………………………………………… 361

　　6.2.1　概述 ……………………………………………………… 361

　　6.2.2　星内设备安全运行自主管理 …………………………… 363

　　6.2.3　飞行任务自主调度 ……………………………………… 371

　　6.2.4　遥代理（远程代理） …………………………………… 373

　6.3　全星运行架构与工作流 ………………………………… 379

　　6.3.1　全星运行架构 …………………………………………… 379

　　6.3.2　工作流管理 ……………………………………………… 381

第 7 章　轨道数据服务管理 …………………………………… 384

　7.1　轨道数据服务管理概述 …………………………………… 384

　7.2　卫星轨道运动的基本模型 ………………………………… 386

　　7.2.1　轨道根数 ………………………………………………… 386

　　7.2.2　卫星位置和速度公式 …………………………………… 395

　　7.2.3　两个时刻的位置矢量和速度矢量的关系 …………… 397

　　7.2.4　从卫星的位置矢量和速度矢量，求轨道的根数 …… 399

　7.3　Encke 法 …………………………………………………… 400

　7.4　一种可能的星上轨道计算方法 …………………………… 403

　　7.4.1　轨道外推计算步骤 ……………………………………… 403

　　7.4.2　摄动力的离散化 ………………………………………… 406

　　7.4.3　偏差方程的通解 ………………………………………… 407

　7.5　轨道数据服务 ……………………………………………… 412

　　　7.5.1　轨道数据的上注和外推计算 ················· 412

　　　7.5.2　轨道数据的校准和分发 ···················· 416

　7.6　星时数据服务 ·································· 418

　　　7.6.1　星上授时系统 ···························· 418

　　　7.6.2　星时的上注、校准和分发 ················· 418

　7.7　其他的轨道数据服务 ···························· 419

　7.8　轨道数据广播和星时广播 ························ 420

第8章　姿态控制及其数据服务管理 ················· 421

　8.1　概述 ·· 421

　8.2　姿态确定任务从姿控中分离出来 ·················· 422

　　　8.2.1　单周期顺序流程 ·························· 422

　　　8.2.2　快慢双周期并行流程 ···················· 423

　8.3　网络姿态控制系统 ······························ 427

　　　8.3.1　网络姿态控制系统的组成和关键问题 ········ 427

　　　8.3.2　TECAN 协议 ··························· 431

　　　8.3.3　TECAN 协议调度算法及其在小卫星姿态控制中的
　　　　　　应用 ································· 434

第9章　电源管理 ································· 444

　9.1　概述 ·· 444

　　　9.1.1　电源分系统的组成 ························ 444

　　　9.1.2　工作原理和发展 ·························· 445

　9.2　数字分流调节器 ································ 448

　　　9.2.1　传统卫星电源的分流调节器 ··············· 449

　　　9.2.2　数字分流调节器的组成 ·················· 454

　　　9.2.3　数字分流调节器的工作原理 ··············· 456

　　　9.2.4　三余度信号表决器功能 ·················· 456

　　　9.2.5　数字分流调节器的好处 ·················· 458

　9.3　自主充放电管理的蓄电池模块 ·················· 458

　　　9.3.1　概述 ································· 458

　　　9.3.2　双向 DC/DC 变换器 ···················· 460

　　　9.3.3　蓄电池控制管理器 ························ 475

　9.4　太阳电池阵的两个极值跟踪问题 ·················· 479

　　　9.4.1　问题的提出 ···························· 479

9.4.2 自寻最优峰值功率跟踪 ·············· 485

9.4.3 太阳电池对日跟踪 ·············· 512

9.4.4 两种极值跟踪的星载电源智能综合控制系统 ····· 523

9.5 蓄电池的过充过放保护、安时控制和均衡充电控制 ····· 541

9.5.1 蓄电池过充过放电的保护 ·············· 541

9.5.2 蓄电池充电的安时控制 ·············· 542

9.5.3 锂离子电池组的均衡充电控制 ·············· 543

9.6 带管理总线的电源母线技术 ·············· 544

9.6.1 问题的提出 ·············· 545

9.6.2 带电源管理的星上电网实现技术 ·············· 548

第 10 章 载荷系统管理 ·············· 552

10.1 引言 ·············· 552

10.2 载荷设备的总体架构 ·············· 553

10.2.1 电子卫星的载荷系统 ·············· 558

10.2.2 光学遥感卫星的载荷系统 ·············· 560

10.3 对载荷系统的服务管理 ·············· 562

10.3.1 对遥感器的时间服务 ·············· 562

10.3.2 提供遥感器控制参数的服务 ·············· 563

10.3.3 遥感器图像像元定位应用服务 ·············· 569

第 11 章 小卫星星载自主测试技术 ·············· 574

11.1 概述 ·············· 574

11.2 小卫星的分层架构测试性设计 ·············· 577

11.2.1 产品设计和测试性设计同时展开 ·············· 578

11.2.2 产品设计和测试性设计反复迭代进行 ·············· 578

11.2.3 小卫星的分层测试性设计 ·············· 579

11.3 小卫星的测试方法和测试设备 ·············· 582

11.3.1 小卫星自测试设备 ·············· 582

11.3.2 小卫星自测试方法 ·············· 583

11.4 小卫星自测试和诊断技术设计样例 ·············· 585

11.4.1 基于星上网的系统级自主测试和诊断原理 ····· 586

11.4.2 基于星上 CAN 总线的自主测试技术主要功能 ····· 586

11.4.3 基于星上网的自主测试实现 ·············· 587

第 12 章　小卫星制造的一种技术 ……………………………… 591

12.1　引言 ………………………………………………………… 591

12.2　即插即用卫星（PnPSat）………………………………… 595

　12.2.1　概述 …………………………………………………… 595

　12.2.2　SPA 目标、概念、原理和结构 …………………… 597

　12.2.3　SPA 标准 ……………………………………………… 605

　12.2.4　SPA 应用 ……………………………………………… 612

12.3　基于星务的小卫星（XWSat）…………………………… 616

　12.3.1　概述 …………………………………………………… 617

　12.3.2　基于星务的新型小卫星架构 ………………………… 617

　12.3.3　XWSat 的技术特点 ………………………………… 623

　12.3.4　XWSat 的关键技术和生产过程 …………………… 629

12.4　PnPSat 与 XWSat 比对 ………………………………… 633

　12.4.1　主要目的基本相似——快 ………………………… 634

　12.4.2　制造的技术路线不同 ………………………………… 635

　12.4.3　基本组成结构相同：计算机系统＋网络 ………… 636

　12.4.4　集成生产的基本元素（硬件）来源不同 ………… 636

　12.4.5　星上基本元素（硬件）的架构基本相同——设备本
　　　　　体＋计算机系统 ………………………………… 637

　12.4.6　软件生产方式不同 …………………………………… 637

　12.4.7　星上网的类型不同 …………………………………… 639

　12.4.8　星上网运行管理原则基本相同——发布/订阅模型
　　　　　………………………………………………………… 639

12.5　XWSat 的一种应用（群体概念卫星）………………… 640

　12.5.1　群体小卫星概念 ……………………………………… 641

　12.5.2　群体卫星的组成 ……………………………………… 642

　12.5.3　群体卫星的关键技术 ………………………………… 644

　12.5.4　应用举例——空间生产和试验基地群体卫星方
　　　　　案设想 ………………………………………………… 645

参考文献 ………………………………………………………… 648

附录　全书缩略语和专有词对照表 ………………………… 656

第 1 章　小卫星事务管理系统概论

1.1　卫星自动化技术

1.1.1　自动化技术的发展

古代人类在长期的生产和生活中，为了减轻自己的劳动，逐渐产生了利用自然界动力代替人力、畜力，以及用自动装置代替人的部分繁难的脑力活动的愿望。经过漫长岁月的探索，他们先后造出了一些原始的自动装置，并应用于生产和生活之中。譬如，古代中国的指南车、浑天仪、地动仪等，以及 17 世纪欧洲出现的钟表和风磨控制装置等。这些都是典型的代表，对于自动化技术的形成起到了先导的作用。

从 18 世纪末到 20 世纪 50 年代，是自动化技术的形成时期，建立了经典控制理论和局部自动化。英国瓦特发明离心式调速器，与蒸汽机的阀门连接在一起，构成蒸汽机转速的闭环自动控制系统，对控制理论的发展有着重要的影响。人们开始采用自动调节装置和反馈的概念，来应对工业生产中提出的控制问题。这些调节器都是一些跟踪给定值的装置，使相应的物理量保持在给定值的附近。自动调节器的应用标志着自动化技术进入新的历史时期。

"自动化"一词，在 1946 年首次提出。随着自动调节器和经典控制理论的发展，使自动化进入以单变量自动调节系统为主的初级自动化阶段，设计出各种精密的自动调节装置，开创了系统和控制这一新的科学领域。特别是，美国数学家维纳把反馈的概念推广到一切控制系统中，当时在美国称之为伺服机构理论，在苏联称之为自动调整理论，它们主要是解决单变量的控制问题。

应该补充一点，在古代中国也早有反馈控制的思维，在《黄帝内经》中，提出"虚则补之，实则泄之""寒则温之，热则凉之"的控制病情的方法，其实这就是负反馈的思想，它的理论指导是阴阳平衡、五行学说。虽然它没有现代数学的定量描述，但也存在自有的一套规则，如果挖掘、发展，对自动化技术的进步是一定大有用处的。

20世纪60年代后，随现代控制理论的出现和电子计算机的推广应用，自动控制与信息处理结合起来，使自动化进入到生产过程的最优控制与生产管理的综合自动化阶段。在现代控制理论指导下，利用微处理机来实现各种复杂的控制，使综合自动化成为现实。在制造工业中出现了许多自动生产线，工业生产开始由局部自动化向综合自动化方向发展。微电子技术、计算机技术和机器人技术的重大突破，促进了综合自动化的迅速发展。过程控制出现集散型控制系统，使过程自动化达到很高的水平。制造工业在采用成组技术、数控机床、加工中心和群控的基础上发展起来的柔性制造系统（FMS），以及计算机辅助设计（CAD）和计算机辅助制造（CAM）系统成为工厂自动化的基础。工业机器人、无人搬运台车、自动化仓库和无人叉车成为综合自动化的强有力的工具。柔性制造系统投入生产，普遍采用搬运机器人和装配机器人，实现了加工车间无人化的目标，使整个工厂成为无人工厂，整个生产过程软件化。这就是计算机集成制造系统（CIMS），是在生产中应用自动化可编程序，把加工、处理、搬运、装配和仓库管理等结合成一个整体，只要变换一下程序，就可以适用于不同产品的全部加工过程。这样除反馈控制外，程序控制成为自动化的另一个重要的手段。

20世纪70年代，自动化的对象出现了更大规模、复杂的工程和非工程系统，涉及到许多新的问题。这些问题的研究，促进了自动化的理论、方法和手段的革新，于是出现了大系统的系统控制和复杂系统的智能控制，出现了综合利用计算机、通信技术、系统工程和人工智能等成果的高级自动化系统，如：柔性制造系统、办公自动化、智能机器人、专家系统、决策支持系统、计算机集成制造系统等。

应该看到现代控制理论在应用过程中也出现不少难以解决的困难。例如，在实际的工业过程中，现代控制理论对于具有非线性、时变性、不确定性和多变量的复杂系统，由于难以建立数学模型，从而难于设计并实现有效的控制，其控制效果往往不如按经典控制理论设计的 PID 反馈调节器好。为了克服理论与应用之间的这个不协调现象，除了加强建模、辨识外，也应对模型要求低、在线计算方便、控制效果好的算法进行开发。特别是预测控制算法，它基于简单的逐步预测模型、滚动优化策略、反馈校正等 3 项手段，如同一个初级操作工一样，实现在线"认识"、从局部到全局"提升"控制性能。由此，学习控制、智能控制将成为推动自动化的第 3 个重要手段。

综合起来看，自动化技术包括有：自动控制、自动调整、自动检测和信号自动保护等。其中，自动调整是最复杂、最重要的一种自动化技术，用来使控制对象能以一定的准确度自动保持给定的工作状态。自动调整系统任务是保证一个或几个表示某一过程的物理量能够按希望的规律变化或保持恒定。工业生产中广泛应用各种自动调节装置，促进了对调节系统进行分析和综合的研究工作。

综上所述，在自动化技术中，基本上是采用了四种控制的基本方法或原理。

其一，反馈控制的原理，它是以实际情况与某一标准情况比较，即与给定情况比较的方法实现控制的，旨在用于恢复该情况的一切，对系统的作用依赖于实际情况与标准情况的偏差大小和符号。在自动调节器中广泛应用这种反馈控制的结构，为此，必须有一个封闭的调整环路。自动调整系统是一个闭合动态系统，在该系统内进行调整是指在某一时间的即时值与参考值之间的差别的测定，并按这个差别的大小和符号（有时也按差别对时间的导数和积分）发出自动控制的作用，由于这个作用，该差别可以减小到许可的微小数值。

其二，按负载调整的原理，测量负载变化，计算和发出补偿作用。它是一种开环补偿控制技术，它只能消除负载的干扰，但不能对其他的干扰作用进行补偿。其实，按负载调整原理是一个不完全的反馈控制原理。把开环补偿闭合起来的另一半，是该原理的设计者。由于他不在现场，所以补偿的效果受限。

其三，程序控制的原理，由现实事件状态的激发，依据一定的逻辑和顺序实施的自动控制技术。特别是，依赖于"时间到"事件启动的控制过程，形成时间序列动作，常用于间歇性过程。在卫星运行管理控制中使用很多，称为时间程控；当卫星飞临指定地域上空时启动的控制，称之为位置程控；当卫星出现某种正常或异常事件发生时启动的控制，称之为事件程控。

其四，智能（推理）控制原理，它模仿人的智能：猜测—尝试—比较—再猜测反复不断的控制过程。在这个控制过程中，学习和实践是重要的环节。猜测是学习的结果，尝试是实践的行动。

应该指明，在全部自动化工作中，除上述"自动学"的领域外，还有另外一部分很重要的内容——"远动学（遥科学）"的领域，即远距离测量与控制，包括遥测、遥信、遥控、遥调、遥感和遥操作。它们强调被控/被测对象的距离和位置，在自动化工作中的分散性、特殊性。20 世纪 20 年代遥测和遥控开始达到实用阶段，用于铁路上信号和道岔的控制。1930 年发送了世界上第一个无线电高空探测仪，用以测量大气层的气象数据。到了 40 年代，大电力系统、石油、天然气管道输送系统和城市公用事业系统都需要通过遥测、遥信、遥控、遥调来对地理上分散的对象进行集中监控，促进了遥测遥控系统的发展。苏联把这类系统称为远动系统。

遥测就是对被测对象的某些参数进行远距离测量。一般是由传感器测出被测对象的某些参数并转变成电信号，然后应用多路通信和数据传输技术，将这些电信号传送到远处的遥测终端，进行处理、显示及记录。遥信则是对远距离被测对象的工作极限状态（是否工作或工作是否正常）进行监测。遥控就是对被控对象进行远距离控制。遥控技术综合应用自动控制技术和通信技术，来实现对远距离被控对象进行控制。其中对远距离被控对象的工作参数的调整称为遥调，对按一定导引规律运动的被控对象进行远距离控制则称为制导，即控制和导引，这在航天、航空和航海上有广泛的应用。

最初的遥测遥控系统采用有线信道，利用电信号的基本特征（如交流电的频率、幅度、相位等）进行遥测和遥控，称为直接式遥测遥控系统。为了适应多路传输，20 世纪 40～50 年代发展了同步选择式遥测遥控系统。60 年代研制成循环式遥测遥控系统。70 年代又出现可编程序遥测遥控系统、自适应遥测遥控系统和分布式遥测遥控系统。无线电遥测遥控系统是在第二次世界大战期间发展起来的，50 年代以来由于空间技术的需要而得到迅速的发展。例如：我国的神舟飞船中航天员的生活和工作情况，可由飞船中电视摄像机摄取后通过无线电信道送至地面监控站，航天员可与监控站直接通话，接受指挥人员的指令。航天员的生理情况由传感器测量后通过遥测通道传至地面监控站。卫星利用遥感技术摄取的有关环境、资源、气象等图片也可通过同样的途径传至地面监控站。监控站也可对卫星和飞船中的设备进行操纵或控制。

60 年代以后遥感技术得到了迅速的发展。遥感就是装载在卫星或飞船等航天器上的传感器收集由地面目标物反射或发射来的电磁波，利用这些数据来获得关于目标物的信息。以飞机为主要运载工具的航空遥感发展到以地球卫星和飞船为主要运载工具的航天遥感以后，使人们能从宇宙空间的高度上大范围、周期性、快速地观测地球上的各种现象及其变化，从而使人类对地球资源的探测和对地球上一些自然现象的研究进入了一个新的阶段。

遥操器是一种代替人手操纵的机械、机电或机械液压设备，可使人在现场以外的地方进行操纵，已广泛用于核工程、海洋工程、石油钻探和空间技术等部门。遥操器上常装有触觉和视觉传感器。例如：航天飞机上航天员可操纵遥操器来捕捉待修理的人造卫星，修复后再用遥操器重置于轨道上。

其实，远动学（遥科学）是自动学加上通信技术。

　　卫星自动化属于整个自动化的一部分。它既推动整个自动化的进程，在历史中起到了自己的作用。同时，采用同行学科的对比方法，从其他行业的自动化发展中可以吸收到不少的营养。卫星自动化的内容和发展过程，与其他领域的自动化历史相比有着惊人的相似性。它从工业领域、航空领域、汽车领域等，可以学到许多宝贵的经验，同时也推进其他领域的自动化发展。因此，发展卫星事业应该采取开放的态度，向各个不同的技术领域学习，坚持"全国一盘棋"的思想来开发、提升我国的卫星技术。在开发星务系统时，我们从工业自动化技术中引进了许多好的思路和技术。

1.1.2　卫星自动化技术的内容

1.1.2.1　卫星自动化定义

　　卫星在轨道上运转，是处于在现场无人干预的情况之下，要求按规定的程序或指令自动地运行、操作或控制。这个运转过程就是卫星自动化（Automation in Satellite），自动地开始和停止动作、自动地获取和传送信息、自动地调整和稳定状态参数、自动地激活和结束任务。应该强调一点，在这里，自动化的概念除了是代替人自动地完成特定的作业之外，还含有更深远的意思。从范围方面来说，它不仅涉及到卫星在轨运行过程，还涉及到卫星生命周期其他全部过程。从内涵方面来说，它不仅限于代替人实现操控卫星，还实现卫星和操控它的人或应用它的人之间的协同一致，交互地完成相应的动作，达到预定的发射卫星的目标。从所处理的对象类型来说，它既有连续过程，又有离散事件。从星上设备来说，它们各自在不需要人工直接干预的情况下，按预期的目标实现测量、操纵，同时相互配合，共同完成星上的信息处理和过程控制、运动控制。所以，卫星自动化是一项复杂、先进、又引人入胜的技术，是一项综合性、多系统又具有特殊性的工作。

　　卫星自动化技术就是探索和研究实现卫星自动化过程的方法和技术。它是涉及机械、微电子、计算机等技术领域，以及林林总总的应用领域的一门综合性技术。卫星自动化技术是一种运用控制理论、控制程序、系统方法、仪器仪表、计算机和其他信息技术，对星上设备和卫星运行过程实现检测、控制、优化、调度、协作、管理和决策，达到实现卫星正常运行、提高卫星服务质量、降低星上消耗、确保卫星安全等目的的综合性技术。它主要包括卫星自动化软件、硬件和系统三大部分。卫星自动化技术作为航天器制造和应用领域中最重要的技术之一，要解决的主要问题是卫星应用的可行性和达到应用效益的程度。虽然卫星自动化系统本身并不直接创造卫星应用的效益，但它对卫星运行过程有明显的影响，它对卫星应用带来的效益有提升作用。所以，卫星自动化不仅要保障卫星应用系统（有效载荷）的正常工作条件，而且还是应用效果的一项大的加权系数。如果卫星自动化性能优秀，加权系数远大于 1，卫星应用效益成倍增长，否则应用效益会打折扣。这就表明，应该足够重视卫星自动化技术工作的发展。

1.1.2.2　卫星自动化的基本内容

现代科学技术领域中，计算机技术和自动化技术被认为是发展最快的分支之一，它们对人造卫星技术的发展给予了极大的推动，逐渐形成卫星自动化技术。概括起来说，卫星自动化包括三方面基本内容：自动控制技术、远距离测控技术和自主管理技术，如图 1-1 所示。由此可见，如果没有自动化技术，卫星实难得到应用和发展。同时，计算机又推进了自动化。反过来，空间技术的发展又推进了自动化技术和牵引了计算机技术。

卫星自动化的广泛应用，既能够提高卫星设备的技术水平、节约能源、降低消耗，促进卫星的平台化、柔性化和集成化，又能够提高卫星服务质量、开发多卫星品种、加快卫星研发速度以及增强国内外市场竞争能力，还能够管理和改善卫星运行环境及条件、保证卫星运行安全可靠、延长在轨生存寿命。因此，在设计、制造卫星时，不能不特别重视它的自动化水平的提升。其中，自动控制包括过程控制、运动控制和操作控制等，远距离测控包括遥测、遥信、遥感、遥控、遥调、遥操作等，自主管理包括有智能代理、智能控制、在轨自测试（内建测试）、健康管理、自主容错和安全保护等。

因此，卫星自动化成为确保卫星功能和质量的重要手段，特别是在实现小卫星工业化方式生产和多星组网方式应用的情况下，卫星自动化是一个离不开的强有力的工具。卫星自动化也伴随空间飞行器的研发，不断发展。形成卫星过程控制、运动控制的产品和程序控制通用产品（硬件和软件），对于卫星自动化、卫星制造，都是很重要和急需的。目前，我国卫星自动化通用产品，在一般意义上来说是不充实的，多数产品是与具体卫星型号挂钩，临时研制、生产。这样，既延误进度，又不能确保可靠，还增加成本。形成卫星自动化通用产品是提升小卫星技术的战略行为。

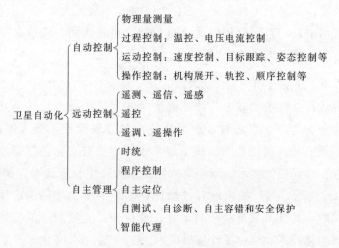

图 1-1　卫星自动化技术

这一节论述卫星自动化基本范畴，目的是强调：卫星需要建立、研发、生产卫星用自动化产品，形成规范齐全的市场化的产品。它是建造卫星的基础，应该先于卫星设计；卫星设计灵活地选用自动化的各种"货架"产品，对卫星技术提升有特殊的作用。因此，预先建造卫星用自动化产品，它的贡献不低于卫星本身或卫星总体的作用，它是底层基础。因此，提倡有能力的高校和基础技术研究所，深入、扎实地开发一批卫星自动化"货架"产品，这对我国航天事业会有极大的贡献。

1.1.3　卫星自动化系统的发展阶段

我国卫星领域自动化的发展过程大约经历了三个阶段。

1.1.3.1　分离式自动化

第一阶段星上自动化为（分离式）测控和过程/运动控制自动化，简称分离式自动化，如图 1-2 所示。分离式系统形成多种多样的分系统和独立设备，如：遥测分系统、遥控分系统、姿/轨控分系统、推进分系统、程控分系统、温控分系统、一次电源分系统、二次电源分系统、配电器等。该自动化系统所包含的遥测、遥控、姿控、轨控、程控、温控、供配电控制、母线电压控制、蓄电池充放控制等各种自动化部分，分属于许多不同的分系统，不同的设备。它们之间利用点对点连接方式，形成电缆—箱体结构，既联结又隔离，错综复杂，千头万绪，相互制约，相互干扰。从而带来卫星开发、维护的复杂性，增加成本，增加质量和体积，增大风险，延长卫星研发周期。这样的系统结构简单，容易简化并分别开发，对于航天事业初期的建设作出了贡献。其本质的特征是：分散式、点对点。其优点是部件开发启动快，常用于项目初期开发。其缺点也很

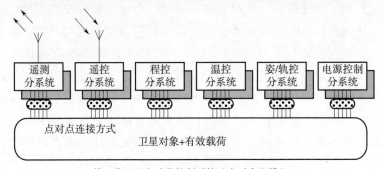

第一代卫星自动化控制系统（点对点电缆）

图 1-2　卫星（分散式）测控和过程控制系统总框图

明显，它会使整星的性能较差，缺乏全星统一和整体优化，特别是大量的点对点连接电缆和接插件导致各部分相互牵制和冲突，诱发卫星不能正常运行，严重时还会损坏设备，危及全星。

1.1.3.2　分布式自动化

第二代星上自动化为分布式测控和独立过程/运动控制自动化，简称分布式自动化，如图 1 - 3 所示。采用数据管理技术，建立数据管理分系统（数管系统）和采用统一微波测控体制（USB 应答机），将遥测和遥控的无线电射频部分分离、归并到应答机内，遥测和遥控剩余部分归口于数管系统中，数管系统新添加若干台远置单元，用数管主机和若干个远置单元实现遥测分系统视频部分功能，用遥控单元实现遥控分系统视频部分功能。第二代星上自动化系统在测控方面进行了部分集成和重组，但在过程/运动控制方面，如姿/轨控、温控和电源控制依然类同第一代星上自动化系统，处于点对点连接方式的独立箱体状态。应该注意到，数管系统虽然结构体系有了变革，采用计算机群组成系统，性能有所提升，形成分布式控制系统（Distributed Control System，DCS）的格局。但是，由于它没有改变星上设备连接方式，依旧保留星上设备间的点对点连接方式，保留原有对外接口关系，保留电缆-箱体结构，从而也保留了上述因设备点对点连接方式所带来的所有缺点。第二代星上自动化系统中大量采用了微处理器、微控制器，形成了大量计算机及其系统，各部件功能提升，但卫星整体能力还是受到限制的。究其原因，就是各优良的部件之间，连接方式不良，其特点是：虽然具有优良的DCS 结构，但受到点对点限制，造成设备间信息传送和共享受阻。各分系统、各设备间的信息传送依然是依托于信号特征，没有完全数字化，虽有大量的计算机，但信息化效益有限，不容易集成整星资源，也不容易实现自顶向下的统一调度管理。

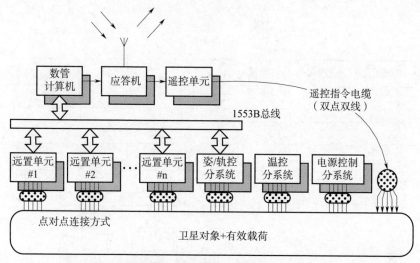

第二代卫星自动化控制系统（点对点电缆）

图 1-3　分布式控制系统（DCS/数管）和独立的过程控制系统总框图

1.1.3.3　综合自动化

第三代星上自动化为综合自动化，是现场网络控制系统（Field-bus Control System，FCS），我们称之为卫星事务管理系统（Administrative System of Satellite Affairs，ASSA），简称星务系统，如图 1-4 所示。它将星上原本分离的测控和过程/运动控制合并一起，将卫星测控的作业和测控的管理联结一起，形成卫星的测、控、管统一的综合自动化系统。它的第一主要特点是废除了星上设备间点对点连接方式，采用星上网方式，形成星上信息总线和供电母线，从而简化布线，有利于卫星生产和运行。为了实现星上网，在星上设备内均嵌入上网标准通用接口，达到对星上设备的测量和控制，并完成对设备的智能化管理。这个标准通用接口，我们称之为星务管理执行单元（Management Executive Unit，MEU）。

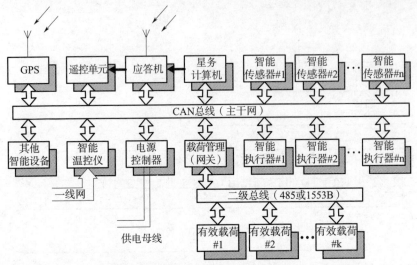

第三代卫星自动化控制系统（现场总线，1对N结构，M对N结构）

图 1-4　现场网络控制系统（FCS）总框图

在小卫星开发过程中，我们把卫星综合自动化系统划分为两个层面。第一层面（即顶层层面）称之为卫星事务管理系统（星务系统），实现从上到下的监督控制（Surperviorse Control），这种控制我们称为管理控制，顶层管理控制，或直接简称为管理。管理型控制的控制特点是，它与时间的关系处于松耦合状态，即控制用信息源相伴随时刻、控制结果生存时刻或控制有效期等，均容许在一宽的时间段范围之内存在。第二层面（即底层层面）的控制称之为现场控制，它由星务管理执行单元和各类控制系统原始设备组成。这种现场型控制称为即时控制，现场操纵控制，或直接简称为控制，它与时间的关系处于紧耦合状态，产生控制的信息不容许时延，否则产生不稳定、失控等不良结果。应该指出，管理和控制其实都是控制的含义。我们区分为顶层管理控制和现场操纵控制，其目的是为了应对卫星在轨复杂的运行环境的实际需要，将卫星自动化系统作为一个大系统处理，进行分层处理。底层处于动态、快速、即时、闭环控制，顶层处于评估、分析、决策、指挥、计划、调度、监督控制。本书中对于控制和管理，有时合称为管控。在这里，我们采用分层次的测、控、管，旨在使星上各个设备处于"并行化"的工作方式。星上信息实现"并行化"处理构成第三代自动化系统的第二个主要特点，从而提升整星性能，降低对中心调度单元的严苛要求，确保全星可靠性和安全性。关于这种利用星务主机和星务管理执行单元构成的全星多处理机系统的"并行作业"效益，将在其他各章分别论述。

第三代星上自动化系统将第二代星上自动化系统的远置单元改成星务管理执行单元，使得设备之间的划分界面从第二代的外置方式变为第三代的内嵌方式，看来这是一项很小的变动，却带来星上自动化的很大变革和效益。它使得卫星设备之间的连接方式、接口方式有了本质上的变化。原本星上设备连接方式是点对点，接口方式是硬件信号特性。采用内嵌式技术后，星上设备之间的连接方式是总线、网络，形成一对多连接方式，形成各设备间互联的连接方式，接口方式是软件协议，不再重点考虑点间的硬件信号特性。从而，这种互联和软件协议结构，带来卫星的设计、制造、运行管理、应用等诸多方面的服务质量提升和灵活性的加强。所以，第三代星上自动化系统的核心是星上网和内嵌式技术。它利用星务主机、星上网和若干个内嵌式管理执行单元，将遥测、遥控、温控、电源控制等各种运行管理和过程控制的信息部分（测、控、管）集成在一起，形成卫星顶层整体管理，相互之间不用点对点连接方式，而采用网线并连，简化生产，方便维护，易于资源共享和在轨重建。管理执行单元实现了对宿主设备的测、控、管和联网功能，同时也能完成宿主设备自身的自动化控制。

小卫星属于第三代自动化阶段。它的关键点在于，星上设备采用信息网络结构，摈弃了点对点连接方式。图 1-5 表明常规卫星与小卫星的设备间连接方式的不同。在小卫星中，采用信息总线，减少设备间的大量遥测和遥控信号线，减轻设备间的交叉干扰。可见，采用设备的母线连接方式带来了许多的好处：

·方便卫星建造，设备连接简单，适用于即插即用方式生产卫星；

·减少接插件和电缆质量；

·减弱平行电缆带来的信号干扰，提高卫星运行的可靠性；

·易于实现信息共享和性能提升，方便卫星的运行管理和在轨卫星维护；

·容易实施卫星平台化生产，加快卫星交付速度。

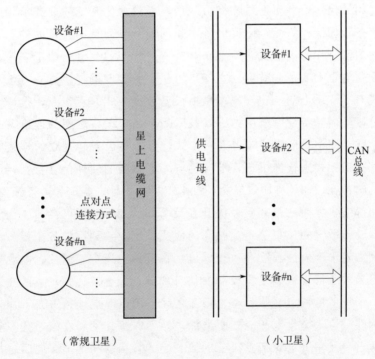

图 1-5　常规卫星与小卫星在设备连接方式上的对比图

1.2　星务系统

1. 2. 1　星务系统的定义

　　星务系统是将小卫星的遥测、遥控、程控、时统、设备运行、任务调度、自主控制等多项事务管理集成于统一的系统之中，形成一个新型的小卫星的重要系统。星务系统是保证小卫星完成飞行任务的主要服务系统之一，它是由作者提出，首次在 1999 年应用于我国第一颗现代小卫星实践五号卫星设计中。它是根据国内外 40 多年航天事业成功和失败的经验教训总结，并汲取现代工业自动化技术和思想而形成的；它是基于现场控制、内嵌式微控制器和星上网络等概念开发的一项卫星新技术；它是具有自主知识产权和我国自己命名的小卫星的重要系统。

　　星务系统是用微型计算机作为部件，构成多机分布式的小卫星综合自动化系统，实现整星的运行管理、自主控制和信息处理。它重建星上体系结构，以整体的集成的观点构建全星统一电路，充分发挥软件能力。它将复杂的卫星测量、控制和管理任务分配给各个微型计算机，并行地有序地完成卫星综合信息的采集、处理、存储、传送和应用等一系列工作；分别地实施卫星指令控制、程序控制、状态控制、过程控制、运动控制和遥操作等各种动作；实现星上资源、运行状况、数据和信息等统一协调管理和调度，实现资源和信息的共享。这样，既提高了整星的自治能力、自动化和智能化水平，又分散了整星失误的风险，提高了整星级的可靠性和运行功能的有效性。星务系统实现了小卫星的小体积、轻质量、低价格、高性能和快开发等特点，已经完成了自实践五号以来 30 多颗小卫星复杂的多模式在轨飞行的测量、控制、遥操作、管理和调度任务。

　　所以，星务系统是小卫星的一种星载柔性的、综合性的服务系统，它借用计算机网络来协调、控制星上各种功能部件的相互联系，完成包括信息流、动作流、能量流的各项动态作业。为此，星务系统从组成角度看，是企图集成星上电子设备，构成综合电子系统，形成全星统一电路；从功能角度看，是企图集成星上信息，达到信息共享，形成全星综合自动化；从运行角度看，是企图在星上创建卫星"总体设计部"的实体性的"代理"，将卫星"总体设计部"延伸到卫星的在轨运行阶段，实现了从立项开始直到任务结束前均可开展卫星设计和"重设计"工作。通过这个"代理"实现星地人机集成（结合），顺畅地调动全星各种资源，重构系统，从而提高卫星运行效益和确保卫星运行平稳安全。这就是说，小卫星星务系统的理念是，借助"综合集成"，采用管理、配置、改变卫星系统的结构、功能和运行流程等办法，以应对卫星内外环境的预定的、突发的变化。可见，这个"综合集成"的含义是广义的，它包括星上设备和系统的硬件集成、运行软件的集成、卫星全部生命期前后阶段的集成、星地人机的集成。星务系统是构建这些集成的工具、桥梁，并确保它们一步一步地实施。

　　从上述可见，卫星自动化系统、综合电子系统和小卫星星务系统，其含义是一样的，只是看这个事情的出发点不同。卫星自动化系统是从技术角度出发，综合电子系统是从硬件设备建造方面出发，而小卫星星务系统是从构建小卫星体系和管理小卫星运行规范层面出发，形成同一内容三种描述，分别突出其特色和强调涉及的范畴。

1.2.2　星务系统的基本设计思想

　　卫星是由完成规定任务所必需的专用系统和通用系统组成。对于传统卫星来说，这些系统均根据各自的特殊功能进行"独立"的技术开发。他们在接到任务和划清上下接口关系之后，就很少再关心整星的工作和突发事件的应对。当卫星在轨发生事前未知的异常现象时，由于卫星设计总体部在星上无直接干预、控制、管理手段，只得求助于各分系统。各分系统致力于局部功能，也难于从全局或整体着手处理。因此，在小卫星上，为了生存需要建立一个"卫星设计总体部"的实体代理，这就是小卫星的星务系统出现的依据。它用"整体观"对全星进行管理控制。为了实现整体性，需要将星上设备的硬件、软件进行（适度的）集成和改造，形成统一的硬、软件结构体系，便于从顶层到底层的信息沟通和共享，便于从上到下的指令执行。另外，还需要强化星地的信息沟通和共享，便于人机结合，将地面专家系统集成于其中，增强整个卫星系统的智能，丰富其功能，保障其安全。这就是在小卫星中建立星务系统的基本思路，用这个特定的系统代理"小卫星设计总体部"，简称卫星的"电总体"，形成对卫星全生命周期的管理、控制。在地面研制综合测试时期，具体制定遥测、遥控的数据约定。在轨运行期，依据程序逐步控制指令的执行，达到预定的状态、目标。在轨异常期，依据预订策略，或接受地面专家介入，逐步调整卫星状态，脱离危险，恢复常态。这些都需借助星上的这个代理来执行，代替"人"操控星上的所有设备，按既定的设计动作。

应该指明，星务系统为了实现"整体观"、达到"综合性"，对传统卫星原星上的设备的集成和改造工作，不是采用简单的替换或合并的方法，而首先是构建小卫星综合集成的基础，对原星上设备的体系结构、连接方式进行改造。星务系统建立星上设备的网络体系结构：在小卫星上采用两条母线制，即分散供电统一电源母线和现场控制信息总线。可见，星务系统所用的关键技术是建立星上网和嵌入式技术，实现其服务功能，可用如下公式表明

$$星务系统 \equiv 星上网 + 嵌入技术 + 服务功能 \qquad (1-1)$$

其中，$\equiv$ 表示"基于"，$+$ 表示"结合"。

然后，在新的卫星组成架构之上，对原有星上设备进行适度的改造，使其能融合到整体之中，提升个体的性能，加强整体的功能。这个改造过程包括两项基本措施。

1）星上设备内嵌入星务管理执行单元（Management Executive Unit，MEU），使其能够连通星上网，沟通全星信息，增加信息流量，减少连接电缆，减少信号间干扰。同时，MEU 还能够增强宿主

设备的智能，形成新型智能化设备或可程控设备。其实，MEU 是一台具有上网功能的微型计算机系统（即微控制器或微处理器）。这就是说，星上设备可以用如下公式表示

$$IEM \equiv MEU + OEM \qquad (1-2)$$

其中，IEM（Integrated Electric Module）是新建设备电子集成模块，OEM（Original Equipment Manufacturer）是原星上的设备的主体部分，MEU 作为星务系统的代理，在寄宿的设备内执行测量、控制和管理。

　　这样做，既可以继承过去的成果，又可以提升产品性能。新型的星上设备如图 1-6 所示。它表明：星上最终产品由原始产品（OEM）和 MEU 联合组成。用这种方式构造的星上产品，也是工业化生产的基础。从而构造一条畅通的小卫星生产线路。

　　2）星上有些分系统逐步地从实体分系统转换为虚拟的，实现进一步综合集成。所谓虚拟是指，该分系统的功能存在，但是以箱体为代表的硬件实体不复存在，或被分拆合并，从而减少了过多的分系统，减少了层次，加强了总体、整体和综合，有利于小卫星的建造和运行。这项措施可用如下公式表明

$$实体分系统 \Rightarrow 虚拟分系统 \qquad (1-3)$$

其中，⇒表示"转换"。

　　星务系统以"整体观"进行设计、开发和运转，用整星的资源、信息和功能来完成既定的任务和应对突发的事件。各设备之间既"融合平稳无冲突"，又"共享配合松耦合"。这个整体还包含有"人"，特别是"总体设计部"。它在星上是以星务系统为代理，协调管理全星设备联合运转，建立卫星"电总体"就有这一层意思。它在设备中又以 MEU 为代理，并用星上网达到卫星的"整体性"。所以，星务系统逐步对星上电子系统进行综合集成，逐步地将星上各分系统融合于统一的结构之中，从整体观出发运转全星，以应对卫星内外环境的变化，从而提高卫星运行效益和确保卫星运行平稳安全。

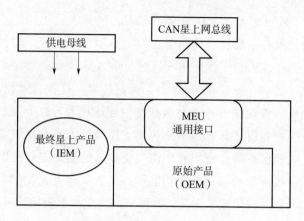

图 1-6　建造星上设备通用示意图

在目前条件下，实现对各功能系统集成是可能的，也是有好处的。它可以减少卫星研制过程中资源的浪费和彼此间的接口复杂性，缩短开发时间，减少开发成本，达到批量的"卫星平台化"生产。为此，对星上电子学系统和力学系统需要重新界定，分拆/合并一些功能系统；采用嵌入式微控制器将一些系统的硬件功能软件化；利用网络化拓扑结构，优化各系统间的连接。这样的一种新的卫星电子学系统一体化设计和技术方法，就产生了小卫星的星务系统。综合地考虑空间飞行器运行概念和结构体系，可以带来整星的集成和简化，带来各个设备的自主化和智能化，使得基于平台方式卫星的研制和卫星需求总是变化的现状之间的矛盾能得到调和，可以达到"多、快、好、省"地研制新型卫星的目的。

1.2.3　星务系统发展阶段

星务系统是基于现场控制、内嵌技术和星上网络等概念，开发出的一项卫星集成设计技术，实现星上的测量、控制和运行调度管理等功能的综合集成。这是从小卫星设备构成角度来阐述综合集成的工作。到目前为止，星务系统已经经历了三个发展阶段。

1.2.3.1 第一代星务系统技术

第一代星务系统技术伴随着实践五号卫星即中国空间技术研究院 CAST968 小卫星平台开发，包括：小卫星的远动学技术（即遥测、遥控、遥调、遥信和遥操作），程控技术，过程自动控制技术，星上时间统一管理技术，卫星运行自主管理技术，星上网通信技术等。星务系统是用计算机网络来协调、控制星上各种功能部件的相互联系，完成包括信息流、动作流、能量流的动态作业所形成的一种星载柔性服务系统。星上各功能部件内嵌入星务系统的代理：管理执行单元协助或代理星务主机共同完成卫星全部管控任务，同时，MEU 赋予各部件后，也提高了它们各自的性能，使其成为智能化模块，可程控电子设备。这些 MEU 与星务主机联网，并受其控制。利用星上网络（On—Board Network，OBN），完成可变结构的测量任务、应变操作任务、供配电任务、安全保护任务、多路径的冗余备份切换任务等，提高整星的功能密度。这样，星务主机与星上各功能部件（包括应用载荷），可以根据飞行任务进行组合，也可以根据飞行事故重新构建，还可以根据飞行临时需要另行连接，具有极大的飞行任务重构的灵活性。

应该强调，MEU 是星务系统与星上其他任务模块之间的一种新型电性接口技术。这种技术依据"内嵌和封装"新概念，其旨在于：划清整星与部件的界面，屏蔽部件的"细节"，削减整星的"杂务"，提升总体的价值。从传统的点到点的硬件接口技术规范（IDS 表），改变而形成了软件数据包的约定，弱化总体与分系统之间的相互制约，减少相互之间理解的歧义，方便"并行工程"实施。这样，从技术层面看，星务系统是建立在星上网技术和嵌入技术基础之上的，利用这两项技术实现对卫星事务的测量、控制和管理。

1.2.3.2 第二代星务系统技术

第二代星务系统技术伴随着中欧国际合作的探测双星卫星即中国空间技术研究院 CAST2000 小卫星平台开发，继承了第一代成果，新增加了三项关键技术。

第一，基于 CAN 总线构成星上网的小卫星现场控制技术。星上网络通信技术是构建星上智能设备和系统的关键之一。用 CAN 总线构建星上网，使得星上信息流安全、可靠、快速，使得星务系统成为星上信息总体，使得整星网络化，并逐步形成管理与控制一体化的结构体系。自上而下推动卫星有序、无竞争地平稳运行，实现了全星的顶层集中管理。同时，充分授权现场设备，使其灵活、主动、独立控制，并行工作，从而分散风险。

第二，建立新的遥控机制和带参数的间接控制指令，扩展遥控功能。这种"增强型遥控"机制是利用遥控注入手段，形成多种遥控功能。带参数的间接控制指令增强了传统遥控开关指令的功能。带时间参数的间接遥控指令构成在轨设置的程序控制手段，将遥控和程控两种控制方式集成于一体，相互补充，增强了传统程控的功能。从而，"增强型遥控"机制提高了星地控管能力，从硬件基础上，确保了实现"星地人机集成（结合），以人为主"的原则。

第三，将 PCM 格式遥测和分包遥测集成于一体，形成符合国情的"统一遥测"。统一遥测方案，既满足地面测控前置站的现状和实时性要求，又具备分包遥测的灵活性和优越性。统一遥测技术，提出"二维帧"的概念，克服了要将分包遥测大数据量的"包"置入工程遥测短帧结构之中所产生的矛盾。统一遥测协议具有虚拟信道技术，它将实时遥测、境外遥测、存储遥测、小尺寸图像数据块、内建测试数据块、内存数据块等各种信源均通过同一物理信道下传。另外，我们利用遥控与遥测的集成（结合），形成可控遥测，根据实时运行状态重新配置遥测的信息流，用双向信息管理提升遥测效益，减缓遥测信道拥挤。

1.2.3.3　第三代星务系统技术

它由中国空间技术研究院资助，在"十五"期间自主开发完成，部分技术已经用于希望一号卫星、CAST100 小卫星平台中。第三代星务系统技术新增加了四项关键技术。

第一，在过去的开发中，我们已经将卫星的某些传统的分系统，如遥测分系统、程控分系统等加以改造、集成，将其变为虚拟分系统。虚拟分系统的含义是，它们的功能依旧存在（或加强），但物理实体已经不在或被分散了。遥测发射机部分合并到应答机中，传感器置入各 MEU 中，星务主机用软件和星上网实现遥测数据汇集、打包等功能，遥测作为独立的分系统设备"箱体"已经不存在了。程控分系统也是同样的，也变成为虚拟分系统了。平台其他分系统是否也能逐步转为虚拟分系统，进入综合集成？姿控分系统、电源分系统如何逐步加入综合集成系统，转为虚拟分系统？应该说明，集成技术不是完成 $1+1=2$ 的任务，而是要实现 $1+1>2$ 的进步。集成技术不是把现有东西放在一起，而是采用新的技术，进一步获取更高的效益。上述的统一遥测、可控遥测、增强型遥控、上注程控等概念都是例子。第三代星务系统技术开发对此再进行尝试。为此，在姿态控制技术中，我们提出基于星上网的姿态控制方法，即网络控制方法，试图利用网络的优势和利用整星信息资源，提高姿态控制的灵活性和安全性。

第二，芯片级星上设备，探索"芯片级星务主机"研制的可行性、技术实施路线。我们提出，基于"SoC＋SiP"构建芯片级星务主机的方案，使星务系统主机从箱体设备，到板级设备，再到芯片级设备，即从"体设备"到"面设备"再到"点设备"的发展，大大提高其性能。这部分开发工作包括：星务主机芯片样机、星务主机设备样机、星务主机应用程序。同时，也探索了用多芯片模块（MCM）方式生产管理执行单元（MEU）的技术路线，准备好批量生产星上统一设备的条件。

第三，整体控制概念。根据卫星飞行任务，在轨完成各种各样的规定动作，总是与各种控制过程密切相关。所以小卫星在轨最基本的工作是控制。实施控制的关键在于信息，因此，小卫星是一个复杂的基于控制与信息的大系统，它包括内部工作环境参数的控制、资源保障参数的控制、飞行运动参数的控制、故障防范和自救控制等，而且这些控制相互关联、相互制约、共同影响小卫星在轨工作性能和生存能力。过去多是采用相互无关的分别控制的方法，分散在相应的分系统中，虽然简单但影响在轨性能和生存寿命。我们提出，基于星上网络将星上所有系统信息融合、共享，形成全星大系统控制。小卫星全星大系统的广义控制，我们称之为整体控制。

　　第四，整星平台统一硬软件方法。统一硬件的含义是，从各种设备和分系统中抽取共同的部分，形成标准构件，各种设备就由这些标准构件和附加特殊构件组成。标准构件形成硬件平台的统一性，附加构件形成硬件平台的差异性。抽取并形成统一硬件的目的就是为了容易实现整星的集成、融合、共享，使得卫星变成有序整体，而不仅仅是相互独立的汇集物，以应对在轨的复杂事变和日益增大的任务需求，以应对不同型号的卫星项目开发，以及不同开发人员的失误概率，实现"工业化生产方式的设计"。各种星上设备除统一的硬件外，其外围辅以其他专用硬件。这就是说，星上设备可以用一种通用的体系结构来建造，其旨在于加快小卫星生产过程、降低生产成本、提高产品性能。这些设备建造可以分成两个方面，其一是星务管理执行单元（MEU），其二是原始设备（OEM）。它们组成最终星上产品，称之为集成电子模块（IEM），如式（1-2）所示。其中，MEU 就是卫星设备的标准构件，OEM 就是附加特殊构件。举一个例子，图 1-7（a）给出外来光纤陀螺与 MEU 配合。图 1-7（b）形成星上标准产品 IEM，它具有统一的电性接口关系：电源

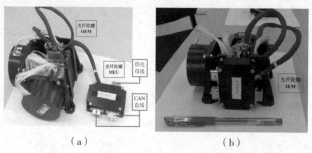

（a）　　　　　　　　　　（b）

图 1-7　统一硬件例子

母线和 CAN 总线，此外再没有其他对外的电性接口了。

统一软件平台，构建统一的操作系统、可以重复使用的卫星测控管的方法库、软件代码库和环境数据库等。形成标准的软部件，可多次重复使用，减少人工开发费用，并提高可靠性。统一了的软件平台，使得星上多个计算机系统可以相互支援，形成基于网络的容错备份或协同计算，既可提高容错能力，又可简化容错设备投入。由于有统一的硬件为基础，软件的具体编制过程只需要填写软件工作过程表格，然后由一个通用的解释程序从该表格自动生成代码，从而加快软件生产和减少失误。

从上述可见，星务系统开发的整个过程，就是对星上电子设备逐步进行综合集成过程；开发的基本方法，就是采用星上网和嵌入式技术，对小卫星功能分系统逐个进行虚拟化和软件化，形成统一的星上电子设备和全星综合自动化。其实，在星务系统"设备建造的综合集成"，都是为了能在星务系统运行中实现优秀的"综合集成"服务。它不仅仅是把现有的多个设备简单地集中于一体，而是采用最新的技术成果形成一个新设备，替代传统的多个设备，并使其性能提升；也不仅仅是限于设备产品的集成，而是还要包含人和机器的集成（结合），在机器内预置有与人能够顺畅合作的途径。后者就是"运行服务的综合集成"，是综合集成的终极目的。因为，任何机器制造好并运行一段时间后，都会出现遗憾和问题，往往需要人来调整，人是最重要的，要预留人工干预的接口。所以，星务系统提倡的集成有两层含义：其一是星上设备产品的集成，其二是运行服务的综合集成技术，即星地人机集成（结合）的基本概念。对于"集成"，后者更为重要。

1.2.4　星务系统的组成

星务分系统由如下五个部分组成：

· 星务管理调度单元（星务中心计算机，星务主机）；

· 星务管理执行单元（或称内嵌式下位机）；

·星上网络;

·星地和星间射频通道（星地和星间无线网络）;

·星务系统应用软件及其各种协议。

星务分系统的原理框图，如图 1-8 所示。

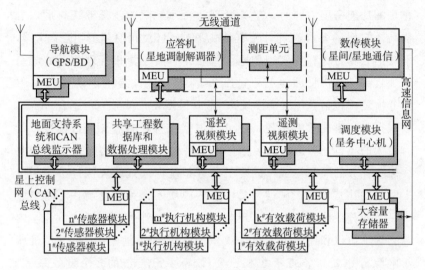

图 1-8　星务系统原理框图

星务中心计算机借助于射频通道与地面计算机配合，形成虚拟键盘和虚拟显示器，构成在轨卫星的星地无线联网。射频通道充当星地计算机之间的无线调制解调器，实现星地紧密地耦合，既提高了用户应用自主权，又构造了遥操作的闭合回路。遥测下行构建"地面显示器"，遥控上行构建"地面键盘"。在星上配置一套优化"地面显示器"和"地面键盘"的接口驱动软件。这是星地接口的关键，是实施人星集成（结合）的切入点。

星务管理执行单元嵌入在星上各任务模块中，实现星务中心计算机对其监测、指令控制、供电、保护、管理、通信、遥操作、过程控制等诸多功能，形成星务系统的多台下位机：一次电源管理下位机、供配电管理下位机、热控管理下位机、载荷舱管理下位机、内务管理下位机、遥控管理下位机、遥测下位机、姿控系统下位机等。

这些下位机与星务中心机联网，受其控制，形成星上网络。利用这个星上网络，可以完成可变结构的测量任务、应变操作任务、供配电任务、安全保护任务、多路径的冗余备份切换任务等，提高整星的功能密度。同时，星务管理执行单元赋予各任务模块后，也提高了它们的各自性能，使其成为智能化模块、可程控电子仪器，形成诸如具有计算机管理的电源系统、具有计算机管理的供配电系统、具有计算机管理的主动温控系统等。这样，星务计算机与星上任务模块（包括应用载荷模块），可以根据飞行任务进行组合，也可以根据飞行事故重新构建，还可以根据飞行临时需要另行连接，具有极大的飞行任务重构的灵活性。到目前为止，30多颗小卫星多模式飞行任务的顺利完成，证明了星务系统内嵌式管理执行单元和星上网络拓扑结构的正确性。其中有些模块不作为独立设备，而是嵌入星上各分系统之中，以实现整星的自动化管理与测控。目前，内务管理下位机和遥测下位机嵌入星务管理主机，一次电源下位机属于电源分系统，姿控下位机、姿控应急下位机属于控制分系统，GPS下位机属于测控分系统，配电器下位机属于总体电路分系统。进一步发展，可以将星务管理执行单元直接配置于具体部件内，全星统一调度，减少层次，逐步将部分分系统虚拟化，实现智能管理，提高整星性能和安全性。

应该指出，在CAST968小卫星平台上，星上网是以RS-485为基础的ELAN网为主干网，以后CAST2000小卫星平台的主干网均采用CAN总线。除这些主干网外，星上网还采用其他辅助网，如：一线网，用于测温，旨在减少星上测温用电缆和接插件；高速信息网，用于传送高速数据（如USB2.0或因特网）。

另外，可以看出，星务管理执行单元是星务系统与星上其他任务模块之间的一种新型的电性接口技术。这种技术依据"内嵌和封装"新概念，发展成小卫星星上设备电接口的标准，它屏蔽各设备底层细节，减轻对卫星总体的负担，提升总体地位性能，方便实施卫星的顶层控制，可以加快小卫星的研制进度。

　　星务系统应用软件是卫星星务管理的核心。在构建内嵌式下位机和星上网统一硬件结构的基础之上，决定卫星运行好坏的关键是星务管理软件。它决定了卫星是否能平稳、无冲突地运行，是否能达到任务目的，是否能从故障环境内退出并恢复正常。所以，星务系统是以软件为核心的，基于软件实现对卫星事务进行全面管理的。通俗地说，星务系统建立和完善"硬件体系"，只是为了完成星上测控管任务而进行的"搭台"工作，"软件体系"才是"唱戏"的主角，软件才是确保卫星的功能、性能、运行质量等的关键。因此，星务系统技术以软件开发为重心，硬件是实施软件的基础。

　　根据小卫星的特点和要求，以现场总线组成控制网络，配以有限的通信节点，构成功能密集、配置灵活的"集散"结构。集中管理，分散控制。集同设计，分散研制，再集中一体化建造。因此，"集散"结构是整星在轨运行过程的需要，也是整星研制过程的需要。

　　在整星功能模块配置上，打破过去的分系统界限，以整星优化为目标，以硬件资源统一应用，充分发挥软件作用为原则。具体做法就是，建立卫星的关键设备内嵌式智能接口 MEU，形成特定功能设备的 IEM；用星上网将它们连接起来，集成为具有高功能密度的一体化星上电子。因此具有通信功能和测控管功能较强的标准化通用模块是全星电子设备的关键。星上各设备的 IEM 中嵌入 MEU 后，IEM 可以实现自动化的测控、调度管理和连网运行；并且在星务统一控制和管理下使全星成为一个有机整体，使整星处于有序的、有节奏的、可控的、无竞争的工作状态，使卫星总体技术得到加强。星务形成集中监督控制级（即总体级），完成整星在轨运行的协调管理和给定值控制，而各个 IEM 形成分散的过程控制级（即设备级），执行各自有在轨运行的动作控制。

1.2.5　星务系统的功能

星务系统是为整星各功能服务的数据信息管理系统，它负责完成卫星的运行程序操作和综合信息处理工作。它对星上设备任务模块的运行进行高效可靠的管理和控制，监视全星状态，协调整星的工作，配合有效载荷实现在轨飞行任务的各种动作和参数的重新设置，以完成预定的飞行任务，获取相应的结果。它以星上网络为中心，采用标准通信接口协议和数据通信格式的计算机通信网络把集成电子模块 IEM 连接起来，形成星上统一电路，完成卫星信息采集和处理，实施卫星操作控制和运行管理，建立卫星星上运行环境。其主要能功如下：

·遥控及数据注入：接收经应答机输出的标准三线上行数据块，将数据块进行分发和处理。上行指令经过译码驱动 OC 门，形成直接遥控指令输出；上行数据块包括间接指令数据、延时程控指令数据、姿控数据、轨道参数、地面校时、上注程序等有关数据，送星务中心计算机处理和分发。

·遥测：完成下行遥测数据流的采集、压缩、存储和按协议组成遥测帧，调制成 DPSK 信号，或直接序列扩频信号，再经 S 波段应答机发送至地面站。

·程控：接收星箭分离信号，启动星上时间，按要求进行太阳电池阵解锁展开，以及其他程控命令，分离信号形成外部事件型程控；此外，还有由软件构成的程控，它是星上自主管理的执行动作的原始点，分为时间驱动或事件驱动两类，包括：绝对时间型程控、相对时间型程控、其他各类事件程控。

·星上时间及校时：产生星上时间基准，为有效载荷等提供星上时间，并在北斗卫星系统或 GPS 的辅助下，或由地面控制，完成时间校准，保证星地时间同步。

·温控管理：完成星上各点温度数据的获取，提供整星结构、设备等的温度参数，并对蓄电池组和姿控推进系统等特定仪器设备实施主动温度控制，确保其正常工作环境要求。

·数据处理及分配管理：将卫星的工作状态及参数收集起来，进行分类、数值变换、越限分析等，对有效数据进行比对和刷新，对故障信息进行分析、判断，并产生故障对策信息及必要的自主控制指令，分配给相关的功能设备执行，实施卫星的有限自主控制；将星上的各类参数、地面站注入数据和间接指令通过星务调度模块分配给相关的功能设备。

·姿控功能：将卫星姿态测量参数通过星上网传送给姿态确定单元，根据卫星姿态和工作模式，进行姿态算法计算和更新姿态控制的给定值，产生的输出控制信号通过星上网传递给各个星上姿态执行机构，实施姿态控制。

·有效载荷管理：包括工作参数和状态的转换、采集，开关机、工作模式切换等功能；还包括载荷数据地面应用处理所需的卫星环境参数搜集、打包、保存。

·故障处理和健康管理：故障探测、诊断和处置；在复位或切机动作时，应该对卫星的应用服务不产生严重的影响；要具有故障数据追回功能，有利于寻找故障直接原因和建立健康管理的规则；要求对各设备工作设置参数的异地存储；当某设备切换，故障恢复后，需要返回当前设置的参数。

·数据处理、压缩等。

·供配电、开关机和电源管理：通过遥控、程控实现对星上各个设备进行供配电；根据星上任务和工作状态安排设备的开关机。

·任务调度管理，任务调度原则：星上现场工况，运行任务单；前者是保障卫星安全的约定，首先执行安全任务；后者是由遥控上注的程控数据规定，依次执行。

1.2.6　星务系统的技术特点

1.2.6.1　卫星总体级的二级控制系统

卫星总体工作在设计阶段是至关重要的，它从顶层处理全局性的工作。星务系统把卫星总体作用延伸到卫星的运行阶段。星务中心机形成集中监督控制级（总体级），完成整星在轨运行的协调管理；各类下位机形成分散的过程控制级（设备级），执行各自任务模块在轨运行的动作控制。在顶层意义上说，卫星的运行管理是由星务系统实现的或在星务系统监督下实现的，它使整星处在有序的、有节奏的、可控的、无竞争的工作状态。星务系统构成这种二级控制系统，使卫星总体技术上了一个新的水平。它实施集中管理和分散控制，既提高了整星功能密度又分散了整星风险。小卫星采用这种二级全星控制系统方案，解决卫星在轨运行自主管理和控制的问题。星务系统的总体作用表现在如下方面：

- 控制全星的复杂性。
- 控制全星有序、有节奏、无竞争、可控的工作状态。
- 调度全星资源、信息、时序。
- 接受和解释地面消息，分配全星动作给各个执行设备，并监督下位机执行。
- 集中全星信息，下传星上消息，构成星地联网。
- 实现星地交互，大回路比对和遥操作。
- 安全保护，重构再生。

MEU 内嵌入设备内，形成底层设备级现场控制，构成直接数字控制（Direct Digital Control，DDC）。它属于计算机直接闭环控制系统，要求实时性好、抗干扰措施严谨、可靠性高和适应性强。星务主机形成顶层总体级监督控制，构成监督计算机控制（Supervisory Computer Control，SCC），也称为顶层总体级管理控制。SCC 还兼顾操作指导控制系统的功能，接受地面操作人员的调度，即按照预先存入计算机的操作顺序和操作方法，根据卫星运行工况和流程逐条输出操作信息。同时，根据地面操作人员给出的指导信息，修补操作顺序和操作方法，然后由星上计算机执行。

1.2.6.2　内嵌式技术

管理执行单元内嵌入各功能模块是为了提高卫星总体性能，构成整星自动化的基础。同时，加强各分系统的智能，使其成为具有智能接口的可程控设备、智能设备。另外卫星总体和部件性能的同步上升、协调配合，才可能实现卫星功能密度的提高。

1.2.6.3　星上现场网络技术

小卫星各类计算机数量很多，为了合理地联合使用，建造了星上网。星上网与内嵌式管理执行单元配套使用，给卫星研制和运行带来多种好处：

· 可减轻电缆网和接插件的质量。

· 可减弱整星信号干扰，强化整星电磁兼容性设计，提高可靠性。

· 由于整星智能化水平提高，加强了总体与各分系统的对话能力，简化关系，提高了可靠性，又加快了研制进度。

· 在设计过程中，变单纯协调关系为执行顶层协议，提高了总体的应变能力。

· 基于网络建立多路径容错机制，分散了风险。

· 增加了功能，并使有些硬件功能软件化，并不增加过多的硬设备。

· 星务系统的运行方式即可以面向测控管理的设备，也可以面向星上运行的事件，进行配置和调度。前者按星上设备实施测控管理，容易添加新设备进入系统运行，也容易使暂时无关重要的设备退出系统运行。后者按星上运行状态实施测控管理，在不同的工控下进行不同的测控。这样，能应对复杂的测、控、管的要求，表现出星务系统具有"设备无关性"和"即连即用"的特性。

· 星务系统的灵活性：它能够使设计者容易地适应于用户的变化，应付在轨的一些不可预知性，构成了一种柔性的服务系统。

小卫星用星上网将多台计算机联合工作，并圆满成功，是国内卫星中首次尝试。这种智能设备和星上网络的体系结构，构成了整星自动化的基础，实现了卫星功能密度的提高，又易于调整星务系统内部和外部关系。

1.2.6.4 "封装"技术

"封装"技术是一种新型的复杂系统的开发技术。

星务系统是一个复杂的大系统，在设计、开发时，按层次进行。在星务系统总体结构设计中，建造它的每个成分都封装或隐蔽成一个单一的模块，每个模块的界面定义尽量少地展露它的内部工作和特性。这就是说，封装一方面把相关的东西结合在一起，另一方面减少对外接口。采用"封装"技术，旨在把原本很复杂的星务系统分层次地进行简化，便于在总体层面进行分析和处理，把握其要害，立足于不败之地。"封装"的同时，各模块的内部工作和特性又是可测试和可观察的，必要时可以进行测试。

小卫星采用内嵌式管理执行单元和星上网，使研制过程中的"封装"技术得以应用，封装后的模块对外具有全透明的接口。由于卫星任务和组成越来越复杂，并且研制中经常变化，使得卫星在设计阶段的电性接口协调问题、在地面试验阶段和在轨运行阶段的电磁相容性问题，以及功能匹配问题等变得不确定和易变，并且一旦发生难于处理。采用"封装"技术构造星务运行系统，有利于提高设计可靠性，增加应变能力，加速开发进程。同时，"封装"技术可以方便各设备的修改和继承，还可以容易地调整星务系统内部和外部关系。这种卫星系统的分析、设计、建造的逻辑思维方法，在国内卫星上是首创。特别是对于硬件及软件都采用"封装"技术进行分析、设计和建造，是新的尝试，这也是小卫星整星试验和运行中故障少、界面清楚、进度快的主要技术措施之一。

1.2.6.5 系统的开放性

现场总线对星上设备开放，主要表现在：结构开放，下位机或通信节点易于增减；资源开放，各下位机或通信节点所要求的间接指令和遥测数据可以灵活配置而不会产生太大的影响。

（1）信息接口标准化、简单化

由于采用了现场总线技术，采用数字信号代替模拟信号，一条通信电缆上传输多个信号，大大减少了设备间的互联电缆，强化整星电磁兼容性设计，提高了可靠性。

（2）软件技术

为了充分发挥软件作用，在构建星务系统中，采用了两套方法。

1）星务系统采用商用的或基于开源构建的实时多任务操作系统作为软件的基础。板级驱动程序和服务程序由汇编语言编写，应用程序由 C 语言编写。用商用操作系统和高级语言建立复杂的多功能的应用程序，在当时国内卫星中还是首次尝试，这有利于星务系统软件的可靠性和加快研制进度。

2）用现场总线组成控制网络，星上设备内嵌入 MEU，形成统一"测、控、管"硬件接口标准，接入星上网。在这些统一硬件结构的基础，能更进一步发挥软件的作用。

基于此，就形成以软件为"核心"的卫星运行测、控、管的基础。

1.2.6.6　统一遥测技术

小卫星为了节省星上资源，一般只有一个物理信道，因此星务系统必须提供虚拟信道的功能。所谓虚拟信道是一种多信源多用户共享同一物理信道的传输机制，这是现代分包遥测的关键。所以，星务系统一定要使用虚拟信道实现实时遥测、存储遥测、附加遥测和其他数据下传等功能；同时，还要实现全部遥测和选择部分遥测，并且可以随意指定部分遥测的可选区域。此外，根据现状必须沿用当前的卫星地面测控设备。这样，小卫星必须采用一种新的分包遥测技术，把常规的 PCM 格式遥测与通用的 CCSDS 分包遥测结合起来。在常规格式遥测的对外"封装"接口条件下，遥测数据内部传送具有包头和应用数据的源包，实现多源多用户共享的分包遥测传送协议。这是一种与我国当前卫星测控系统兼容的，并且具有简化特色的分包遥测技术。1999 年，在实践五号卫星上试用，称之为统一遥测。从实质上说，统一遥测是嵌入有分包遥测的 PCM 格式遥测，是一种"嵌入式"遥测。

1.2.6.7　复合型的遥控指令系统和遥操作

星务的遥控任务涉及全星，并延伸到实现遥操作的功能。除常规遥控指令（称之为直接遥控指令）外，小卫星还设置大量的间接遥控指令，即数据型遥控指令。间接遥控指令又分成：立即执行间接指令、延时执行间接指令、虚拟型间接指令、参数型间接指令和代码型间接指令。同时，间接指令还可以按包头和多组应用指令形成组合遥控指令，实施分包遥控的业务。复合型的遥控指令系统利用同一物理上行通道，可以完成常规遥控功能，也可以完成分包遥控功能，还可以完成遥操作功能。这样，地面专家系统可以主动控制在轨卫星和应用的状态、参数、过程和工作模式，形成遥科学和遥技术的闭合回路，地面应用站等同于虚拟键盘和虚拟显示器，使用户应用系统和卫星故障诊断系统能够实施遥操作。

1.2.6.8　信息多路径和在轨飞行任务重构

一般来说，小卫星难以承受用冷热的硬件冗余备份来提高可靠性。为此，星务系统采用信息多路径的冗余技术，即当某一部件失效后，利用地面专家支持系统，重新注入软件，重构星上系统；或利用遥控指令系统切换信息通道和切除损坏部分，利用星上剩余的正常部件组成可以运行的降级的系统，完成飞行的主要任务或部分任务。重新构成新的系统成为原系统的整体备份，这是一种信息流多路径的整星备份方式，可以避免整星单点失效，是一种整体备份概念，在中国卫星上是第一次使用。同时，这种信息多路径的冗余技术思想，进一步可推广到在轨飞行任务重构上，可以改造卫星作为其他业务使用。信息多路径，基于现场总线容错控制、冗余备份技术和在轨飞行任务重构技术。

1.2.6.9　测试床技术

测试床技术是一种星务系统的开发技术，其目的有三：1）统调和考核系统中各部件的联合运行及其相容性和稳定性；2）开发和调试系统的应用软件；3）"封装"星务系统，实现分系统级的整体交付，减轻整星测试中的负担，加快整星研制进度。测试床是用星务系统的真实部件或代用部件或数字模拟部件，以及单检设备组成的星务系统真实运行环境，相当于星务系统的全物理或半物理仿真、测试、开发系统。利用它，在交付前实施尽可能完备的考核和试验，提前消除内部隐患，并且，隐藏星务内部工作和特性，对外构成松耦合关系，以便减少或消灭在整星工作时产生的交联隐患。

上述这些技术都经过在轨飞行验证，一切正常。

另外，星务系统使用有源元件表面贴装工艺（SMT）、厚膜封装及 SIP 工艺，高密度组装出星务管理执行单元（MEU）。

首次在实践五号卫星上提出的星务系统，作为卫星总体级的控制系统，是实现卫星的运行管理、自主控制、信息传送以及星地大回路操作的综合自动化系统。它由中心计算机、射频通道、星上网络和若干台嵌入式下位机组成，具有分级控制拓扑结构，可实施集中管理和分散控制，完成遥测、遥控、程控、供电、保护、主动温控、通信、遥操作等功能的集成，可以提高卫星的功能密度、自主性和生存能力。自动控制、测控技术、微电子学、计算机网络和卫星工程系统学等诸多学科相互交叉和结合，形成了卫星总体科学的新领域——星务管理系统。它是一门以内嵌、封装、星上网和现场控制等概念为基础的星上的信息学科，成为卫星总体技术中占重要地位的生长点和技术前沿。

实践五号卫星的星务系统在设计、制造、调试、运行全过程中，力图采用全新的开发工具、技术路线和思维方法。上面提及的技术创新点，只是其中的一部分，它们随实践五号卫星的成功而得到了充分的考验。同时，也显露出其不足和弱点，今后还需要进一步完善星载服务系统的集成，适应小卫星"多、快、好、省"的特色，形成批量，占领市场；还需要进一步提高星务系统的功能，包括理解指示命令、感知环境、识别对象、计划操作程序，以应对在轨不测事故，构成可自主运转的系统。

1.2.7　星务系统的标准文件

标准化是指在经济、技术、科学和管理等社会实践中，对重复性的事物和概念，通过制订、发布和实施标准达到统一，以获得最佳秩序和效益。星务系统开发、制造的标准化是以获得该系统的最佳生产、运行秩序和经济效益为目标。在各种小卫星的应用型号范围之内，它可以重复性地使用。星务系统的开发、制造标准，一般可分为两个层级：一类是标准化的顶层文档，直接而具体地约束星上设备的开发和运转，由星务系统制定；另一类是标准化的底层文档，是星上设备必须遵循的共同属性、本质和普遍规律，遵循国家、行业、企业的标准。星务系统标准文档如图 1-9 所示。

1.2.7.1　星务系统的四个顶层文件

星务系统制定顶层标准文件，其目的有如下四个方面。

1) 采用顶层标准文档其旨在于"统一"各型号小卫星的星务系统，保证它们遵循的秩序和达到的效率。这种"统一"的含义包含以下几点：

· 统一是为了确定星务系统的组成、功能或其他特性具有一致性，其目的是保证它必须具有的继承性和效率；

· 统一是功能等效，从各型号小卫星的星务系统中抽取的一致规范，包含所具备的全部必要的功能，而统一的功能对于具体的卫星来说可以裁减；

· 统一是相对的，确定的一致规范，只适用于一定时期和一定条件，随着时间的推移和条件的改变，旧的统一就要由新的统一所代替。

2) 采用顶层标准文档其旨在于、"简化"星务系统，为了经济而有效地满足全星测控管的信息需要，对全星信息的结构、型式、规格或其他性能进行筛选提炼，剔除其中多余的、低效能的、可替换的环节，精练并确定出满足需要所必要的高效能的环节，保持整体构成精简合理，使之功能效率最高，形成标准化的对象。"简化"

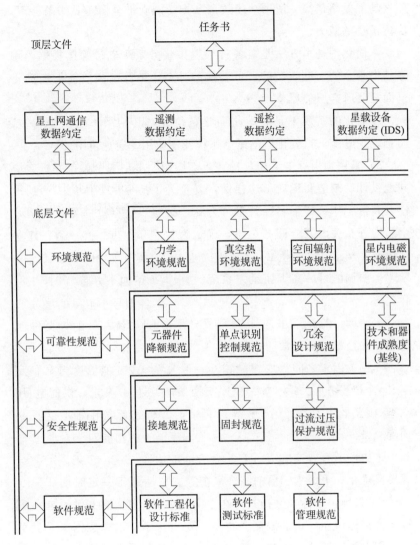

图 1-9　星务系统标准文档

的含义包含以下几点：

· 简化的目的是为了经济，使之更有效地满足需要。

· 简化的原则是从全面满足需要出发，保持整体构成精简合理，使之功能效率最高。所谓功能效率系指功能满足全面需要的条件下，代价最小的能力。

· 简化的基本方法是对各种小卫星星务系统进行筛选提炼，剔除其中多余的、低效能的、可替换的环节，精练出高效能的能满足全面需要所必要的环节。

· 简化的实质不是简单化而是精练化，其结果不是以少替多，而是以少胜多，精练化后的星务系统便于应用、避免错用。

3）采用顶层标准文档其旨在于"协调"星上各个设备并行、协同地设计、制造和运转。这样做，就是为了使卫星整体功能达到最佳，并行工作，产生实际效果。为此，必须通过有效的方式协调好全星内外相关因素之间的关系，确定为建立和保持相互一致，建立适应或平衡这些关系所必须具备的条件。"协调"包含以下几点：

· 协调的目的在于使星务系统的整体功能达到最佳，并产生实际效果；

· 协调对象是卫星内部相关因素的关系以及卫星与外部环境、与地面操控站相关因素的关系；

· 相关因素之间需要建立相互一致关系（如：连接尺寸、信息定义），相互适应关系（如：供需交换条件、订阅/发送、供配电/用电），相互平衡关系（热平衡、能量平衡、通信流量平衡），为此必须确立条件；

· 协调的有效方式有：有关各方面的协商一致，多因素的综合效果最优化，多因素矛盾的综合平衡等。

4）采用顶层标准文档其旨在于实现小卫星运行的最优化。按照特定的目标，在一定的限制条件下，对卫星系统的构成因素及其关系进行选择、设计或调整，使之达到最理想的效果，这就是最优化目标。

其实，做到最优化是困难的，当前我们只实现和追求前三项目的。

为此，星务系统制定了四个顶层标准文件，用于约束星务系统内外关系：星上网（CAN 总线）通信数据约定、遥测数据约定、遥控数据约定、星载设备数据约定（习惯称为接口数据单，IDS）。前三个文件支配星上所有设备联合运行，分别在后续几个章节阐述，后一个文档支配卫星星体的"机电热"一体化设计和星上所有设备的总体组装。

1.2.7.2　星载设备数据约定

建立星载设备数据约定分成两个步骤。

（1）收集设备厂家的 IDS 表单，在设备采购前完成

它所包含的基本内容如下。

1）机械特性包括有：质量特性（尺寸、质量、质心位置、过质心的惯量）；安装点（点数、孔径、公差）；底板（材料、接触面积、接触面状态）；示意图等。

2）安装要求包括有：安装面；视场范围；周围空间环境等。

3）热特性包括有：顶面侧面（材料、表面处理方式）；热容量；工作温度范围、启动温度；工作状态、准备状态下的热耗；热简图等。

4）仪器外形简图包括有：尺寸、质心位置、过质心的惯量轴、印迹、安装平面、安装点（孔径及公差、中心距及公差）、导向销及孔的位置公差；电连接器的方向、位置、类型和编号；定标和测试所需的操作孔等。

5）与星上其他设备的连接关系图。

6）电气方框图。

7）电源包括有：使用方式；电压；功率；电压稳定度；纹波等。

8）电连接器包括有：电连接器代号；电连接器描述；针/孔；电连接器类型等。

9）电连接器接点分配包括有：接点号；功能；电压；电流；极性等。

10）电接口特性包括有：接口信号；信号特性；接口电路等。

（2）卫星集成商形成 IEM 的 IDS 表单，在入设备库前完成

根据集成商的标准，在对设备进行二次包装时，对厂家的 IDS 表单改造，形成最终的上架的星载设备数据约定。即将 OEM 的 IDS 表单转换成 IEM 的星载设备数据约定，后者成为小卫星星体进行"机、电、热"一体化设计的依据。

它描述星载设备的机械特性和安装要求，描述要求的热循环和电接口。由于小卫星采用货架产品采购，星上设备制造厂家提供的 OEM 的 IDS 表单数据是五花八门的，不符合集成商的标准要求。为此，小卫星集成商必须将厂家的 IDS 数据，借助某些办法将其转换成集成商的标准化 IDS 数据。否则，卫星制造就不易标准化、批量生产，只有设备备齐之后，按设备厂家的 IDS 数据进行设计。显然，这是串行工作方式，卫星生产制造周期较长。建立标准、按定制方式生产星上设备，可以实现卫星集成商的标准化。但是，形成标准、执行标准是需要花费时间、成本和资源的，并且还要不断更新。作者提出一种办法，试图从厂家的 IDS 数据转换成卫星集成商的标准化，这样，可以立足于市场现有货架产品，稍许改造后符合集成高的标准，解决了采购现货的多样性和集成规格的专一性之间的矛盾，适于小卫星并行快速生产。这个办法就是，如同式（1－2）描述的那样，将采购的货架产品进行二次包装。它包含两方面的内容：一是加装 MEU，将厂家制定的信息数据转换成星上信息数据标准，将电连接器采用两套标准插头/插座（供电母线、CAN 总线连接器）；二是加装"支架"，将厂家的 IDS 数据转换成卫星机电热一体化设计标准，这个"支架"的作用是使得设备的安装尺寸标准化，方便热表面处理改造和附加热管接口。

星上设备现货采购后，经过验收测试和"二次包装"，形成星上标准设备 IEM 及其文档，入库上架，作为小卫星集成的备用。它属于卫星生产流程的准备阶段，准备设计所需的文档和可安装所用的部件。有了它们，就可以实现卫星的"自动化"设计和"工业化"装配。

1.2.7.3　星务系统的底层文件

从图 1-9 可见，星务系统底层标准文件可以归纳成四个方面。

（1）环境规范

它包括：力学环境规范、真空热环境规范、空间辐射环境规范、星内电磁环境规范。依据运载给出的数据和卫星飞行任务，分别规定整星级和组件级的环境试验规范。针对不同类别的设备也采用不同的试验要求，如验收试验和鉴定试验。星上产品按照规定的分成四类：

1）A 类设备为已经卫星飞行试验成功的现有产品，不需做修改，且满足使用环境要求。

2）B 类设备为已经卫星飞行试验成功的现有产品，需要稍作修改，且已满足使用环境要求。

3）C 类设备是技术成熟或已经卫星飞行试验，但做了较大修改，需要重新做鉴定产品。

4）D 类设备是无现有设备基础，需重新研制的设备。

因此，对它们要求进行的试验项目是不一样的。A、B 类设备为已经卫星飞行试验成功的现有产品，且已满足使用环境要求，不需要重新做鉴定试验的设备。C 类和 D 类设备为新研或做了较大修改的产品，必须进行鉴定产品的研制，进行各项鉴定试验考核。目的是验证产品的设计、制造和组装是否满足性能指标要求，并且有足够的余量。通过各类鉴定试验考核后的鉴定产品一般不能作为正样备份产品，因为它们已经有不同程度的损伤。通过了各项鉴定试验后的 C 和 D 类初样产品即可转成正样状态。在图样、材料、加工工艺、元器件和装配及生产过程不变的情况下，正样产品只进行验收试验。

鉴定级试验项目及建议顺序为：性能试验；压力试验和密封检漏试验；地面环境试验；加速度试验；冲击试验；振动试验；热循环试验；低气压放电和微放电试验；热真空试验；磁试验；EMC 试验。验收级试验项目及建议顺序为：性能试验；压力试验和密封检漏试验；冲击试验；振动试验；热循环试验；低气压放电和微放电试验；热真空试验；老练试验；磁试验。

鉴定级和验收级主要试验项目的依据有：

1）力学环境规范，包括力学冲击、振动等环境。为了检查卫星及其设备在卫星发射过程中和轨道飞行中是否能承受得起外力的损坏作用。整星的振动环境是卫星研制过程中必须经历的，根据卫星发射所选择运载类型的不同而不同，它是运载对卫星研制提出的要求，也是卫星整星的力学试验条件，包括正弦振动试验、随机振动试验和噪声试验。整星振动试验所产生力学环境在卫星的各个部位响应不相同，这不仅跟设备的布局有关，还与设备的结构和质量有关。部件的力学环境一般比整星要求更严格一些。

2）真空热环境规范，主要包括热真空和热循环两种情况。热试验也是一种人工试验环境，是为了模拟卫星在轨运行的空间环境。一般情况下我们会根据卫星不同的轨道参数和运行周期来设计热真空试验环境，将卫星热真空试验设计为若干个循环，并要求星上非主动控温设备在高低温段的温度跨度大于某限额值。

3）空间辐射环境包括：电离辐射（总剂量）效应，位移损伤效应和单粒子效应。其中电离辐射效应、位移损伤效应随时间增加而积累。它依据轨道条件和卫星寿命要求推算出对设备的抗辐射指标。

4）星内电磁环境规范指导 EMC 试验，测量卫星不同工作模式下的电磁辐射特性，为整星 EMC 分析提供数据。为避免射频之间相互干扰，要求卫星与火箭的无线电特性具有相容性，卫星与火箭的发射和接收系统应满足电磁相容性。星内设备众多，电磁环境比较复杂，不仅要求设备本身干扰小，并且还能承担其他设备的干扰，不影响其正常的工作。

（2）可靠性规范

它包括：元器件降额，单点识别控制，冗余设计，裕度设计，技术和器件成熟度（基线）等。卫星可靠性设计覆盖系统级设计和单机及元器件级设计。其中，卫星及其分系统在方案和研制阶段，需要开展结构力学分析，星箭耦合动力学分析，轨道与姿态动力学、热、EMC 和在轨工作流等的分析和计算机仿真。各分系统还需要开展可靠性余度设计和分析，进行 FMEA 设计，确定硬件冗余设计，对电子电路设计进行防锁定、单粒子防护、电源母线过流保护和继电器正确选用的可靠性设计。

（3）安全性规范

它包括：接地规范，固封规范，过流过压保护规范等。在卫星各阶段开展安全性分析，识别和评定各种危险、危险影响、危险事件和对时间关键的状态，充分考虑硬件、软件、人员差错、接口、操作程序、环境影响等因素。进行危险等级划分、实施最小危险设计，开展故障容限和故障安全性设计、提高系统对环境的适应能力，抑制故障传播和明确主要危险源的安全设计余量等安全性设计。

（4）软件规范

卫星系统软件工程化、标准化设计是提高软件可靠性设计的关键步骤，需从系统需求开始，明确软件任务，初步接口；软件需求分析对软件队伍、软件管理、软件需求分析进行明确；进行概要设计、体系结构设计、编制测试计划和说明；软件详细设计和编码实现要完成程序流程设计、编制源程序和单元测试；在测试阶段进行组装/确认测试，必要时可以和开发编码合在一起进行开发测试，最后再单独由测试人员进行确认测试。最后由系统开发人员进行系统联试。

第 2 章　星务系统的嵌入式技术

2.1　概述

2.1.1　嵌入式系统的基本概念

嵌入式系统（Embedded System），是一种完全嵌入到设备或系统内部的，为特定应用而设计的专用计算机系统，用于对该设备或系统进行控制、监视或辅助它运行。该设备或系统则是嵌入式系统所嵌入的宿主。与通用计算机系统不同，嵌入式系统通常执行的只是带有特定要求的预先定义好的几项任务。为了区分嵌入式系统专用计算机与通用计算机的差异，把这种嵌入式的、实现对宿主智能化控制的计算机，称作嵌入式计算机系统。它一般由嵌入式微处理器、外围硬件设备、嵌入式操作系统，以及用户的应用程序等四个部分组成，用于实现对其他设备的控制、监视或管理等功能。从而，对宿主的智能化能力的提升，是嵌入式计算机系统的根本技术要求。随着微电子技术快速发展，嵌入式计算机系统走上了一条与通用计算机完全不同的道路，这条独立发展的道路就是单芯片化。它利用原有的传统电子系统领域的技术基础，引进计算机领域的思想和元器件生产制造方式，迅速地将传统的电子系统转化成为智能化的现代电子系统的体系架构，发展与普及了嵌入式系统，形成当前的综合电子系统。

同样，卫星电子系统也应该接受嵌入式技术的轨道，走"现代卫星电子系统"的道路。可见，"嵌入式"、"专用性"、"单芯片化"与"计算机系统"是嵌入式系统的四个基本要素，反映了现代电子系统的基本内容，也是卫星电子系统的基本内容。作者在 1997 年提出星务系统的概念，其中两个最基本的思想之一就是，将"嵌入式系统"概念引入卫星制造技术中来。这对建立卫星的平台化，是一个强有力的支持。应该注意，在理解嵌入式系统定义时，不要把它与被嵌入设备相混淆。被嵌入设备是指内部有嵌入式系统的产品或设备，它是现代电子的主体。例如，内含单片机的电器、仪器仪表、工控单元、机器人等。从而，类似于式（1-1），现代电子系统可以用公式表示

$$现代电子系统 \equiv 嵌入式系统 + 原始设备 \qquad (2-1)$$

其中，$\equiv$ 表示"基于"，+ 表示"结合"。

对照式（1-2）可见，相应于星务系统而言，所属设备的嵌入式系统称之为 MEU。星务系统也就是一种特别的现代电子系统，MEU 也就是一种嵌入式系统。它除要求具有嵌入、控制、测量、计算能力外，还特别要求具有"上网"功能，形成全卫星局域网。发展卫星自动化产品，主攻方向之一应该形成相应的现代电子产品。它们是嵌入式的、具有上网能力的卫星电子设备、卫星用传感器和执行机构（激励器）等。管理执行单元嵌入到各功能模块内，是为了提高卫星总体性能，从而构成整星自动化基础。同时，也加强了各分系统或设备的智能，使其成为具有智能接口的可程控设备。卫星总体和部件性能需要同步上升、协调配合，只有部件性能提升，支持总体，才能实现卫星功能密度的增加和提高可靠性、减少故障、延长寿命。

嵌入式系统按形态可分为设备级（下位机）、板级（单板、模块）、芯片级（MCU、SoC）。由于嵌入式系统只针对固定几项特殊的预先定义的任务，设计人员能够对它进行优化，减小尺寸，降低成本。又由于嵌入式系统通常进行批量生产，多次复用，单个的成本急剧下降，节约时间和人工。可见，将嵌入式系统理念引入卫星系统，对其性能提升是极大的推进，同时也可以降低成本和提高可靠性。因此可以说，嵌入式单片机给卫星设备带来的利多于弊。

显然，采用嵌入式系统体系结构来建造卫星是符合小卫星"快、好、省"的理念的。1999 年我国发射的第一颗现代小卫星实践五号上，有三个分系统的设备中都用上了嵌入式系统，它们分别实现对星上电源、供配电和温控三个分系统进行智能化管理。图 2-1 给出当时所用的 MEU 和嵌入电源分系统控制器内插入的板卡。

SJ-5 MEU

图 2-1　实践五号卫星上用过的 MEU 和板卡

从上述可见，卫星自动化系统、现代综合电子系统和小卫星星务系统，其含义是一样的，只是看待这个事物的出发点不同。卫星自动化系统是从技术角度出发，综合电子系统是从硬件设备建造方面出发，而小卫星星务系统是从构建小卫星体系和管理小卫星运行规范层面出发，形成同一内容三种描述，分别突出其特色。其实，现代卫星电子、卫星用自动化产品、星务系统都是同样的概念，都具有内嵌式、智能化、计算机系统、能上网等四项基本特性，只是从不同方面进行阐述而已。

2.1.2　嵌入式系统的基本特点

嵌入式系统是小卫星集成化、智能化的基础之一，它具有如下几项重要特点。

（1）嵌入式系统是面向特定应用的

嵌入式系统所用的 CPU 芯片与通用型是不同的。嵌入式 CPU 是为特定用户群设计的，它具有低功耗、体积小和价格便宜等特点，并且将许多应用所需的外围部件都集成在同一个芯片内部，实现高度集成。从而，有利于嵌入式系统设计趋于小型化，方便推广使用，提高产品的可靠性。小卫星的设备或系统都是承担少量特定的任务并且固定不变的，因而特别适宜采用嵌入式系统的架构。设计人员还能够利用它进行优化，提升设备或系统的功能，降低功耗、减小尺寸和降低成本。

（2）嵌入式系统是一个集成系统

嵌入式系统不是一个独立的设备。它以一个部件的形式存在于一个较大的设备或分系统之中，它为该设备或分系统提供更多的功能，使它们能完成更广泛的任务。例如，小卫星的电源下位机作为一次电源分系统的部件，为它提供并加强了遥测、遥控、充电管理、太阳帆板驱动控制、供电质量控制和安全保护等功能。嵌入式系统应用于小卫星不仅促成卫星内部的集成，而且也是将先进的计算机技术、半导体技术和电子技术与小卫星制造和应用相结合。从而，它成为了一个大集成的结晶，形成一个技术密集、广泛推广应用、不断创新的知识集成系统，是小卫星星务系统两大集成的基础之一。

（3）嵌入式系统是一个灵活、可裁剪的系统

嵌入式系统的硬件和软件都必须高效率地设计，量体裁衣、去除冗余，能在具体应用中以最小系统完成所要求的任务。为了提高执行速度和系统可靠性，嵌入式系统中的软件一般都固化在存储器芯片或单片机本身中，而不是存储于磁盘等载体中。所以，大多数嵌入式系统编写的程序被称为固件，它们运行在资源有限的计算机硬件环境下：小内存，没有键盘，没有屏幕。它们通过"维护"、"测试"或者"应用"软件接口和 RS-232、CAN 总线、JTAG 接口提供的命令和显示界面。这样，就可以在很少的输入输出代价的基础上提供大量的控制和显示手段。基于星务系统的可控遥测技术和复合型的遥控指令系统，实现"虚拟键盘"和"虚拟显示器"，方便地对卫星设备实现维护和测试，它们只需要花费软件上的很少代价，无需过高的硬件消耗。同时，嵌入式系统的宿主的部分硬件功能也

可以被软件化，由嵌入式系统的软件运行来完成。这就充分反映出嵌入式系统的优越性和适应能力。

（4）嵌入式系统要不断伴随具体产品同步升级换代

嵌入式系统是和具体应用有机地结合在一起，它的升级换代也是和具体产品同步进行的。因此，嵌入式系统产品一旦进入市场，具有较长的生命周期。小卫星开发的星务系统在 30 多颗小卫星上成功应用，证明了它的生命力。星务系统伴随小卫星的发展，到目前为止已经演变到第三代。星上网从基于 485 的 ELAN 网发展到基于 CAN 总线的主干网和多种附属网。当然，还需进一步发展，如：CAN 总线升级到 5M 码速率和增补一些协议等。升级换代是嵌入式系统服务于宿主产品的需要。

（5）加大芯片集成度，单芯片化

嵌入式系统的通常配置是微控制器（MCU）或系统单芯片（SoC），它是一个专用集成电路。希望它的集成度更进一步加大，集成更多的外围芯片，使其结构更紧凑，使用更加方便。

（6）嵌入式系统需要形成整体开发环境、运行环境

嵌入式系统需要有一套开发工具和环境进行开发。有的嵌入式系统没有操作系统，有的采用专用的嵌入式操作系统（实时操作系统），它由程序员移植到这些新系统中来。小卫星使用的嵌入式操作系统有：pSOS、VxWorks、DFH - OS。有了这种开发环境，可以安全、快速地进行应用软件的研制。

（7）嵌入式系统具有自检或内建测试能力

为提高可靠性，嵌入式系统都有一定程度或者一定数量的内部加电自检或内建测试。嵌入式系统带有启动代码，通常包括：禁止中断、设置电子设备参数、测试计算机（RAM、CPU 和软件），然后开始应用程序运行。许多嵌入式系统从短暂的掉电状态恢复（热启动），经常重起而不进行最近的自检，在 0.1s 内重启是常见的现象。

星务系统及其 MEU，在轨运行和地面测试时都要进行自检，其

项目包括：

　　·计算机检查：检查 CPU、RAM 和程序存储器。通常一加电就开始这些检查，在一些安全性非常重要的系统中，通常周期性地在安全时间间隔内进行自检，或者经过一段时间就进行自检。

　　·外围设备检查：仿真输入和读入数据或者测量输出数据。

　　·电源检查：测试每个供电电路，或者主电源输入。

　　·通信检查：验证从相连单元接收到的简单消息。

　　·消耗检查：检查系统所消耗的东西、在预量太低时发出警告。例如：蓄电池放电深度，超过容限要报警，并启动安全管理程序。

　　·运行检查：检查用户关心的系统运行状态。包括供电和温度状况、卫星姿态等。

　　·安全检查：在"安全时限"内进行检查确保系统仍然可靠。安全时限通常小于能够产生损害的最小时间。

　　仅在地面需要进行的自检项目：

　　·电缆检查：将线连结到待检查的电缆上指示针进行检查。当有插头的时候这项检查尤其重要。

　　·装备检查：一个系统在安装时经常需要进行调整，需要检查安装状态指示。

2.1.3　嵌入式系统概念在小卫星的扩展

　　嵌入式系统是目前发展速度最快的一种应用技术。随着时间的推移，嵌入式系统概念已经从早期的"计算机系统嵌入结构"的设备制造方法，发展成为一种系统设计的方法。所以，对嵌入式系统的基本概念应该与时俱进，要有新的理解。

　　进一步，将嵌入式技术理解为把计算机作为一个信息处理部件，嵌入到应用系统中的一种技术。也就是说，这种技术使得一部分硬件功能用软件程序实现，然后将软件固化转为固件，再集成到硬件系统中。从而，嵌入式系统是将硬件与软件"一体化"的设计方法。这种"硬件和软件一体化"或"软件和硬件双向互嵌入"的方法，将是电子系统、小卫星设计的一种新的方法。采用这种方法进行系统设计，不仅可以大大减少所需的硬件资源，还可以提升系统的功能，确保系统的可靠性。本书后面将讲述利用这种方法对传统卫星进行改造，使其成为小卫星的星务系统。例如，作者提出的统一遥测技术，实质上就是在传统的格式遥测技术中"嵌入"分包遥测技术。保留了格式遥测特点，又改造了它的缺点，加入了分包遥测的特点。它利用嵌入式星务主机置换了遥测分系统的部分硬件，又用嵌入式分包遥测软件置换了格式遥测的部分硬件。这种设计方法对小卫星遥测技术有较好的促进作用。

2.1.3.1　为什么要在小卫星中引入嵌入式技术

小卫星的制造需要嵌入式系统，因为它给小卫星带来了进步、成本的降低以及小的风险。从上述可见，嵌入式系统有明显的好处。

1）随着微处理器的价格下降，使用单片机的数字电路取代昂贵模拟组件成为可能。

2）许多以前是外部系统的组件被集成到了处理器芯片中。集成化的微处理器使得嵌入式系统更加方便、简化，得到了更广泛的应用，几乎扩展到现在所有的电子设备中。

3）对多用途和相对低成本的单片机进行编程，可使其成为各种不同功能的组件，有利于产品多样化、个性化开发。同时，对现有产品的适应性改造使其能力可以提升，也有利于选用市场易购或库存的设备，可以扩大小卫星制造的"备料"渠道。

4）嵌入式系统很少有外加的组件，大部分设计工作只是软件部分。而非实物性的软件不管是创建原型还是测试新修改，相对于硬件来说都要容易很多，不用很多的硬件变化而只用容易的软件变动，就可以形成各种各样的产品或产品改进。这对小卫星多型号的开发是大有益处的。

5）嵌入式系统，因为计算机芯片是嵌入在有关的设备中的，没有自己独立的外壳。对原始产品没有过分的影响，容易被各种产品接受。从外看来，嵌入式系统对原有产品没有大的变动，它只是提升原产品的功能，不会影响其应用条件。

2.1.3.2 嵌入式技术促进了小卫星的集成

嵌入式系统的思维方法促进了小卫星的集成技术，它是小卫星的制造引入嵌入式系统的推手。

1) 嵌入式技术具有技术灵活性，这是它之所以能够快速发展的一个重要原因。无论是软件嵌入还是硬件嵌入，采用嵌入式技术都可以把复杂的系统设计变为独立模块的设计，降低对外信息过分的依赖性和过严的限制要求。特别是随着信息技术的飞速发展，传统的独立系统设计已经无法适应现代信息技术的发展需要。在传统的卫星制造中应用分包遥测和遥控技术时，如果不采用嵌入式技术，则需要对整个遥测和遥控系统进行较大的更换。采用嵌入式技术后，就不需要推翻原有系统或技术。仅仅稍许改善一下，嵌入新的系统或技术就可以了，这是有利于小卫星的建造，分散风险。

2) 嵌入式技术的应用，使得系统的架构分层更加清晰简捷。小卫星的建造架构充分体现出"分形数学"所描述的自然规律，具有惊人的"自相似性"，"在不同放大倍数下看上去一模一样"，如图 2-2 所示。星务调度单元作为卫星工程的代理，完成整个工程对该卫星的测控管，听其调度，使其自主运行。增加"放大倍数"看上去，载荷下位机作为星务的代理，完成整星对载荷系统的全盘测控管，听其调度，使其自主运行。若再增加"放大倍数"，遥感设备♯L 的 MEU 作为载荷系统的代理，完成对该遥感设备的测控管，使其自主运行。

同样，系统的软件也采用分层设计，不仅方便维护，而且大大提高了代码的利用率，缩短了开发周期。

集成会带来系统的复杂性，采用嵌入式技术的集成，由于采用分层方法又平衡了引进的复杂性。所以说，嵌入式技术促进了小卫星的集成，不会引入过大的复杂性。

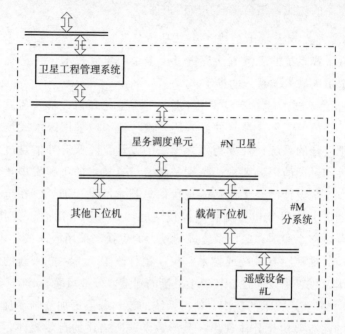

图 2-2 "分形数学"所描述的分层体系架构

3) 嵌入式技术减少星上硬件资源，减少星上电缆网及其接插件。

4) 嵌入式技术减弱星上设备的耦合关系，从而也降低了整星的风险，减少了电磁环境干扰带来的不稳定，提高了可靠性和安全性。

5) 嵌入式技术增加星上设备的自主能力，容许设备自测试、内部控制和管理。从而，增强星上设备的自动化、智能化水平。既有利于设备开发方，又有利于卫星总体使用方。经过 30 多颗小卫星的实践证明，设备方和总体方在协调整星遥测遥控资源分配的"争吵"现象大减，总体可以保证遥测的"按需分配"，提倡设备方尽量使用遥测功能。

2.1.3.3 小卫星用嵌入式系统的再发展

小卫星使用嵌入式系统还可能在如下几方面加强。

（1）嵌入式 Internet，形成星地、星间通信网

目前，星务系统引入嵌入式系统，建立了 CAN 总线，在星内形成了局域网络。星地还是保留传统的测控通信方式。实践五号卫星曾经设想建立星地调制解调器，如同连接到 Internet 上面一样。但是，嵌入式系统一般情况下都是小型的专用系统，这样就使得嵌入式系统很难承受占有大量系统资源的服务。如何实现嵌入式系统的 Internet 接入、"瘦小"的 Web 服务器技术以及嵌入式 Internet 安全技术，是嵌入式系统 Internet 技术的关键和核心。

（2）加强芯片级的卫星用嵌入式系统

随着 SoC 技术和集成电路设计制造技术的发展，嵌入式系统已经成为 SoC 器件设计的基本结构。嵌入式的关键部分还在于核心芯片的选择，核心芯片应该具有如下的特点：

1）可扩展的处理器结构，以满足应用需要。

2）嵌入式微处理器必须微功耗，低成本，小尺寸。

3）对开发工具和实时多任务操作系统有很强的支持能力。

4）具有功能很强的存储区保护功能。因为嵌入式系统的软件结构已模块化，为了避免在软件模块之间出现错误的交叉作用，需要设计强大的存储区保护功能，同时也有利于软件诊断。

5）灵活的网络联接能力。

（3）嵌入式系统在星上各个领域的应用方法

嵌入式具有软件代码小、高度自动化和响应速度快等特点，因而其应用越来越广泛。针对具体的应用方法的研究是重要的，因为嵌入式系统不仅是将一个计算机系统从外部嵌入，而且需要内部相融合，以实现融合后整体功能密度的增长。

因此，嵌入式系统是将应用程序、操作系统与计算机硬件集成在一起的系统。它以应用为中心，以计算机技术为基础，而且软硬件可以裁剪，是能满足应用系统对功能、可靠性、成本、体积和功耗的严格要求的专用计算机系统。它由硬件和软件两部分组成。硬件主要包括：嵌入式核心芯片、存储器、外设器件和 I/O 端口等。

核心芯片可以是嵌入式微处理器、嵌入式微控制器、嵌入式数字信号处理器、嵌入式片上系统。而软件由嵌入式操作系统（实时多任务操作）和相应的各种应用程序构成，应用程序控制着系统的运行，操作系统控制着应用程序编程与硬件的交互作用。

目前可以在三个方面开展小卫星的嵌入式技术研究。其一，建立嵌入式系统硬件架构，即制造星务管理执行单元（MEU）和改装集成电子模块（IEM）。其二，形成专用实时多任务操作系统及其应用软件自动生成。其三，探索卫星各种任务的应用算法，构建整星协同计算机综合控制系统的机理。

2.2　内嵌式系统硬件、MEU 建造

2.2.1　片上系统和 MCM

2.2.1.1　MEU 型片上系统

随着嵌入式技术的快速发展，特别是随着 VLSI 设计技术和深亚微米制造技术的飞速发展，SoC（System on Chip）技术逐渐成为了集成电路设计的主流技术。SoC 已经在各种电子系统、工业设备、仪器仪表、航空、航海、航天和军工等领域得到了广泛的应用。

高性能的处理器内核是 SoC 设计中最为核心的部分。绝大多数 SoC 的处理器都采用了 RISC 体系结构。RISC 处理器具有指令效率高、电路面积小和功率消耗低等特点，满足了 SoC 高性能、低成本和低功耗的设计要求。目前在 SoC 设计中广泛使用的 32bit RISC 处理器，如 ARM 公司的 ARM 处理器，IBM 的 PowerPC 处理器，MIPS 公司的 MIPS 处理器等均属于商业内核，使用者必须支付相对昂贵的授权费。

同时，随着国产化器件的发展和开放源代码运动的迅速发展，在开放性源码的基础上进行国产化片上系统开发已经成为了可能。目前有 OpenCores 这样专门发布免费的 IP 核源代码的组织。其中有

"免费"的开放性 32bit 处理器内核：GaislerResearch 公司的 LEON 2，OpenCores 组织公布的 OpenRISC 1200 和 Altera 公司的 Nios Ⅱ。这三种开放性处理器凭借其高性能、低成本，良好的可配置性和完善的开发环境，受到了国内学术界和工业界的普遍关注。

正如前章所述，星务系统需要"MEU 型"的片上系统，用于构建小卫星星上的各类设备，使其实现整星的统一调度管理、协同运转，从而提升性能、增长可靠性。目前还没有这样的 SoC，有待开发。

2.2.1.2　多芯片模块构建的 MEU

为了解决单一芯片集成度低和功能不够完善的问题，把多个高集成度、高性能、高可靠性的芯片，在高密度多层互联基板上用 SMD 技术组成多种多样的电子模块系统，从而出现了多芯片模块系统（MCM，Multi Chip Model）。MCM 是将多个裸芯片直接安装在单个载体或基板上，再通过高导电金属将裸芯片之间连接起来，构成一个完整的部件，最后用铸塑或陶瓷包封技术封装成一个模块（module）。以前，所有的封装都是面向器件的，而多芯片模块是面向部件的或者说是面向系统或整机的。由于在一个模块中含有多个芯片，不仅提高封装密度，还由于多个芯片之间的间距减小，布线密度提高，以至整个模块的性能以及可靠性都有明显提高。由于整体封装，隔离整体与部分之间的耦合度，有利于总体设计、测试、运行和故障诊断。同时，立足于已有的芯片之上，构建更完整的系统，减轻了许多困难，实现的风险也就降低。所以用 MCM 暂时代替 SoC 不失为一种好的办法。

由于目前还没有研发出 MEU 型的 SoC，作者只有暂时采用 MCM 构建 MEU 代用，企图在实践中验证 MEU 对建造小卫星及其在运行管控中的功效。从 1998 年起，已经完成了多次改进，并在多个卫星上使用、运行，如图 2 - 3 所示。

预研MEU尺寸：30×30×14(mm)　　　希望一号卫星MEU：30×30×12 (mm)

图 2 - 3　MEU 产品

　　由于 MEU 型 MCM 所含的芯片较多，又要尽可能大地压缩尺寸，同时解决工艺问题，它采用三维方式。所谓三维的多芯片模块（3D - MCM）就是指元器件除了在 $x-y$ 平面上展开以外，还在垂直方向（z 方向）上排列，在 z 方向形成多个安装面。多芯片模块（MCM）在组装密度（封装效率）、信号传输速度、电性能以及可靠性等方面独具优势，是目前能最大限度地提高集成度及高速单片 IC 性能，制作高速电子系统，实现整机小型化、多功能化、高可靠性、高性能的最有效途径。对于小卫星集成是一种好的技术途径。特别是，充分发挥三维多芯片模块技术的优越性有利于小卫星的批量生产，是向小型化、高性能化、多功能化、高可靠和低成本发展的一条可选的途径。

　　图 2 - 4 给出 3D - MCM 制造 MEU 内部版图。它分成两层，以减小器件的平面尺寸。

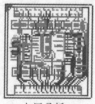　　　　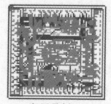

上层叠板　　　　　　　　底层叠板

图 2 - 4　3D - MCM 制造的 MEU 内部版图

2.2.2　MEU 建造

2.2.2.1　MEU 的设计原则

MEU 设备,是形成星上一体化电子系统的基础,它可以控制各种输入测量设备和传感器、各种输出控制设备和执行机构、各种探测、接收、遥感设备等。星上各功能模块、传感器、执行机构,均需嵌入 MEU,通过星上控制网,与星上其他设备连接在一起,互相支持、共享数据、完成整星运行任务。MEU 还可以完成设备各自的专用控制功能。可见,MEU 形成星上设备的通用接口标准。MEU 的硬件和软件标准化,为研制整星一体化构造了基础。MEU 软件中接口软件除遵循整星对它的数据约定外,控制软件和配置自身控制要求的硬件均可按各自的要求设置,不影响其他设备和整星的研制,从而减少了各设备之间的互相约束,可以加快研制进程,也容易实现在轨重构处理。

1) 贯彻小卫星平台的设计思想,使系统具有最大限度的可重复使用能力。针对不同的飞行任务,系统不需要完全重新设计,而只需对局部的硬件和软件模块进行参数设置和修改,就可满足要求。

2) 从整星的高度对系统结构进行优化,在保证系统功能和可靠性的前提下,尽可能减少星上设备的数量,从而满足微小卫星对设备质量轻、体积小、功耗低、寿命长的要求。

3) 合理地进行功能与任务划分,使不同的功能单元紧密合作,联合实现系统级性能要求,从而使星上设备协同一致共同完成卫星运行的控制要求,并且又方便地满足容错性能的设计目标。

2.2.2.2　MEU 的功能与性能要求

MEU 是实现星上设备自主的、自动的、智能的测控管三项功能和联网通信的基础,MEU 作为自身嵌入式设备,除完成自身特有的功能外,还可以完成宿主模块各自的专用控制功能。可见,MEU 形成星上设备的通用接口标准。MEU 的硬件和软件标准化,为整星研制一体化构造了基础。MEU 软件中，接口软件除遵循整星对它的数据约定外，其他自身控制软件和配置自身控制要求的硬件均可按各自的要求设置，不影响其他设备和整星的研制，从而减少各设备之间的相互约束，遵循并行工程原理，可以加快研制进程，也容易实现在轨重构处理。这样，有利于 MEU 二次开发，并可降低成本。

（1）功能要求

卫星总体和星务对嵌入式 MEU 提出如下的功能要求。

· 完成星上串行数据总线网络协议规定的应答操作；

· 根据星务中心计算机的要求，通过星上 CAN 总线网络接收星务中心计算机传送的间接指令和注入数据，并按要求执行；

· 采集功能模块的工程参数；

· 具有程序和数据存储功能；

· 具有对外输出控制接口。

（2）性能要求

MEU 主要技术指标：

· 存储器：

Flash 64 kByte；

SRAM 4 kByte　外扩 2 MByte。

· 硬/软看门狗。

· 二路完全独立的现场总线（CAN2.0B）。

· 二路直接指令总线。

· 内部 FPGA 模块可实现程序在轨重注入，另外增加了系统存储器扩展用的地址译码逻辑功能，以及动态配置的功能。

· 接口电路，可根据设备增设，标准接口指标为：

A/D　12 位，8 路，1 kHz 采样速率；

GPIO 32 位。

· 工作环境：按整星环境规范执行。

其他指标要求见表 2-1。

表 2-1　其他指标要求

名　称	参　数
产品可靠性	0.98/三年
产品总功耗	0.25W
产品总质量	0.025 kg
机械结构尺寸	27mm×29mm×15mm

2.2.2.3　MEU 的原理设计

星上网采用现场控制总线（CAN 总线），它是一种有效支持分布式控制或实时控制的串行通信网络。MEU 在功能上包括以下模块：1）中央智能模块，完成 MEU 的主要任务；2）数据存储模块，完成遥测数据的存取；3）接口模块，用于在控制模式下，输出相应的控制信号或采集相应的状态信号；4）双冗余的 CAN 总线模块，包括协议控制模块与电接口模块。

（1）中央智能模块

该模块由嵌入式处理器、64 kByte Flash、4 kByte SRAM、串行通信控制器、中断控制器、看门狗电路等组成，在功能集成度、处理速度和软件开发等方面具有明显的优势。

Flash 用于固化系统启动引导程序、初始化程序的程序代码等。Flash 设计为 8 位只读，映射在存储空间。根据该器件的非易失性及可在线编程的特点，可以在卫星的地面软件开发、测试及在轨运行的各个阶段，很方便地根据工作模式的不同而对应用软件进行修改或扩充。SRAM 访问中的纠检错功能，以软件实现。另外，大量的实验和空间应用证明，Flash 具有非常好的抗辐射性能。

看门狗电路用看门狗单元实现，外部加少量电路配合实现狗咬复位、狗咬开电等功能。

（2）数据存储模块

数据存储模块由地址驱动、数据驱动、分页管理、块访问等部分组成，容量达到 2 MByte。存储器模块对遥测数据的存取可以采用 EDAC 来进行差错控制，能够检测 2 位错误，以及全 0、全 1 错，纠正 1 位错误。

由于 MEU 的强大性能，可以通过软件来实现纠检错功能。在存储器写周期，根据写入 RAM 的数据用修正汉明码生成校验码，一并写入 RAM；在存储器读周期，该校验码和数据共同被读出，依据一致校验矩阵（H）进行校验。

总容量 2M 的存储器，采用地址映射逻辑，实现管理和使用，映射区设定长度为 32 kByte。将 2M 用户存储区化分为 1 024 个相等存储空间，通过对片选寄存器写数据，以选择某一对应 RAM 区，再对段址寄存器端口写数据，就可实现对整个 2M 区的访问。

（3）接口模块

该模块包括数字 I/O 接口和模拟量 I/O 接口。

数字 I/O 接口可以通过编程设置为推挽模式或集电极开路模式，输入输出关系也可以通过编程进行预置，最多可支持 32 路。模拟量 I/O 接口支持 22 路模拟量输入，其中 8 路的转换精度可以达到 12 位；另外有两路模拟量输出，转换精度可以达到 12 位。

开关量输出为 OC 门输出，工作电压 0～30 V，工作电流 5 mA，输出阻抗不小于 20 kΩ。

模拟量采集均通过模拟开关以单端或差分方式输入给 A/D 转换器进行转换。每一路模拟量转换特性如下：

分辨率：8 位或 12 位；

转换精度：3‰；

信号范围：0～3 V；

模拟量输出路数：2 路；

转换分辨率：12 位；

转换精度：±7 LSB；

负载能力：5 mA；

输出阻抗：<5 kΩ。

（4）CAN 总线模块

控制器局域网（CAN－Controller Area Network）总线因为其高通信速率、高可靠性、连接方便和高的性能价格比等诸多优点，满足了星上通信网络的以下要求：

・通信实时性好，能够满足各种控制过程对响应时间的要求；

・通信可靠性高，要求网络传输必须具有极高的可靠性；

・体积小、质量轻、功耗小、价格低、使用简单方便、环境适应能力强等小卫星应用的客观要求。

CAN 总线属于现场总线的范畴。它是一种有效支持分布式控制或实时控制的串行通信网络，其位速率可高达 1Mbps。在 CAN 的总线通信接口中集成了 CAN 协议的物理层和数据链路层功能，可完成对通信数据的成帧处理。CAN 协议的一个最大特点是废除了传统的站地址编码。采用这种方法的优点是使网络内的节点个数在理论上不受限制，数据块的标识码可由 11 位或 29 位二进数组成，这种按数据块编码的方式，还可使不同的节点接收到相同的数据。数据段长度最多为 8 个字节，可以满足星上控制命令、工作状态计测试数据的要求。同时，8 个字节不会占用总线时间过长，从而保证了数据通信的实时性。CAN 协议采用 CRC 校验并提供相应的错误处理功能，保证了数据通信的可靠性。选用双冗余 CAN 总线，以星务中心计算机为中心形成面向自动化控制的星上通信网络，总线的切换由软件控制。

总线收发器，向总线提供差分发送能力、向 CAN 控制器提供差分接收能力。其特点如下：

・与 ISO 11898 标准完全兼容；

・达到 1MBaud 的高速；

・具有抗复杂环境下的瞬间干扰、保护总线能力；

・降低射频干扰的斜率控制；

・热防护；

・防护电源与地之间发生短路；

· 低电流待机方式；

· 某一个节点掉电不会影响总线；

· 可有 110 个节点。

MEU 内部的双冗余标准 CAN 总线接口，该接口提供了斜率控制端 Rs，系统中各个总线节点可以运行在高速模式（High－Speed Mode），该模式要求 Rs 端的电压满足 $V_{Rs} < 0.3VCC$；另外总线可以工作在待机模式（Stand－By Mode），该模式要求 $V_{Rs} > 0.75VCC$。MEU 的 CAN 总线接口设计对直接挂总线的各个节点进行了分析，全部工作在高速模式。

2.2.2.4　结构设计与热设计

MEU 采用灌封式模块化结构。壳体由强度较大的硬铝合金加工而成。插件板通过楔形锁紧机构压紧并灌封，使之成为紧凑式一体化结构。MEU 本体尺寸为 $27mm \times 29mm \times 15mm$。

MEU 是卫星的重要组成部分，使用过程中将承受运载火箭主动段飞行的振动载荷作用，若抗振动能力差，在使用过程中就会因振动作用而产生故障。故障普遍有以下两种情况：一种是在某个频点上共振产生的应力超过内部结构件、元器件的强度极限而引起强度损伤；另一种是振动产生的应力虽然未超过结构件、元器件所能承受的强度极限，但由于长时间振动应力的作用，而使设备产生疲劳损伤。为保证长时间可靠的工作，必须依据环境要求对计算机进行的抗振加固设计。计算机抗振能力主要取决于整机内零件强度的高低及减振缓冲装置的衰减性能。

抗振和缓冲措施主要包括：

1）结构件刚性化。目的是进一步增强结构件自身抗振能力，减小振动应力作用时的变形。

2）阻尼约束处理。减小基板有效面积，采用胶封提高阻尼。

为了进一步提高印制板的抗振能力，通过合理的元器件布局，有效减小印制基板在振动作用时的弯曲、变形。结构中的灌封材料为黏弹性阻尼材料，它是一种高分子材料，它在变形时会形成很大的阻尼。利用这种高阻尼特性，可将黏弹性阻尼材料黏合在印制基板表面与外加的金属约束层之间，当设备振动时，通过黏弹性阻尼层的变形来吸收并耗散振动能量。这种材料具有宽频带隔振特性，能在很宽的频率范围内拟制谐振峰值。一般经加固后的印制板在共振点上的传递率不大于 3。

元器件在印制基板上的安装和布局在满足电性能要求下，还应考虑抗振要求，大体积的元器件胶封在印制板上，对个别抗振性差的元器件局部灌封。

MEU 在采取上述减振加固措施后，其抗振能力得到了进一步的加强。这些加固措施已应用于小卫星的多种型号任务，证明是可行的。

MEU 采用两级传导的散热方式。元器件热耗散以传导的方式传向左右侧板，其传导途径：元器件—导热胶—左右侧板—机箱周围的热沉。功率较大的元器件贴装在导热板上，元器件和导热板间填加的导热绝缘胶可以消除空气间隙，减小元器件与导热板间的接触热阻，使元器件上的热量有效的传导到导热板上，这个过程完成第一级传导。插件板和电源板左右两侧铆装有楔形锁紧机构。通过旋紧锁紧机构，可使插件板上的导热板与机箱导轨槽紧密接触，从而使导热板上的热量有效地传导到主机箱，主机箱通过大面积的安装面和整星进行传导换热，另外主机箱外表面高发射率的表面处理层也可以和卫星内部结构进行辐射热交换。

2.2.2.5　可靠性与安全性设计

（1）可靠性设计与分析

为了确保和验证 MEU 的可靠性水平，进行了大量的可靠性设计与分析工作，其中的主要内容有：

1）可靠性设计准则和保证措施的落实情况。按照《可靠性保证大纲》和《安全性大纲》要求，逐项落实了星务分系统的可靠性设计准则，并采取了系统所要求的各项可靠性设计措施。这些措施主要有以下几点：

· 尽量采用成熟技术，充分继承了实践五号卫星的成功设计经验和技术；新技术的运用均进行了充分地验证。

· 采用汉明编码器件实现了存储器 SRAM 纠 1 检 2 的 EDAC 电路控制，提高了数据存储的可靠性和安全性。

· 设计有硬件看门狗自动切换电路，实现了具有狗咬复位等功能。

· 降额使用元器件，各元器件的主要应力参数均做到了 I 级降额。

· 确保元器件质量等级，工艺、原材料和技术状态的改变均严格受控，所有元器件入厂均进行了严格复验和筛选。

· MEU 的设计有相应的测试程序，有较良好的测试环境。

· 对产品进行了可靠性预计、元器件降额统计和 FMEA 分析。

· 制定了严格的措施，以确保产品在出厂前顺利通过单元测试、单机测试、老练运行、各项验收试验和出厂考核，并确定产品经过评审后方能放行。

2）可靠性预计和指标落实情况。按照《可靠性保证大纲》要求，首先针对产品建立了可靠性模型。此项工作包括两部分内容，即可靠性框图和可靠性数学模型。然后根据相应的模型，对 MEU 进行了可靠性预计。预计方法采用元器件计数法，预计环境为航天飞行（SF）。例如，中心计算机产品的可靠性预计结果为：在规定的航天飞行环境下，当任务时间为三个月时，产品的可靠性预计值为 0.998 27，满足 0.998 的任务可靠度要求；当任务时间为三年时，产品的可靠性预计值为 0.990 18，满足 0.99 的任务可靠度要求。

（2）电磁兼容性设计

1）电磁兼容性设计的主要任务是防止外界的电磁干扰，克服系统内部的相互干扰和系统设备的本身泄漏，以保证系统在电磁环境中安全可靠工作，且不干扰其他设备正常工作。电磁兼容性设计遵照 GJB 151A 的规定执行。电磁兼容性要求按《电磁兼容性规范》执行。

2）在整个系统设计中充分考虑诸如接地、屏蔽（含晶振的屏蔽）、模块间搭接以及抗瞬变干扰等问题。印制基板设计中采用多层布线技术，电源和地线独立占一层，铺设铜皮，减少印制线上的浪涌电流，消除局部电荷积累，提高卫星抗空间等离子充放电效应能力，保证元器件的安全使用。同时，在结构设计中也采取了提高 EMC 性能的措施：对铝材可以算出，1 mm 厚度的完全封闭的机箱足以满足屏蔽要求，在 20 kHz～1 GHz 范围内的屏蔽效果高于 100 dB。但是，实际的外壳不可能是一个完全封闭体，在箱体上肯定存在孔缝泄漏而降低屏蔽效果。因此，减小缝隙泄漏是主要对策，所采取的主要措施有：

· 提高结构件接缝面的表面光洁度，这样能减小缝隙宽度；

· 增加接触面接触压力；

· 接触面涂导电胶、衬导电密封圈，降低接触电阻；

· 减小螺钉间距。

外壳采取以上屏蔽措施后，屏效一般可达到 60 dB，能够满足总体使用要求。

（3）抗辐射设计

1）MEU 作为星上一体化电子系统的基础和高密度电子设备，在设计过程中需要重点考虑产品的空间辐射环境适应性。

2）空间辐射环境对中心计算机的影响主要包括三种：单粒子翻转效应、单粒子闩锁效应、总剂量效应。

3）单粒子闩锁效应的发生概率远远低于单粒子翻转效应的发生，但由于单粒子闩锁效应极易产生电路的永久性失效，所以在航天应用中必须妥善解决。单粒子闩锁效应防护设计的思路是将闩锁防护与闩锁恢复技术结合起来，一旦发生闩锁，首先要做到安全防护，不能损伤器件，然后再由计算机系统进行自主恢复或由地面遥控加电/断电指令实现人工干预恢复。例如星务中心计算机就是采用星载自主加断电恢复措施。

空间总剂量一般选用抗辐照剂量较高的元器件。另外，也可通过加厚设备铝合金机壳或元器件上外加钽壳加强防护。例如：定型的星务中心计算机采用 1.5 mm 的铝合金机壳，设备内部 3 年末辐照总剂量为 $5.83×10^3$ rad（si）。我们选择的高等级器件辐照总剂量为十几到几十 krad（si）的级别，关键部分采用的抗辐照器件总剂量达到了上百 krad（si）的级别，均能满足总剂量的要求，所选用的汽车工业级 CAN 总线器件 82C250 等器件进行了抗辐照总剂量试验，总剂量达到 18 krad（si）。

（4）电子元器件的降额设计

执行星上电子元器件质量等级和筛选条件要求，选用电路组成简单和集成度高的器件或组件，正确使用元器件。减少元器件的品种规格和数量。采用 CMOS 器件。设计中关于元器件最重要的内容就是进行元器件的降额设计。

元器件降额设计的依据文件为：

1）GJB/Z 35 — 93 元器件降额准则。

2）Q/Al. J 0047－1998 航天计算机元器件降额规范。

3）按照《GJB/Z 35－93 元器件降额准则》中有关"不同应用的降额等级"要求，结合设备的实际情况（特别是高可靠性指标要求），确定本设备各元器件主要应力参数的降额等级为Ⅰ级降额，特殊情况下应有明确的说明。

4）降额工作的具体分工按《Q/Al. J 0047－1998 航天计算机元器件降额规范》执行。

元器件降额设计需按照如下要求执行：

1）设计师按照降额等级要求选择高质量等级的元器件，进口集成电路除个别器件为军温级器件外，其余均为 883B 级器件；国产阻容元件和分立元器件质量等级均为七专或七专加严级以上。器件的额定工作环境温度为－40～85℃，确保了器件的最高结温降额系数满足Ⅰ级降额要求。

2）集成电路（特别是大规模集成电路）等元器件的降额设计重点考虑降低器件的"工作结温"、工作频率和输出电流。如前所述，设备的工作环境温度最高为 50℃，远低于器件的最高工作环境温度 85℃，器件的"最高结温"在器件正常工作的条件下不会超过 85℃。同时，通过分析可知：器件的工作频率和输出电流等设计合理，尽可能地降低了器件的工作温度和失效率，提高了器件的使用可靠性。

3）对阻容元件的功率等应力参数进行了重点设计和复核，确保了阻容元件各应力参数的降额系数满足Ⅰ级降额要求。

通过降额分析与复核，各元器件的主要应力参数的降额系数均满足Ⅰ级降额要求。

（5）安全性设计

1）产品的安全性设计最主要采取的措施就是针对电子元器件安全使用的降额设计，除此之外，保证产品的电磁兼容性和空间环境的适应性，也是提高产品安全性的重要手段。

2）除此之外，接口部分设计了保护电阻，所有不用的 CMOS 电路输入端不悬空，提高设备的 ESD 防护能力。在接口电连接器的设计中，考虑了防误插，提高产品的使用安全性。

3）在产品的研制生产过程中，确保产品的防护罩、包装等防护材料的完整性和完好性，严格执行生产工艺规定，杜绝不安全因素的发生，确保产品的质量可靠。

2.2.3　内嵌式计算机的抗干扰技术

内嵌式计算机抗干扰技术需要从元器件级、系统级和软件三方面进行有效设计。

元器件级方面的有效设计包括有：1）降额使用元器件，设计时应按国军标 GJB/Z 35《元器件降额准则》的要求选用元器件参数；2）设计时消除单点失效，从设备和分系统级消除单点故障产生的危害。

系统级方面的有效设计包括有：1）在电路设计中采取 CMOS 抗闩锁措施；2）冗余设计，采用主备机、双冗余总线，信息多路径以提高信息传数的可靠性；3）采用成熟的技术和成熟的电路，包括温度测量、加热回路控制、指令输出、CAN 总线接口等。

　　软件方面的有效设计包括有：1）为了增加卫星的应急措施，星务软件具有在轨注入、重构和修改的能力；2）软件设计中采用防错设计和容错设计，对上行遥控数据进行充分检查，程控指令自动排序，CAN 总线通信协议具有检错能力；3）用指定的语言和编写规则进行源代码编制并调试，尽量采用高级语言（C 语言）编程。

　　提高抗干扰的措施最理想的方法是抑制干扰源，使其不产生干扰或将其干扰影响限制在允许的范围之内。由于星内现场干扰源的复杂性，要想对所有的干扰源都做到使其不向外产生干扰，几乎是不可能的，也是不现实的。另外，来自于空间环境的干扰源也是无法避免的。因此，在卫星开发和应用中，除了对一些重要的干扰源进行抑制外，更多的则是在产品内设法抑制外来干扰的影响，以保证系统可靠地工作。抑制干扰的措施很多，主要包括屏蔽、隔离、滤波、接地和软件处理等方法。

2.2.3.1　干扰源

　　干扰是指对系统的正常工作产生不良影响的内部或外部因素。从广义上讲，机电一体化系统的干扰因素包括电磁干扰、温度干扰、辐射干扰和振动干扰等，在卫星上的众多干扰中，电磁干扰和辐射干扰最为普遍，且对控制系统和星务系统影响最大。本节重点介绍辐射干扰和电磁干扰的相关内容。

　　电磁干扰是指在工作过程中受环境因素的影响，出现的一些与有用信号无关的，并且对系统性能或信号传输有害的电气变化现象。这些有害的电气变化现象使得信号的数据发生瞬态变化，增大误差，出现假象，甚至使整个系统出现异常信号而引起故障。例如传感器的导线受空中磁场影响产生的感应电势会大于测量的传感器输出信号，使系统判断失灵。

　　辐射干扰是指在空间辐射环境下引起电子电路工作失误或电性能变化。例如空间单粒子击翻计算机中的存储单元，造成数据错误，引发程序跑飞。

抗干扰技术就是研究干扰源、干扰的传播方式和避免干扰的措施（对抗）等问题。由于卫星整体属于机电一体化系统，既要避免外界干扰，也要考虑自身的内部相互干扰，同时还要防止对环境的干扰污染。根据干扰的定义可以看出，某些信号之所以是干扰，是因为它对其他信号造成的不良影响，反之，不能称其为干扰。干扰的形成包括三个要素：干扰源、传播途径和接受载体。消除三个要素中的任何一个，都会避免干扰。抗干扰技术就是针对三个要素的研究和处理。

1）产生干扰信号的设备称作干扰源，如大负荷设备、充放电设备、继电器、微波设备、电机等都可以产生空中电磁信号。太阳和宇宙射线也属于干扰源。

2）传播途径是指干扰信号的传播路径。电磁信号在空中直线传播，并具有穿透性，称之为辐射方式传播；电磁信号借助导线传入设备的传播被称为传导方式传播。传播途径是干扰扩散和无所不在的主要原因。

3）接受载体是指受影响的设备的某个环节吸收了干扰信号，并转化为对系统造成影响的电器参数。使接受载体不能感应干扰信号，或弱化干扰信号使其不被干扰影响就提高了抗干扰的能力。接受载体的接受过程又称为耦合，耦合分为两类，传导耦合和辐射耦合。传导耦合是指电磁能量以电压或电流的形式通过金属导线或集中元件耦合至接受载体，辐射耦合指电磁干扰能量通过空间以电磁场形式耦合至接受载体。

2.2.3.2　抗电磁干扰技术

按干扰的耦合模式分类，电磁干扰包括下列类型。

1）静电干扰。大量物体表面都有静电电荷的存在，特别是含电气控制的设备，静电电荷会在系统中形成静电电场。静电电场会引起电路的电位发生变化；会通过电容耦合产生干扰。静电干扰还包括电路周围物件上积聚的电荷对电路的泄放，大载流导体（输电线路）产生的电场通过寄生电容对机电一体化装置传输的耦合干扰等。

2）磁场耦合干扰。大电流周围磁场对机电一体化设备回路耦合形成的干扰，动力线、电动机、发电机、电源变压器和继电器等都会产生这种磁场。产生磁场干扰的设备往往同时伴随着电场的干扰，因此又统一称为电磁干扰。

3）漏电耦合干扰。绝缘电阻降低而由漏电流引起的干扰，多发生于工作条件比较恶劣的环境或器件性能退化、器件本身老化的情况下。

4）共阻抗干扰。共阻抗干扰是指电路各部分公共导线阻抗、地阻抗和电源内阻压降相互耦合形成的干扰。这是机电一体化系统普遍存在的一种干扰。由于接地电阻的存在，接地电位不同，导致各电路的不稳定。

5）电磁辐射干扰。由各种大功率高频、中频发生装置，各种电火花以及电台、电视台等产生的高频电磁波，向周围空间辐射，形成电磁辐射干扰。雷电和宇宙空间也会有电磁波干扰信号。

提高抗干扰的措施最理想的方法是抑制干扰源，使其不向外产生干扰或将其干扰影响限制在允许的范围之内。由于星内现场干扰源的复杂性，要想对所有的干扰源都做到使其不向外产生干扰是不可能的，也是不现实的。另外，来自于电源母线和外界环境的干扰，机电一体化产品用户环境的干扰源也是无法避免的。因此，在产品开发和应用中，除了对一些重要的干扰源进行抑制外，更多地则是在产品内设法抑制外来干扰的影响，提高设备本身的抗干扰能力，以保证系统可靠地工作。

抑制干扰的措施很多，主要包括屏蔽、隔离、滤波、接地和软件处理等方法。

（1）屏蔽

屏蔽是利用导电或导磁材料制成的盒状或壳状屏蔽体，将干扰源或干扰对象包围起来从而割断或削弱干扰场的空间耦合通道，阻止其电磁能量的传输。按需要屏蔽干扰场的性质不同，可分为电场屏蔽、磁场屏蔽和电磁场屏蔽。这就是星内设备需要适度的机壳的原因之一。

电场屏蔽是为了消除或抑制由于电场耦合引起的干扰，通常用铜和铝等导电性能良好的金属材料作屏蔽体。屏蔽体结构应尽量完整严密并保持良好的接地。星务主机机箱结构，箱盖和箱体的银嵌凸凹结构，其间的导电胶卷都是为屏蔽所设的。同轴电缆和金属屏蔽线也是为屏蔽所设的。

磁场屏蔽是为了消除或抑制由于磁场耦合引起的干扰。对静磁场及低频交变磁场，可用高磁导率的材料作屏蔽体，并保证磁路畅通。对高频交变磁场，由于主要靠屏蔽体壳体上感生的涡流所产生的反磁场起排斥原磁场的作用。选用材料也是良导体，如铜、铝等。特别是对于小卫星要求星体剩余磁量要低，否则在轨运行时，与地磁场相互作用，形成对卫星运行姿态的干扰，造成姿态控制的能耗和性能降低。

屏蔽的效果与屏蔽层的数量和厚度有关。

（2）隔离

隔离是指把干扰源与接收载体隔离开来，使有用信号正常传输，而干扰耦合通道被切断，达到抑制干扰的目的。常见的隔离方法有光电隔离、变压器隔离和继电器隔离等方法。

1）光电隔离。光电隔离是以光作媒介在隔离的两端间进行信号传输的，所用的器件是光电耦合器。由于借助于光作为媒介物进行耦合，因而具有较强的隔离和抗干扰的能力。由于光电耦合器的电气特性方便使用，具有共模抑制比大、无触点、寿命长、易与逻辑电路配合、响应速度快、小型、耐冲击且稳定可靠等优点，因此在机电一体化系统特别是数字系统中得到了广泛的应用。星上有效载荷的电机控制电路中常采用此法隔离强电与弱电之间的耦合。

2）变压器隔离。对于交流信号和脉冲信号的传输，一般使用变压器隔离干扰信号的办法。隔离变压器也是常用的隔离部件，用来阻断交流信号中的直流干扰和抑制低频干扰信号的强度。隔离变压器把各种模拟负载和数字信号源隔离开来，也就是把模拟地和数字地断开。传输信号通过变压器获得通路，而共模干扰由于不形成回路而被抑制。

3) 继电器隔离。继电器线圈和触点仅在机械上形成联系，而没有直接的电的联系，因此可利用继电器线圈接受电信号，而利用其触点控制和传输电信号，从而可实现强电和弱电的隔离。同时，继电器触点较多，且其触点能承受较大的负载电流，因此应用非常广泛。实际使用中，继电器隔离只适合于开关量信号的传输。星上供配电系统控制中，常用弱电开关信号控制继电器线圈，使继电器触电闭合和断开供电通道。

（3）滤波

滤波是抑制干扰传导的一种重要方法。由于干扰源发出的电磁干扰的频谱往往比要接收的信号的频谱宽得多，因此，当接受器接收有用信号时，也会接收到那些不希望有的干扰。这时，可以采用滤波的方法，只让所需要的频率成分通过，而将干扰频率成分加以抑制。常用滤波器根据其频率特性又可分为低通、高通、带通、带阻等滤波器。低通滤波器只让低频成分通过，而高于截止频率的成分则受抑制、衰减，不让通过。高通滤波器只通过高频成分，而低于截止频率的成分则受抑制、衰减，不让通过。带通滤波器只让某一频带范围内的频率成分通过，而低于下截止和高于上截止频率的成分均受抑制，不让通过。带阻滤波器只抑制某一频率范围内的频率成分，不让其通过，而低于下截止和高于上截止频率的频率成分则可通过。目前，对于滤波，在许多情况下已经实现软件化了。

（4）接地

将电路、设备机壳等，与作为零电位的一个公共参考点（卫星地）实现低阻抗的连接，称之为接地。接地的目的有两个：一是为了安全，在地面测试时，当卫星地与大地相接，如果卫星设备中存在漏电时，不致影响人身安全，称为安全接地；二是为了给星上设备提供一个基准电位，如遥测数据的零电位点等，或为了抑制干扰，如屏蔽接地等，称为工作接地。工作接地包括一点接地和多点接地两种方式。

　　在小卫星内，对于低频信号采用单点接地，因为各电路的地电位只与本电路的地电流和地线阻抗有关，不会因地电流而引起各电路间的耦合。这种方式的缺点是，需要连很多根地线，用起来比较麻烦。因此，设计时要综合考虑各种地线的布局和接地方法。接地系统形成多个通道。其一是信号接地通道，它将所有小信号、逻辑电路的信号、灵敏度高的信号的接地点都接到信号地通道上，它是信号电流流回信号源的低阻抗路径。其二是功率接地通道，将所有大电流、大功率部件、功率 MOS 管、继电器、大电流部分的接地点都接到这一地线上。其三是机械接地通道，将机壳接地点、电缆屏蔽层都接到这一地线上，此地线又称安全地线通道。将这三个通道再接到卫星总的公共接地点上，公共接地点在地面测试时与大地接触良好，一般要求地电阻小于 $4\sim7\Omega$，截面积为 $5.5\sim14\ mm^2$ 的接地电缆。因此，这种地线接法有较强的抗干扰能力，能够保证卫星在地面测试中的正常运行。

　　对于射频信号采用多点接地，这是卫星星上条件所决定的。

2.2.3.3　抗空间环境辐射干扰技术

　　(1) 元器件单粒子敏感度评估

　　通过评估，尽可能选择单粒子效应敏感度低的器件。

　　· 对于单粒子引起的翻转，敏感度从低到高顺序可以排列为：CMOS/SOI—CMOS/SOS—体硅 CMOS—NMOS—IIC—TTL

　　· 单粒子引起的闩锁，推荐用 CMOS/SOI、CMOS/SOS 或者外延 CMOS 工艺器件。CMOS/SOI 和 CMOS/SOS 不存在闩锁问题。外延 CMOS 器件的单粒子闩锁的阈值一般较高。

　　(2) 单粒子事件的防护设计

　　· 采用硬件和软件的冗余和容错技术进行系统的单粒子事件防护设计；

　　· 对于存储器和数据存储有关的器件，采用 EDAC 电路进行单粒子翻转检测和修复；

・采用三重冗余存储及表决系统；主要数据、中断矢量等需固化在 PROM 中；

・对于和控制有关的器件，例如 CPU 等，须在硬件设计时采用多级冗余和容错系统，如采用双机或三机表决式容错方法；采用硬件定时看门狗。在软件设计中，采用自检、诊断、多重编码、程序卷回等方式。

2.2.3.4　软件抗干扰技术

由于干扰引起的误动作多是偶发性的，因此应采取某种措施，使这种偶发的误动作不致直接影响系统的运行。因此，在软件总体设计上必须设法使干扰造成的这种故障能够尽快地恢复正常。通常的方式是，在硬件上设置某些自动监测电路，对一些薄弱环节加强监控，以便缩小故障范围，增强整体的可靠性。在硬件上常用的监控和误动作检出方法通常有：程序运行时间监测电路（如硬看门狗），数据传输的各种检验字（如输入电路有关代码的输入奇偶校验），存储器的奇偶校验以及运算电路、译码电路和时序电路的有关校验等。

从软件的运行来看，瞬时电磁干扰会影响：堆栈指针 SP、数据区或程序计数器的内容，使 CPU 偏离预定的程序指针，进入未使用的 RAM 区和 ROM 区，引起一些如死机、死循环和程序"飞掉"等现象，因此，要合理设置软件"陷阱"和"看门狗"，并在检测环节进行数字滤波（如粗大误差处理）等。

因此，软件抗干扰主要有三种方法。

・采用软件方法抑制叠加在输入信号上的噪声影响，如模拟量或开关量输入信号的数字滤波；

・由于干扰而诱发程序发生混乱，导致程序乱飞或陷入死循环，采取使程序回归正常的措施，如指令冗余、软件性陷阱、"看门狗"技术等；

・发现程序失控后，使系统恢复正常运行的方法，如重要信息的恢复、系统重启的条件。

（1）数字量软件滤波技术

它是通过一定的计算和判断程序，减少干扰在有用信号中的比重。实质上它是一种程序滤波，相对于模拟滤波来说有如下的优势：

·它用程序实现，不需要增加硬件、可靠性高、稳定好；

·对信号可实施很低的频率进行滤波，如：0.01 Hz，模拟滤波器是不可能实现的；

·可以依据不同信号，方便选用不同的滤波方法和参数，具有灵活、方便、功能强的优点。

主要的数字滤波技术有 5 种。

1）算术平均值滤波法。对输入 n 个采样数据 X_i（$i=1$，2，…，n），寻求这样一个 Y，使得 Y 与各个采样数据之间的偏差的平方和最小，即

$$E = \min\left\{ \sum_{i=1}^{n} (Y - X_i)^2 \right\}$$

由求极值原理可得

$$Y = \frac{1}{n} \sum_{i=1}^{n} X_i$$

注意，随 n 的增加对噪声的平滑度提高，但对信号的灵敏度降低。所以，要根据具体情况对 n 选择，以满足滤波效果。它适用于具有周期性干扰噪声的信号，对于偶发脉冲干扰信号效果不理想。这种方法，在星务系统的 MEU 中，常用于遥测采集数据的平滑、去噪。另外，如果需要增加不同采样数据在平均值中的比重，可次采用加权平均值滤波法。它的滤波公式如下

$$Y = \sum_{i=1}^{n} \alpha_i X_i$$

其中，α_i 是加权系数，且有 $\sum_{i=1}^{n} \alpha_i = 1$。

2）中值滤波法。对被测量连续采样 n 次（$n \geq 3$，且为奇数），按大小顺序排列，取中间值作为有效值。它对脉冲干扰信号等偶发因素引起的干扰有良好的滤波效果，常用于缓变被测量的脉冲干扰

剔除。中值滤波和平均值滤波法结合使用，效果很好。即剔除若干较大值和若干较小值，剩下的中间值进行算术平均。去脉冲干扰平均值滤波法在星务系统的 MEU 中也被采用。

3）滑动平均值滤波法。建立一个先进先出循环队列缓冲区，长度固定为 n。新数据存入队尾，丢掉队首的一个最老数据。然后将包括新数据的 n 个数据算术平均，作为有效数据使用，从而提高系统的响应速度和测量精度。此法对周期干扰有良好的抑制作用，平滑度高，但对偶发脉冲干扰抑制作用差。

4）限幅滤波法。设置被测量的上限值 X_H 和下限值 X_L。

当 $X(i) \geqslant X_H$ 时，取 X_H 作为有效值，即 $X(i) = X_H$。当 $X(i) \leqslant X_L$ 时，取 X_L 作为有效值，即 $X(i) = X_L$。只有当 $X_L < X(i) < X_H$ 时，才取 $X(i)$ 作为有效值。

除限幅外，有时还加有限速。设置在采样周期 T 内被测量最大的变化值：ΔX_0。当 $| X(i) - X(i-1) | \leqslant \Delta X_0$ 时，取 $X(i)$ 作为有效值。否则，当 $| X(i) - X(i-1) | > \Delta X_0$ 时，取 $X(i-1)$ 作为有效值，即 $X(i) = X(i-1)$。

注意，X_H、X_L、ΔX_0 的选择要根据实际情况进行，否则达不到滤波效果，反而会降低控制品质。限幅滤波法在控制系统的变量测量结果处理中，常常被使用。

5）惯性滤波法。常常使用的 RC 滤波器，传递函数为

$$\frac{Y(s)}{X(s)} = \frac{1}{1 + T_f s}$$

其中，$T_f = RC$ 是滤波时间常数。写成差分方程

$$T_f \frac{Y(n) - Y(n-1)}{T_s} + Y(n) = X(n)$$

即

$$Y(n) = \frac{T_s}{T_s + T_f} X(n) + \frac{T_f}{T_s + T_f} Y(n-1) = (1 - \alpha) X(n) + \alpha Y(n-1)$$

其中，T_s 是采样周期，α 是滤波系数。适当选择 α 可使被测参数既不出现明显的纹波，又不会产生太大的延缓。

（2）开关量的软件抗干扰技术

对输入量抗干扰的措施。因为干扰信号多呈现毛刺状，作用时间短，故对其多次重复采样，直到连续两次或多次结果一致时，方为有效。例如：遥控单元输入信道主要有同步信号 CP 和 PCM 信号，两者之间有一定的时序关系。如果 PCM 信号因干扰产生毛刺，就有可能产生误码，所以对于每一比特数据的取值，都要采样三次，用三取二比对的方式，而且每一次取值有一定的时间间隔。这样就消除了因 PCM 毛刺带来的误码。

同样，在星务系统的所有下位机中，保存关键的数据和程序代码也采用类似的办法，存档于三处，使用前用三取二比对的方式抗干扰，有一定的效果。

（3）CPU 抗干扰技术

当干扰作用于 CPU 本身，使得 CPU 不能按正常状态执行程序，引起混乱，克服办法有：

1）休眠抗干扰。当 CPU 不工作时，把它置于休眠状态。这时仅有定时/计数系统、中断系统处于值班状态。CPU 对系统三总线上出现的干扰不会作出反应，从而大大降低系统对干扰的敏感程度，同时还可以节省能源。例如，星务系统遥控单元的小数传计算机在数传门关的状态下，处于休眠态，不接受任何上注数据，避免地面破坏性干扰。只有当接收到数传门开指令后，激活该 CPU 进入工作态，才能接收地面上注数据。

2）指令冗余。当 CPU 受到干扰后，往往会将操作数当作操作码执行，造成混乱。故应该多用单字节指令，在关键地方插入一些单字节指令或将有效单字节指令重复书写，提高走飞程序回归正轨的机会。这就是所指的指令冗余。故在一些对程序流向起决定作用的指令前，插入 NOP 指令，以保证走飞的程序迅速返回正确的程序轨道。这些指令有：RET、LCALL、LJMP、JZ 等。显然，这种方法可以减少程序走飞的次数，使其很快返回程序轨道。但它并不能保证失控期间"不干坏事"，更不能保证返回后太平无事。同时这种方法还降低了指令的执行效率。

3）软件陷阱。这是指用一串引导指令，强行将捕获的"走飞"程序引向一个指定的地址，在那里有一段专门对出错进行处理的程序。一般软件陷阱由三条指令组成：

NOP

NOP

LJMP ERR；ERR 为错误处理程序入口

软件陷阱一般安排在：未使用的中断矢量区；未使用的大片ROM区；表格区尾部；程序区内程序断裂点等地方。程序断裂点，如：LJMP，RET 等指令后，正常执行的程序到此就不会继续往下执行了。如果还要顺序执行就是错误，就用所设陷阱将其捕获。

4）程序运行监视系统（看门狗）。如果走飞程序到了一个临时构成的死循环中，冗余指令和软件陷阱就无能为力了。这时系统会完全瘫痪，解决的办法，其一是借用遥控复位命令或关机重启，其二是自主管理用程序运行监视系统，即俗称的看门狗。它是一个独立工作的定时器，基本上不依赖于 CPU 工作。CPU 仅在一固定时间间隔内和该系统打一次交道，喂一次狗，用以表明系统"目前工作正常"。当 CPU 掉入死循环中，该系统得不到喂狗信号，能及时发现并使系统复位。

5）重要数据异地存储。措施1）、2）、3）仅仅希望CPU少出现因干扰诱发的故障，4）是及时发现，并使 CPU 退出。另外，还需要让计算机恢复被破坏了的现场，继续进行正常的工作。卫星用嵌入式计算机软件基本上是周期循环方式。程序破坏后，可以重复再来。需要急救恢复的现场是：运行程序所预置的参数、模式、流程、时间、状态等。CPU 受到干扰，复位、关机重启，往往将这些数据丢失。它们需要在丢失前预先保存，恢复后要回传。为此，星务系统基于星上计算机群的多机协同工作原则，利用星上网建立"重要数据异地存储"功能。这是恢复计算机到正常工作状态的重要措施，是提升卫星自主管理水平的方法。星上所有下位机或 MEU 的重要数据都保存在星务调度单元（星务主机）内，并周期性地更新。当某一下位机需要时，返回作为其恢复"现场"之用。这些全星下位机和星务主机的重要数据，作为备份又保存在内务下位机中，防备星务主机的丢失。内务下位机是星务主机的补充，协助其工作，完成赋予它的特殊任务。

2.2.3.5 提高系统抗干扰能力的设计

从整体和逻辑线路设计上提高机电一体化产品的抗干扰能力是整体设计的指导思想，对提高系统的可靠性和抗干扰性能关系极大。对于一个新设计的系统，如果把抗干扰性能作为一个重要的问题来考虑，则系统投入运行后，抗干扰能力就强。反之，如等到设备到现场发现问题才来修修补补，往往就会事倍功半。因此，在总体设计阶段，有几个方面必须引起特别重视。

（1）逻辑设计力求简单可靠

对于一个具体的机电一体化产品，在满足生产工艺控制要求的前提下，逻辑设计应尽量简单，以便节省元件，方便操作。因为在元器件质量已定的前提下，整体中所用到的元器件数量愈少，系统在工作过程中出现故障的概率就愈小，亦即系统的稳定性愈高。可靠性的元件计数法就是这个意思。

（2）元器件的降额使用原则

对于一个具体的线路，必须扩大线路的稳定储备量，留有一定的负载容度。因为线路的工作状态是随电源电压、温度、负载等因素的大小而变的。当这些因素由额定情况向恶化线路性能方向变化，最后导致线路不能正常工作时，这个范围称为稳定储备量。此外，工作在边缘状态的线路或元件，最容易接受外界干扰而导致故障。因此，为了提高线路的带负载能力，应考虑留有负载容度。比如一个 TTL 集成门电路的负载能力是可以带 8 个左右同类型的逻辑门，但在设计时，一般最多只考虑带 5~6 个门，以便留有一定裕度。这就是卫星的"降额使用"原则。

（3）硬件自检测和软件自恢复的设计

由于干扰引起的误动作多是偶发性的，须应采取某种措施，使这种偶发的误动作不致直接影响系统的运行。因此，在总体设计上必须设法使干扰造成的这种故障能够尽快地恢复正常。通常的方式是，在硬件上设置某些自动监测电路，对一些薄弱环节加强监控，以便缩小故障范围，增强整体的可靠性。在硬件上常用的监控和误动作检出方法有数据传输的奇偶检验（如输入电路有关代码的输入奇偶校验）、存储器的奇偶校验，以及运算电路、译码电路和时序电路的有关校验等。从软件的运行来看，瞬时电磁干扰会影响：堆栈指针 SP、数据区或程序计数器的内容，使 CPU 偏离预定的程序指针，进入未使用的 RAM 区和 ROM 区，引起一些如死机、死循环和程序"飞掉"等现象，因此，要合理设置软件"陷阱"和"看门狗"并在检测环节进行数字滤波（如粗大误差处理）等。

（4）从安装和工艺等方面采取措施以消除干扰

1）合理选择接地，合理分开模拟电路接地和数字接地、信号地和功率地是很重要的，地线是内部交叉干扰的重要原因。

2）合理选择电源，合理选择电源对系统的抗干扰也是至关重要的。电源是引进外部干扰的重要来源。

3）合理布局，对机电一体化设备及系统的各个部分进行合理的布局，能有效地防止电磁干扰的危害。合理布局的基本原则是使干扰源与干扰对象尽可能远离，输入和输出端口妥善分离，高电平电缆及脉冲引线与低电平电缆分别敷设等。对空间环境的各设备之间也存在合理布局问题。不同设备对环境的干扰类型、干扰强度不同，抗干扰能力和精度也不同，因此，在设备位置布置上要考虑设备分类和环境处理，如精密检测仪器应放置在恒温环境，并远离有机械冲击的场所，弱电仪器应考虑工作环境的电磁干扰强度等。

2.3　嵌入式系统软件及 MEU 配套软件

2.3.1　常用的嵌入式软件架构

2.3.1.1　循环控制架构

　　嵌入式系统通常是要提供多项任务的运行，其实现的方法是靠 CPU 在这些多任务中转换、调度。由于 CPU 只有一个，只有轮流服务于其中一个任务。所以，嵌入式软件构建一个简单的无限的循环，在循环中依次调用各个子程序，每个子程序服务于一个相应的任务，管理硬件或者软件的某一部分，完成相应的动作。硬件和软件的实时中断通常用来设置标记或者更新暂时寄存器，用于提供给其他部分的软件读取和使用这些标记或寄存器。这种软件架构如图 2-5 所示。无限的循环部分称为应用程序的任务级，中断服务程序称为应用程序的中断级。

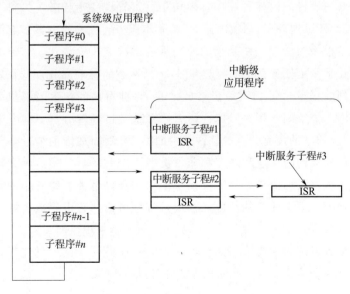

图 2-5　简单控制循环软件架构

通常在循环中有一些子程序使用周期性的实时中断控制一组软件定时器，当一个定时器时间到的时候就会运行相应的子程序或者设置相应的标志，从而使用简单的 API 来完成周期循环的控制任务。这种系统的优势是它的简单性，并且在很小的软件上循环运行得很快，似乎是所有控制任务都在并行工作。它的另外一个优势是这种系统保证运行软件的质量，容易查清不好的运行结果的原因。

简单控制循环的一个主要缺点，是它无法保证响应特定硬件事件的时间。应该细心地设计，以保证中断不会被长时间禁止，中断代码就可以在非常精确的时间运行。控制循环的另外一个缺陷，是增加新的特性进行修改的时候会变得复杂，需要花费很长时间。

早期星务系统的许多下位机都采用这种架构进行编程。

2.3.1.2　非抢先式架构

非抢先式任务系统非常类似于上面的系统，只是这个循环是隐藏在专门设置的内核程序中。内核是负责管理各个任务，为每个任务分配 CPU 时间，提供任务切换的基本服务。这样做，其旨在于简化应用程序的设计，使复杂的应用程度层次化、模块化。非抢先式内核要求每个任务自主放弃对 CPU 的所有权。这就是说，我们定义一系列的任务，每个任务获得自己的子程序栈，当它任务完成后，它调用一个空闲子程序（如：调用"暂停"、"等候"、"让位"等），退出对 CPU 的占有。这种软件架构如图 2-6 所示。

这种架构的优点和缺点都非常类似于控制环，只是这种方法添加新的软件更加简单，只需要简单地编写新的任务，将它添加到任务队列中，至于任务的调度无需应用程序考虑，它由内核程序自动实现。

星务系统的主机采用此种方法，所有任务处于同一优先级，任务一个一个接着运行，按非抢先式任务进行编程。

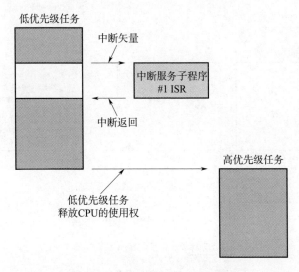

图 2-6　非抢先式内核软件架构

2.3.1.3　抢先式架构

使用上面的非抢先式任务系统，最大的缺点是响应时间。从一个低优先级任务转到高优先级任务，必须首先由抢先式定时器或者其他中断运行后，设置标志，返回低优先级任务，通知它，由它自动释放对 CPU 的使用权，然后再转向已经就绪的高优先级任务。这样就延误了切换时间。为了加快响应时间，使用抢先式任务，如图 2-7所示。当运行任务使某一高优先级任务进入就绪的状态，当前任务的 CPU 使用权被剥夺或被挂起，高优先级任务抢占 CPU 使用权。当中断程序引发某一高优先级任务进入就绪的状态，中断返回后，转移 CPU 使用权给高优先级任务。

这样系统就突然变得很不一样了。任何一个任务的代码都有可能损害其他任务的数据使其受到改写。为此，对于共享数据的访问必须使用一些同步策略进行控制，如消息队列、信号灯或者非阻塞同步机制。

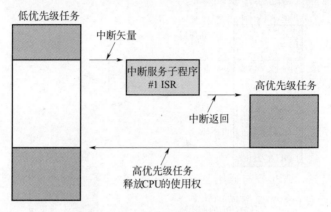

（a）中断引起任务切换

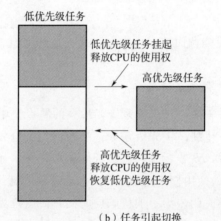

（b）任务引起切换

图 2-7　抢先式内核软件架构

2.3.1.4　面向应用的嵌入式实时操作系统

　　近来嵌入式系统出现了许多新的特点，特别是无处不在的数字化和无处不在的通信，嵌入式系统开发迫切需要面向应用的、可裁剪的嵌入式实时操作系统，即特定应用的嵌入式实时操作系统（Application Specific Operating Systems，ASOS）。它是指面向应用的、专用特制的嵌入式实时操作系统。它除具有基本的处理多任务、文件及设备驱动的操作系统功能外，还应具有如下系统特性：

　　·面向特定应用的简化型系统调用接口，专门支持一种或一类嵌入式应用；

　　·最小内核处理集，系统开销小，运行效率高，并可用于各种非计算机设备；

　　·可裁剪的系统体系结构，提供多层次的系统体系结构；

　　·具有各种即插即用的设备驱动接口；

　　·具有网络功能，为各种"交互"计算设备预留接口。

　　显然，ASOS 与通用型 RTOS 相比较，有以下差别：

　　·ASOS 更强调面向应用的功能专用性，如面向某一应用的高可靠性的部分功能集，而并不像 RTOS 的系统通用性与系统资源可配置性；

　　·ASOS 更强调面向应用的实时高性能，而 RTOS 强调系统的整体效率；

　　·ASOS 更强调系统结构的可裁剪性；

　　·ASOS 更强调与 Internet 或星上网的连接。

　　面向应用的嵌入式操作系统 ASOS 已经引起许多相关行业的重视，我们针对 MEU 专门研制开发了 DFH－OS for MEU，它成为星上嵌入 MEU 产品软件的核心。

2.3.2　DFH－OS for MEU 的系统概述

　　MEU 配套专用的实时多任务操作系统即 DFH－OS 操作系统，是东方红卫星公司为新一代多任务小卫星平台 CAST 100 开发的软件组成部分。DFH－OS 的目的是为各星上分系统接入星上网提供统一的软件协议规范，为星上设备软件编写提供统一的多任务实时开发环境，专门配合嵌入式系统 MEU 使用。

　　DFH－OS 提供了一套统一的软件开发框架，在系统层以库文件的方式封装了抢占式的实时多任务内核。系统通过封装卫星各设备接入星上网的通信协议，以用户级的虚拟星上网保障网络通信的一致性和稳定性。系统提供了 Uart 异步通信，模拟量采集，Flash 存储器，数字量输出等底层硬件 API 接口函数。

DFH - OS 的内核特点如下：

·微内核。由于硬件平台资源有限（64 kB Flash，256 字节 RAM），所以 DFH - OS 设计为一款微内核操作系统，可裁剪，全部的核心代码只要 10 几 kB。用户可根据不同的应用需求对操作系统进行配置，减少软件冗余，最小内核可编译至 2kB 以内。在满足功能要求的情况下尽量减少资源消耗，便于系统升级。

·多任务。可以处理和调度最多 60 个任务，任务优先级支持动态调整。

·强实时性。采用基于优先级的抢占式任务调度策略，优先级算法采用查表法，切换速度快。

·移植性好。95％以上的代码用 C 语言编写，便于在不同平台间移植。

·稳定性高。已在希望一号等卫星上在轨运行。

DFH - OS 提供的主要功能如下：

·实现多任务的调度；

·实现任务间同步与通信；

·提供系统时间管理模块；

·提供分系统接入星上网的虚拟通道；

·提供统一的用户中断服务函数入口；

·提供底层硬件驱动函数 API 接口；

·提供分系统共性的功能软件模块；

·提供统一的应用层软件开发框架；

·提供用户与硬件设备的隔离，杜绝误操作的风险；

·提供内核级任务自扩展模式，实现内核的独立升级；

·提供应急任务上注和用户代码在轨更新的支持途径。

系统主要技术指标见表 2 - 2。

表 2-2　系统主要技术指标

指标名称	指标量		备注
中断响应时间	2.65μs		42×sysclk
外部晶振频率	16MHz		
CAN 总线通信码率	500kbps		
系统存储资源	程序存储器 Flash	64kByte	0x0000～0xFFFF
	片内数据存储器 SRAM	4096Byte	0x000～0xFFF
	扩展片外数据存储器	1MByte	0x8000～0xFFFF×32
系统占用存储资源统计	程序存储器 Flash	30kByte	
	片外数据存储器	8.5kByte	
定时器资源	5		T0，T1，T2，T3，T4
可用中断服务函数入口数	17		

2.3.3　MEU 的应用程序

如同式（1-2）所描述一样，小卫星引入了 MEU 嵌入式系统，使得星上设备在硬件的建造架构上形成了统一。从而，由卫星顶层向下看去，各设备的测量、控制和管理都可以采用一个相同的方法来实现。为了"快、好、省"地建造小卫星，除了硬件架构的统一外，还需要有一个软件的统一。所谓软件的统一是指：支撑应用程序的底层系统软件的统一和应用软件的统一。系统软件包括有，MEU 专用的操作系统和驱动软件。实行应用软件统一方面，我们尝试过两种方法，即模板生成法和自动生成法。我们之所以提出软件统一，其旨在于：

1）简化软件开发的难度，加快软件生产速度；

2）避免软件开发过程中的失误，排除开发人员的变动带来程序中的故障，提高软件代码的重复使用率；

3）星务系统是一个多机组成的大系统，采用统一软件可以使得它们之间相融性加强，从而，多机在相同架构、相同环境下运转，容易相互协同，提高整体运行的安全性和可靠性，减少相互冲突；

4）统一软件把星上网的应用层通信协议"封装"于其中，使全星设备都能确保遵守，避免个别设备的误解带来对星上网运行的干扰，同时通信协议的升级只伴随 MEU 底层系统软件的升级，与各设备的应用程序无关；

5）采用统一软件可以使得各设备的"遥测数据约定"和"遥控数据约定"与 MEU 应用程序编制的关系，从原先的"紧耦合"变成"松耦合"。这就是说，把这两个星务系统的顶层设计标准文件的内容，只作为数据重装订到程序之中，而不影响到应用软件的架构。这样将需求与程序隔离的措施，即有利应用程序的开发生产，又利于提升它的运行安全性，大大减少故障和方便更新。

应该指出，应用软件的统一是可行的。因为，它是依托于统一的硬件 MEU，它又是基于 MEU 专用的操作系统和驱动软件进行编制的。MEU 专用的操作系统是一种面向应用的嵌入式操作系统 ASOS。在软件统一过程中，采用了星上网通信协议的"封装"和遥测遥控数据约定的"装订"。从而，规范化了星务系统的三个顶层标准文件，确保系统从上到下的一致，这是有益于小卫星软件开发生产和运行的质量的。

应用程序要特别注意两个问题。

1）程序运行的实时性。嵌入式系统是嵌入到宿主体系中的计算机应用系统，与宿主系统交互，在实现对宿主系统某些任务过程时，对应用系统会提出响应时间的限定要求。由于系统中软件运行的时间耗费，常常不能满足限定的时间响应要求，由此而产生了嵌入式应用系统的实时性问题。因此，都存在着对象体系对控制过程的时间要求，与嵌入式系统能否满足这一要求的实时性问题。嵌入式系统的应用领域十分广泛，并不是所有的应用系统都要求是实时系统，只有当系统中对任务有严格时间限定时，才有系统的实时性问题。

2）程序的智能化。由于嵌入式系统是嵌入到宿主体系中的专用计算机应用系统，实现宿主体系的智能化控制，由于嵌入式系统实现的是宿主系统的全面智能化控制，系统中会有许多相关的任务与过程。

2.3.3.1　模板生成应用程序的方法

建立应用软件模板，星上各个 MEU 的应用软件都是在此模板基础之上，添加各自特定的参数，最后自动形成程序代码。基本模板如下所示。

```
/* ———————————————————————————— */
/* 文件名：DFHOS_FrameWork.c                          */
/* ———————————————————————————— */


/* ————————— (用户按需填写区 A)：定义各 MEU 设备
自身相关的宏标识————————— */
#defineMEUID1                    // 例：智能管理单元 1 标志
//#defineMEUID2                  //智能管理单元 2 标志
//#define MEUID3                 //智能管理单元 3 标志


#include " includes. h"


/* ———————————————————————————— */
/* 1. 系统自用函数与任务                               */
/* ———————————————————————————— */
INT8U xdata DFH_TmUpEN_Flag;
                                 //上传星务测控数据标志
INT8U xdata DFH_Sys_Flag;
extern OS_EVENT xdata *DFH_Sem2;
extern void DFH_SYS_CALL (void);


/* ———————————————————————————— */
/* 2. 系统提供给用户使用的函数与任务                    */
/* ———————————————————————————— */
```

```
void DFH _ ConfigIO _ Usr ();
void DFH _ CLR _ WDT (void);
extern INT8U DFH _ Get _ Date (INT8U * dst);
extern INT8U DFH _ Set _ TM (INT8U num，INT8U *  src，
INT32U len);
extern INT8U DFH _ OS _ State (OS _ STATE *  pState);


/* ———————————————————————————— */
/* 3. 用户遥测缓冲区                                    */
/* ———————————————————————————— */
INT8U xdata Usr _ tm1buff [SIZE _ USR _ TM1];
                    // 1♯速变遥测缓冲区
INT8U xdata Usr _ tm2buff [SIZE _ USR _ TM2];
                    // 2♯缓变遥测（a/d 采样数据）缓冲区
INT8U xdata Usr _ tm3buff [SIZE _ USR _ TM3];
                    // 3♯缓变遥测（温控设置）缓冲区
INT8U xdata Usr _ Realbuff [SIZE _ Real _ TM];
                    // 实时数组


/* ———————————————————————————— */
/* 4. 用户遥控缓冲区                                    */
/* ———————————————————————————— */
INT8U xdata Usr _ TC _ Buff [270];
                    // 用户接受星务数据缓冲区


/* ———————————————————————————— */
/* 5. 用户自定义任务                                    */
/* ———————————————————————————— */
    // （用户按需填写区 B）
```

```
/* —————————————————————————— */
/* 6. MAIN Routine                                    */
/* —————————————————————————— */
void main (void)
{
    //1. 操作系统内核初始化
      DFH_SYS_CALL ();
    //2. 用户初始化位置
    // (用户按需填写区 C)
    //3. 用户创建自身任务
    // (用户按需填写区 D)
    //4. 启动 DFH-OS 内核调度
      OSStart ();
}


/* —————————————————————————— */
/* 7. 任务：DFH_UsrJob                                 */
/*    功能：遥控指令处理，操作系统唤醒，用户填充         */
/* —————————————————————————— */
void DFH_UsrJob (void *yydata)
{
    INT8U err;
    yydata=yydata;

    while (1)
    {
        DFH_CLR_WDT ();
        OSSemPend (DFH_Sem2, 0, &err);
        DFH_Get_Date (Usr_TC_Buff);
```

//（用户按需填写区 E）：此处对遥控信息（DFH _ Usr _ Buff）处理，操作系统唤醒

```
        if (0x30 == Usr _ TC _ Buff [1])
    {
        DFH _ Set _ TM (8, Usr _ Realbuff, 6);
        // Real time reply TM , Usr shoud define the size of the
buff
    }
    } //endwhile
}


/* ------------------------------ */
/* 8. 函数名：DFH _ SubSystem              */
/* 功能：遥测数据信息设置，操作系统由此函数设定遥测类型序号
                                          */
/* ------------------------------ */
void   DFH _ SubSystem (void)
{
    //（用户按需填写区 F）：设置遥测回传数据长度
    #ifdefMEUID1                  // 例：智能管理单元 1
    DFH _ Sys _ Flag = 0x02;
    DFH _ PACKID _ 1 = 0x22;      //智能管理单元 1 遥测包标识
    DFH _ PACKID _ 2 = 0x42;
    DFH _ PACKID _ 3 = 0x62;
    DFH _ PACKID _ 4 = 0x82;
    DFH _ PACKID _ 5 = 0xA2;
    DFH _ PACKID _ 6 = 0xC2;
```

```
DFH _ PACKID _ 7＝0xE2；
DFH _ TM _ LEN _ 1＝0x09；          //智能管理单元 1 遥测包长度
DFH _ TM _ LEN _ 2＝0x1E；
DFH _ TM _ LEN _ 3＝0x20；
DFH _ TM _ LEN _ 4＝0x06；
DFH _ TM _ LEN _ 5＝0x06；
DFH _ TM _ LEN _ 6＝0xFF；
DFH _ TM _ LEN _ 7＝0x06；
＃endif


＃ifdefMEUID2                      // 例：智能管理单元 2
DFH _ Sys _ Flag＝0x03；           // 例：智能管理单元 2
DFH _ PACKID _ 1＝0x23；           //智能管理单元 2 遥测包标识
DFH _ PACKID _ 2＝0x43；
DFH _ PACKID _ 3＝0x63；
DFH _ PACKID _ 4＝0x83；
DFH _ PACKID _ 5＝0xA3；
DFH _ PACKID _ 6＝0xC3；
DFH _ PACKID _ 7＝0xE3；
DFH _ TM _ LEN _ 1＝0x13；          //智能管理单元 2 遥测包长度
DFH _ TM _ LEN _ 2＝0x1E；
DFH _ TM _ LEN _ 3＝0x05；
DFH _ TM _ LEN _ 4＝0x06；
DFH _ TM _ LEN _ 5＝0x06；
DFH _ TM _ LEN _ 6＝0xFF；
DFH _ TM _ LEN _ 7＝0x06；
＃endif


＃ifdef MEUID3                     // 例：智能管理单元 3
```

```
        DFH _ Sys _ Flag=0x0A；            // 例：智能管理单元 3
        DFH _ PACKID _ 1=0x2A；           //智能管理单元 3 遥测包标识
        DFH _ PACKID _ 2=0x4A；
        DFH _ PACKID _ 3=0x6A；
        DFH _ PACKID _ 4=0x8A；
        DFH _ PACKID _ 5=0xAA；
        DFH _ PACKID _ 6=0xCA；
        DFH _ PACKID _ 7=0xEA；
        DFH _ TM _ LEN _ 1=0x05；         //智能管理单元 3 遥测包长度
        DFH _ TM _ LEN _ 2=0x45；
        DFH _ TM _ LEN _ 3=0x1D；
        DFH _ TM _ LEN _ 4=0x06；
        DFH _ TM _ LEN _ 5=0xC8；
        DFH _ TM _ LEN _ 6=0xFF；
        DFH _ TM _ LEN _ 7=0x06；
        ＃endif
}


/ * * * * * * * * * * * * * * * * * * * * * * * * * * * * * /
/ * 9. 函数名：DFH _ ConfigIO _ Usr                      * /
/ * 功能：底层端口配置                                    * /
/ * 注：用户根据各自硬件连接修改即可，API 入口不可改变，系统
    会自动调用                                           * /
/ * * * * * * * * * * * * * * * * * * * * * * * * * * * * * /
void DFH _ ConfigIO _ Usr ()
{
    INT8U i =0；
    SFRPAGE=CONFIG _ PAGE；
    SFRPGCN=0x1；                    // 特殊寄存器页面自动控制使能
```

```
SFRPAGE＝CONFIG _ PAGE;  // 交叉开关配置页
XBR0 = 0x56;                // 使能 Uart0（p0.0 p0.1），
                              spi（p0.2 p0.3 p0.4 p0.5）
XBR1＝0x84;                 // 使能 INT0（p1.0）
XBR2＝0xc0;
XBR3＝0x80;


P0MDOUT＝0xFF;
P1MDOUT＝0xF7;              // P1.3 为输入
P1 _ 3＝1;
P2MDOUT＝0xff;
P2＝0;
P3MDOUT＝0xBF;              // 端口引脚的输出为推挽方
                              式，P3.6 为驱动输入
P3 _ 6＝1;                  // 冷热启动标志
P4MDOUT＝0xff;
P4 _ 5＝0;
P4＝P4 & 0xe0;              // RAM 页面设置，外部 SRAM
                              选择第零页

P5MDOUT＝0xff;
P6MDOUT＝0xff;
P7MDOUT＝0xff;
SFRPAGE＝EMI0 _ PAGE;
EMI0CF＝0x37;               // 0x3f; EMIF 工作在非复用方
                              式，只在片内 XRAM 寻址

EMI0CN＝0x80;
EMI0TC＝0x8A;               // 地址建立时间 2 个时间周期

DFH _ SubSystem ();         //
```

　　// （用户按需填写区 G）：用户自定义数据初始化

}

/ * /

/ * 函数名：清狗函数　　　　　　　　　　　　　　　　　 * /

/ * 注：用户根据各自硬件连接，修改端口即可，API 入口不可改

　　变，系统会调用 * /

/ * /

void DFH ＿ CLR ＿ WDT （void）

{

　　// （用户按需填写区 H）：用户自定义函数

}

　　在模板中含有用户填写区。

　　（1）填写区 A

　　为使各设备的 MEU 正常工作，操作系统需要明确当前 MEU 所属设备类别。针对各设备节点的不同，引起遥控遥测数据量和性质上的不同，操作系统处于实时性和稳定性的考虑设计了不同的宏定义。因此，需要填写设备 MEU 对应的宏定义。这些宏定义会规定一系列的配置参数，调用不同的配置模块。

　　（2）填写区 B

　　用户自定义任务，与填写区 D 相呼应。

　　（3）填写区 C

　　根据用户对 OEM 的测控管的布局，需要设置 IO 端口特性和分配管脚复用关系。因此，采用底层初始化函数 DFH ＿ ConfigIO ＿ Usr （） 实现用户硬件平台的初始化。操作系统通过在 main 函数起始处调用 DFH ＿ SYS ＿ CALL （） 完成内核代码的初始化，DFH ＿ SYS ＿ CALL （） 会在系统内核中调用 DFH ＿ ConfigIO ＿ Usr （） 完成端口的配置。

（4）填写区 D

用户创建自身任务，用于完成对设备本体 OEM 的自动化任务，如果需要的话。

（5）填写区 E

遵循"遥控数据约定"，在此填写命令数据，设置遥控执行动作。对遥控信息（DFH ＿ Usr ＿ Buff）处理。接收到星上遥控指令后，对指令进行解析。对于面向用户的指令，通过 DFH ＿ Usr ＿ Buff 传送到用户空间，并唤醒 DFH ＿ Usr Job（）任务。DFH ＿ Usr Job（）任务会根据 DFH ＿ Usr ＿ Buff 中的数据，唤醒相应的用户子任务。

在 MEU 接收到星上网的命令后，操作系统首先唤醒 DFH ＿ UsrJob（），用户在 DFH ＿ UsrJob（）中添加自己的代码，通过对控制执行的解析启动 OC 指令输出任务。假设该任务是 IndirectCMD ＿ Job（）。

（6）填写区 F

遵循"遥测数据约定"，在此填写返回数据种数，设置遥测回传数据类型和长度。该子系统 MEU 任务调度，周期性触发 Collect ＿ Job（）采集任务。Collect ＿ Job（）在采集 MEU 状态数据的同时唤醒 PIC ＿ Job（），获取下位机的遥测数据。

子系统需要周期性的采集自身状态数据，该功能可以按照用户任务自扩展方式设计任务，周期性调度执行。假设该任务为：Collect ＿ Job（）。

MEU 需要周期性与子系统下位机通信，收集下位机的信息。该功能可以参照用户任务自扩展模式，周期性命令下位机回复信息，并保存在速变遥测缓冲区中。

（7）填写区 G

用户自定义数据初始化，配合填写区 B、C、D 的需要。

（8）填写区 H

用户根据各自硬件连接，修改端口，清狗函数。

应该强调，DFH - OS for MEU 系统软件自身实现了星上网数据的发送和接收任务，剩下的工作由用户填写模板。填写模板的依据有：1）设备自身控制任务的需要；2）MEU 与设备本体的硬件（OEM）接口安排；3）设备与卫星的两个基本数据约定（遥测数据约定和遥控数据约定）。填写模板的方法遵循 DFH - OS for MEU 的使用说明。填写完成后，就生成了应用程序的源代码，并自动生成执行代码。前两项为的是实现对设备底层的自动化控制的需要，后一项是实现整星顶层对设备的测控管工作。

注意，用模板生成应用程序，仅仅适用于对应的 MEU 硬件环境和具有 DFH - OS for MEU 系统软件的支持。它的好处是，在用内嵌式 MEU 建造小卫星时，能极大地加快软件生产速度和提高产品的可靠性。

2.3.3.2　自动生成应用程序的方法

自动生成应用程序是，结合第四代编程语言和标记语言的思路，基于 MEU 具体的硬件环境，旨在为减轻小卫星星务系统多机系统软件生产的困难，所提出的一种方法。

由于近代软件工程实践，说明了单纯以劳动力密集的形式来支持软件生产，导致了所谓"软件危机"。软件的供求矛盾恶化，已不再适应社会信息化的要求，必须寻求更高效、自动化程度更高的软件开发方法来支持软件生产。第四代语言（Fourth - Generation Language，4GL）就是在这种背景下应运而生并发展壮大的。4GL 的出现最早是出于商业需要。因此，这些厂商的 4GL 产品不论从形式上看还是从功能上看，差别都很大。但是人们很快发现这一类语言由于具有"面向问题""非过程化程度高"等特点，可以成数量级地提高软件生产率，缩短软件开发周期，因此赢得了很多用户。

4GL 是以数据库管理系统所提供的功能为核心，为用户提供了一个良好的应用开发环境。它提供了功能强大的非过程化问题定义手段，用户只需告知系统做什么，而无需说明怎么做，因此可大大提高软件生产率。

其中，应用生成器（Application Generator）是重要的一类综合的 4GL 工具，它用来生成完整的应用系统。这一类 4GL 中有许多是程序生成器（Program Generator）。它可以让用户使用自然语言，在这样一个综合工具内生成应用程序。

虽然 4GL 具有很多优点，也有很大的优势，成为了目前应用开发的可选工具，但也存在着许多严重不足和应用的限制。例如：由于与具体的机器联系紧密，语言的独立性较差，影响了应用软件的移植与推广，应用受到硬件限制；自然语言为开发者和用户所熟悉，易于使用，但也会不可避免地将自然语言的歧义性、不精确性引入到软件规格说明中，从而给软件的开发和软件的质量带来隐患。

为此，这里提出的自动生成应用程序只适用于星务系统的 MEU 硬件环境。为了避免程序生成器对程序配置表描述的自然语言的误解，我们采用类似标记语言的一些措施。它是一个定型的标记语言，用固有的标记来描述程序配置表。在程序配置表中，每行前四个字符和方括号作为标志。为了避免歧义，配置表内附有中文描述，仅用于说明，其内容与配置参数无关。填写表格时，要严格遵循位置和顺序，避免程序生成器解释的误判。程序配置表书写规则如下：

1）用每行的前四个字符作为标记。

2）标记"————"为分隔行，每两个分隔行之间，构成按一类子配置表。它们包括：

· MEU 配置子表；

· 任务配置子表；

· 串口配置子表；

· CAN 配置子表；

· 遥测配置子表；

· 遥控配置子表，并要求子表按顺序存放。

3）标记"　　"为空头行，用于说明或填补数据。

4）标记"n　"为子表行，用于说明子表名称，n＝1、2、3、4、5、6（可扩建）。

5) 标记 "n, m" 为赋值行, m＝1、2、3、…, 用于对 (n, m) 后接相关参数附加设定值。

6) 标记 [], 方括号用于给出相关参数的数据, 它成对出现, 只能出现在赋值行和空头行内。

下面给出某一设备的 MEU 应用程序自动生成过程。这个 MEU 在希望一号卫星上应用, MEU 用主芯片是 c51f040。

第一步: 编写 MEU

1 MEU 配置	配置量	中文描述
1.1 外部 CAN 地址 　中断号	[0x2000, 0]	sja1000 地址 (十六进制) 和中断号 (十进制)
1.2 上注代码地址	[0xd000]	上注程序缓冲区地址 (十六进制)
1.3 MEU 站地址标识	[6]	十进制

----

2 任务配置		类型: 0 遥测, 1 遥控, 2 上注数据, 3 附加任务, 4 上注代码
2.1 第一任务	[0, 7, 500]	类型 0, 优先级 7, 定时激发周期 500 毫秒。
2.2 第二任务	[1, 2]	类型 1, 优先级 2, 总线数据处理任务。
2.3 第三任务	[4, 5, 1000]	类型 4, 优先级 5, 上注代码任务 (间接指令激发。周期 1 秒)。
2.4 第四任务	[2, 3]	类型 2, 优先级 3, 上注数据激发。
2.5 第五任务	[3, 4, 2000]	类型 3, 优先级 4, 附加任务周期 2 秒。

串口号（1 或 2）	波特率（单位：bps）	第 9 位

3 串口波特率配置（1——com0；2——com1）

3.1 [1]	[19200]	[0]
3.2 [2]	[19200]	[0]

---

4 can 总线波特率配置（0——125，1——250，2——500，3——1000，4——307.2，5——自定义）kbps

4.1 CAN 总线数量	[2]		取值：0，1，2
4.2 CAN 波特率	[2，0x00，0x00，0x00]		xx，xx，xx 为自定义用，代表 brp，tseg1，tseg2（十六进制）

---

5 遥测缓冲区配置（遥测类型：1—速变，2—缓变，3—控温，4—广播）（遥测字长：0 占 1 个位，1 占 1 个字节，2 占 2 个字节）

5.1 遥测长度配置

遥测类型	长度
[1]	[27]
[2]	[14]

5.2 十三路 12 位采集量配置（每个量占 2 个字节）

采样路序	遥测字长	遥测位置：遥测类型，遥测路序（从 0 开始）
[1]	[2]	[1，2]
[2]	[2]	[1，4]
[3]	[2]	[1，6]
[4]	[2]	[1，8]
[5]	[2]	[1，10]
[6]	[2]	[1，12]
[7]	[2]	[1，14]
[8]	[2]	[1，16]

[9]	[2]	[1, 18]
[10]	[2]	[1, 20]
[11]	[2]	[1, 22]
[12]	[2]	[1, 24]
[13]	[2]	[1, 26]

5.3 八路 8 位采集量配置（每个量占 1 个字节）

采样路序	遥测字长	遥测位置：遥测类型，遥测路序（从 0 开始）
[1]	[1]	[2, 3]
[2]	[1]	[2, 4]
[3]	[1]	[2, 5]
[4]	[1]	[2, 6]
[5]	[1]	[2, 7]
[6]	[1]	[2, 8]
[7]	[1]	[2, 9]
[8]	[1]	[2, 10]

5.4　DI/O 采集量配置（每个量占 1 个位）

采样路序	遥测字长	遥测位置：遥测类型，遥测路序（从 0 开始）遥测位（从 0 开始）
[p1 _ 3]	[0]	[2, 11, 0]
[p1 _ 4]	[0]	[2, 11, 1]
[p1 _ 5]	[0]	[2, 11, 2]
[p1 _ 6]	[0]	[2, 11, 3]
[p1 _ 7]	[0]	[2, 11, 4]
[p2 _ 0]	[0]	[2, 11, 5]
[p2 _ 2]	[0]	[2, 11, 6]
[p2 _ 3]	[0]	[2, 11, 7]
[p2 _ 4]	[0]	[2, 13, 1]

5.5 内部变量采集配置（0 占 1 个位，1 占 1 个字节，2 占 2 个字节）

变量名（少于 10 个字符）　遥测字长　　遥测位置：遥测类
型，遥测路序（从 0 开始）

[state _ 01]　　　[2]　　　　　　[1, 0]

[state _ 02]　　　[2]　　　　　　[2, 0]

[state _ 03]　　　[1]　　　　　　[2, 2]

— —

6　间接指令配置

6.1 指令内容

指令序号　　指令代码（地址＝值）　　使能控制　　　备注

[1]　　　　[P5＝0x01]　　　　[p1 _ 2＝0]

[2]　　　　[P5＝0x02]　　　　[p1 _ 2＝0]

[3]　　　　[P5＝0x04]　　　　[p1 _ 2＝0]

[4]　　　　[P5＝0x08]　　　　[p1 _ 2＝0]

[5]　　　　[P5＝0x10]　　　　[p1 _ 2＝0]

[6]　　　　[P5＝0x20]　　　　[p1 _ 2＝0]

[7]　　　　[P5＝0x40]　　　　[p1 _ 2＝0]

[8]　　　　[P5＝0x80]　　　　[P1 _ 2＝0]

[9]　　　　[code]　　　　　激发上注代码任务

[10]　　　[erase]　　　　　擦除 FLASH 指令

第二步：利用配置表解释软件 au _ mk. exe（软件自动生成器），自动生成 MEU 的应用软件

```
/ * — — — — — — — — — — — — — — — — — — — — — * /
/ * 自动生成应用程序的源程序清单
/ * — — — — — — — — — — — — — — — — — — — — — * /
#include <includes. h>
#include <cf040 _ drv. h>
uchar xdata * can1 _ addr＝0x2000;
```

```
uint xdata code _ addr;
uchar xdata over _ flag;
uchar xdata bus _ flag;
uint xdata rec _ count;
uint xdata ins _ count;
uchar xdata cmd _ len;
uchar xdata tm1 _ buff [80];
uchar xdata tm2 _ buff [80];
uchar xdata rec _ buff [300];
uchar xdata temp _ buff [300];
uchar xdata state _ 01;
uchar xdata state _ 02;
uchar xdata state _ 03;
uint xdata reset _ flag;
uint xdata reset _ count;
uint xdata err;


CAN _ PACKET xdata s _ val;
CAN _ PACKET xdata r _ val;


void can _ init ();
void manage _ kzxl ();
void manage _ jjzl ();
void manage _ sjk ();
void manage _ code ();
void can _ send ();
void low _ initial ();
void job0 (void * yydata);
void job1 (void * yydata);
```

```
void job2 （void * yydata）;
void job3 （void * yydata）;
void job4 （void * yydata）;
/ * — — — — — — — — — — — — — — — — — — — — — * /
void main （void）
{
    low _ initial （）;
    Uart _ SendByte （2，'r'）;

    OSInit （）;
    Sem1＝OSSemCreate （0）;
    Sem2＝OSSemCreate （0）;
    OSTaskCreate （job0，（void * ） 0，（void * ） &jobstk0 [0]，7）;
    OSTaskCreate （job1，（void * ） 0，（void * ） &jobstk1 [0]，2）;
    OSTaskCreate （job2，（void * ） 0，（void * ） &jobstk2 [0]，5）;
    OSTaskCreate （job3，（void * ） 0，（void * ） &jobstk3 [0]，3）;
    OSTaskCreate （job4，（void * ） 0，（void * ） &jobstk4 [0]，4）;
    OSTaskSuspend （4）;
    OSStart （）;
}
/ * — — — — — — — — — — — — — — — — — — — — — * /
void job0 （ void * yydata ）
{
  int temp1;

  yydata＝yydata;
  EA＝1;
  while （1）
    {
```

```
    tm1 _ buff [0] = state _ 01>>8;
    tm1 _ buff [1] = state _ 01;
    tm2 _ buff [0] = state _ 02>>8;
    tm2 _ buff [1] = state _ 02;
    tm2 _ buff [2] = state _ 03;
    for (i=1; i<=13; i++)     /* 13 路 12 位 AD 模拟量 */
     {
      temp1=Sam _ Ad12 (i);
      tm1 _ buff [2 * i] = temp1>>8;
      tm1 _ buff [2 * i+1] = temp1;
     }
    for (i=1; i<=8; i++)     /* 8 路 8 位 AD 模拟量 */
     {
        tm2 _ buff [i+2] = Sam _ Ad8 (i);
     }
      tm2 _ buff [11] = (tm2 _ buff [11] & 0xfe) | p1 _ 3;
      tm2 _ buff [11] = (tm2 _ buff [11] & 0xfd) | p1 _ 4;
      tm2 _ buff [11] = (tm2 _ buff [11] & 0xfb) | p1 _ 5;
      tm2 _ buff [11] = (tm2 _ buff [11] & 0xf7) | p1 _ 6;
      tm2 _ buff [11] = (tm2 _ buff [11] & 0xef) | p1 _ 7;
      tm2 _ buff [11] = (tm2 _ buff [11] & 0xdf) | p2 _ 0;
      tm2 _ buff [11] = (tm2 _ buff [11] & 0xbf) | p2 _ 2;
      tm2 _ buff [11] = (tm2 _ buff [11] & 0x7f) | p2 _ 3;
      tm2 _ buff [13] = (tm2 _ buff [13] & 0xfd) | p2 _ 4;

    OSTimeDly (50);
   }
  }
/* ----------------------------------- */
```

```
void job1 ( void  * yydata )
{
  uchar j, check _ sum;

  yydata＝yydata;
  while (1)
{
  OSSemPend (Sem1, 0, &j);

  check _ sum＝0;
  if (over _ flag＝＝0x77)
    {
    cmd _ len＝rec _ buff [0] ＋2;
    memcpy (temp _ buff, (rec _ buff＋1), cmd _ len);
    memcpy (rec _ buff, temp _ buff, cmd _ len);
    cmd _ len＝cmd _ len－1;
    }

  for (j＝0; j＜cmd _ len; j＋＋)
    {
    check _ sum＝check _ sum＋rec _ buff [j];
    }
  if (check _ sum＝＝rec _ buff [cmd _ len])
    {
    switch (rec _ buff [0])
      {
      case 0x00: manage _ kzxl ();
        break;
      case 0x10: manage _ jjzl ();
```

```
              break;
        case 0x20: OSSemPost (Sem2);
              break;
        case 0x50: manage _ code ();
              break;
        default: break;
      }
    }


  }
}
/* ———————————————————————————— */
void job2 ( void * yydata )
{
  void ( * goeeprom) ();

  yydata＝yydata;
  OSTaskSuspend (5);
  while (1)
   {
goeeprom＝0xd000;
   ( * goeeprom) ();

  OSTimeDly (100);
   }
}
/* ———————————————————————————— */
  void job3 ( void * yydata )
{
```

```
  uchar j；

  yydata＝yydata；
  while (1)
     {
    OSSemPend (Sem2，0，&j)；


     }
}
/ * — — — — — — — — — — — — — — — — — — — — — — * /
void job4 ( void * yydata )
{
  yydata＝yydata；
  while (1)
     {


    OSTimeDly (200)；
     }
  }
/ * — — — — — — — — — — — — — — — — — — — — — — * /
void low _ initial (void)
{
  Low _ Init (0)；
  SFRPAGE＝UART0 _ PAGE；
  PCON＝0x00；
  can _ init ()；
  Uart _ Init (1，24500000，19200，0)；
  Uart _ Init (2，24500000，19200，0)；
  if (reset _ flag! ＝0xeb90)
```

```
      {
   reset _ count＝0;
      }
   else
      {
   reset _ count＋＋;
      }
   reset _ flag＝0xeb90;
   bus _ flag＝0;
   rec _ count＝0;
   over _ flag＝0;
   cmd _ len＝0;

   state _ 01＝0;
   state _ 02＝0;
   state _ 03＝0;
}
/ *  － － － － － － － － － － － － － － － － － － － － － － － － － － － － － － *  /
void manage _ kzxl ()
{
   uchar i, j, sum;
   if (rec _ buff [2] ＝＝0x01)
      {
      s _ val. CAN _ ID＝0x152a0000;
      s _ val. rtr＝0;
      s _ val. len＝8;

      s _ val. x _ data [0] ＝0;
      s _ val. x _ data [1] ＝27;
```

```
    s _ val. x _ data [2] =0x16;
    sum=0x16;
    for (i=0; i<5; i++)
 {
  s _ val. x _ data [i+3] =tm1 _ buff [i];
  sum=sum+s _ val. x _ data [i+3];
 }
can _ send ();

for (j=0; j<3; j++)
   {
    s _ val. x _ data [0] =j+1;
    for (i=0; i<7; i++)
       {
        s _ val. x _ data [i+1] =tm1 _ buff [j * 7+i+5];
        sum=sum+s _ val. x _ data [i+1];
       }
    can _ send ();
   }

s _ val. len=3;
s _ val. x _ data [0] =4;
for (i=0; i<1; i++)
   {
    s _ val. x _ data [i+1] =tm1 _ buff [i+26];
    sum=sum+s _ val. x _ data [i+1];
   }
s _ val. x _ data [i+1] =sum;
can _ send ();
```

```
}


if (rec _ buff [2] ==0x02)
    {
    s _ val. CAN _ ID=0x152a0000;
    s _ val. rtr=0;
    s _ val. len=8;

    s _ val. x _ data [0] =0;
    s _ val. x _ data [1] =14;
    s _ val. x _ data [2] =0x16;
    sum=0x16;
    for (i=0; i<5; i++)
        {
        s _ val. x _ data [i+3] =tm2 _ buff [i];
        sum=sum+s _ val. x _ data [i+3];
        }
    can _ send ();

    s _ val. x _ data [0] =1;
    for (i=0; i<7; i++)
        {
        s _ val. x _ data [i+1] =tm2 _ buff [i+5];
        sum=sum+s _ val. x _ data [i+1];
        }
    can _ send ();

    s _ val. len=4;
    s _ val. x _ data [0] =2;
```

```
for (i=0; i<2; i++)
    {
        s_val. x_data [i+1] =tm2_buff [i+12];
        sum=sum+s_val. x_data [i+1];
    }
    s_val. x_data [i+1] =sum;
    can_send ();
    }


}
/* ------------------------------- */
void manage_jjzl ()
{
    if (rec_buff [1]! =6)
        return;
    s_val. CAN_ID=0x15280000;
    s_val. rtr=0;
    s_val. len=4;
    s_val. x_data [0] =6;
    s_val. x_data [1] =0xff;
    s_val. x_data [2] =0x10;
    s_val. x_data [3] =0x15;
    can_send ();
    switch (rec_buff [2])
        {
        case 1:
        case2:
        case3:
        case4:
```

```
        case5:
        case6:
        case7:
        case8:
          SFRPAGE=0x0f;
          P5= (0x01<< rec _ buff [2]);
          p1 _ 2=0;
          bus _ flag=bus _ flag;              / * delay * /
          bus _ flag=bus _ flag;              / * delay * /
          p1 _ 2=1;
          OSTimeDly (16);
          SFRPAGE=0x0f;
          P5=0x00;
          p1 _ 2=0;
          bus _ flag=bus _ flag;              / * delay * /
          bus _ flag=bus _ flag;              / * delay * /
          p1 _ 2=1;
          break;
        case 9:
          OSTaskResume (5);
          break;
        case 10:
          Erase _ Flash (rec _ buff [3] * 256+rec _ buff [4]);
          break;
        default: break;
      }
  ins _ count++;
}
/ * ------------------------------ * /
```

```
void manage _ code ()
{
  s _ val. CAN _ ID＝0x15280000;
  s _ val. rtr＝0;
  s _ val. len＝4;
  s _ val. x _ data [0] ＝6;
  s _ val. x _ data [1] ＝0xff;
  s _ val. x _ data [2] ＝0x50;
  s _ val. x _ data [3] ＝0x55;
  can _ send ();

  code _ addr＝ (rec _ buff [1] ＊256) ＋rec _ buff [2];
  if (code _ addr＞＝0xd000)
    {
      Write _ Flash (code _ addr, &rec _ buff [3], (cmd _ len－3));
    }
  ins _ count＋＋;
}
/＊ ＿＿＿＿＿＿＿＿＿＿＿＿＿＿＿＿＿＿＿＿＿＿＿＿＿＿＿＿ ＊/
void can _ init (void)
{
  PORT _ STRUCT init _ s;

  init _ s. mode＝0;
  init _ s. accCode＝0x15280000;
  init _ s. accMask＝0x03e00000;
  init _ s. baudrate＝2;
  init _ s. sjw＝3;
  ECanInit (0x2000, &init _ s);
```

```
  NCanInit （&init _ s）;
}
/* —————————————————————————— */
void can _ send （）
{
  if （bus _ flag==0xbb）
    NCanSend （&s _ val）;
  else
    ECanSend （&s _ val）;
}
/* —————————————————————————— */
```

　　这两种应用程序的统一生成方法，使用在不同的场合。模块生成法用于定制星上设备的时后，卫星总体下发任务书定制生产专用设备，该设备又有自身的自动化控制任务。总体对设备的测控管和设备自身的控制，两者合并在一起，由一个 MEU 实施。这时，采用模块生成法由该设备生产方构建最终应用程序为宜，因为，设备自身控制任务多样，不宜统一设计。而卫星对各设备的测控管已经归纳为标准文件，构建成库文件，可以提供各设备制造方嵌入使用。如果遵循使用规则，容易实现两种控制任务的融合。自动生成法用于市场外购定型设备。它无需或较少需要自身控制，可以直接连接 MEU 实行测控管，由卫星集成商构建最终应用程序为宜。为了快速、可靠集成采用自动生成法生成 MEU 应用程序。

2.4　DFH－OS for MEU 的内核原理

2.4.1　任务管理

2.4.1.1　任务的基本概念

　　一个任务，也可称做一个进程。任务运行时可以认为 CPU 完全属于这个任务自身。实时应用程序设计的过程，就是如何把实际问

题分割成多个任务，每个任务被赋予一定的优先级，有自己的一套
CPU 寄存器和自己的一套堆栈空间（如图 2-8 所示）。

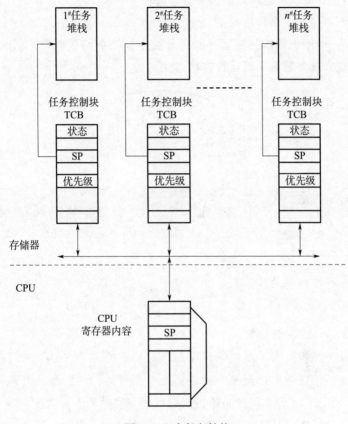

图 2-8　多任务结构

　　每个任务都是一个无限的循环，处于图 2-9 所示状态之一，这
五种状态是休眠态、就绪态、运行态、挂起态和中断态。

　　1）休眠态相当于该任务驻留在内存中，但是并不被多任务内核
调度。

　　2）就绪态意味着该任务已经准备好，可以运行了，但是由于任
务的优先级比正在运行的任务优先级低，还暂时不能运行。

3) 运行态的任务是指该任务掌握了 CPU 的控制权，正在运行中。

4) 挂起状态也可以叫做等待事件态（WAITING），指该任务在等待，等待某一事件的发生。

5) 中断态是指正在运行的任务被中断服务函数剥夺了 CPU 的控制权，任务暂时不能运行的状态。

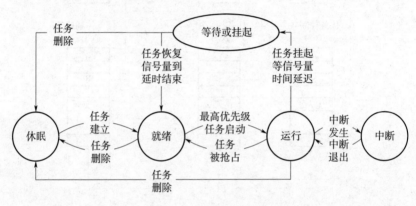

图 2-9　任务状态图

2.4.1.2　任务调度

任务调度是实时多任务程序的核心，它的主要内容是从当前众多可运行的任务中根据某个策略提取一个可运行的任务在处理器上运行。DFH-OS 采用的是抢占式的可剥夺实时多任务内核，即最高优先级的任务一旦就绪总能得到 CPU 的控制权。当一个任务正在运行时，若一个比它优先级高的任务进入就绪态，当前任务的 CPU 使用权就被剥夺了，或者说被挂起了，那个高优先级的任务就进入就绪态，中断完成时，中断了的任务被挂起，优先级高的那个任务开始运行。图 2-10 给出任务就绪表。

任务调度与实现过程是首先从任务就绪表中找到那个进入就绪表且优先级最高的任务，若是当前正在运行的任务，则不需要进行任务调度，否则就进入任务切换。任务切换由以下两部分完成，将被挂起任务的 CPU 寄存器推入该任务的堆栈，然后将较高优先级的任务的寄存器从该较高优先级的任务堆栈中重新装载到 CPU 寄存器中，并且开始下一个任务的运行。这个工程称为任务切换（上下文切换）。如图 2-10 所示。

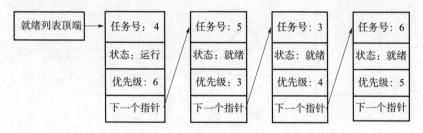

图 2-10　任务就绪表

DFH-OS 系统中采用任务控制块的数据结构描述任务的运行状态，每个任务拥有的独立堆栈区（Stack）来记录任务运行的上下文信息，以避免并发进程的相互干扰。

2.4.2　任务同步与通信

系统提供了事件控制块（Event Contral Block，ECB）用于任务之间的资源共享和通信。系统设计中，对于抽象的事件控制块实例化为信号量。任务可以等待一个信号量，也可以给它发送消息，并且能够根据实际需求实例化更多的事件控制块对象。

图 2-11 给出了任务与任务之间，以及中断服务子程序与任务之间如何进行同步的。信号采用事件控制块的数据结构来表示。所有的信号都被看成是事件。一个任务或者是中断服务子程序可以通过事件控制块来向另外的任务发信号，如图 2-11（a）所示。一个任务还可以等待另一个任务或者是中断服务子程序给它发送信号，如图 2-11（b）所示。只有任务可以等待事件发生，中断服务子程序中不可以等待触发等待事件的调用，否则会在调用 API 函数中返回出错标志。对于处于等待状态的任务，还可以给它指定一个最长

等待时间，以此来防止因为等待的事件没有发生而无限制地等下去。

多个任务可以同时等待同一个事件的发生，如图 2 - 11 （c） 所示。在这种情况下，当该任务事件发生以后，所有等待该事件的任务中，优先级最高的任务得到了该事件进入就绪状态，准备执行。

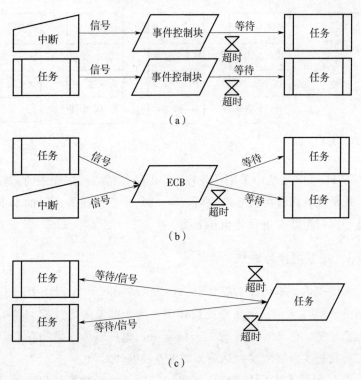

图 2 - 11　事件同步与通信

2. 4. 3　信号量

在多任务内核中信号量实际是一种约定机制，用于实现任务之间、任务与中断服务程序之间的同步、控制共享资源的控制权和标志某事件的发生，如图 2 - 12 所示。根据用途，信号量一般分为三种：用于解决资源计数问题的计数信号量，用于解决互斥问题的互斥信号量，用于解决同步问题的二进制信号量。互斥信号量和二进制信号量实际上是一个标志，只有有效和无效两种状态。互斥信号量在初始时，值为 1 表示共享资源可用；用于同步的二进制信号量初值一般置为 0，表示等待的同步事件还未发生。

信号量由两部分组成：一个是信号量的计数值，它是一个 16 位的无符号整数（0 到 65535 之间）；另一个是由等待该信号量的任务组成的等待任务表。在使用一个信号量之前首先要建立该信号量，即调用创建信号量函数，对信号量的初始计数值赋值。该初始值为 0 到 65535 之间的一个数。如果信号量是用来表示一个或者多个事件的发生，那么该信号量的初始值应设为 0。如果信号量是用于对共享资源的访问，那么该信号量的初始值应设为 1。最后，如果该信号量是用来表示允许任务访问 N 个相同的资源，那么该初始值显然应该是 N，并把该信号量作为一个可计数的信号量使用。

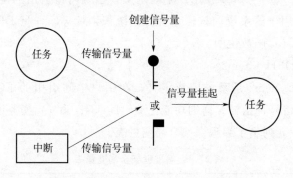

图 2 - 12　信号量与任务、ISR 关系图

2.5　DFH - OS for MEU 的系统和用户资源配置

2.5.1　系统软件数据结构

为了实现任务调度以及从星上网接收和发送信息，DFH - OS 预留了相应的数据结构。这些数据结构包括全局变量和函数。设计师应该按照要求，填充调用相应数据结构。用户不得随意删除和修改

这些变量和函数，以免造成系统不能正常运行。

2.5.1.1　全局变量

（1）DFH _ TmUpEN _ Flag

DFH _ TmUpEN _ Flag 是系统提供给用户用来请求系统读取 MEU 数据的标志变量。DFH - OS 中信息流是按照"请求—应答"模式进行设计的。在应用层程序设计中，如果软件设计师想主动发送数据给星上网，应通过设置该变量同步操作系统读取对应的遥测缓冲区。如果 DFH _ TmUpEN _ Flag 设置为 6，操作系统自动发起 6 类遥测数据轮询。这样用户只需要把发送给星务主机的数据填充到对应的遥测缓冲区中，就完成了发送数据的任务。

（2）DFH _ Sys _ Flag

DFH _ Sys _ Flag 在用户空间定义，系统内核引用的全局变量。这个主要用于给系统内核传递各分系统识别标志。详见 DFH _ Sub _ System（）函数说明。

（3）DFH _ Sem2

DFH _ Sem2 是系统内核定义，在用户空间引用的 ECB 指针，实例化为信号量指针。详细功能见 DFH _ UsrJob（）任务说明。

表 2 - 3 列出了编程框架全局变量表。

表 2 - 3　编程框架全局变量表

变量名称	类型	用途	备注
DFH _ TmUpEN _ Flag	INT8U	用户请求星务读数	用户赋值
DFH _ Sys _ Flag	INT8U	分系统判别标志	用户使能宏
DFH _ Sem2	DFH _ EVENT *	用户任务同步 ECB 指针	系统保留

2.5.1.2　全局函数

表 2 - 4 列出了编程框架全局函数表。

表 2 - 4　编程框架全局函数表

函数名称	类型	用途	备注
main	系统函数	系统起始入口地址	
DFH _ SYS _ CALL	系统函数	系统内核初始化函数	在 main 中首先调用
DFH _ UsrJob	任务函数	用户任务扩展入口	用户填充，系统调用
DFH _ CLR _ WDT	C 函数	清狗	用户填充，系统调用
DFH _ ConfigIO _ Usr	C 函数	底层初始化	用户填充，系统调用
DFH _ Sub _ System	C 函数	分系统配置函数	用户使能相应宏，系统判读
DFH _ Set _ TM	C 函数	提交星务遥测缓冲区	用户填充完成后给系统
DFH _ Get _ Date	C 函数	获取星务遥控信息数据	用户获取系统遥控数据
DFH _ UP _ API	C 函数	调用上注函数	用户根据需求自调用

（1）main（）函数

main（）函数是 C 语言开发环境初始化完成后，程序跳转执行的入口地址。其主要由四部分组成：

1）操作系统内核初始化。操作系统在此处调用系统函数 DFH _ SYS _ CALL（）；完成对内核的初始化配置，这个应该是 main 函数进入后，用户必须首先调用的。

2）用户初始化位置。在此处用户可以添加自己的初始化代码。

3）用户创建自身任务。此处用户可以创建自己的任务，任务的创建参见任务调度函数 API 和基于编程框架的软件开发实例。

4）启动 DFH - OS 内核调度。此处启动系统调度 DFH _ OS _ Start（）；控制权交由操作系统调度。任务的创建和系统的初始化必须在此之前完成。

（2）DFH _ UsrJob（）

DFH _ UsrJob（）是操作系统在内核空间创建的任务函数。在用户态，给处理入口地址和软件扩展接口。软件设计师可在此任务基础上解析遥控指令缓冲区，启动自定义任务。这也是主从式任务扩展方式的实现方式。DFH_UsrJob（）只有在操作系统抛出信号量 DFH_Sem2 后才唤醒进入就绪态。因此 DFH_Sem2 是一个以异步触发方式存在的任务，在时钟节拍基础上循环检查任务可执行状态。

（3）DFH_ConfigIO_Usr

DFH_ConfigIO_Usr 是操作系统在现阶段预留的用户编程接口，考虑到硬件设备尚未建立起来，无法在硬件上验证配置的准确性，操作系统在设计时预留给用户自配置使用。后续的系统升级中，该接口会被系统封装到内核空间。在该函数中，软件设计师需要对交叉使能开关寄存器 XBR［0－3］进行配置，也即配置P0－P3端口I/O管脚复用。最后该函数中调用了 DFH_Sub_System（）。

（4）DFH_Sub_System（）

该函数代码在用户空间是可见的，函数调用的前提是用户在最开始定义了各自的设备的宏定义。各设备软件设计师必须使能且只能使能自身的宏定义。否则设备将无法正确配置星上网络，无法接收和发送数据。各设备宏定义由系统软件设计约定。

（5）DFH_CLR_WDT（）

操作系统提供了外置看门狗清狗的功能函数，设计师应该根据外置看门狗设计，在其复位周期内调用该函数。系统只提供 DFH_CLR_WDT（）接口，用户应根据自身硬件填充相应代码，系统内部会调用该函数。

（6）DFH_Set_TM（）

该函数是系统提供给用户使用的一个 API 入口，通过该入口将用户遥测缓冲区内容传输到对应的系统七类缓冲区中。该函数声明为：INT8U DFH_Set_TM（INT8U num，INT8U * src，INT8U len），有三个入口参数。num 用于指定遥测缓冲区类别，取值范围1～7；src 用于指定用户要填充的遥测内容缓冲区头指针，即用户自己分配的数组首地址；len 用于指定要填充的数据长度。

Eg：DFH_Set_TM（4，Usr_tm4buff，SIZE_USR_

TM4)；

(7) DFH _ Get _ Date ( )

该函数是系统提供给用户使用的一个 API 入口，用于用户在 DFH _ Usr Job 中获取星务传输的控制和数据信息。该函数声明为：INT8U DFH _ Get _ Date (INT8U ＊ dst)，输入参数 dst 用于指定用户要缓存的数据缓冲区首指针。建议用户申请一个 270 字节的缓冲区接收星务传输的数据，防止缓冲区溢出。

Eg：INT8U xdata Usr _ TC _ Buff [270]；

DFH _ Get _ Date (Usr _ TC _ Buff)；

2.5.2　系统底层硬件配置

2.5.2.1　I/O 资源配置

MEU 提供了 64 个数字 I/O 引脚，所有端口都可以通过对应的端口数据寄存器按位寻址和按字节寻址。所有端口引脚都耐 5V 电压，都可以被配置为漏极开路或推挽输出方式和弱上拉。MEU 数字资源需要通过 4 个低端 I/O 端口 P0、P1、P2 和 P3 才能使用。P0、P1、P2 和 P3 中的每个引脚既可定义为通用的端口 I/O (GPIO) 引脚，又可以分配给一个数字外设或功能。管脚复用是通过优先权交叉开关译码器，如图 2-13 所示。配置方式参考器件数据手册。

2.5.2.2　系统定时器配置

MEU 提供了 5 个定时计数器，T1，T2，T3，T4，T5，其中定时器 0 和定时器 1 与标准 8051 中的计数器/定时器兼容。定时器 2、定时器 3 和定时器 4 是 16 位自动重装载并具有捕捉功能的定时器。这些计数器/定时器可以用于测量时间间隔，对外部事件计数或产生周期性的中断请求。定时器 0 和定时器 1 完全相同，有四种工作方式。定时器 2、3 和 4 完全相同，不但提供了自动重装载和捕捉功能，还具有在外部端口引脚上产生 50% 占空比的方波的能力（电平

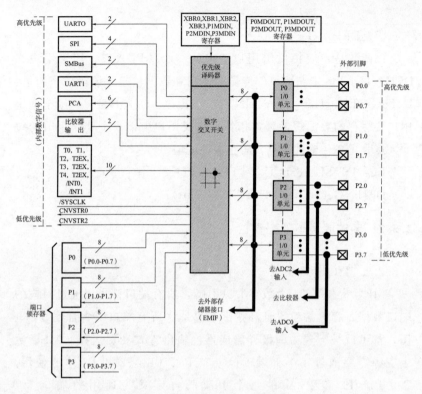

图 2-13　端口 I/O 功能框图

切换输出）。

　　定时器 0 和定时器 1 的时钟可以在 5 个时钟源中选择，由定时器方式选择位（T1M-T0M）和时钟预分频位（SCA1-SCA0）决定。时钟预分频位为定时器 0 和/或定时器 1 定义一个预分频时钟。定时器 0/1 可以被配置为使用这个预分频时钟或系统时钟。定时器 2、3、4 可以使用系统时钟、系统时钟/12 或外部振荡器时钟/8。

　　表 2-5 列出了硬件定时器资源。

表 2 - 5　硬件定时器资源

定时器名称	工作方式
定时器 0，1	13 位计数器/定时器
	16 位计数器/定时器
	8 位自动重装载的计数器/定时器
	两个 8 位计数器/定时器（只限于定时器 0）
定时器 2，3，4	自动重装载的 16 位计数器/定时器
	带捕捉的 16 位计数器/定时器
	方波输出

操作系统为实现任务调度占用了 T3 定时器，用于提供 10ms 的时间片。系统在每次时间片用完时，会触发内核检查各任务状态，然后挂起或者是唤醒相应状态的任务。用户可灵活的使用剩余四个定时器。

操作系统的 Uart0 使用定时器 2 作为波特率发生器，调用操作系统串行异步通信 Uart0 的初始化 DFH _ Uart _ Init（）时，会对 T2 进行相应配置并启用 T2；同理，Uart1 使用 T1 作为波特率发生器。如果 MEU 软件设计师调用相应 Uart 初始化函数后，应防止使用相关定时器。

2.5.2.3　系统中断配置

用户任务的自扩展模式需要外部事件中断或者是时钟周期触发用户自扩展的任务。因中断涉及任务的上下文切换，而上下文的切换需要对通用寄存器组、CPU 状态寄存器等进行压栈和出栈操作，这需要涉及到汇编层面程序设计，为了减少用户开发时间，DFH - OS 对中断管理进行了封装，对上下文切换的部分封装到系统库中，并且抛出用户 C 服务函数入口地址。这为用户级中断服务函数的编写提供了灵活性，用户按照各自所需中断职能，添加自己的中断服务函数代码，使能和禁止相关中断，设定中断优先级。

DFH - OS 支持中断嵌套，每个中断源都可以被独立地编程为两个优先级中的一个：低优先级或高优先级。一个低优先级的中断服务程序可以被高优先级的中断所中断，但高优先级的中断不能被中断。每个中断在 SFR 中都有一个配置其优先级的中断优先级设置位，缺省值为低优先级。如果两个中断同时发生，具有高优先级的中断先得到服务。如果这两个中断的优先级相同，则由固定的优先级顺序决定哪一个先得到服务。

DFH - OS 定义两个函数来关全局中断和开全局中断，以便避开不同 C 编译器选择不同的方法来处理关中断和开中断。这两个宏调用分别是：DFH _ IT _ LOCK () 和 DFH _ IT _ UNLOCK ()。

2.6　DFH - OS for MEU 软件编程框架

2.6.1　编程框架概述

针对小卫星平台各设备软硬件设计的差异性，DFH - OS 提供了统一的软件编程框架（FrameWork）。软件编程框架由系统内核库编程和应用层框架编程两部分构成。

应用层框架编程的设计思想是提供应用层程序设计的设计模式，分系统软件设计师按照该设计模式扩展自己的代码，填充编程框架。

系统内核代码以系统库（DFH - OS. LIB）的形式提供，系统内核库实现的功能有：

1) 提供星上网虚拟接口。内核空间设计的系统任务负责与星上网的信息交互，面向设备设计师的只是遥测遥控数据缓冲区。操作系统将 CAN 上信息流和控制流的接收和解码抽象出来，将设备遥测数据的回送过程封装，面向应用层设计的只是遥测数据缓冲区。操作系统会接收遥控输入，处理自身的虚拟指令，通知和分发设备的间接指令，用户行为的控制权掌握在操作系统。

2) 抽象程序控制，面向应用层功能设计单元是任务。用户按需设计任务并按照系统的任务同步特性设置信号量，任务的调度执行由操作系统本身完成。

3）抽象底层硬件设备，面向用户的只是各硬件设备的 API 接口函数。DFH-OS 追求的一个目的就是尽量避免用户直接操作硬件寄存器，减少系统的误配置和误操作同时加速底层程序开发。

如图 2-14 所示，不同的用户任务对应设备不同的采集和处理任务，内核对星上网传输数据缓存、解析后根据相应的间接数据指令启动用户任务。用户任务在不同的设备中，其职能差异较大，但是用户可以根据系统提供的相关底层 API 接口函数进行共性信息的采集和控制。

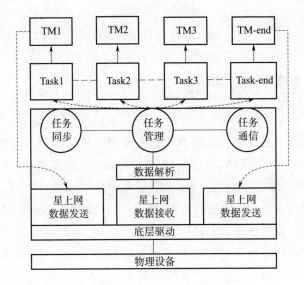

图 2-14　软件设计框图

用户级的任务，可以参考功能类型灵活创建，各设备比较常见的任务类有串口 RS-422 COMM 任务，D/AM 和 A/DM 模拟量采集任务，自身状态采集任务，HotCtl 控温任务，代码上注和下传任务等，如图 2-15 所示。

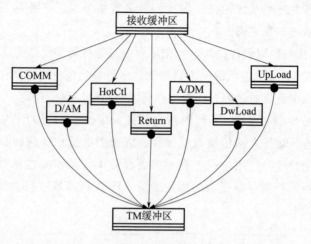

图 2-15　用户任务类图

2.6.2　系统软件设计约定

2.6.2.1　缓冲区约定

　　对遥测和遥控缓冲区进行了进一步封装且对用户不可见，用户通过 DFH_Set_TM 回传各设备遥测数据，回传遥测数据长度应该遵循参数 len 的取值范围，len 的取值范围是 0～256 个字节。第六类遥测可以作为各设备上传星务数据缓冲区，缓冲大小为 270 字节。

　　遥控信息通过函数 DFH_Get_Date（）函数获取。在内核中，系统通过对接收数据的自主分析，复制最短有效长度数据给用户缓冲区，为防止溢出建议用户在程序设计时分配一个较大的空间，270 个字节是推荐长度。编程时注意对缓冲区边界访问的检查，避免数组越界导致程序不可控的行为。DFH_Get_Date 获取的数据格式如表 2-6 所示。

表 2 - 6　DFH _ Get _ Date 获取数据格式

字节序号	字节内容	备注
0	len	有效数据长度
1	# #	数据包类型
2	# #	有效数据
3	# #	有效数据
# #	# #	有效数据
len	sum	校验和

第一个字节用于标识 MEU 收到数据包的长度。

第二个字节用于标识 MEU 收到数据包的类型：

1）当数据包类型为 0x10 时，约定有效数据为星务主机发送给 MEU 的间接指令，第三个字节是目的 MEU 站标识。

2）当数据包类型为 0x20 时，约定有效数据是星务主机发送给 MEU 的数据块。

3）当数据包类型为 0x30 时，用于表示整星需求 MEU 所在分系统实时回复遥测数据，例如 GPS 对时数据，精度为 1ms。

4）当数据包类型为 0x40 时，约定有效数据是星务主机发送给 MEU 的遥测数据块

第二字节到第 len 字节为有效数据，第 3 字节到第 len 字节为传输数据。第 len＋1 字节为有效数据的校验和。

2.6.2.2　任务管理约定

针对小卫星平台 MEU 的功能特点，系统在配置时对最大支持的任务数做了限定。用户空间任务当前可用任务数为 6，任务优先级从 9 到 14。优先级数据越小，优先级等级越高。系统预留了最高优先级 0 和次高优先级 1 供特定用户使用。用户任务的优先级应谨慎分配。编程框架中，内核空间定义的用户任务 DFH _ UsrJob（）占用的优先级数值小于 9。任务管理约定见表 2 - 7。

表 2-7　任务管理约定

任务资源项	资源数	备注
优先级资源	6	从优先级 9 到优先级 14
任务资源	6	与优先级对应
信号量资源	6	用户可自定义信号量数目

2.6.2.3　用户数据类型约定

为统一系统和用户空间编程，减少变量定义错误，加速跨平台代码移植。操作系统定义了表 2-8 所示数据类型。

表 2-8　数据类型约定

C 语言数据类型	类型标识符	备注
unsigned char	BOOLEAN	布尔逻辑数
unsigned　char	INT8U	无符号 8 位数
signed　　char	INT8S	有符号 8 位数
unsigned　int	INT16U	无符号 16 位数
signed　　int	INT16S	有符号 16 位数
unsigned　long	INT32U	无符号 32 位数
signed　　long	INT32S	有符号 32 位数
float	FP32	单精度浮点数
double	FP64	双精度浮点数

为避免系统与用户数据结构的冲突，系统所有的变量和函数都以 DFH＿前缀开头。

2.6.2.4　设备宏定义数据约定

为使各设备 MEU 正常工作，操作系统需要明确当前 MEU 所属分系统类别。针对各设备节点的不同，遥控遥测数据量的不同，操作系统处于实时性和稳定性的考虑设计了不同的宏定义。需要设备 MEU 软件设计师根据所属设备使能对应的宏定义。这些宏定义会定义一系列的配置参数，系统中也会根据这些宏定义调用不同的配置模块。各设备设计师必须使能且只能使能自身所属设备的宏定义，否则将对系统的正常运行产生严重的不利影响。表 2 - 9 列出了设备类别宏定义。

表 2 - 9 设备类别宏定义

设备名称	使能的宏定义	备注
通信管理单元	# define TXJ	用户使能
能源管理单元	# define NYGL	用户使能
姿控 AOCC	# define AOCC	用户使能
姿控 EC	# define EC	用户使能
中继测控终端	# define ZJCK	用户使能
GPS 下位机	# define GPS	用户使能
载荷管理单元 1	# define ZHGL1	用户使能
载荷管理单元 2	# define ZHGL2	用户使能
智能管理单元 1	# define IEM1	用户使能
智能管理单元 2	# define IEM2	用户使能
智能管理单元 3	# define IEM3	用户使能

2.6.2.5 用户初始化程序约定

为使用户程序正确运行，需要在开启多任务调度前正确的设置 IO 端口特性和分配管脚复用关系。DFH_OS 提供了底层初始化函数 DFH_ConfigIO_Usr（）实现硬件平台的初始化。操作系统通过在 main 函数起始处调用 DFH_SYS_CALL（）完成内核代码的初始化，DFH_SYS_CALL（）会在系统内核中调用 DFH_ConfigIO_Usr（）完成端口的配置。系统提供了针对 MEU 用户级底层配置函数，用户在编程时可参考这段代码设计自己初始化的代码，用于替代系统提供的 DFH_ConfigIO_Usr（）中的内容就可以完成底层配置的初始化工作，但是不要更改函数的声明，防止系统初始化操作找不到用户初始化操作的入口地址。

本阶段的底层软件开发流程框图如图 2 - 16 所示。

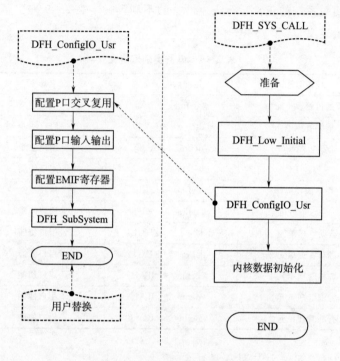

图 2-16　底层初始化流程图

2.6.3　用户任务创建

在 DFH-OS 上开发应用程序，相对独立的功能模块可分解为不同的任务类去完成。不同任务按照彼此的时序约束和星务主机的遥控指令实现彼此的同步。创建任务法则为：

1) 定义任务优先级。任务优先级设置应该在满足任务管理约定前提下，综合考虑用户任务完成的功能以及与其他用户任务同步的情况下设置。

eg：#define TasknPrio　9

2) 定义任务堆栈。任务堆栈类型 DFH_STK 在系统中实例化为 INT8U，实质上是一个用于保存任务上下文和局部变量的数组缓冲区。

3) 定义任务入口地址。任务入口地址是系统调度任务运行时，程序段的首地址，等同于函数的声明。

4）在 main 函数中创建任务。

如图 2-17 所示，以 DFH_Usr Job 为例。一个任务通常是一个无限的循环，看起来像其他 C 的函数一样，有函数返回类型，有形式参数变量。形式参数变量是由用户代码在第一次执行的时候带入的。这是为了允许用户应用程序传递任何类型的数据给任务。

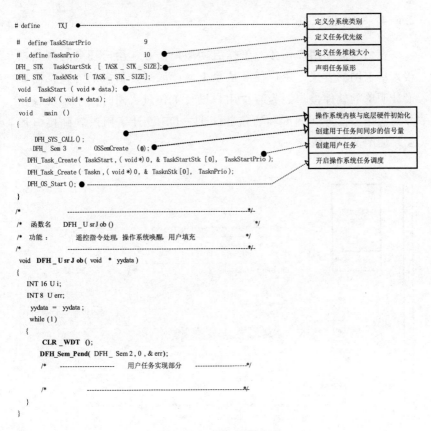

```
# define      TXJ                                          定义分系统类别
# define TaskStartPrio           9                         定义任务优先级
# define TasknPrio              10                          定义任务堆栈大小
DFH_STK   TaskStartStk [ TASK_STK_SIZE];                   声明任务原形
DFH_STK   TaskNStk [ TASK_STK_SIZE];
void  TaskStart ( void * data);
void  TaskN ( void * data);

void   main ()
{                                                          操作系统内核与底层硬件初始化
    DFH_SYS_CALL ();                                       创建用于任务间同步的信号量
    DFH_Sem 3 =  OSSemCreate  (0);                         创建用户任务
    DFH_Task_Create ( TaskStart, ( void *) 0, & TaskStartStk [0], TaskStartPrio );   开启操作系统任务调度
    DFH_Task_Create ( Taskn , ( void *) 0, & TasknStk [0], TasknPrio );
    DFH_OS_Start ();
}
/*          ----------------------------------------------------*/
/*  函数名     DFH_UsrJob ()                                     */
/*  功能：        遥控指令处理，操作系统唤醒，用户填充              */
/*          ----------------------------------------------------*/
void  DFH_UsrJob ( void * yydata )
{
  INT 16 U i;
  INT 8 U err;
  yydata = yydata ;
  while (1)
  {
    CLR_WDT ();
    DFH_Sem_Pend( DFH_Sem 2 , 0 , & err);
    /* --------------------    用户任务实现部分    --------------------*/

    /*  ----------------------------------------------------*/
  }
}
```

图 2-17　任务创建方法

优先级值越低，任务的优先级越高。系统总是运行进入就绪态的优先级最高的任务。任务优先级设置应综合考虑 MEU 功能时序，

例如 MEU 分系统通过 CAN 总线接入星上网络，总线上承担了大量的信息流和控制流的传输，系统在内核实现该任务时为其设置了较高的优先级。用户周期性的同步采集任务和外部事件触发的异步处理任务要在优先级设计的基础上联合信号量实现同步。

DFH - OS 为用户任务提供了周期性信号源，用于实现时间延时和确认超时。现在系统提供的时钟节拍设置是 10ms。

2.6.4　软件接口设计

在何时启动用户任务，怎样启动用户任务，用户任务遥测数据接入星上网的方式，用户任务从星上网读取遥控信息的方式都需要设计明确的软件接口。为减少用户设计工作量，同时便于系统级任务与应用层任务间调度和通信，DFH - OS 设计了用户软件接口形式，如图 2 - 18 所示。

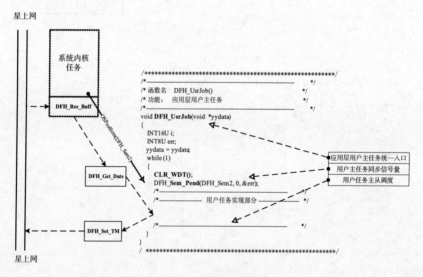

图 2 - 18　软件接口设计

（1）用户任务调度接口—DFH_UsrJob

DFH - OS 平台为便利应用层任务的设计，提供了一个统一的用户任务入口—DFH _ UsrJob（）。该入口任务是系统级遥测遥控任务解析遥控指令后唤醒的第一个用户任务。作为用户级的主任务 DFH _ UsrJob 运行以后，会根据遥控信息启动不同的任务类，完成设备采集、计算、控制等功能。这种设计模式，为星务与各设备之间的数据约定和控制指令的编写和对接提供了极大的便利。

（2）遥测数据发送接口—DFH _ Set _ TM

对应用层的任务设计来说，DFH _ Set _ TM 就是虚拟的遥测数据发送接口，软件设计者只需要将采集的信息和要回传的内容缓冲区作为参数调用 DFH _ Set _ TM 就完成了遥测信息发送任务。遥测数据的物理回传和通信协议由系统级的遥测遥控任务封装实现。这为遥测数据接入星上网络提供了虚拟通道。

（3）遥控信息接收接口—DFH _ Get _ Date

遥控信息的接收也被系统级的库任务实现，面向应用层用户的只是 DFH _ Get _ Date，系统级任务根据遥控信息会激活用户任务。用户只需要调用 DFH _ Get _ Date 即完成了遥控信息的接收。系统内核任务自动完成对原始 CAN 遥控数据的解析、分拣和用户缓冲区的赋值。图 2 - 19 为 MEU 虚拟星上网。

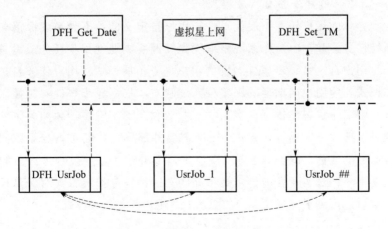

图 2 - 19　MEU 虚拟星上网

2.6.5　用户任务扩展

考虑到应用层用户任务的多样性，在系统级封装应用层任务是不现实的。DFH-OS 可支持多达 60 个任务，定义好的用户任务扩展方式，对加速软件开发进度，保障系统稳定性具有重要意义。

2.6.5.1　主从式的用户任务扩展模式

主从式的用户任务扩展模式是指通过系统级任务唤醒应用层用户任务的扩展方式。为创建统一的用户任务扩展方式，系统创建了一个默认的用户任务 DFH_UsrJob（）。在系统开始运行后，DFH_UsrJob（）任务因等待信号量 DFH_Sem2 进入阻塞态，依赖系统级封装内核星上网处理任务激活。应用层次的其他非周期性任务或者是需要根据遥控指令启动的处理单元均可采用此类模式扩展。用户可以 DFH_UsrJob（）为主任务，进一步根据遥控内容激活用户创建的其他从属类应用层任务。用户任务的个数和各个用户的职能被赋予充分的灵活性，应用层程序设计可以根据用户自身任务的功能灵活划分。

2.6.5.2　用户任务自扩展模式

异步的用户任务扩展模式是指用户自定义的，不受系统级遥测遥控任务挂起，由操作系统根据优先级调度周期性采集任务或者是通过用户自定义异步事件触发的用户任务扩展模式。用户任务自扩展模式，为用户周期性的采集分系统状态，根据异步事件实时控制分系统工作状态提供了便利。GPS 接收机 MEU 需要秒脉冲为中断源触发接收钟、码等；数传 MEU 需要外部事件中断进行分系统间数据流的传输；测控应答机 MEU 也需要异步中断触发任务来接收数据指令，对实时性的要求是很高的。这种任务扩展方式对保障任务实时性提供了实现途径，如图 2-20 用户任务扩展模式。

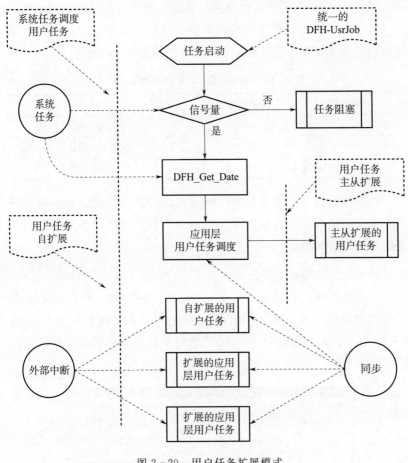

图 2-20　用户任务扩展模式

2.6.6　软件在轨更新方式

2.6.6.1　更新支持函数

软件上注功能模块用于应对卫星在轨运行过程中的应用软件更新和应急情况处理。鉴于 MEU 单 Flash 存储器的硬件结构，操作系统为支持软件更新预留了三个上注的接口函数：void DFH _ UsrUp-Date1（void），void DFH _ UsrUpDate2（void），void DFH _ UsrUpDate3（void）。用户可以将在轨阶段需要更新的代码编写在这三个函数中，然后在软件中正常使用这三个接口函数。操作系统在编译时将该类函数静态分配到如表 2 - 10 所示的 Flash 地址。

表 2 - 10　上注函数 Flash 静态地址分配

函数名称	Flash 地址分配	备注
DFH _ UsrUpDate1	0xB000	更新支持函数 1
DFH _ UsrUpDate2	0xC000	更新支持函数 2
DFH _ UsrUpDate3	0xD000	更新支持函数 3

在使用过程中建议用户使用操作系统的静态分配。如有特殊需求，更新支持函数的地址更改方式用户在使用过程中也可以自定义上注函数的分配地址。

2.6.6.2　更新函数地址指定方式

在开发环境的 Project Workspace 窗口选中 Target1，右键 Target1 在弹出串口中选择 Opetion for Target 'Target 1'，弹出如图 2 - 21 所示窗口。在 BL51 Locate 菜单栏下有代码存储空间和数据存储空间的范围。

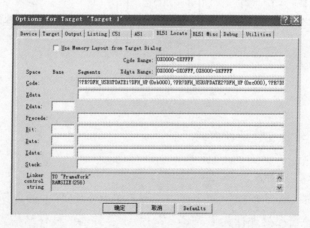

图 2 - 21　上注更新函数地址更新页面

2.6.6.3　更新函数代码提取方式

开发环境的 Project Workspace 串口下的 DFH _ Up. c 文件，在 DFH _ UsrUpDatex 函数中更新代码，然后与工程代码统一编译后生成 . hex 文件，用 'HEXBIN. EXE' 工具将 . hex 文件转化为 . bin 文件，用 EtraEdit 工具打开 . bin 文件找到要更新的函数所在地址，从中取出更新后的代码，生成 Flash 上注数据块，进行 Flash 更新，然后运行更新后的代码。

2.6.6.4　更新函数执行方式

操作系统默认使能 UsrUpDate1～3 的运行，用户在需要调用 UsrUpDate 函数的地方调用如下函数 void DFH _ UP _ API（unsigned char num）；输入参数 num 表示调用的更新函数序号，调用方式如下：

/ * 用户上注函数调用位置根据实际需求设置 * /

DFH _ UP _ API（1）；　/ * 调用可上注修改的函数 DFH _ UsrUpDate1（）* /

DFH _ UP _ API（2）；　/ * 调用可上注修改的函数 DFH _ UsrUpDate2（）* /

DFH _ UP _ API（3）；　/ * 调用可上注修改的函数 DFH _ UsrUpDate3（）* /

因为 Code 的执行位置在 Flash 中，为了防止执行 UsrUpDate1～3 的时，进行 Flash 更新导致 CPU 执行异常，在更新 Flash 时，首先禁止相关 UsrUpDate1～3 的运行，更新完成后再调用 DFH _ UP _ API（1～3）。禁止操作由星务综合管理单元通过数据指令设定。

2.6.6.5　软件数据块上注协议

（1）操作系统注入代码的操作步骤

1）禁止上注代码处程序运行；

2）允许 Flash 擦除改写；

　　3）写入前首先擦除 Flash 写入地址的原始数据（一个地址页擦除 512 字节的空间根据上注的代码大小选择擦除的地址的大小）；

　　4）下传待写入地址处的内容（根据需要制定下传代码区的大小）；

　　5）若下传内容为全 0XFF，则进行 5；不同，进行 2；

　　6）向待写入地址注入代码；

　　7）下传写入 Flash 的内容；

　　8）若下传内容和上注内容相同，则进行 8；不同，进行 2；

　　9）禁止 Flash 擦除改写；

　　10）运行上注程序。

　　（2）操作系统的 Flash 上注程序数据块

　　表 2-11 列出了上注程序相关的数据块。

表 2-11　上注程序相关的数据块

序号	数据块名称	数据块	备注
1	允许 Flash 擦除改写	XX[1]116611	
2	禁止 Flash 擦除改写	XX[1]115511	
3	擦除 Flash	XX[1]A8YYZZ	YY：擦除 Flash 地址的高八位 ZZ：擦除 Flash 地址的低八位 Eg：擦除 Flash 中 0xb000 地址内存，则 YY：b0，ZZ：00
4	下传 Flash 代码	AA20YYZZMMNN	AAH：上注数据块标识 20H：代表下传，10H 代表上注 YY：下传 Flash 地址的高八位 ZZ：下传 Flash 地址的低八位 MM：下传 Flash 长度的高八位 NN：下传 Flash 长度的低八位 参见表 2-10，2-11
5	执行上注程序	XX[1]2266YY	YY：对应的更新程序序号 Eg：DFH_UsrUpDate2，则 YY＝0x02.
6	停止执行上注程序	XX[1]2255YY	

　　注：XX 为站地址标识，如通信机为 0x02。

（3）上注程序相关的上行数据块有效数据格式

表 2-12 列出了上注代码格式，表 2-13 列出了下传 Flash 代码指令格式。

表 2-12　上注代码格式

序号	数据	说明
W1	10H	标示 Flash 上注
W2	＃＃H	要写入代码的地址的高八位
W3	＃＃H	要写入代码的地址的低八位
W4	＃＃H	要写入的十六进制代码
W5	＃＃H	
…	＃＃H	
…	＃＃H	填充字 AA

表 2-13　下传 Flash 代码指令格式

序号	数据	说明
W1	20H	标识 Flash 下传
W2	＃＃H	要写入代码的地址的高八位
W3	＃＃H	要写入代码的地址的低八位
W4	＃＃H	要下传代码大小的高八位
W5	＃＃H	要下传代码大小的低八位
…	＃＃H	填充 AA

（4）Flash 代码下传

Flash 代码下传复用操作系统第二类遥测回复，用户在发送下传 Flash 代码指令后，MEU 操作系统内部等到星务主机发起二类轮询时回复下传的 Flash 数据，每次回传 64 字节有效数据，直到完成用户制定的下传字节数后自动转为第二类缓变回复。

2.7　系统提供的函数 API 接口 DFH - OS for MEU

2.7.1　中断服务函数接口

如表 2 - 14 所示，在使用系统进行软件开发的过程中，用户可根据自身中断需求，灵活使能相关中断源，并在中断服务函数中添加自己的服务函数代码。中断服务函数的设计原则是用尽可能短的时间完成预定的工作，满足嵌入式实时内核的调度要求。

表 2 - 14　应用层用户级中断服务函数入口 API

中断源	中断矢量	优先级	用户服务函数入口 API
T0	0x000b	1	DFH _ T0 _ ISR ()
/INT1	0x0013	2	DFH _ INT1 _ ISR ()
T1	0x001b	3	DFH _ T1 _ ISR ()
Uart0	0x0023	4	DFH _ UART0 _ ISR ()
T2	0x002b	5	DFH _ T2 _ ISR ()
SPI	0x0033	6	DFH _ SPI0 _ ISR ()
SMBUS	0x003b	7	DFH _ SMBUS _ ISR ()
ADC0 监控	0x0043	8	DFH _ ADC0 _ WT _ ISR ()
PCA	0x004b	9	DFH _ PCA _ ISR ()
比较器 0	0x0053	10	DFH _ CMP0 _ ISR ()
比较器 1	0x005b	11	DFH _ CMP1 _ ISR ()
比较器 2	0x0063	12	DFH _ CMP2 _ ISR ()
ADC0 转换完成	0x007b	15	DFH _ ADC0 _ OVER _ ISR ()
T4	0x0083	16	DFH _ T4 _ ISR ()
ADC2 监控中断	0x008b	17	DFH _ ADC2 _ WT _ ISR ()
ADC2 转换完成	0x0093	18	DFH _ ADC2 _ OVER _ ISR ()
Uart1	0x00A3	20	DFH _ UART1 _ ISR ()

2.7.2　任务调度函数 API 接口

2.7.2.1　信号量—Semaphores

（1）OS_EVENT * DFH_Sem_Create（INT16U cnt）

1）参数说明：

cnt：信号量初始值，设置可用资源数。

2）返回值：

! =（viod *）0 时，为指向创建信号量的事件控制块指针，

= =（void *）0 时，没有可用的 ECB 指针，创建失败。

（2）void DFH_Sem_Pend（DFH_EVENT * pevent, INT16U timeout，INT8U * err）

参数说明：

pevent：指向等待的 ECB 指针。

timeout：可选择的任务等待周期设置。当为 0 时，任务将会等待制定的信号量直到其可用；如果不为零，任务将会等待指定的周期数。

（3）INT8U DFH_Sem_Post（DFH_EVENT * pevent）

1）参数说明：

pevent：抛出信号量的 ECB 指针。

2）返回值：

DFH_NO_ERR：调用成功，抛出信号量。

DFH_SEM_OVF：没有等待该信号量的任务。

DFH_ERR_EVEVT_TYPE：没有为抛出的信号量传入 ECB 指针。

2.7.2.2　任务管理—Task

（1）INT8U DFH_Task_Create（void * job, void * pdata, DFH_STK * ptos，INT8U prio）

1）参数说明：

job：任务服务函数入口地址。

pdata：任务在初始运行的时候，可以借助该指针指向的数据结构向任务传送参数。

pos：任务栈顶指针，操作系统设置的堆栈增长方式是从低地址向高地址增长，因此在输入任务堆栈栈顶时应该输入堆栈数组首地址。

pio：任务优先级，每个任务必须分配唯一的优先级。数值越低，优先级越高。

2）返回值：

DFH _ NO _ ERR：任务创建成功。

DFH _ PRIO _ EXIT：任务优先级已经被占用。

DFH _ PRIO _ INVALID：任务设置的优先级大于系统默认的最低优先级。

（2）INT8U DFH _ Task _ Resume（INT8U prio）

1）参数说明：

prio：唤醒的任务优先级。

2）返回值：

DFH _ NO _ ERR：指定任务被唤醒。

DFH _ PRIO _ INVALID：指定的优先级大于系统默认的最低优先级。

DFH _ RESUME _ PRIO：指定唤醒的任务不存在。

DFH _ TASK _ NOT _ SUSPENDED：指定唤醒的任务未被阻塞。

（3）INT8U DFH _ Task _ Suspend（INT8U prio）

1）参数说明：

prio：要阻塞的任务优先级。

2）返回值：

DFH _ NO _ ERR：指定任务被阻塞。

DFH _ PRIO _ INVALID：指定的优先级大于系统默认的最低

优先级。

DFH ＿ TASK ＿ SUSPENDED ＿ PRIO：指定阻塞的任务不存在。

2.7.2.3　时钟管理—Time

void DFH ＿ Time ＿ Delay （INT16U ticks）

参数说明：

ticks：任务阻塞的周期数，以系统时钟周期为单位。

对于周期性运行的任务，在完成制定动作后可以调用该函数。

2.7.2.4　启动任务调度

（1）void DFH ＿ SYS ＿ CALL （void）

完成系统初始化功能，在 main 函数中首先调用。

（2）void DFH ＿ OS ＿ Start （void）

启动任务调度，必须在所有任务创建完成后启动任务调度。

2.7.3　底层驱动函数 API 接口

用户级驱动程序设计是为了减少用户对 MEU 硬件接口的编程，DFH－OS 以库函数的形式提供给用户使用的开发方式。用户级驱动包含 A/D 采样驱动程序、串口通信驱动程序以及 Flash 的驱动程序。

2.7.3.1　串行异步通信的驱动程序

（1）DFH ＿ Uart ＿ Init （）

功能：

初始化 MEU 的串行口，设置串行口通信的波特率。

函数原型：

void DFH ＿ Uart ＿ Init （INT8Uuartnum， INT32U mclk，INT32U baud， INT8U ninth）

参数：

uartnum：串口标志，1 表示初始化 MEU 的第一个内部串口，2 表示初始化 MEU 的第二个内部串口。

　　mclk：系统时钟频率，0 表示使用内部时钟频率，其他为外部的时钟频率。

　　baud：串行异步通信的波特率。

　　ninth：数据位数，0 表示 8 位数据，1 表示 9 位数据。

　　例子：

　　初始化串口 0，系统时钟频率为 24.5 MHz，波特率为 19200 bps，8 位数据

　　DFH _ Uart _ Init （1，24500000，19200，0）；

　　（2）DFH _ Uart _ SendByte （）

　　功能：

　　向指定的串口发送数据。

　　函数原型：

　　void　DFH _ Uart _ SendByte （INT8U Uartnum，INT8U udata）

　　参数：

　　Uartnum：指定的串行口号。

　　udata：发送的数据。

　　例子：

　　向第二个串口发送一个字符′R′。

　　DFH _ Uart _ SendByte （2，′R′）；

　　（3）DFH _ Uart _ Getch （）

　　功能：

　　接收指定串口的数据。

　　函数原型：

　　char DFH _ Uart _ Getch （INT8U Uartnum，INT8U ＊ Rcvdata，INT16U datanum，INT16U timeout）。

　　参数：

　　Uartnum：指定的串行口号。

　　Rcvdata：数据输入缓冲区。

datanum：接收的数据长度（字节数）。

timeout：等待的超时时间（1 表示 1 个时间单位，0 表示一直等待）。

返回值：

0：正确

0xff：错误。

例子：

从串口 1 接收 10 个字节数据。

char xdata r _ buff［11］；

DFH _ Uart _ Getch（1，&r _ buff，10，0）；

2.7.3.2　12 位 a/d 驱动程序

（1）DFH _ All _ Ad12（）

功能：

采集 MEU 提供的 13 路 12 位 a/d 数据。

函数原型：

int DFH _ All _ Ad12（INT16U * ad _ data）。

参数：

ad _ data：保存采样数据的缓冲区。

返回值：

0：正确

0xff：错误。

例子：

int　ad _ buff［14］；

DFH _ All _ Ad12（&ad _ buff）；

（2）DFH _ Sam _ Ad12（）

功能：

采集 MEU 指定路序的 12 位 a/d 数据。

函数原型：

int DFH _ Sam _ Ad12（INT8U Channel）。

参数：

Channel：a/d 采样的通道号（1—13）。

返回值：

0：正确

0xff：错误。

例子：

采集第 2 路 12 位 ad 值。

int ad _ value；

ad _ value＝DFH _ Sam _ Ad12（2）；

2.7.3.3　8 位 a/d 驱动程序

（1）DFH _ All _ Ad8

功能：

采集 MEU 提供的 8 路 8 位 a/d 数据。

函数原型：

int DFH _ All _ Ad8（INT16U ＊ad _ data）。

参数：

ad _ data：保存采样数据的缓冲区。

返回值：

0：正确

0xff：错误。

例子：

Char　ad _ buff［10］；

DFH _ All _ Ad8（&ad _ buff）；

（2）DFH _ Sam _ Ad8（）

功能：

采集 MEU 指定路序的 8 位 a/d 数据。

函数原型：

int DFH _ Sam _ Ad8（INT8U Channel）。

参数：

Channel：a/d 采样的通道号（1—8）。

返回值：

0：正确

0xff：错误。

例子：

采集第 7 路 8 位 ad 值。

char ad _ value；

Ad _ value＝DFH _ Sam _ Ad8（7）；

2.7.3.4　d/a 驱动程序

（1）DFH _ Out _ Da（）

功能：

MEU 提供的 2 路 12 位 d/a 的输出。

函数原型：

void　DFH _ Out _ Da（INT8U Channel，INT16U da _ data）。

参数：

Channel：d/a 输出通道号（1—2）。

da _ data：输出数据。

例子：向第一路 da 输出值 0x685。

DFH _ Out _ Da（1，0x685）；

2.7.3.5　Flash 驱动程序

（1）DFH _ Erase _ Flash（）

功能：

擦除指定位置的一页 MEU 内部的 Flash。

函数原型：

void DFH _ Erase _ Flash（INT16U page _ addr）。

参数：

page _ addr：要擦除的页内任意一个地址。

例子：

擦除 0x8001 所在的一页 Flash。

Erase＿Flash（0x8001）；

（2）DFH＿Write＿Flash（）

功能：

写若干数据到 Flash 的指定位置。

函数原型：

void DFH＿Write＿Flash（INT16U w＿addr，INT8U ＊ w＿buff，INT16U w＿len）。

参数：

w＿addr：写入 Flash 的开始地址。

w＿buff：写数据的缓冲区。

w＿len：写入长度（＜512）。

例子：

写 50 个字节数据到 Flash 的 0x9000 处。

char xdata rec＿buff［52］；

Write＿Flash（0x9000，＆rec＿buff，50）；

第3章 小卫星的星上网技术

3.1 星上计算机网络

3.1.1 星上网的定义

20 世纪 80 年代以来，在科技和经济领域掀起的信息革命浪潮，其动力是计算机和通信科学的发展及其相应技术的现代化，其主要标志是计算机的广泛应用，以及它们与通信技术的密切结合。在现代社会中，信息越来越显示出效益和重要性。人们对信息的行为从自觉认识，到积极地获取，进而广泛地利用。为了加快这个过程，人们采用了两项主要的手段：其一是用计算机构成自动信息处理系统，对信息进行提取、存储、处理；其二是用通信系统，对信息进行高速、可靠、方便地传送和交换。这两者的结合构成各种形式的信息网络，而计算机通信网络成为信息网络的基础，从而形成了推动信息化社会发展的动力。

应该强调，计算机借通信技术不只是为了解决远程计算、信息收集和处理，而且还有更重要的目的，即实现资源共享。这就是说，计算机通信的初级阶段只是一种计算机间的数据通信系统，而高级形态的计算机与通信结合即计算机网络，则是以"资源共享"或完成分布进程处理作业为目的的。由于微处理器产品的成熟和成本下降，智能设备和微计算机越来越多，从而出现了一个需要：将它们互连在一起组成网络，相互协同，交换和共享信息，利用群体的作用实现更大、更优的目标。小卫星上也是这样的情况，星上微处理器和智能设备越来越多，出现了星上内部局域网。利用全星整体资源完成飞行任务，就成为小卫星发展的一个新的热点。并且星上网的业务也向综合信息方向发展，企图将小卫星上的测控网、数据网、供配电调度网、计算机网等所有信息网络融合为一体，相互配合、共享信息，协同完成星上复杂的任务。

这里提到计算机通信与计算机网络两者是有区别的。后者不仅是实现计算机之间的通信，而是以能够共享资源（硬件、软件、数据）的方式相互连接起来，同时各自又具有独立的功能和分担一个大任务中的一部分工作。小卫星星务系统中主机和下位机联合在一起形成星上网，各个计算机承担各自的作业，共同完成飞行过程中的总的任务。

所以，在本书中我们把星上网作为计算机网络的一个特例，并从两个角度上来进行研究、设计。从网络的外部向内部看，把星上网看成一个可共享的资源。这种资源的内部情况对于用户信息的传输与交换是透明的。用户在网络调度系统和有关协议的管理下，可以按规定享用网络资源。因此，从用户观点看，整个网络可视为一台大型计算机系统，用户在使用它时，所有资源归自己所用，所关心的问题是为自己服务的质量，而不关心如何实现服务的。因此，星上计算机网络的设计和制造主要是面向用户的，即面向应用的。

从网络的内部向外部看，设计者和制造者把计算机以及各类用户设备看成是通信系统的信息源或信息消费宿点。这些来自或送往用户的信息流的形式和含义，对于通信系统来说是透明的，通信系统只是透明传输。从而，这样进行研究和设计，切断了用户与设计者之间的"紧耦合"，有利于应用和使用的可靠性。这就是说，星上网络引入的目的是，使进网信息在网络通信协议的控制下能得到最有效和最可靠的传输和交换，实现系统内的端到端的进程通信，为其创建一个宽松的环境。

因此，在本书中我们定义，星上计算机网络是以资源共享为目的的，将多种设备连成一个整体的计算机群，如图 3 - 1 所示。在运行上，不要把各个计算机划归各自的设备。显然，这里要特别强调

如下几点:

· 星上存在有多台计算机（或微处理器），以增强整体的智能；

· 每一计算机与相应的专用设备相连，它面向各自独立的应用作业；

· 由功能完善的网络软件实现资源共享为目的；

· 所有计算机互连，使所有的设备集成为一个更大的统一的设备整体，卫星统一体。

在星上，计算机网络中的"用户"是指星上的各个设备。它们把星上网作为共享的资源，用它作为输入、输出信息交换的接口和通道。从而，将星上其他设备也作为自己的资源来使用，实现星上资源共享。

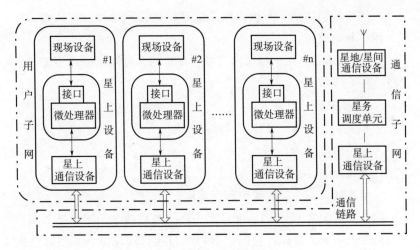

图 3-1　星上计算机网络

3.1.2　星上网的组成

一般计算机通信网由若干节点和一套通信链路所组成。它的节点分为终端节点和转接节点两类，其中终端节点是网络用户资源信息的"施主"或"受主"，转接节点与通信链路一起是为用户设备提供或获取资源信息所需的传输支援手段。因此，计算机通信网被分成两个子网。其一，称为用户子网，包括所有终端节点及其所拥有的设备。他们都是服务于用户目的的，信息流来源于它们，同时它们也是信息流的目的地。其二，称为通信子网，包括转接节点以及连接节点的链路。它们是服务于通信的，所有节点之间进行的信息交换都是通过它们来完成的。因此，属于用户子网设备，包含有四个组成部分：微处理器、接口、现场仪器仪表设备和通信设备。而通信子网，包括有：

1) 结点处理器，其功能：

·网络接口功能，实现用户子网通信子网的接口协议；收/发报文信息；监控报文传输状态。

·存储/转发功能，对报文信息提供中继功能。

·网络控制功能，为进入网络信息提供路径选择、网络流量控制、网络状态监督。

2) 传输链路，用于传输信息的物理信道及传输所需的信道通信设备。

3) 通信软件，其功能：

·报文信息处理、缓冲、存储/转发。

·链路管理。

·差错控制。

·网络状态监视、故障诊断、重构。

同样，从图 3-1 可以看到，星上网也分成两个子网。星上用户子网由各个 MEU 组成，它们用各种接口连接现场设备，用通信控制器连接通信链路；通信子网由星务主机、通信管理软件和通信链路组成。

3.1.3　星上网的拓扑结构

从组织形态上，计算机通信子网的拓扑结构可以分成两大类：点—点信道通信子网和共享信道通信子网。前者有：星型、环型、网型、树型网结构。后者是网内所有节点共享一条通信信道，它有：

总线型、（卫星或无线电）广播型、树型、环型网结构。小卫星星内主干网采用总线型拓扑结构，星地/星间采用广播型网络结构。

图 3－2 （a）给出计算机通信网总线型网络拓扑结构图，它只有一条传输线，是任意结点对之间的公共信道，其传输媒质可以是双绞电缆或无线广播信道等。由于所有结点机通过分接头接入这一条共用信道上，具有信道利用率高，结构简单的优点。当需要增加结点时，只需要在总线上增加一个分支接头或多设置一个同频电台即可进网。但是，由于同一时刻只能有一个网络结点在信道上发布信息，故存在一个信道访问控制权的分配问题，产生了一系列处理机制，并影响通信响应速度和通信节点容量。因此，一般总线型网络结构只在局域网内才被采用。

在小卫星上用总线型结构的分接头，如图 3－2 （b）所示。星上每个设备都有两个插头，它们"手牵手"连接成一条传输线，两端插入匹配电阻，形成完整的星上网。

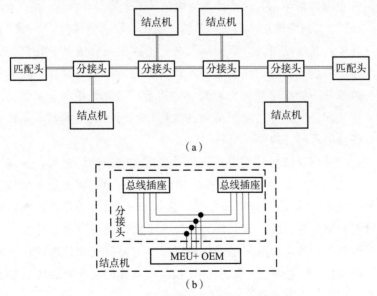

图 3－2　小卫星星上网总线型结构

3.1.4　星上网的体系架构

计算机网络是一个复杂的系统，面对它们，只有将其分成各种各样的基本元素，然后研究它们之间的各种交互结构。计算机网络包括三类重要的相互有关的结构，即物理的、逻辑的和软件的结构。物理结构就是把一个复杂的系统分解成完成一定功能的物理部件群，其元素是计算机、硬件设备，它们决定了系统所需的资源。逻辑结构决定输入、存储、发送、处理或信息文件传送等的基本操作功能，其基本元素：操作系统、终端模块、通信模块及其相互作用，它们决定了系统的逻辑资源。软件结构是指执行不同的信息处理任务，其组成有数据处理、进程访问、硬件故障诊断、数据发送、通道控制等，其元素是各种程序之间的相互作用，保证必要的信息处理任务的正确执行。

这里，从网络功能上，将复杂的计算机通信网进行划分，形成分层的逻辑体系结构。这个体系结构包括四个要素，即

$$网络体系结构 = \{系统，实体，层，协议\} \qquad (3-1)$$

其中，系统是指计算机网络系统；实体是指完成某一特定功能的程序、进程或服务，注意这里所指实体是逻辑上的实体；层是指某一种或某一类服务功能的逻辑上的构造；协议是指两个系统的对等实体之间协同工作时必须遵循的规则，不同层次上的对等实体之间有各自的不同的协议。

在这种分层体系结构中，任一对实体之间的通信过程，等同于对应层之间的"虚拟通信"过程。如图 3-3 所示，将真实通信传输路径（实线），抽出逻辑联接关系（虚线）。各层的通信都是在该层协议的控制下进行的。这样做，其旨在于将复杂的网络设计和运行管理简单化，将庞大的问题转化成为一些容易研究和处理的局部问题。即简化为一些"单层"的设计和运行管理问题，各层传输真实复杂过程简化为本层传输虚拟简单的过程。

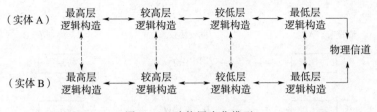

图 3 - 3　功能层次化模型

小卫星的网络的体系结构，从逻辑结构角度上看，可以划分成三个层面：物理层、数据链路层、应用层。

3.1.5　星上网的协议

协议是用来描述进程所需遵循的约定。所谓进程是表示程序一次执行之间信息交换过程。在计算机网络中，两个相互通信的实体，其上的两个进程相互通信，需要通过交换信息来协调它们的动作和达到同步，而信息交换必须按照预先共同约定好的过程进行。所以协议是通信双方为了实现通信所进行的约定或规则。一般它由语义、语法、定时关系三部分组成。

·语义规定通信双方彼此"讲什么"，即确定协议元素的类型：规定通信双方的控制信息、执行动作和返回的应答；

·语法规定通信双方彼此"如何讲"，即确定协议元素的格式：规定通信双方的数据格式、控制信息格式；

·定时关系规定事件执行的顺序，即确定通信过程中通信状态变化，规定应答关系，它用状态图来描述。

因此，在制定协议中，需要注重的主要关键内容：

（1）划分协议分层结构、约定各层的功能分布

计算机网络是一个极为复杂的系统，为了减少设计的复杂程度，通常把它的功能划分为若干个层次，较高层次建立在较低的层次基础之上，又为其更高层次提供必要的服务功能。但较低层功能的具体实现方法的变更不能影响较高一层所执行的功能。国际标准化组织 ISO 制定了"开放式互连信息系统参考模型分层结构"，如图 3 - 4

所示。

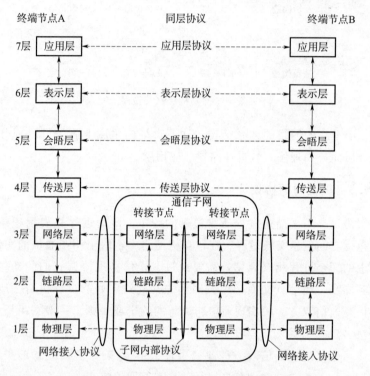

图 3-4　开放式互连信息系统分层结构模型

计算机网络功能分层，不同计算机相对应层之间可以进行通信，这种通信是"虚拟"的，为的是简单化。它们之间的通信规则就是该层的协议，称之为同层协议。实际上数据流不是在两个同等层之间直接流动的，而是在同一计算机内相邻的两层流动，直通到最底层后返回到同等层来。为了避免设计和运行管理的复杂性，才构建这一虚拟通信通道。相邻层之间的界面称为接口。数据流的流动方向是用户程序数据从最高层进入，经过处理后，附加上该层协议控制信息再传送给下一层，直到最底层，再通过通信线路发送给对方计算机。对方计算机收到数据后，从最底层开始，经过处理后，删除掉该层协议控制信息再传送给上一层，直到最高层，输出给对方计算机的应用程序。这样，高一层的数据不包含低层的协议控制信息，使得相邻层间保持相对独立。即低层实现方法的变化不影响高一层功能的执行，只要接口关系不变。

（2）相邻层间数据流的关系

令

第 n 层的协议数据单元（PDU，Protocol Data Unit），n♯PDU

第 n 层的协议控制信息单元（PCI，Protocol Control Information Unit），n♯PCI

第 n 层的服务数据单元（SDU，Service Data Unit），n♯SDU

则有，层内数据关系

$$n^{\#}PDU = n^{\#}PCI + n^{\#}SDU \qquad (3-1)$$

层间数据关系

$$n^{\#}PDU \Rightarrow (n-1)^{\#}SDU \qquad (3-2)$$

图 3-5（a）给出相邻层数据流的关系。协议数据单元是协议控制下的通信过程所操纵的基本数据块，基本数据块由数据头和数据本身两个域组成，头域装入协议控制信息单元，也可以是空的。图 3-5（b）给出数据传送过程和在各层数据的演变，每层向下转换数据时添加头标志，即将上层数据加本层头，作为数据传至下层；或者将下层数据中的本层头剔除后，作为数据传至上层。各层的头标志在各层协议中约定好了。

从图 3-5 可见，计算机网络是在协议控制下通过通信系统来实现计算机之间的连接，计算机网络与普通计算机互连系统的区别就是有没有协议的作用。因此，建立星上网络要特别关注协议，协议是协调计算机之间进行信息交换的约定。

星上计算机网络根据应用形成复合结构，由主干网承担整星的测控管信息网，由高速信息网传送载荷数据。由供配电调度网管理整星的用电状况，由控温网管理整星的温度环境。这些附属的子网络通过一个网关连到主干网上，接收整星调度。

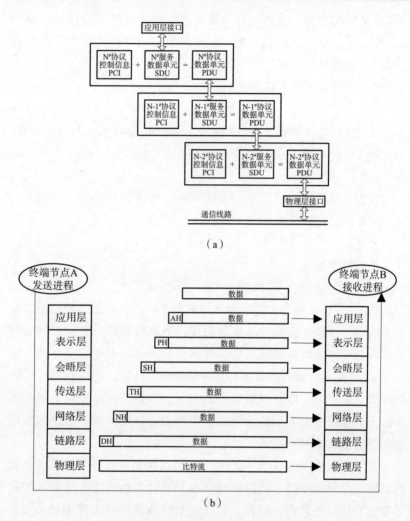

图 3 - 5　数据传送过程和协议数据单元

3.1.6　星上载荷信息高速总线

小卫星常用的载荷信息高速总线有如下几种。

3.1.6.1　SpaceWire 总线

SpaceWire 总线是 ESA 基于 IEEE 1355－1995 和 IEEE 1596.3（LVDS）提出的专用于航天器的高速数据总线标准，宇航级器件支持的码速率达到 200 Mbps 以上，符合抗辐照要求，可靠性与稳定性也达到了恶劣空间环境的要求。SpaceWire 已逐渐发展成为国际统一标准，成熟度高，采用该标准接口，可促进星上高性能数据处理系统的建设，减少系统集成的成本，增强数据处理设备间的兼容性并促使数据处理设备在不同任务中的重用。该总线的缺点是最高码速率约为 400 Mbps，相对其他总线技术较低。该协议结构如表 3－1 所示。

表 3－1　SpaceWire 总线的协议结构

网络层	网络路由、仲裁等
打包层	组织打包
交换层	包括流控制、状态机、纠检错、时序控制
符号层	包括生成流控制、纠检错控制等符号
信号层	包括 DS 编码、LVDS 电平定义等
物理层	包括接插件、线缆、PCB 走线等

其中，网络层规定了 SpaceWire 总线通信的实现方式，路由表的生成与路由交换，网络的仲裁等。分包层对要传输的数据进行打包，主要是增加包头识别。交换层进行链路流控制，状态机切换，数据纠检错控制等工作。符号层负责将流控制、纠检错及应用层数据格式化为 SpaceWire 特有的符号表示。信号层依据 LVDS 标准，规定了电平定义、Data－Strobe 编码等。物理层主要就接插件、电缆、线束缠绕方式及所用材料进行规范，以达到最佳的电磁兼容性。

SpaceWire 协议提供了容错及修复机制。

3.1.6.2　USB 总线

USB 的工业标准是对 PC 机现有的体系结构的扩充。USB 有以下几个优点：

· 提供一个标准接口，综合 PC 机的结构和体系特点，易于扩充多个外围设备；

· 价格低廉；

· 支持 12M 比特率的数据传输 USB1.0，480M 比特率的数据传输 USB2.0；

· 对声音音频和压缩视频等实时数据的充分支持；

· 协议灵活，综合了同步和异步数据传输。

USB 连接了 USB 设备和 USB 主机，USB 的物理连接是有层次性的星型结构。每个网络集线器是在星型的中心，每条线段是点点连接。从主机到集线器或其功能部件，或从集线器到集线器或其功能部件，从图 3-6 中可看出 USB 的拓扑结构。

在任何 USB 系统中，只有一个主机。USB 和主机系统的接口称作主机控制器，主机控制器可由硬件、固件和软件综合实现。根集线器是由主机系统整合的，用以提供更多的连接点。

USB 总线属一种轮询方式的总线，主机控制端口初始化所有的数据传输。

每一总线执行动作最多传送三个数据包。按照传输前制定好的原则，在每次传送开始时，主机控制器发送一个描述传输运作的种类、方向，USB 设备地址和终端号的 USB 数据包，这个数据包通常称为标志包（token packet）。USB 设备从解码后的数据包的适当位置取出属于自己的数据。数据传输方向不是从主机到设备就是从设备到主机。在传输开始时，由标志包来标志数据的传输方向，然后发送端开始发送包含信息的数据包或表明没有数据传送。接收端也要相应发送一个握手的数据包表明是否传送成功。发送端和接收端之间的 USB 数据传输，在主机和设备的端口之间，可视为一个通道。存在两种类型的通道：流和消息。流的数据不像消息的数据，它没有 USB 所定义的结构，而且通道与数据带宽、传送服务类型，端口特性（如方向和缓冲区大小）有关，多数通道在 USB 设备设置完成后即存在。USB 中有一个特殊的通道——缺省控制通道，它属于消息通道，当设备一启动即存在，从而为设备的设置、查询状况和输入控制信息提供一个入口。

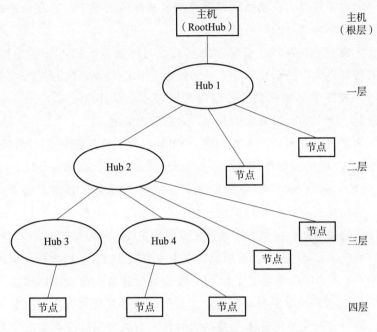

图 3 - 6　USB 总线的拓扑结构

事务预处理允许对一些数据流的通道进行控制，从而在硬件级上防止了对缓冲区的高估或低估，通过发送不确认握手信号从而阻塞了数据的传输速度。当不确认信号发过后，若总线有空闲，数据传输将再做一次。这种流控制机制允许灵活的任务安排，可使不同性质的流通道同时正常工作，这样多种流通常可在不同间隔进行工作，传送不同大小的数据包。

3.1.6.3　实时以太网总线

实时以太网 EPA（Ethernet for Plant Automation）主要从实时工业现场应用出发拓展了以太网的应用，主要特点为：

·具有较好的响应实时性。为保证网络实时性，实时以太网舍弃 CSMA/CD 总线竞争机制，进而采用固定时隙的方法，使得节点间的数据传输不会发生冲突，大幅减少了网络传输的不确定性。

·容错性强。在网络局部链路出现故障的情况下，能在较短的时间内重新建立新的网络链路。

·良好的兼容性。实时以太网总线与传统以太网可无缝连接，具有传统以太网的全部优点，可从商业应用中获得较强的支持。

·数据传输速率高。目前以太网技术已从 10Mbps、100Mbps 发展到 1000Mbps 和 10000Mbps，满足星载应用。

为解决以太网的实时性问题，EPA 对数据链路层进行了扩展，增加 EPA 通信调度管理实体（Communication Scheduling Management Entity，CSME），将数据报文分成周期报文和非周期报文两种。周期报文在固定的时隙内传送，非周期报文则根据周期报文末尾发送的非周期数据声明排列优先级，优先级高的先发送。

如图 3-7 所示，EPA 协议是在不改变原 TCP/IP 以太网模型的基础上，在 MAC 子层之上增加了通信调度管理，在应用层增加了 EPA 实时数据收发的驱动程序，一方面保持了对传统以太网的兼容性，另一方面大幅提升了总线的实时性，为以太网总线在高实时性要求场合的应用提供了技术支撑。

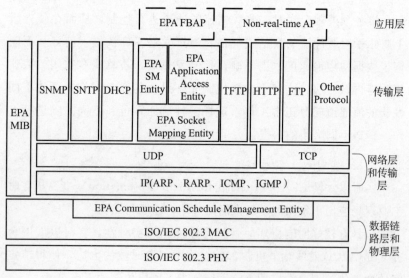

图 3-7　EPA 协议模型

3.1.7 星上用实时控制总线

小卫星常用实时控制总线有如下几种。

3.1.7.1 1553B 总线

1553B 总线采用双冗余系统，有两个传输通道，保证了良好的容错性和故障隔离，遇故障可自动切换。总线系统的操作是指令/响应型的异步操作。总线上的信息传输以半双工方式进行。数据总线上的信息流由消息组成，每条消息最多包含 32 个字，传输一个固定不变的消息所需时间短。采用异步通信方式，每次传送 1 个字（命令字、数据字、状态字），实时性好，码速率 1Mbps。采用曼彻斯特码编码，每个码位中点处存在一个跳变，"1"信号是一个由高到低的负跳沿，而"0"信号是一个由低到高的正跳沿。因此，不需要另外的定时信息，同时表示出传送命令字、状态字或是传送数据字，具有可靠的错误处理和检错机制。为确保数据传输的完整性，1553B 采用了合理的差错控制措施，反馈重传纠错方法，具有命令相应以及广播通信方式。

1553B 总线采用了 ISO 的第一层物理层和第二层数据链路层，是基于 MIL. STD. 1553B 标准的多路数据传输数据总线系统，可在卫星上构成一种局域网，它由数据线和有关终端组成，能按规定要求进行多路数据传输操作。

1553B 数据总线采用屏蔽双绞线，系统包括屏蔽电缆、隔离电阻、耦合变压器等硬件，总线连接的终端设备包括总线控制器、远程终端以及总线监视器。

1553B 总线是专用的航天总线，由于它成本较高，小卫星很少用到，传统卫星使用较为广泛，是一种集中式的时分串行总线，其主要特点是分布处理、集中控制和实时响应。

3.1.7.2 ELAN 网

CAST 968 小卫星平台的星上网采用 RS - 485 构建的嵌入式局

域控制网络（Embedded Local Area Network），简称 ELAN 网，其结构形成主从式。主站为星务中心计算机，直接面向从站，承担从站数据汇总、分析、处理和传送，并实现在轨应变决策任务。同时，还通过应答机（星地无线调制解调器）面向地面操作者，承担星地数据双向传送、实现人星联络，集成地面专家智能。从站为星上设备或设备内嵌入的各个下位机，它们直接面向控制过程，承担控制过程的数据采集和实时控制任务。如果需要的话，通过主站传接，由遥控或遥操作执行地面的操作和控制。ELAN 嵌入式网络的通信协议分为物理层、链路层和应用层。物理层和链路层遵循 RS485 的标准，应用层由星务系统自定义。

　　ELAN 网络星上测控管系统的结构，如图 3-8 所示。

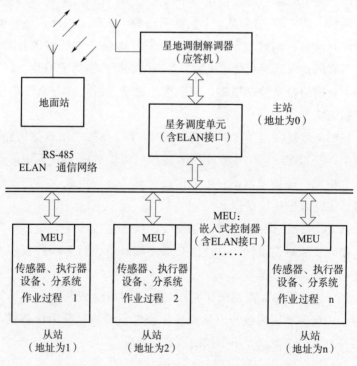

图 3-8　ELAN 网络星上测控管系统的结构

RS-485 总线网络通常采用主从式的双冗余总线型网络结构，双冗余总线的收发可以互为交叉备份。RS-485 总线只规定 ISO 的第一层物理层，对 ISO 的第二层数据链路层没有明确定义。RS-485 标准采用平衡式发送，差分式接收的数据收发器来驱动总线，支持最大节点数为 32 个。RS-485 总线传输速率由于受总线电缆、负载数目、传输距离、UART 接收缓冲数目的影响，一般为 19.2kbps。RS-485 总线没有错误检测机制，噪声干扰、总线冲突、误码率都是它的潜在问题。

RS-485 接口是一种平衡电压数字接口，是采用集成电路技术实现的平衡电压数字接口电路，通常用于数据终端设备（DTE）与数据电路终接设备（DCE）之间或数字设备之间信号的交换和互连，接口信息是在直流基带电平上以二进制的形式传送的，一般使用双绞电缆，必要时可以使用屏蔽电缆。

3.1.7.3　CAN 总线

CAN（Controller Area Network）即控制器局域网。最初是由德国 BOSCH 公司在 20 世纪 80 年代初为解决现代汽车中众多的控制与测试仪器之间的数据交换而开发设计的，它是一种多主总线系统。CAN 作为当前唯一具有统一国际标准的现场总线（ISO 11898），它是一种有效支持分布式控制或实时控制的串行通信网络。与其他网络不同，在 CAN 总线的通信协议中，没有节点地址的概念，也没有任何与节点地址相关的信息存在，它支持的是基于数据的工作方式。也就是说，CAN 总线面向的是数据而不是节点，加入或撤消节点都不会影响网络的正常工作。

CAN 总线的突出特点：

·实时性：采用短帧结构，每一帧的有效字节数为 8，保证传输时间短，提高实时性且受干扰的概率低；CAN 节点可被设定为不同的发送优先级，以满足不同的实时要求；

·多主性：网络上的任意节点均可成为主节点，并可向其他节点主动地传送信息，通信灵活；而且这是 CAN 总线协议所支持的工作方式，无需上层协议的支持，可方便地构成多机备份系统；

·灵活性：可以点对点、点对多点（成组）及全局广播方式接收数据；组网方式也非常灵活，非常适合于构建复杂现场的实时测控网络；

·可靠性：采用非破坏性总线仲裁和错误界定，总线冲突的解决和出错界定可由控制器自动完成，且能区分暂时和永久性故障并自动关闭故障节点，退出网络通信而保证总线上的其他节点的操作不受影响；每帧数据都含有 CRC（循环冗余）校验及其他校验措施。数据出错率低；采用差分驱动，可在高噪声干扰环境下使用。

小卫星选用 CAN 总线作为主控网实现星上的测控管任务，就是基于这些特点。特别是，它容易构造总线型网络，图 3-9 给出了卫星系统组网图。可见，由 CAN 组成的总线型体系结构具有以下特点：

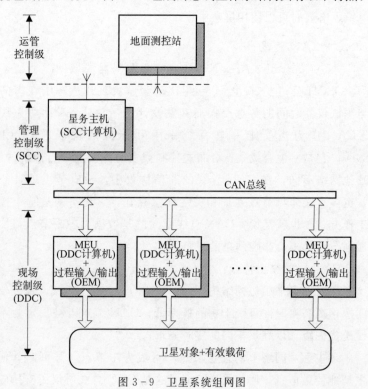

图 3-9　卫星系统组网图

· 用 CAN 总线为主干网的信息系统，是以信息的流动为核心的，而不是以分系统为核心。因此，星务系统完成一项或多项具体的任务，是借助于星上网等手段，提高了信息处理的效率和完成任务的能力。

· 总线型体系结构允许，硬件子系统采用"插件"结构，具有较强的可扩展性。由于采用内嵌式技术，星上最终产品＝OEM＋MEU，实现即插即用功能，降低各种硬件生产的难度，加快硬件集成和到位，降低开发风险。

· 软件子系统采用"插件"结构，可扩展性很强。由于系统结构清晰，降低了大型软件开发的难度，并易于维护和扩展。

· 由于软硬件均采用分布式结构，各部分相对独立，符合用户各分系统工作独立性需要，数据安全性好。

· 运用系统工程的观点，把整个卫星作为一个整体来考虑，统计出各类数据项、检索项指标，最终实现了"数据仓库"的概念；相对于传统卫星的进步与其说是计算机技术的，不如说是管理理论的进步，其最大特点是将小卫星的信息作为一种管理对象（客体）来处理。

· 总线型体系结构完全从另外一个角度出发，将信息的流动作为管理的核心（主体），并将各个管理设备（MEU）作为一个"挂件"，这些"挂件"要遵守数据总线的约定、通信规则、时序控制等，从而自然地实现了对整体信息管理的系统化。

3.1.7.4　低速总线

1－wire－net（单总线）技术是美国 Dallas 半导体公司近年推出的新技术。它将地址线、数据线、控制线合为 1 根信号线，允许在这根信号线上挂接数百个单总线器件芯片。基于单总线的每个芯片内部均有 1 个出厂前被光刻好的 64 位 ROM 序列号，它可以看作是该芯片的地址序列码。开始 8 位是产品类型标号，如 DSl8B20 为 28H，DS2450 为 20H 等；接着的 48 位是该芯片自身的序列号，用以保证在同类芯片中的唯一性；最后 8 位是前面 56 位的循环冗余校验码，以确保数据传输的可靠性。光刻 ROM 的作用是使每个"单总线"器件的地址都各不相同，这是定位和寻址器件实现单总线测控功能的前提条件，并以此为依据实现 1 根总线上挂接多个"单总线"芯片。

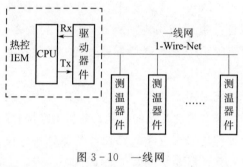

图 3-10　一线网

3.2　星上现场总线

3.2.1　为什么要在小卫星上引入现场总线

（1）小卫星集成制造需要借用现场总线来统一设备的架构

卫星自动化技术发展很快，推动卫星产业和应用取得了巨大的进步。由于小卫星的技术要面向多个领域，对专业性和指标有严格的要求，使得小卫星的制造必须采用"分解和协作"手段，将整星分成多种分系统，并采取"全国一盘棋"大协作的方式进行研制、生产。这样造成了卫星上的设备林林种种，不仅数量多、类型多，而且分属于各种分系统之中。同时，又由于小卫星的应用要面向多种型号，对可靠性和技术性能的高要求，使得小卫星的制造必须采用统一技术、方法、工艺和基线。如果对不同型号小卫星用各自的制造流程，是不容易实现"快、好、省"的。这样，不同型号卫星就带来了"载荷分散"和"功能分散"，不同厂家的设备及其接口关系就引起了"使用要求分散"。同时，高可靠性的要求，又需要"风险分散"。这些相矛盾的现实，逼迫小卫星制造必须寻找一套新的方法，以适应这四个"分散"的现状。这样，星务系统采用的措施是，将所有的星上设备或分系统改造成统一的架构。建立"统一架构"的目的是，将星上所有的设备或分系统容易联合起来，组成一个整体，使它们方便地协同完成飞行任务。所谓"统一架构"的意思是，将所有设备或分系统都分解为三个对等的层次，它们都是由现场设备、接口与计算机、通信设备三部分组成，如图 3 - 11 所示。现场设备就是原始设备或分系统本身部分。前两个层次用内嵌式技术实现，在前一章中已经讲过，后一个层次采用现场总线。本章重点讲述小卫星组网技术、传输控制规程和协议、共享资源的管理和控制。

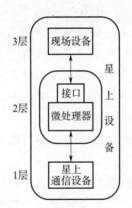

图 3 - 11　星上硬件设备分层架构模型

（2）星上测控管综合自动化的需要

现场总线能够同时满足过程控制和飞行管理自动化的需要，卫星运行中各种过程是连续的，它的控制一般都是基于反馈控制原理实现，而飞行管理自动化是间歇性动作，主要是基于程序控制实现，因而，现场总线目前已经成为小卫星数据总线领域中最为活跃的一个热点。控制局域网 CAN 在我国小卫星已获得了广泛应用。

小卫星星务系统对星上各任务模块的运行进行高效可靠的管理和控制，监视全星状态和参数，协调整星工作，以实现预定的功能和任务要求。为此，它采用"集中管理、分散控制"的运行模式，对星上通信网络提出了很高的要求，以适应星上电子设备越来越高的复杂程度。特别是，小卫星运行的空间环境恶劣，太空粒子撞击、辐照、急剧热变化等都会影响电子设备的正常工作，要求数据总线具有很好的抗辐射性能，以保证数据传输的正确性。否则会影响控制过程的正常进行，使小卫星陷于异常工作或损坏。

另外，星上网联合星务中心计算机和内嵌式下位机组成系统，采用现场总线作为整星实时现场管理，将星上分散的各功能模块有机地连接起来，实现星上信息交换和共享，实时地完成星上运行管理和控制。随着小卫星的应用和功能不断增强，系统也越来越复杂，各分系统之间的通信也越来越多，因此，现场总线要有较高的速率。电源等过程控制和姿态等运动控制对时间的动态响应要求高，也对现场数据总线速度提出高的要求，保证控制的实时性。同时，中心计算机主频不断提高，为了与其匹配和应对复杂任务，现场总线除了要有高的传输速率外，还要有一套有效的通信协议，确保数据传输的效率，从而满足实时性要求。

（3）星上条件和环境需要借用现场总线来提高可靠性和简化设备间的联接

现场总线还必须有较强的容错能力，否则一个节点（或分系统或有效载荷）出现故障，可能会导致整个系统的瘫痪。这样，在传输数据时要求有一定的错误检测机制，能够自我检错、纠错。

卫星运行在复杂的空间环境内，现场总线作为各分系统之间的数据传输枢纽，不仅要求能实现数据传输功能，还要求有较强的空间环境适应能力，因此，对现场总线有一些特殊的要求。采用现场总线体系结构将大大简化卫星系统的电缆网络结构，增强星上电子系统信息传递能力，提高卫星抗干扰能力，从而提高卫星飞行的可靠性。

3.2.2　现场总线定义

现场总线（fieldbus）是用于连续过程自动化和间断操作自动化

的最底层的现场设备或现场仪表互联的通信网络。它是现场通信网络和控制系统的集成。现场总线的节点是现场设备或现场仪表，但不是传统的单一功能的现场仪表，而是具有综合功能的智能仪器仪表设备。例如，传感器或变送器，它不仅具有非电量信号变换，还有补偿功能，简单的 PID 控制功能和运算功能。又如，调节器或执行器，它不仅是信号驱动和执行，还有输出特性的补偿、自校验、自诊断和防错功能，当采用总线供电时还具有安全性。从而，现场总线定义为：连接智能现场设备和自动化系统的数字式、双向传输、多分支结构的通信网络。它本质上包含有 6 个方面的特征。

•系统的开放性，即具有公开的、一致的标准，使得不同厂商的设备、仪表能通过网络互连、十分方便；

•现场设备互连，即现场设备或现场仪器仪表通过传输线互连，传输线可用双绞线等；

•互操作性，即现场设备或现场仪器仪表种类繁多，所以互连的不同制造厂商的产品一定要方便的实现相互操作，使得现场总线可以方便地将不同厂家的现场设备统一组态，构成整体所需的回路，实现“即插即用”方便组装系统（如：小卫星）；

•分散功能块，即现场总线把远端控制站（RTU）的功能分散地分配给现场仪表，可统一组态，供用户灵活选用各种功能块，用于构成所需的控制系统，实现彻底的分散控制，剔除点对点的连接方式；

•现场通信，即用于过程以及制造自动化的现场设备或现场仪器仪表互连的通信网络，交换和共享网内信息，并确保该信息的实时性和无误性；

•通信供电，即在部分容许的条件下，通信允许现场仪器、仪表直接从通信线上摄取能量，对于安全的低功耗现场设备，采用这种供电方式，构成带供电的现场总线。

应该强调，现场总线不只是单一作为一种通信技术来使用，也不是仅为了用数字设备替代模拟设备而引入，而是希望基于它构建新一代自动化系统——现场总线控制系统（Fieldbus Control System，FCS）来取代传统的集散控制系统（Distributed Control System，DCS），实现现场通信网络与控制系统的集成。从 DCS 到 FCS 的变革表现在如下几方面，把它应用到小卫星领域，一定会给卫星制造和运行带来诸多好处。

· FCS 的信号传输实现了全数字化，在星上设备之间废除利用信号特征（如：幅度、宽度、频率）来区分信息的输入/输出信息，代之用串行码流数据通信来传送信息，从而消除设备之间大量平行信号线之间的干扰带来的忧患，提高运行的可靠性。FCS 废除了 DCS 的 AD/DA 等输入/输出单元，将其下放到底层现场设备内，在设备层级之间不再有信号特征信息的传送。从底层的传感器和执行机构采用现场总线（星上网）开始，逐层向上均采用通信网络互联。信号特征信息，仅停留在设备机壳之内，有利于避免干扰，有利于卫星工作稳定、可靠。

· FCS 的系统结构是全分散式的，FCS 废除了 DCS 的远置单元（RTU）中间控制站，由现场设备或现场仪表取而代之，即把 DCS 的控制站的功能化整为零，分配给各个现场设备，从而将远置单元虚拟化，实现彻底的分散控制。

· FCS 的现场设备具有互操作性，不同厂商的现场设备既可互联也可互换，并可以统一组态，彻底改变传统 DCS 控制层的封闭性和专用性。同时提升小卫星制造的开放性，回避供货渠道瓶颈。

· FCS 的通信网络为开放式互联总线，它既可与同层网络互联，也可与不同层网络互联，用户方便地共享网络数据库。

现场总线控制系统的核心是现场总线。现场总线技术不仅是计算机技术和通信技术的集成，而且还与控制技术一起形成三方面的技术集成。它的出现使传统的自动化系统产生了极大的变化，改变了传统的信号标准、通信标准和系统标准，从而也改变了传统的自动化系统的体系结构、设计方法、安装调试方法、产品结构。

我国的小卫星从一开始就引入了现场总线技术，其最终目的是建立全星综合自动化系统，如同在第 1 章和第 2 章阐述的那样。基于现场总线和内嵌式技术建立星务系统，从而使传统卫星产生了极大的变化，改变了传统的信号标准、通信标准和系统标准，也改变了传统的卫星的体系结构、设计方法、安装调试方法、产品结构。

应该注意到，现场总线是一类"低级"工业数据总线、设备现场数据总线。它的主要出发点是造价低廉，经受得起工业现场环境的干扰，快速实时响应动态过程的变化。为此，现场总线网络有它自己的特殊体系结构，与一般网络的七层基准参考模型不完全一致。它只采用七层模型中最重要的三层功能：物理层、数据链路层、应用层的功能，这是因为：

•需要控制的信息，一般是十分有限的。但是，一旦要求这种信息时，必须快速而可靠地到达目的站，不准许有过大的时间延误和数据丢失。七层模式使数据转换远远慢于实时操作要求，容易引起系统工作不稳定。

•现场总线设备不需要"地址"信息，只需要信息内容，这是与七层模型网络不同的。

•七层模型网络接口造价对于现场总线来说显得过高，层次过多、接口复杂也容易引入附加的故障诱因。

•现场总线网络可以采用低成本的桥接器、路由选择器和网间连接器等，容易实现与其他开放式网络连接，构成更大的网络系统。

3.2.3　现场总线的优点

现场总线系统结构简单，使自动化系统从设计、安装、投入到正常运行及其检修维护，都体现出极大的优越性。它的主要优点如下：

•现场总线为一对 N 结构。一条传输线，N 台设备，双向传输多个信号。接线简单，容易增加或拆出设备，安装维护方便。在线运行中，也容易投入或切除设备，方便查找故障，排除事故。

•节省硬件数量与投资。由于现场的智能设备能直接完成多种传感、控制、报警和计算功能，因而可减少变送器数量，不再需要数管系统（DCS）的信号转换、调理功能块及其复杂的连线，并可减少星上设备，节省空间和能源。

· 提高了系统的准确性与可靠性。由于现场总线设备的智能化、数字化，它与模拟信号相比，从根本上提高了测量与控制的精确度，减少了误差。同时，由于系统的结构简化，设备与连线减少，现场仪表内部功能加强，减少了信号的往返传输，减少信号线之间的交叉干扰，提高了系统的工作可靠性。

· 用户具有高度的系统集成主动权。用户可以自由选择不同厂商所提供的设备来集成系统，避免因此选择了某一品牌的产品而被限制了使用设备的选择范围，也不会为系统集成中不兼容的协议、接口而无法取得进展。这样，可以使系统集成商牢牢掌握集成过程中的主动权。

· 可控能力强。通过现场总线方便掌管设备的工况，又容易进行设备的参数调整，还可以寻找故障，从而提高整体系统的可靠性、可控性和可维护性。

· 互换性。用户可自由选择不同制造厂家所提供的性能价格比最优的现场设备或现场仪表，并将不同品牌仪表互联，实现"即插即用"。

· 互操作性。可以把不同厂商、各种品牌仪器仪表集成在一起，统一组态，构成所需控制回路，不需要花费更多力气和投资，有利于集成商的业务。

· 综合功能。现场仪表即有检测、变换、补偿功能，又有控制、运算功能，实现一表多用，方便用户，降低成本。

· 统一组态。现场设备引入功能块的概念，统一组态方法简单。

· 开放式系统。现场总线为开放式互联网络，技术和标准全是公开的。

现场总线这些优点，再加上计算机技术和微电子技术的进步带来的微处理器价格降低和性能提升，促使现场总线技术快速推广应用，也推动了基于现场总线和内嵌式技术的星务系统在小卫星领域的应用和发展。

3.3　CAN 总线（控制器局域网）

3.3.1　基本概念

控制器局域网（Controller Area Network，CAN）属于现场总线的范畴，它是一种有效支持分布式控制或实时控制的串行通信网络。它的应用范围很广，在工业自动化电子领域、交通运输电气系统中，已替代所需要的硬件连接。

3.3.1.1　CAN 总线的分层结构

CAN 总线采用了三层网络体系结构——物理层、数据链路层和应用层，如图 3 - 12（a）所示给出体系结构图。可见，这种网络结构具有结构简单、执行协议直观、价格低廉等优点，同时性能也令人满意。它遵循分层协议规定的功能内容，如图 3 - 12（b）所示。分层协议主要内容如下：

1）物理层定义信号怎样进行发送，因而涉及位定时、位编码和同步的描述。目前的技术规范中未定义物理层的驱动器/接收器特性，允许根据应用对发送媒体和信号电平进行优化。

2）数据链路层的 MAC 子层是 CAN 协议的核心。MAC 子层可响应报文帧、仲裁、应答、错误检测和标定。MAC 子层接受一个称之为故障界定的管理实体监控。它具有自检机制的能力，识别故障是永久性的故障，还是短暂的扰动。它描述由 LLC 子层接收到的报文和对 LLC 子层发送的认可报文。

3）数据链路层的 LLC 子层的主要功能是报文滤波、超载通知和复原管理。

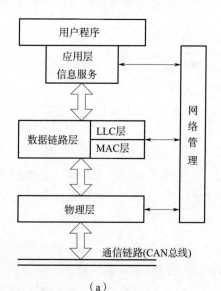

图 3-12 CAN 总线体系结构图和功能图

3.3.1.2　CAN 总线的外层约定

1）总线数据为两种互补逻辑数值之一："主控"或"退让"。"主控"数值（Dominant）表示逻辑"0"。"退让"数值（Recessive）表示逻辑"1"。在"退让"状态下，双端输出 VCAN - H 和 VCAN - L 都被固定于平均电压电平左右，即差分值 Vdiff 近似为 0。反之，在"主控"状态下，差分值大于某最小阈值。总线上，当"主控"和"退让"同时发送时，最终总线数值将为"主控"。

2）总线上的信息以报文方式发送：报文有多种固定的格式，长度有限。当总线空闲开放时，任何节点均可以开始发送一个新的报文。

3）在 CAN 系统中，信息路由规定：任何节点进行信息通信不使用有关系统结构的任何信息，如不需要站地址信息。任何节点在不要求所有其他节点及其应用层改变任何软件或硬件的情况下，可以被接于 CAN 网络，表现出系统配置的灵活性。

4）报文通信中，一个报文的内容由其标识符 ID 命名。ID 并不指出报文的目的站址或发送站址，而是描述数据的含义，以便网络中的所有节点有可能借助报文滤波决定该数据是否使它们激活、接受。利用报文滤波，任何多个节点均可接收该报文，并同时被该报文激活，多个节点使用同一数据，保证数据相容性。

5）CAN 的位速率在不同系统中可以不同，但在同一系统中速率是唯一的、固定的。

6）在总线访问期间，标识符 ID 定义了一个报文静态的优先权。

7）远程数据请求，通过发送一个远程帧，需要数据的节点可以请求另一个节点发送一个相应的数据帧，该数据帧和对应的远程帧以相同的标识符 ID 命名。

8）多主机运行，当总线空闲时，任何节点均可开始发送报文，发送具有最高优先权报文的节点赢得总线访问权，其他竞争节点无破坏自动退出。退出动作由仲裁机制管理。若同时有 2 个或更多个节点开始向总线上发送报文时，总线访问冲突应用逐位仲裁规则，借助标识符 ID 解决。这种仲裁规则对信息和时间均无损失。当具有相同标识符 ID 的一个数据帧和远程帧竞争时，数据帧优先。仲裁期，每一发送器都对发送电平与总线监视电平比较。若相同，该发送器继续发送；不相同，则退出仲裁，不应再传送下面的位。

9）为了尽可能高的数据传送安全性，在 CAN 的每个节点中，均设有错误检测、标定、自检的措施。检测措施包括：

·监视，发送器对发送位电平与总线上监视到的位电平进行比较，发送自检；

·循环冗余检验；

·位填充；

·报文格式检查。

错误检测原理具有的特性有：

·所有全局性错误均可被检测；

·发送器的所有局部性错误均可被检测；

·报文中的多到 5 个随机分布错误均可被检测；

·报文中长度小于 15 的突发性错误均可被检测；

·报文中的任何奇数个错误均可被检测。报文出错率为 4.7×10^{-11}。已损报文由检出错误的任何节点作出标志。标志后，该报文失效，并将自动地被重新发送。自检出错到下一报文开始发送总线的恢复时间最多为 31 个位时间，如果不存在新的错误的话。

10）CAN 节点有能力识别永久性故障和短暂扰动，自动关闭故障节点，实现故障隔离，避免对全网的破坏。

11）应答。CAN 总线上的所有接收器均对接收报文的相容性进行检查，并回答一个相容报文，标志一个不相容报文。

12）连接。CAN 串行通信链路是一条众多节点可被连接的总线，理论上节点数为无限的，实际上受限于延迟时间和总线的电气负载。通道实施的方法可选双线差分传送信号，借助数据重同步可获得信息；或者单线信号，加接地线构成通道。

13）振荡器容差有要求，当发送速率大于 125kbps 的应用中应该采用石英振荡器，以保证码位时间。

14）为降低系统的功耗，CAN 器件可被置于睡眠态，并切断总线驱动器。借助总线活动或系统内部条件可以唤醒睡眠态的 CAN 器件。

3.3.1.3　CAN 总线的特性

从上可见，CAN 总线属于串行通信网络，具有如下特点。

1）通信方式灵活。多主从方式工作，网络上任何节点均可以在任何时刻主动的向其他节点发送信息，不分主从，无需站地址等节点信息，容易构成多机备份系统。

2）CAN 网络上的节点信息分成不同的优先级，可以满足不同的实时要求。

3）报文具有优先权，CAN 采取非破坏性的总线仲裁技术，多个节点同时发送信息时，优先级低的节点会主动退出发送，多主站依据优先权进行总线占有。

4）借助接收滤波可实现的多种数据帧传送。即 CAN 只需通过报文滤波就可以实现点对点，1 点对多点及全局广播等几种方式传送接收，无需调度。

5）CAN 上的节点数目前可达 110 个；报文标示符可达 2032 种（CAN2.0A），而 CAN2.0B 报文标示符几乎不受限制。

6）CAN 通信采用短帧格式，传输时间短，抗干扰强，具有极好的验错效果，每帧数据最多 8 个字节，足以满足控制要求，不会占用过长总线时间，实时性强。

7）CAN 每帧都有 CRC 校验及其他验错措施，错误检测和出错标定，总线一旦再次空闲已损报文将自动重发送，区别节点临时性错误还是永久性故障，CAN 节点在错误严重情况下具有自动关闭输出功能。

8）远程数据请求；

9）配置灵活；

10）CAN 器件接口中集成了 CAN 协议的物理层和数据链路层，

CAN 的直接通信距离最远可达 10km（5kb/s），通信速率最高可达 1Mb/s（40M），CAN 的通信介质可为双绞线或同轴电缆，光纤。

3.3.1.4 CAN 总线的基本规则

（1）总线访问规则

采用载波监听多路访问，CAN 控制器在总线空闲时，也就是节点侦听到网络上至少存在 3 个空闲位（退让/隐性位）时，可以开始发送，采用硬同步。所有的控制器都要从帧的起始的前沿开始同步工作，并且过了一定时间，并在一定条件后，重新再同步。

（2）仲裁规则

各节点向总线发电平时，同时也对总线上电平进行回读，并于自身发送的电平进行比较，相同则继续发下一位，直至全部发完。不同则说明网络上有更高优先级的信息帧正在发送，立即停止发送，退出竞争。

（3）编码/解码规则

对帧起始域、仲裁域、控制域、数据域和 CRC 序列的数据均使用位填充技术进行编码，这就是说，凡 5 个连续的同状态电平后插入一位与它相补的电平。还原时，把每 5 个同状态的电平后的相补电平位，要删除去。

（4）出错标注规则

当检测到位错误、填充错误、形式错误或应答错误时，检测出错条件的 CAN 控制器将向总线上发送一个出错标志。

（5）超载标注规则

一些控制器会发送一个或多个超载帧，占住总线位置，以延迟下一个数据帧或远程帧的发送，以解决本控制器跟不上总线运行的速度的问题。

3.3.2 报文传送

3.3.2.1 帧格式

CAN 总线有两种不同约帧格式，其区别是标识符场的长度。具

有 11 位标识符的帧称之为标准帧，有 29 位标识符的帧称之为扩
展帧。

3.3.2.2　帧类型

报文传送由四种不同类型的帧表示和控制。

（1）数据帧和远程帧

数据帧，携带数据由发送器送至接收器。它由 7 个不同的位场
组成：帧起始、仲裁场、控制场、数据场、CRC 场、应答场、帧结
束场，如图 3 - 13（a）所示。

远程帧，通过总线节点发送，旨在请求对方发送具有相同标识
符的数据帧，其组成基本上与数据帧相同，只是不携带数据，即数
据场长度为 0。

数据帧和远程帧可使用标准帧格式和扩展帧格式，它们借助帧
间空间同当前帧分离开。留出间隔的目的是，用于后续数据帧重新
进行总线使用权的竞争和仲裁。出错帧和超载帧紧接当前的数据帧
和远程帧，不留间隔。

帧起始位（SOF，Start Of Frame）标志数据帧和远程帧的开
始，仅由一个"主控"位构成。只有在总线空闲状态时，才允许网
上节点开始发送 SOF。一旦有一节点开始发送 SOF，其他所有节点
都必须同步 SOF 的前沿，完成总线上数据流的"硬同步"。

仲裁场，在标准格式中，由 11 位标识符和远程发送请求位
（RTR，Remote Transmission Request）组成，如图 3 - 13（b）所
示；在扩展格式中，由高 11 位标识符、SRR、IDE、低 18 位标识符
和 RTR 组成，如图 3 - 13（c）所示。其中，SRR 为替代远程发送
请求位（Substitute Remote Transmission Request），是一个隐性位；
IDE 为标识符扩展位（Identifier Extension）；r0，r1 为保留位。引
入 SRR 和 IDE 为的是区分两种格式，标准格式 IDE＝0，扩展格式
IDE＝1。SRR 用于标准格式和扩展格式冲突时，标准格式优先。对
于数据帧 RTR＝0，对于远程帧 RTR＝1。

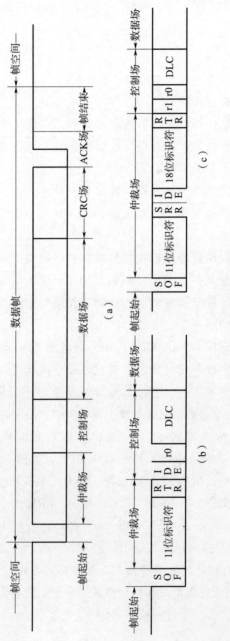

图3-13 CAN总线数据帧格式

控制场由六位组成，低四位为数据长度（DLC，Data Length Code）。

数据场，0 至 8 个字节，每个字节 8 位，高位在前，低位在后。

CRC 场包括：15 位 CRC 序列和 1 位 CRC 界定符。CRC 公式为

$$X^{15} + X^{14} + X^{10} + X^8 + X^7 + X^4 + X^3 + 1$$

初值为 0，包括帧起始、仲裁场、控制场、数据场，不含填充位。CRC 界定位为"退让电平"。

应答场（ACK）包括：应答间隙和应答界定符，各 1 位。发送节点给出两位都是"退让电平"。接收正确的节点在 ACK 间隙位发送"主控电平"，通告发送节点正确接收。应答界定位不变，仍为"退让电平"。

帧结束场，对于每个数据帧或远程帧，均由 7 个"退让电平"位组成标志序列来界定。同时，还有帧间空间，用于分离开前/后帧。留出间隔，其旨在于后续数据帧重新进行总线使用权的竞争和仲裁。

（2）出错帧

出错帧由检测到总线错误的任何节点即刻发送，对判断有错的数据帧进行标定，用于使其成为无效帧，请求重发。

出错帧由两个场组成：错误标志、错误界定符。前者由所有发现错误的节点发出，叠加后形成。错误界定符至少为 8 个"退让电平"位组成。当错误标志发送后，所有节点都开始送"退让电平"，直到检测到总线出现"退让电平"位时，才开始连续发送后 7 个"退让电平"位，最后完成出错帧的错误界定符。如图 3 - 14（a）所示。

错误标志有两种形式：一种是活动错误标志（Active error flag），另一种是认可错误标志（Passive error flag）。前者由 6 个连续的"主控电平"位组成。发出活动错误标志的节点对总线传送报文的有效性有权判决。后者由 6 个连续的"退让电平"位组成。发出认可错误标志的节点对总线传送报文的有效性无权判决。发出认

可错误标志的节点，从该标志的起点计等待 6 个同极性的连续位后，就视为认可错误标志结束。错误标志由总线上所有接收节点联合形成，所以该序列的总长度在最小值 6 到最大值 12 位之间变化。

当错误标志结束，监视总线直至检测到"退让电平"位后，就开始发送 7 个"退让电平"位。即错误界定符由 8 个"退让电平"位组成。

这就是说，总线节点发现错误后，要停顿 12 到 20 个位时间的间隔才能开始新的一帧信息发送或接收。在这个间隔内，或返回给发送节点错误信息，或等待无任何动作。

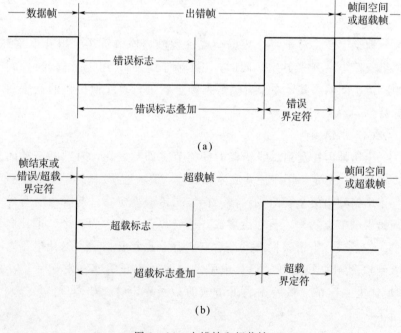

图 3-14　出错帧和超载帧

（3）超载帧

超载帧用于提供当前的和后续的数据帧或远程帧之间的附加时延。

　　超载帧由两个场组成：超载标志、超载界定符。导致发送超载标志的原因有二种。其一是接收节点内部原因，要求延迟下一个数据帧或远程帧的发送。其二是接收节点外部总线上的原因，检测到帧空间的间歇场的第一和第二位上出现"主控电平"，这是不合规范的；或者检测到出错帧或超载帧的界定符的第 8 位上出现"主控电平"，这也是不合规范的。

　　超载标志由 6 个"主控电平"位组成。超载标志破坏了帧空间的间歇场的固定形式，从而诱发其他节点也发送超载标志，叠加形成总长度在最小值 6 到最大值 12 位之间变化的序列。当超载标志结束，监视总线直至检测到"退让电平"位后，就开始连续发送 7 个"退让电平"位。即超载界定符由 8 个"退让电平"位组成。如图 3-14（b）所示。

3.3.2.3　帧间空间

　　数据帧和远程帧同其他前面的帧，不管它们是何种帧，均需要以帧间空间的位场分离。相反，超载帧和出错帧与前面的帧没有帧间空间，而是紧跟随的。

　　帧间空间包括有：间歇场、总线空闲场、暂停发送场。一般节点的帧间空间，不存有暂停发送场，只是已发送报文的、并附于"错误认可"的节点才在帧间空间中包含有暂停发送场，其旨在于降低它的发送权限，它由 8 个"退让电平"位组成。间歇场由 3 个"退让电平"位组成，在间歇场内不允许起动数据帧、超载帧的发送，它的作用仅仅是让需要的节点标注超载条件。总线空闲场，长度任意，在此期间表明总线空闲，任何节点都可以启动发送数据，如图 3-15 所示。

　　在正常传送时，从前一帧应答间隙到后一帧起始位之间有最小 11 个的"退让电平"位，即 8 位帧结束场和 3 位帧空间间歇场。

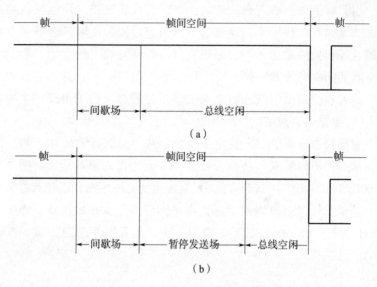

图 3 - 15　两种情况的帧间空间

3.3.3　报文的正常处理

3.3.3.1　报文滤波处理

报文滤波以整个标识符为基准，允许对任何标识符位设置为对报文滤波是"不关心"的状态。对屏蔽寄存器每一位进行编程，使它们对报文滤波是可开放或禁止的。在滤波器的作用下，只有报文中的标识位和验收滤波器定义的位值相等时，该报文才被接收。因此，对于 CAN 总线这种广播报文发放方式的应用系统来说，是特别重要的，它可大大减轻接收节点的软件工作负担。

CAN 总线的滤波功能借助两组寄存器来实现，一是报文验收寄存器 ACR，二是屏蔽寄存器 AMR。它们预先设置，联合构成了一个多功能的验收滤波器，该滤波器允许自动检出有用标识符的报文，避免对该节点无效的报文进入。

对于 SJA1000 控制器的 BasicCAN 模式，由 ACR 与 AMR 生成

11 位滤波控制符。它与 CAN 接收的报文标识符逐位比较，所有位值均相等时，该报文被接收，进入 CAN 控制器的接收缓冲区。否则，禁止进入接收缓冲区。该滤波过程如图 3 - 16 （a）所示，由 ACR 和 AMR 两个寄存器形成滤波控制数据流。它的形成方法如下：

　　• 如果 AMR 的第 m 位为 0 时，滤波控制等于 ACR 的第 m 位数值；

　　• 如果 AMR 的第 m 位为 1 时，滤波控制等于 X 值，表示"不关心"，为任何值均可；

　　• 在比对报文位流中，插入有"非比对数据位"时，滤波控制数据流的对应位补充填入 X 值。

　　在报文比对区，将报文与滤波控制数据流逐位比较。比对全等时，打开通路，让报文存入接收 FIFO 缓冲区。否则禁止报文存入，拒收该报文。从而实现报文滤波。该图例的符号 X 表示标识符的相应位可以是任何值。图 3 - 16 （a）中例子，11 位控制符中有 6 个 X，所以它可以接收 64 个不同类的报文。

　　对于 PeliCAN 模式有更灵活的报文滤波模式，形成单滤波器和双滤波器两种。PeliCAN 模式状态下，SJA1000 控制器设有 4 个验收寄存器 ACR0、ACR1、ACR2、ACR3 和 4 个屏蔽寄存器 AMR0、AMR1、AMR2、AMR3。在单滤波器时，对于标准帧报文滤波过程如图 3 - 16 （b）所示，对于扩展帧报文滤波过程如图 3 - 16 （c）所示。在双滤波器时，对于标准帧报文滤波过程如图 3 - 16 （d）所示，对于扩展帧报文滤波过程如图 3 - 16 （e）所示。

　　其中，RTR 位为"远程发送请求位"，在数据帧内为显性（即 0 值），在远程帧内为隐性（即 1 值）。SRR 位仅存在于扩展帧内，为了兼容性"替代"RTR 位置，为隐性（即 1 值）。IDE 位是标识符扩展位，在标准帧格式中为显性（即 0 值），在扩展帧格式中为隐性（即 1 值），故 PeliCAN 模式中标准帧优先。

　　报文滤波的灵活性对于总线型网络是很重要的一种服务质量。它有利于网络上各节点的工作，减轻报文处理负担，降低干扰，提高可靠性。

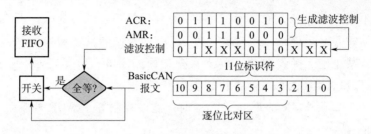

（a）BasicCAN 滤波器

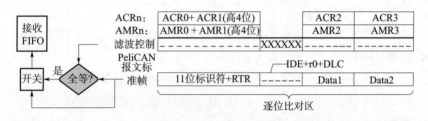

（b）PeliCAN 标准帧单滤波器

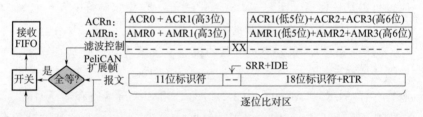

（c）PeliCAN 扩展帧单滤波器

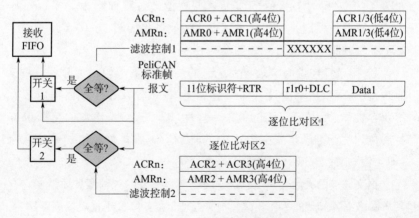

（d）PeliCAN 标准帧双滤波器

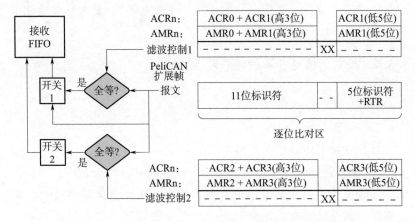

（e）PeliCAN 扩展帧双滤波器

图 3 - 16　报文滤波机理

3.3.3.2　报文有效性处理

对于发送节点，如果直到帧结束末尾一直未出错，则发送报文有效。如果报文有损，随后依据优先权次序自动重发送。为了能同其他报文访问总线进行竞争，总线一旦空闲重发送应立即开始。对于接收节点，如果直到帧结束域最后一位前一直未出错，则接收报文有效。帧结束最后一位被作为"不关心"位处理，其值如何不会导致形式错误。

3.3.3.3　报文编码处理

引入报文编码是为了检测位流的多种出错。位流编码方法：每一帧，对帧起始、仲裁场、控制场、数据场、CRC 序列等，借助位填充方法进行编码。发送节点对被发送的位流中检测到 5 位连续的相同数值时，将自动在实际发送的位流中插入一个补码位。数据帧或远程帧的其余位场，即 CRC 界定符、应答场、帧结束等为固定格式，不进行填充。出错帧、超载帧同样是固定格式，不进行位填充方法编码。

报文的位流按非归零（NRZ，Non－Return－to－Zero）码方法编码，一个完整位，其位电平要么是"主控电平"，要么是"退让电平"。

3.3.4　报文出错处理和故障界定

3.3.4.1　报文出错处理

（1）错误检测

存在 5 种不同的错误类型。

1）位错误。向总线发送一位的节点，同时也监视总线。当监视到的总线位数值与发送出的位数值不同时，则在该位时刻检出一个位错误。例外情况有，在仲裁场的填充位流期间或应答间隙期间送出"退让电平"位，而监视到"主控电平"位。这时不视为位错，而是位流编码或应答正确响应。接收节点送出认可错误标志时，而检测到"主控电平"位时，也不视为位错误。

2）填充错误。在应该使用位填充方法进行编码的报文中，出现了第 6 个连续相同的位电平时，将检出一个填充错误。

3）CRC 错误。CRC 序列是由发送节点的 CRC 计算结果组成的，接收节点与发送节点用相同的方法计算。如果结果与接收到的CRC 序列不相同，则检出一个 CRC 错误。

4）形式错误。当固定形式的位场中出现一个或更多非法位时，则检出一个形式错误。注意：对于接收节点帧结束场的最后一位为"不关心"位。

5）应答错误。在应答间隙期间，发送节点未监测到"主控电平"位，则由它检出一个应答错误。

（2）出错标定

检测到出错条件的节点通过发送出"错误标志"来标志报文。错误标志有两类，反映给出标志的节点本身的可信程度。对于"错误活动"的节点，其标志为活动错误标志，其可信度高，对该报文有否认权。对于"错误认可"的节点，其标志为认可错误标志，其可信度低，对该报文无否认权。

出错标志的位置：当任何节点检测出位错误、填充错误、形式错误或应答错误时，由该节点在下一位立即开始发送出错标志；当检测出 CRC 错误时，出错标志在应答界定符后面那一位开始发送，除非其他出错条件的错误标志已经开始发送了。

3.3.4.2　故障界定

任何一个节点可能处于三种故障状态之一："错误活动"（Error Active）；"错误认可"（Error Passive）；"总线关闭"。

处于"错误活动"的节点可以参与总线通信，当它检测到错误时送出活动错误标志，对该报文有无效性的判断，要求发送节点重发。处于"错误认可"的节点，它也可以参与总线通信，但当它检测到错误时只能送出认可错误标志，对该报文的作用无效。处于"总线关闭"的节点不参与总线通信，对总线不允许有任何影响，输出驱动器关闭。

为了界定故障，在每个总线节点中都设有两个计数器：发送出错计数器和接收出错计数器，它们按照下列规则进行计数。

1）接收节点检出错误时，接收出错计数器加 1，除非所检出错误是发送活动错误标志或超载标志期间的位错误。

2）接收节点在送出错误标志后的第一位检出一个"主控电平"位时，接收出错计数器加 8。

3）发送节点送出一个错误标志时，发送出错计数器加 8。

4）发送节点送出一个活动错误标志或超载标志时，检测到位错误，则发送出错计数器加 8。

5）接收节点送出一个活动错误标志或超载标志时，检测到位错误，则接收出错计数器加 8。

6）在送出一个活动错误标志、认可错误标志或超载标志后，任何节点都容许多至 7 个连续的"主控电平"位。在检测到第 14 个连续的"主控电平"位后，对于活动错误标志或超载标志情况下，则每个发送节点的发送出错计数器加 8，每个接收节点的接收出错计数器也都加 8。对于紧随认可错误标志检测到第 8 个连续的"主控电平"位后，以及附加的 8 个连续的"主控电平"位，则每个发送节点的发送出错计数器加 8，每个接收节点的接收出错计数器也都加 8。

7）报文发送成功后，得到应答，并且直至帧结束未出现错误，则发送出错计数器减 1，除非已经为 0。

8）报文接收成功后，直至应答间隙无错误接收，并且成功地发送出应答位，如果接收出错计数器处于 1 和 127 之间，则将其减 1；如果接收出错计数器大于 127，则将其置于 119 和 127 之间某个数值；如果接收出错计数器为 0，则保留不变。

9）发送或接收错计数器等于或大于 128 时，节点变为"错误认可"

10）发送错计数器等于或大于 256 时，节点变为"总线关闭"。

11）发送或接收错计数器等于或大于 127 时，节点变为"错误认可"节点，再次变为"错误活动"节点。

12）监测到总线上 11 个连续"退让电平"位发生 128 次后，即 1408 个位时间后，"总线关闭"节不再"总线关闭"，并且将两个错误计数器清 0。

3.3.5 位定时要求

3.3.5.1 位时间计算

正常位速率是在非重同步情况下，发送节点每秒发送的位数。正常位时间是在非重同步情况下发送一位的时间，是正常位速率的倒数。

正常位时间划分为几个互不重叠的时间段：同步段（SYNC_SEG）、传播段（PROP_SEG）、相位缓冲段 1（PHASE_SEG1）和相位缓冲段 2（PHASE_SEG2），在位时间中，时间份额的总数至少为 8～25。在 CAN 总线中位时间段长度分配如表 3-2 所示。

表 3 - 2　位时间段长度分配

一位总时间			
同步段	传播段	相位缓冲段 1	相位缓冲段 2
SYNC _ SEG	PROP _ SEG	PHASE _ SEG1	PHASE _ SEG2

传播段、相位缓冲段 1 和相位缓冲段 2 的长度均可编程。

3.3.5.2　振荡器容差

在星务系统中，要求振荡器采用石英晶体振荡器，容差最大值小于 0.1%。

3.3.6　CAN 的修改

CAN 需要作出修改才能适用于星务系统。

1）CAN 的消极报错使得节点等同离线。这个隐患是软件性质的 bug，源自协议设计上的缺陷：在节点进入消极报错状态（Error Passive）后，一次本地错就可以使它与其他正常节点失去帧开始时的同步，从而一直错下去。在一直错时，它不能收也不能发，等同于离线，失去了通信服务功能。CAN 协议设计者认为，"它不是隐患，而是特色"。（It's not a bug, it's a feature!）当然，这个"特色"是有益的，也是有害的。这表明 CAN 存在安全隐患，可能使通信暂停一段时间。这说明要增补对抗的措施。

2）CAN 的 CRC 检验过程中，由于受位填充规则的控制，有可能成为干扰，使有效性大为下降。接收节点根据收到的位值判断是否有填充位，如果传送中出错，本来发送有填充位，接收没了填充位，就判不出，就将填充位视作信息位，位流增多一位，本来无填充位，却判有填充位，删去一个信息位。这样在二位传送错时，位流就移动一位，如果移动后的位流与原位流的差（XOR）正好是 CAN CRC 多项式的倍数，CRC 就检查不出了。在干扰下，CAN 的错帧漏检就会出现。这就是说错帧漏检，达不到可以忽略不计的程度。一般地说，CRC 生成多项式中含有（X+1）项时就可检测出任意奇数个错，可是由于 CAN 填充规则对 CRC 的影响，有时这个奇数错也是检测不出来的，可以说明 CAN 的 CRC 检验非常弱。因此，CAN 的错帧漏检率很大，远远大于标准声称的值。这也说明要增补对抗的措施。

3）CAN 时钟按 ISO 11898 容差，余量太小，环境恶化时位时间就不对了，就会收发错，而且是重复性的。该节点经一段时间后又要参加通信，而通信又是错的，不断出的 BABBLING IDIOT 错使通信失效。

4）CAN 的历史已经很久了，现在它的专利权已经到期了。CAN 的美国专利号是 US5303348，它是 1992 年 3 月 23 日申请，1994 年 4 月 12 日批准的，按美国的专利法，从批准算起保护 17 年，2011 年就到期了。

CAN 仍然是好的协议，但有修改的必要，修改好有上一个台阶的可能。目前没有看到国外厂商废弃 CAN 的征兆。一个协议能否长存，还是内因起决定作用。推荐 v 型的保证可靠性的工作方法：不断地分解、细化、验证、反馈、修改才能保证产品的可靠性。CAN 是一个基础性构件，处于 v 的顶点，对 CAN 进行深入分析与评价是一个有意义的工作。过去我们主要花精力在应用的内容上，对有关 CAN 的说法全盘接受，没花力气，可是一旦基础的东西不可靠，损失就大了。在可靠性分析的时候，就是要挑毛病，光说好话是没有用的，任何掩盖行为都会在未来遭受损失。从上面列举的部分内容看，CAN 是有不少值得改进的地方的。

为了满足不同数据通信模式和实时性需要，国外在总线通信协议方面也开展了大量研究。如为了确保 CAN 总线航空应用的可靠性和通信模式需求方面，德国 StockFlightSyst 公司在 1997 年制定了一种基于 CAN 总线的新型航空机载设备通信总线协议 CANaerospace，该协议于 1998 年开始应用于飞行器中。NASA 在 2001 年将其标准化为先进通用航空运输实验数据总线 AGATEDataBus。CANaerospace 协议具有如下优点：1）支持多主发送，无需系统启动过程，避免了主站失败导致的问题发生；2）动态网络，支持节点热插拔；3）可扩展的开放性，将固定定义减到最少，具备高灵敏性；4）完全公开、全免费的全部技术资料，简单易用。美国航空无线电公司 ARINC 针对 CAN 总线也建立了 ARINC - 825 标准，大幅提高了 CAN 总线通信的利用率、实时性、可靠性。

应该说明，对于上述 CAN 协议的底层问题，我们可以在顶层应用层协议中加入一些避其害的措施。如：系统内各下位机对外无通信联络超时时，对 CAN 通信控制器自主初始化，退出"挂起"状态；应用层增加数据查错和抗 BabblingIdiot 干扰的措施。要根本解决底层协议的问题，必须提升 CAN 通信控制器芯片。

另外，CAN 总线本质上是基于事件驱动实现通信的。对于一些快速过程控制，要求严格的时间同步，是有困难的。同时，网络中存在有丢帧和时延，这些问题我们在第 8 章提出 CAN 总线的应用层协议进行处理。

3.4　星上网应用层协议

3.4.1　应用层数据传送方法

卫星网络 CAN 总线是星务管理主机与各下位机进行通信的链路，本协议是在实践五号卫星的基础上，并根据 CAN 总线的特点做适应性调整制定而成。为便于控制和满足实时性要求，并简化各通信接点接收数据的处理过程，在本协议中主要采用主从方式通信，同时也支持多主方式通信。

要求各通信节点严格遵循本通信协议，以保证信息的正确传输。

各下位机的具体传送内容分别由"星务与下位机的数据约定"规定。

通信节点：星务中心计算机或每一个下位机都是一个通信节点；

轮询：主机呼叫其他通信节点，令其向主机发送数据或发送广播数据；

选择：主节点选择一个通信节点，令其接受主节点发送的数据；

广播：一个通信节点选择全部其他通信节点，所有其他通信节点都可以接受数据；

隐性：在 CAN 总线中，隐性位代表逻辑 1，可以被显性位改写；

显性：在 CAN 总线中，显性位代表逻辑 0；

主节点：一次通信的发起者，星务主机或下位机；

从节点：一次通信中应答主节点的通信，星务主机或下位机；

数据帧：CAN 总线的数据帧，一帧最多包含 8 个字节；

波特率：307.2 kbps；

总线最大长度：40 m；

同步方式：异步传输；

物理层：符合 CAN 技术规范 2.0A；

链路层：符合 CAN 技术规范 2.0A；

传输基本单位：数据帧，一帧最多传送 8 个字节；

差错控制方式：CRC 校验；

数据传送过程：应答和自主方式。

星上通信数据包需组织成为适合在 CAN 总线上进行传输的帧格式，数据包构成了 CAN 总线数据帧数据域中的有效数据，而通信的源地址、目标地址则在 CAN 数据帧中占有固定位置。

3.4.1.1 数据帧描述符

把 11 Bits 数据帧标识符分成 3 部分，组成数据帧的标识符，如表 3-3 所示。

表 3-3 数据帧标识符表

标识符		
ID10～ID8	ID7～ID3	ID2～ID0
PRI 优先级	ADDR 站地址	TYPE 帧类型

（1）数据优先级 PRI

数据优先级 PRI 由 ID10～ID8 组成，和站地址 ADDR 一起决定了数据总线仲裁的优先级，根据实时性要求不同数据包选择不同的优先级，如表 3-4 所示。

数据优先级 PRI 只决定数据的优先级，而不决定站地址和数据包类型，在一次发送数据包过程中数据优先级 PRI 不变。对于同一种数据包允许使用不同的数据优先级 PRI。各类数据默认优先级 PRI 划分如表 3-4 所示。

表 3-4　数据优先级表

序号	优先级 PRI ID10～D8	优先级级别
0	0H（000B）	
1	1H（001B）	
2	2H（010B）	对时数据
3	3H（011B）	设备 1# 控制数据
4	4H（100B）	设备 2# 注入数据
5	5H（101B）	其他的遥测数据、控制参数、间接指令、广播数据、数据块、程序代码等
6	6H（110B）	
7	7H（111B）	保留

对于实时性要求高的数据采用高优先级发送。

（2）站地址 ADDR

表示数据帧的目的地或数据源，主机发送时表示目的地；下位机向主机发送数据表示数据源，下位机向下位机发送数据标识目的地，下位机发送广播数据时表示目的地（广播地址 1FH）。站地址 ADDR 如表 3-5 所示。

表 3 - 5　站地址 ADDR 表

序号	站地址数据码 ID7～ID3	通信节点	站地址标识
1	01H（00001B）	星务主机	0H
2	02H（00010B）		
3	03H（00011B）		
4	04H（00100B）		1H
5	05H（00101B）	设备 1# 的下位机	2H
6	06H（00110B）	设备 2# 的下位机	3H
7	07H（00111B）	★设备 3# 的下位机	4H
8	08H（01000B）		
9	09H（01001B）	设备 4# 的下位机	6H
10	0AH（01010B）	设备 5# 的下位机	7H
11	0BH（01011B）		
12	0CH（01100B）		
13	0DH（01101B）	★设备 6# 的下位机	8H
14	0EH（01110B）	★设备 7# 的下位机	9H
15	0FH（01111B）		
16	10H（10000B）	设备 8# 的下位机	AH
17	11H（10001B）	设备 9# 的下位机	BH
18	12H（10010B）	设备 10# 的下位机	CH
19	13H（10011B）		
20	1FH（11111B）	广播地址	FH

注：★为接收广播数据的通信节点。

为减少总线通信对软件的干扰，各通信节点应根据站地址 AD-DR 设置屏蔽字，只接受与本通信节点有关的数据，包括广播数据。

（3）数据帧类型 TYPE

数据帧类型 TYPE 由 ID2～ID0 组成，表示数据包中数据帧的结构类型和通信节点之间的关系，如表 3 - 6 所示。

表 3 - 6 数据帧类型 TYPE 表

位序	意义	说明
ID2ID1	帧类型辅助识别，用于识别不同节点发出的数据帧	00B：主机发送数据 01B：下位机向主机发送数据、广播数据 11B：对时、定位数据
ID0	帧格式	0：单帧　　　1：多帧数据帧

对于多帧格式中按帧顺序依次传送，起始帧和中继帧的数据场长度为 8，结束帧的数据场长度必须小于 8 字节。

3.4.1.2 数据帧格式

数据帧格式如表 3 - 7 所示。

表 3 - 7 数据帧格式表

	数据 序号	位　序							
		7	6	5	4	3	2	1	0
描述符	1	PRI			ADDR				
	2	TYPE			RTR	DLC			
数据场	3	TITLE \ Index　\ Index							
	4	Data1　\ Length　\ Data							
	5	Data2　\ TITLE　\ Data							
	6	Data3　\ Data1　\ Data							
	7	Data4　\ Data2　\ Data							
	8	Data5　\ Data3　\ Data							
	9	Data6　\ Data4　\ Data							
	10	Data7　\ Data5　\ Data							

传送数据场说明：

1）RTR 为 0；

2）对于单帧数据数据场全为数据；

3）对于多帧数据起始帧数据场长度为 8 字节，第一个字节为帧序 0，第二字节为数据包有效数据的长度（字数），其他为数据；

4）对于多帧数据中继帧数据场长度为 8 字节，第一个字节为帧序，其他为数据。

5）对于多帧数据结束帧数据场长度必须小于 8 字节，第一个字节为帧序，其他为数据。为了形成结束帧，结束帧可能只包含一个字节的帧序号，而不包含数据包数据。

3.4.1.3　数据包格式

星上网络传输的数据包是一组完整的数据，分为信息数据包和控制序列两种，信息数据包可以分成一个或几个数据帧进行发送；控制序列只包括一个数据帧。

（1）信息数据包

信息数据包长度小于等于 8 个字节时按单帧方式在星上网上传送，大于 8 个字节需要分成几个数据帧按多帧方式在网络上传送，必须严格按数据帧顺序传送到星上网。

对于由多个字节组成的数据，如果不特别说明均为高字节在前、低字节在后。

信息数据包格式如表 3-8 所示。

表 3-8　信息数据包格式表

序号	内容
0	TITLE 信息数据包标识
1	
2	
⋮	有效数据 DATA1～DATAn，n 为偶数　若有效数据长度不是偶数时，需要在最后位置添加填充字 AAH 使其长度成为偶数
n−2	
n−1	
n	
n+1	SUM，校验字　TITLE～DATAn 的单字节累加和的低字节

信息数据包标识分成高低两个半字节：低半字节表示数据源，同地址标识；高半字节表示数据类型，对于不同通信节点发送的数据意义不同，如表 3-9 所示。

表 3 - 9　信息数据包标识个半字节表

序号	高半字节	下位机发送的意义	星务主机发送的意义
0	0H（0000B）	控制序列	控制序列
1	1H（0001B）	速变遥测参数	间接指令
2	2H（0010B）	缓变遥测参数	数据块
3	3H（0011B）	设备 1# 和设备 8# 的广播数据 设备 2# 的注入数据 设备 6# 的遥测参数	设备 1# 的控制数据
4	4H（0100B）	设备 1# 的重要保存数据 设备 8# 的对时数据 设备 6# 的缓变遥测参数	整星对时数据
5	5H（0101B）	设备 6# 的重要遥测参数	下位机程序代码
6	6H（0110B）	设备 6# 的遥测参数	遥测帧数据
7	7H（0111B）		设备 1# 的重要保存数据

（2）控制序列

控制序列有两种格式：一种是有效数据长度为 2 字节的信息数据包，只包含一个数据帧；另一种为数据场长度为 0 的数据帧。用于轮询控制、应答控制和其他控制。

（3）询控制序列

传向下位机，数据帧数据包标识 TITLE 是 00H；轮询控制序列数据场长度为 4，DATA1 为命令码，DATA2 为数据类型，其数据帧格式如表 3 - 10 所示。

表 3 - 10　轮询控制序列数据格式表

数据 序号	位　序							
	7	6	5	4	3	2	1	0
仲裁场、控制场　1	PRI			ADDR				
2	000B			0	0100B			
数据场　3	00H（TITLE）							
4	10H（DATA1，读命令码）							
5	＃＃H（DATA2，数据类型号）							
6	校验字（SUM）							

数据类型号意义如表 3 - 11 所示。

表 3 - 11　数据类型号意义表

序号	数据类型号	意义说明
1	01H	采集第 1 类数据：下位机向主机发送速变遥测数据
2	02H	采集第 2 类数据：下位机向主机发送全部遥测数据
3	03H	采集第 3 类数据： 　　设备 1# 的广播数据 　　设备 8# 的广播数据 　　设备 6# 的速变遥测参数
4	04H	采集第 4 类数据： 　　设备 8# 的对时数据 　　设备 7# 的缓变遥测参数
5	05H	采集第 5 类数据：设备 6# 的重要遥测参数
6	06H	采集第 6 类数据：设备 10# 的遥测参数
7	07H	采集第 7 类数据：设备 1# 的重要保存数据

（4）应答控制序列

从节点收到主节点的信息数据包并校验正确后，向主节点发送应答控制序列。数据帧数据优先级 PRI 和站地址 ADDR 与收到的信息报文相同；无论是单帧或多帧型信息数据包，应答控制序列数据帧类型 TYPE 均为单帧；应答控制序列数据场长度为 4，其数据帧格式如表 3 - 12 所示。

表 3 - 12　应答控制序列数据格式表

	数据 序号	位　序							
		7	6	5	4	3	2	1	0
仲裁场、	1	PRI			ADDR				
控制场	2	xx0B			0		0100		
	3	0XH（TITLE）							
数据场	4	FFH（DATA1）							
	5	接收信息数据包标识（DATA2）							
	6	校验字（SUM）							

注：X 为相应的下位机站地址标识。

（5）结束控制序列

结束控制序列数据场长度为 0，其格式如表 3 - 13 所示。

表 3 - 13　结束控制序列数据格式表

数据 序号		位　序							
		7	6	5	4	3	2	1	0
仲裁场、	1	PRI			ADDR				
控制场	2	xx0B			0	0000			

结束控制序列用于使下位机停止正在发送的主机要求的应答数据，优先级 PRI 同所要求数据的优先级，下位机收到此命令码后停止发送应答数据。下位机发送结束控制系列时，表示下位机无主机所要求的有效数据。

3.4.1.4　通信节点工作模式

各通信节点均处于空闲等待状态，任何时候均可以接收数据。

下位机可以设置接收滤波参数使本节点只接收有关的数据，星务主机在通信过程中接收所有类型的数据。

3.4.1.5　数据传送规程

（1）轮询过程

轮询过程是主节点发送通信控制序列，被选择的从节点收到后，向主节点发送信息数据包。主节点接收数据正确后，本次轮询过程结束。

（2）选择过程

选择过程是主节点向从节点发送信息数据包，从节点接收数据并检查正确后发送应答控制序列，主节点收到应答控制序列后，本次选择过程结束。

（3）广播过程

一个通信节点发送广播数据，其他所有通信节点均可以接收，收到数据后不需要回答。

3.4.1.6　时间要求

在总线空闲状态下，一个信息数据包中数据帧之间的时间空隙不大于 $200\mu s$；任何情况下的时间间隙不超过 50 ms。否则认为超时，进入恢复规程。

在总线空闲状态下，应答转换时间不大于 2 ms，超时的情况视为通信失败；任何情况下的应答转换时间不超过 50 ms。否则认为超时，进入恢复规程。

3.4.1.7　恢复规程

恢复规程是发现和处理异常情况的准则，适合于所有通信节点。对于所有从节点，恢复的结果均为恢复到空闲等待状态。对于主节点首先发送结束控制序列，然后重新进入等待、轮询或选择过程。

主节点遇到下列情况之一时执行恢复规程：

· 在规定的时间内从节点未完成应答操作；

· 数据帧之间的时间间隙超时；

· 接收的数据错误。

从节点遇到下列情况之一时执行恢复规程：

· 收到结束控制序列；

· 数据帧之间的时间间隙超时；

· 接收的数据错误。

3.4.1.8　总线的选择

从节点的应答操作使用的总线与主节点发送数据使用的总线相同；同一帧数据只使用一条总线发送。

3.4.2　应用层数据传送过程

为了便于控制和简化下位机数据的发送规则，遥测参数的采集和下位机的广播数据采用主从式，即通信由主机控制，主机首先发送通信控制序列，下位机收到通信控制序列后作相应的应答操作。遥控注入数据和姿态控制数据发送采用下位机自主发送方式，星务主机收到数据后作相应的应答操作。

在与以上规定不冲突的情况下，允许制定通过 CAN 总线进行下位机软件在线修改的规程，以便于在地面测试过程中软件的修改调试。

本通信规程采用主从和自主方式进行通信，数据发送采用优先级方式，能够满足卫星通信的实时性要求。

要求所有通信节点严格遵守本通信规程。

3.4.3　星上网络连接图

星上网络连接图如图 3-17 所示。

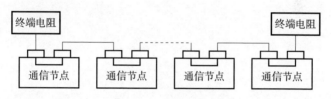

图 3-17　星上网络连接图

总线的 CANL、CANH。终端电阻 RL＝120Ω，CAN 总线接口连接方式如图 3-18 所示。

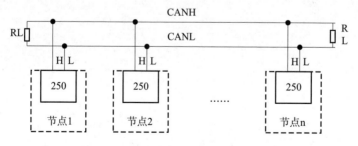

图 3-18　CAN 总线接口连接方式（图中只画出一条总线）

总线电缆采用双绞线，其物理参数如表 3-14 所示。

表 3 - 14　CAN 总线电缆物理参数表

参数	单位	最小值	标称值	最大值
特征阻抗	Ω	108	120	132
单位长度电阻	mΩ/m		70	
规定线延迟	ns/m		5	

第 4 章　遥测管理

远动技术是一门综合技术，它是远距离测量、监视、控制和调整的总称，广泛应用于卫星领域。这不仅是由于被控卫星远离地面测控站，而且还是由于卫星作为一个运动着的对象，均需要采用远距离自动控制技术，即远动技术。

远动技术的基本功能包括有：遥控、遥测、遥信和遥调。

遥控是指地面站直接对在轨卫星的被控对象进行远距离操作，主要指星上各设备供电开关的"合闸"、"切断"；主/备份设备容冗切换开关的"投入"、"切除"等。

遥测是指被测对象的某些参数远距离传送到地面站，如：各设备工作电压、电流、温度、工作状况以及故障点等。

遥信是指星上被控对象的状态信号传送到地面站，主要指各种开关位置信号。

遥调是由地面站直接对卫星的被控对象工作状态和参数进行远距离调节，如星地大回路的姿态控制。

实际上这四种功能不是各自独立的，而是相辅相成的。遥信和遥测的信息是遥控和遥调的依据，遥控需要遥信的信息来检查和证实，是否需要发出控令或重发控令，遥调需要遥测的信息，作为原始数据，经过地面站计算，形成控制信息，上传送到星上，调节星上被控参数。这样就决定了远动技术有"闭合性"和"实时性"的特征，从而也具有整体稳定性问题。

在卫星上，一般将遥测和遥信合并，统称之为遥测，把遥测和遥信信息称为"下行信息"；将遥控和遥调合并，统称为遥控，把遥控和遥调信息称为"上行信息"。

远动系统具有一个显著的特征，即存在一个"通道"。由于通道的存在，那么其中被传送的信息也应该被转换成为适合在该通道中传送的最好形式。这种形式与一般自动化系统中的形式有很大的区别。因此，在远动系统中就需要一些特殊的设备来转换这些信息、数据、信号。

为此，对于"通道"要考虑如下几个基本问题：

·通道复用，目前按频率和时间划分为两种制式，即频分制、时分制；

·传输方式，循环方式（轮询方式）、查询方式；

·具有强抗干扰性能的数字信号（数字编码）。

过去，常规卫星采用布线逻辑式远动装置，它是按预定的要求进行设计，使构成装置的各部分逻辑电路按固定的时间顺序工作，以完成预定的功能。现在，由于计算机的推广，发展计算机化远动装置，即软件化远动装置。它们好象完全不同，实际上就基本功能而言它们是相同的。软件化远动装置中，只需设计出一套硬件设备，当装置的功能种类和容量需要变更时，只需要适当修改程序并适当增加外围部件即可。由于引入软件不仅使远动装置变了，而且还新增加远动的管理技术。星务系统就采用了软件化远动装置的理念。

4.1　小卫星星务系统的遥测技术

所谓遥测就是远距离测量，包含有无线遥测和有线遥测两类。遥测技术已经广泛用于国民经济、军事和空间技术各部门。随着空间技术的发展，无线电遥测技术和系统已经成为空间飞行器设计、制造和应用中不可缺少的、极为重要的基础和组成部分之一。其实，卫星无线电遥测系统就是一个利用无线通道进行信息传送的系统，发信方是卫星，信息内容是星上各种被测量的数值，它们反映了星内各分系统及其设备的工作参数和环境参数，以及卫星应用探测到的空间有用信息。收信方是地面操控人员和应用部门。这些信息是极重要的，是地面操控人员了解卫星运行现状和故障的依据，也是卫星应用的目的和初期成果。缺少它们或它们的质量低下，都是不能接收的。所以，遥测分系统是卫星设计、制造和应用的重要系统之一，应该不断完善其质量性能。

4.1.1　卫星无线电遥测系统的组成和工作原理

　　卫星遥测是将星上各种被测信息，经过变换、采集、组合和调制，通过无线传输媒介送到地面接收站，再经过解调、记录、分割和处理送给用户的测量作业的全过程，如图 4 - 1 所示。完成此项作业的设备称为遥测系统，它分为星上部分和地面部分。

图 4 - 1　遥测系统功能

4.1.1.1　系统基本组成

　　星上遥测是以获取星内各系统的工作参数和环境参数为目标的，是以现代信息技术为基础的星上应用系统。其主要功能是传感信号、采集数据、组合成帧、调制和无线传输发送。故该系统设备组成包括有三个基本部分：传感器及其信号调理器，多路复接装置（或称多路开关），调制发射机。除传感器分散在各个空间位置外，其余部分形成独立设备，称为遥测仪，如图 4 - 2 所示。

4.1.1.2　基本工作原理

　　在星上（即发送端），遥测传感器是测量物理量和/或化学量的敏感及变换器件，它将待测参数转换成电量，再经信号调理器变换成规范的电信号，属于非电量电测技术领域。为了简化星上设备，遥测系统采取一种多路信息共用同一信道的信息传送系统，即采用多路复接装置将多路规范化被测信号按一定的规则集合在一起，形成适合于单一信道传送的信号群，再经调制发射机载波、功放、通过天线向地面发送。

在地面（接收端），收到遥测信号后，进行解调，经过与星上同步的多路复接装置分离各路被测信号，送数据处理、记录、显示和应用。

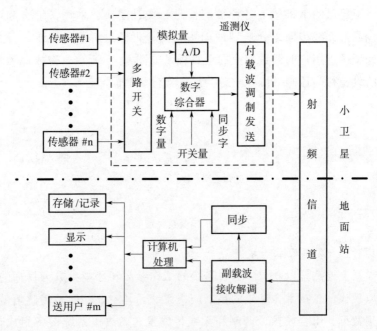

图 4-2　常规遥测系统组成

根据将多路信号集合在一起形成信号群的传送方法，遥测系统可以分为三种：时分制、频分制和码分制遥测系统。目前，小卫星多数采用时分制的多路体制。所谓时分制遥测是以不同时间区间来区分不同的被测信号。因此，在发射端（即在卫星上），有一个多路开关的设备，它对每个被测量按时间顺序进行巡回采集，各路采集脉冲依次串行排列成行，脉冲队列前面加有起点识别标志，从而形成信号群。各路信号只占用一段时间，它们在时间上分开，互不相扰，从而达到多路传送的目的。这些信号群经同一入口送调制器，再经无线发射机和空间信道将星上信息传送到地面。在接收端，也有一个相同的多路开关的设备，它与卫星上的多路开关同步运行，从而依次得到每个被测量。地面遥测与星上遥测信息流过程相反。这就是"时间划分的多路制式"遥测。

根据对应被测量的大小所使用采集脉冲特征量不同，遥测系统编码调制方式可以分为四种。如果用采集脉冲幅度反映被测量，构成脉冲幅度调制方式（PAM）；如果用采集脉冲宽度或位置反映被测量，构成脉冲宽度调制方式（PWM）或脉冲位置调制方式（PPM）；如果用采集一组编码脉冲来反映被测量，构成脉冲编码调制方式（PCM）。PCM 调制方式是目前小卫星采用的通用遥测标准。

所以，目前小卫星遥测多数采用时分制、多路开关、PCM 调制体制。

4.1.2　卫星遥测系统特点

卫星的遥测与常规遥测系统的组成和工作原理基本相同，由于其使用环境恶劣和性能要求严格，与常规远动学的遥测设备相比，它具有如下特殊性：

· 遥测用户复杂，开放性要求高，被测参数数量众多、种类复杂、要求各异，许多参数是非电量需要变换等，从而多路信息经综合后形成统一信号送无线通路，带来接口复杂、功能多样、设计难度大；

· 遥测格式编排复杂，有时需要变格式处理，使得对遥测数据采集、编排、查询等有更苛刻的要求；

· 遥测信道距离远，信道噪声干扰变化大，需要跟踪接收，存在多普勒频移，过黑障区会产生信号中断，因遥测信道的复杂性需要采用大量的新技术；

· 星上设备要求低功耗、长寿命、高可靠、适应真空热环境和高耐空间辐照能力；

· 具有快速反应能力，以应对突发事件；

·具有大容量存储能力，用于保存境外数据实现延时遥测，用于保存事故过程数据，支持事后查询和故障分析。

4.1.3　小卫星遥测系统的进化

随着微电子技术和计算机技术的发展，当代一些卫星特别是小卫星对上述卫星遥测基本系统有较大的改进，如图 4-3 所示。在硬件方面，对调制体制、射频体制都有极大的提升，设备制造从原来的硬件布线组合逻辑变成软件程序逻辑；在软件方面，对遥测体制从格式遥测转为兼容分包遥测的、适合我国国情的统一遥测；在功能上从单一的遥测形成遥测、遥控、自主管理一体化的卫星综合电子系统。它有时被称为测控管系统，或综合自动化系统、星务管理系统。

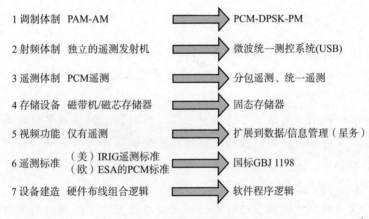

1 调制体制　PAM-AM ➡ PCM-DPSK-PM

2 射频体制　独立的遥测发射机 ➡ 微波统一测控系统(USB)

3 遥测体制　PCM遥测 ➡ 分包遥测、统一遥测

4 存储设备　磁带机/磁芯存储器 ➡ 固态存储器

5 视频功能　仅有遥测 ➡ 扩展到数据/信息管理（星务）

6 遥测标准　（美）IRIG遥测标准 ➡ 国标GBJ 1198
　　　　　　（欧）ESA的PCM标准

7 设备建造　硬件布线组合逻辑 ➡ 软件程序逻辑

图 4-3　遥测系统的发展

图 4-4 给出小卫星遥测分系统星上部分的原理图，它反映了小卫星对卫星遥测基本系统的变化。虽然，小卫星星务系统完全保存了遥测系统的三个基本组成部分，但是分别对它们进行了重新布局和安排，有的合并到目前小卫星的其他系统之中，有的留在星务系统内。

1）传感器及其调理器，合并到（即内嵌于）被测系统中，由星务管理执行单元实现。这样做的目的是：

・减少遥测用电缆和接插件的资源消耗，有利于小卫星做小、做轻、做快和降低成本；

・减少因为通过众多的遥测信号平行电缆带来的干扰，有利于提高小卫星的可靠性；

・将被测系统与遥测系统之间的协调关系，从复杂的点对点分配关系变为简单的灵活的数据包关系，使得总体与分系统之间的硬件约束变成软件约定，有利于加速卫星研制，隔离设计、制造和运行中的相互牵制；

・被测系统利用遥测数据包，可以灵活地自主安排遥测数据，并且还可以借助于遥控实现遥测信息类别管理，可满足极大遥测数据需求数量，实现遥测资源"按需分配"，有利于被测系统的监测和诊断，传送各种各样的信息数据类。

2）遥测发射机，合并到应答机中，形成遥测、遥控、通信、跟踪测轨一体化体系，构建微波统一测控系统（USB）。射频调制体系采用 PCM－DPSK－PM 方式，即脉冲编码数字调制－相移键控的副载波调制－相位载波调制方式。或者采用扩频体制实现星地遥测数据传送。

3）多路复接装置，置于到星务系统的调度单元（主机）中，并由软件实现。用软件遥测任务实现多路复接器的功能，即用软件的程序逻辑替代遥测仪硬件的布线逻辑。显然，这样做可以带来多方面的优点：

・增加多路复接数量不会增加设备或任务的复杂程度，有利于遥测功能的扩展，适应于小卫星的建造环境，增加小卫星的柔性设计；

・用软件实现复接，方便对各种信源的组合，容易实现各种遥测数据的融合（实时遥测、延时遥测、存储遥测等），容易实现各种其他数据的融合（图像数据、控制数据、代码数据、参数数据等），容易实现各种数据的速度响应匹配（快变遥测、慢变遥测、随意遥测等），容易实现星上设备的各种遥测需求（普遍遥测、详细遥测、轮询遥测、重点遥测等）；

·用软件实现复接，容易实现对各种数据的传送管理（在线、离线、周期传送、多次重发），这样有利于提高遥测效益，克服遥测信道容量有限与遥测需求数量众多的矛盾。

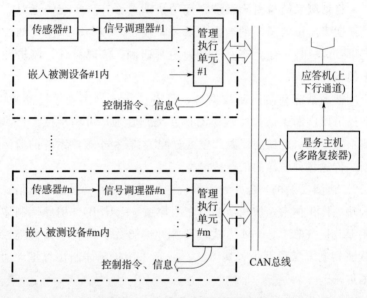

图 4-4　小卫星遥测系统原理图

因此，小卫星遥测系统从原本一个实体的独立的系统转变成一种虚拟系统，作为硬件实体在小卫星中已经被淹没、分离，遥测仪"箱体"不存在了。但是，这样的设计绝对不是要削弱遥测的作用，而是企图将遥测设备地位提升，它的功能还存在着，并被加强。遥测技术也存在，并被提高。遥测系统虚拟化和软件化是有利于小卫星的构建的。

可见，小卫星遥测系统还是实实在在的存在着的，只不过是分布式的。虚拟化、软件化的含义是将遥测系统地位上升，是用全星整体资源来实现和提升遥测功能。在各被测系统中，内嵌有星务管理执行单元（Management Executive Unit，MEU），它对被测量进行数字化，并对数据和信息进行采集、处理，形成规范化的数据组，存储在相应的数据缓冲区内。星务主机定期或不定期向各被测对象的 MEU 通过星上网发送遥测调令，MEU 也通过星上网返回相应遥测数据。星务主机用多路复接装置（即遥测数据打包、组帧软件），将多个被测对象的规范化的实时、延时遥测数据，以及载荷的其他组合数据按一定体制汇集在一起，形成适合单一信道传送的群信号（即多信道复用），经调制、功放后通过天线向地面发送。这样构建的虚拟遥测系统，不仅省了硬件和提高了可靠性，而且还能增强功能。例如，某些小卫星的星上遥测参数已经超过了 4 000 个。采用这种体系结构，多模块可以并联运行，带来遥测系统的可扩展性，兼有实遥和延遥、普遥和详遥，适合构建柔性的小卫星平台。

小卫星星务系统提升遥测技术、增强遥测功能，其具体表现在如下几方面：

1）将 PCM 格式遥测和分包遥测集成为统一体，形成一种新的遥测格式，称之为统一遥测，它包含有两者的优势，并适应于中国的国情和小卫星建造的环境；

2）建立可控遥测，遥测信息传送内容可控，能插入应急信息，暂缓非急用信息，在星地由遥测遥控形成闭环控制，或在星上由管理任务形成自主控制，从而增强遥测传送的有效性能，提高遥测响应能力；

3）将遥测设备构成方式，从硬件布线组合逻辑变为软件程序组合逻辑，实现硬设备的软件化，即小卫星的软件遥测；

4）采用各种数据预处理技术和数据压缩技术。

应该强调，在提升遥测功能同时，也提升了卫星整体的功能。因为，遥测信息经星上网，集中于星务主机，方便于全星实现信息共享。

从上述可见，星务系统的遥测结构中，采用了三个关键技术。

其一，通过内嵌式管理执行单元（MEU）和星上网（CAN 总线），比较简单地把分散在各被测对象内部的参数、数据和信息集中起来，减少了遥测信号电缆资源，减少了信号线间的交叉干扰。由此，减少了代价和降低了风险，并且可灵活裁减和增添设备，增加了设计的灵活性。MEU方便地构成了整星与各设备之间的通用智能接口，用软件数据包的形式取代硬件接点的逐点分配，带来设备的简化和设计的灵活性。因而实现了全星信息化的关键：网络化，达到全星信息共享。

其二，通过星务主机软件替代常规遥测中的硬部件：多路复接装置，它原本是用布线逻辑实现多路信号合成为单一集群信号。它不仅实现硬件软件化，而且由于软件重构和软件流向控制可以方便地形成双向可控式遥测，从而大大地简化了硬设备，还提高了性能。所谓可控式遥测是指，通过遥控、程控或自主控制，在轨重新设置遥测的运行状态，达到管理、挑选和裁减遥测下行的数据、信息的内容及其采集速率，改变遥测的格式和码速率，根据现状变更数据压缩比，实现对遥测数据传送的智能管理。过去的常规遥测系统只有下行数据流向，可控式遥测是双向的，有上、下行两种数据流向。下行量是遥测数据，上行量是遥测状态控制。图4-5给出小卫星遥测系统（星上部分）的信息流向控管图。

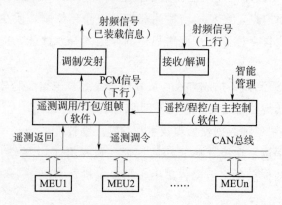

图4-5　双向可控式遥测系统（星上部分）信息流控管图

其三，利用软件的优势，建立统一遥测，融合格式遥测和分包遥测双方的优点。

在星上，遥测调用、打包和组帧软件，遥控生成软件，自主控制软件，形成各自的任务，由星务主机的实时多任务操作系统统一管理，它们之间的信息交换通过全局变量、信号量、邮箱等机制实施。

卫星测控和数据管理的遥测格式，我国卫星遵循两种标准：PCM 遥测和分包遥测。目前，卫星工程遥测主要采用 PCM 遥测格式，仅仅数传分系统传送高速大数据量的应用数据时，才采用分包遥测。作者根据我国国情和星务管理开发的技术，创建了一种新型的小卫星遥测格式，取名为统一遥测。它是将 PCM 遥测和分包遥测两种标准综合集成，吸取各方的长处，并考虑到适应我国卫星发展现状，形成简化的、实用的一种新遥测标准。

4.2　统一遥测

4.2.1　PCM 遥测

在传统的卫星中，遥测系统是一个极重要的独立的系统，采用脉冲编码数字调制（PCM）体制，故称之为 PCM 遥测系统，并确定了相应的遥测标准。这是遥测技术发展的重要标志。美国建立了 IRIG 遥测标准，欧洲空间局建立了 PCM 遥测标准（ESA），这都是国际通用标准。我国也建立了类同的标准 GJB 1198。目前我国卫星遥测基本上实施 PCM 遥测标准。PCM 遥测系统设计的工作重点是安排信息采集顺序、分配数据格式和位置。前者是根据卫星总体需求和星上资源，设计采样率和采集次序，后者是遵循 PCM 遥测标准和被测量精度要求，分配数据长度、安排数据位置和组合形式。由于 PCM 遥测重视数据格式，故有时也称之为格式遥测。

4.2.2 分包遥测

由于 PCM 格式遥测固定采样率、固定编排格式的局限，不能满足卫星复杂多变的数据源的传送要求。近代卫星，特别是小卫星，星上设备的自主能力和信息处理能力得到加强，它们能够根据动态、自主生成数据包，生成速率和数量的能力都很高，生成时刻随机性，数据可异步传送。这样由不同应用过程产生的具有不同概率的源包，通过同一信道传送，需要分包遥测。图 4 - 6 描述不同应用过程产生源包经过分包遥测系统传回地面，再解包送地面目的部门的全过程。

分包遥测是以分包方式进行数据分层动态管理，完成多信源多用户遥测数据传输的可编程 PCM 遥测体制。它与常规的格式遥测体制的区别表现在如下几方面：

1) 格式遥测是用固定格式安排数据，数据对象和类型隶属于遥测字的位置，按数据位进行管理，而分包遥测是对数据进行动态管理，按数据包进行管理，数据对象与遥测字的位置无关，只依赖于包说明和包内位置，具有极大的灵活性。

2) 分包遥测传送遥测数据是一种面向应用的协议型标准数据单元，它由遥测数据加上包头组成，称之为源包，形成一个整体；格式遥测的数据是分散的单个遥测字，从而分包遥测带来应用上的极大方便。

3) 分包遥测用于传送事先处理、缓存的非规则 PCM 信息，不具有固定间隔采样的同步关系，这是与格式遥测不一致的，在数据生成和应用中应该考虑到这一特点；即遥测量的时间精度为采集周期，不易达到分数周期的水平。

4) 分包遥测在遥测数据群中安排许多附属的说明数据形成数据包，从而带来一完整的包数据尺寸增大，且该尺寸大小可变，要将其置于一个固定的短帧工作环境的卫星工程遥测帧内是困难的。

5) 传送帧是适合于将遥测数据传到地面的一种面向传送过程的协议型标准数据单元，它由数据块加上帧头构成，形成串行脉冲群，数据块指源包或源包分段。

6）虚拟信道是一种多信源多用户共用同一物理信道的传输控制机制，它由传送帧帧头识别码来标识，或用不同源包实施。

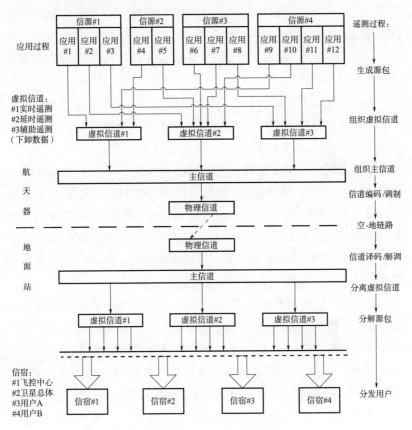

图 4-6 分包遥测数据流图

4.2.3 统一遥测

基于上述 PCM 格式遥测和分包遥测的分析研究和工程实践表明，双方各有优劣，考虑到我国现状，如果将两者融合，用其长避其短，同时适应于目前我国航天运行和管理的环境，那是最好不过

的了。为此，我们开发了一种新的遥测标准——统一遥测。它是以
PCM 格式遥测为外壳，内嵌入分包遥测的内涵。这就是说，保留
PCM 遥测的帧传送技术，利用 PCM 遥测的浮动格式遥测技术作为
切入口，嵌入分包遥测的源包协议标准数据单元。从而实现两种遥
测格式的集成。统一遥测遵循国家军用标准 GJB 1198.2、
GJB 1198.8、GJB 1198.6 等 PCM 遥测和分包遥测的规则，并补充
了统一遥测的某些约定。

　　传统卫星长期停留在 PCM 遥测环境内，究其原因是过去实施的
过程中，将 PCM 遥测和分包遥测两种标准隔离开来，分别进行，没
有考虑到根据我国国情把这两种标准通过适应性的调整统一起来。
因此，小卫星星务系统想要实现分包遥测功能，必须走一条新的技
术实施路线，即从 PCM 遥测平滑无缝地过渡到分包遥测。也就是
说，小卫星分包遥测实施的技术途径是，对标准的分包遥测的规则
加以调整，使得与 PCM 遥测兼容，形成统一的新的遥测标准，即统
一遥测。在 CCSDS 的基础之上，裁减和增添部分内容，适应我国小
卫星测控现况，提升小卫星遥测技术服务性能。

　　对 PCM 遥测和分包遥测进行比较，两者的明显不同之处有三
点。其一，PCM 遥测格式中数据的隶属者是由遥测格式帧的位置所
确定的，基本上固定不变；分包遥测格式中数据的隶属者是由源包
的标识和包内的顺序所确定的，而与遥测帧内的位置无关。其二，
PCM 遥测仅有帧格式；而分包遥测除帧格式外，增加包格式的规
则。其三，由于分包遥测新添较多附加数据，用于增加其通用性和
灵活性，结果使得分包遥测帧长增加；PCM 遥测标准规定帧长不能
过大，最大帧长 1024 个遥测字，推荐使用帧长中最长为 256 个遥测
字，我国卫星常用 128 个遥测字。同时由于卫星遥测系统地面部分
已经建成，重新按分包遥测标准的机理新开发卫星遥测系统地面设
备耗时又费钱，并影响卫星事业的发展。同时，过大的帧长，对星
上设备的精度要求提高，对成本和可靠性都不利。因此，按照我国
国情，小卫星星务系统要实施分包遥测，必须另想办法应对上述两

种遥测格式的差异。

我们首次提出"二维帧"的概念，用这个概念调和 PCM 遥测和分包遥测的不相容性，源包数据尺寸大与工程遥测短帧格式的矛盾利用二维帧的概念实现化解，使两者统一成一体，形成（目前东方红卫星公司小卫星执行的）统一遥测标准。

另外，分包遥测的源包数据是一种非 PCM 格式的数据，采用 PCM 格式遥测帧格式的框架传送，两者的矛盾利用 PCM 遥测的浮动格式遥测技术实现化解。因此，统一遥测标准是由 PCM 遥测的浮动格式标准和分包遥测的包格式标准组合形成。它是 CCSDS 遥测体系的一种变体，遵循 CCSDS 分包遥测包格式的全部规则。

PCM 帧格式如图 4-7 所示。PCM 遥测定义各数据源全部采集一遍获得群数据，加上同步信息形成全帧。全帧中，包括有若干子帧，最低采样率的参数至少被传送一遍。在 PCM 遥测中，子帧是一维信号流，全帧构成一个平面，一个纵列称为付帧。如果我们把 PCM 遥测的全帧看成是广义的二维信号流，如图 4-8 所示，形成二维帧，构造统一遥测的帧格式。统一遥测的二维帧的概念，是指

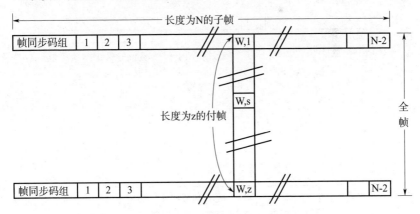

全帧含 N×Z 字　　　N：子帧字数　　　Z：最长付帧字数

W：子帧中字的位置　　　S：付帧中字的位置

图 4-7　PCM 的帧格式

帧的同步码组和各域数据都是由二维数据组成。按图4-9的帧格式就比较容易与分包遥测帧格式兼容。在帧数据域中全部采用分包遥测的源包格式、段格式（或子包格式），从而使 IRIG、PCM 遥测标准与分包遥测标准统一起来了。在星上遥测中，只是增加了一个一维数据到二维数据的转换模块（软件实现），在地面遥测中，增加从二维数据到一维数据的转换模块（也是软件实现），如图4-10所示。

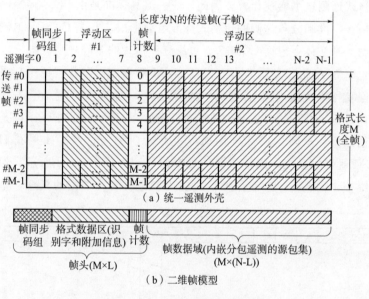

（a）统一遥测外壳

（b）二维帧模型

图4-8　统一遥测的组建

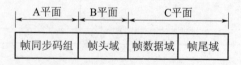

图4-9　统一遥测的帧格式（各域均为二维数据）

譬如，对于帧长 128 的 PCM 遥测，二维帧宽度为 4 的统一遥测，则 PCM 遥测的帧同步码组由 [EB 90]，变为统一遥测的帧同步码组 2×4 二维数据。

$$A = \begin{bmatrix} EB & 90 \\ EB & 90 \\ EB & 90 \\ EB & 90 \end{bmatrix}$$

取分包遥测的帧头域数据为

|← 帧主导头 ＋ 帧副导头 →|

$$[b_o \ b_1 \ b_2 \ b_3 \ b_4 \ b_5 \ \cdots \ b_{19}]$$

变为统一遥测的帧头域 6×4 二维数据，这些数据可以按固定格式位置寻访隶属者，具有 PCM 遥测的属性，可以用增添帧头域文件来适应 PCM 遥测应用的要求，确保两种遥测系统的兼容。

$$B = \begin{bmatrix} b_0 & b_1 & b_2 & b_3 & b_4 & * & \#0 \\ b_5 & b_6 & b_7 & b_8 & b_9 & * & \#1 \\ b_{10} & b_{11} & b_{12} & b_{13} & b_{14} & * & \#2 \\ b_{15} & b_{16} & b_{17} & b_{18} & b_{19} & * & \#3 \end{bmatrix}$$

其中，* #n，n：二维数据行序号，#：帧计数，*：虚拟信道号。

取分包遥测的帧数据域和帧尾域的应用数据为

|← 帧数据域应用数据 ＋ 帧头附加数据 →|

$$[c_0 \ c_1 \ c_2 \ c_3 \ c_4 \ c_5 \ \cdots \ c_{459} \ c_{460} \ \cdots \ c_{475}]$$

变为统一遥测的帧数据域和帧尾域 120×4 二维数据。

$$C = \begin{bmatrix} XX & c_0 \ c_1 \ c_2 & \cdots & c_{118} \\ XX & c_{119} & & \cdots c_{237} \\ XX & c_{238} & & \cdots c_{356} \\ XX & c_{357} & & \cdots c_{469} \quad D \end{bmatrix}$$

其中，XX 表示该行内首包指针；$D = [c_{470} \cdots c_{475}]$ 表示操作控制域数据（4 个字节）＋帧差错控制域数据（2 个字节）。

A，B，C 二维数据分别构成分块平面，三个分块平面拼接成一个整体平面，形成统一遥测传送二维帧：

$$[A \quad B \quad C]$$

它是 128×4 二维数据，由三个分块数据组成：二维同步码组（**A**）、二维帧头（**B**）、二维帧数据域及帧尾（**C**），形成统一遥测的二维帧格式（或称块格式）。

从而，星上遥测过程是，首先将分包遥测传送帧格式，分组经过一维→二维数据转换，形成 **A**、**B**、**C** 三个分块平面；接着由 **A**、**B**、**C** 并块形成整个平面，成为分包遥测的传送块，等效于 PCM 遥测传送帧的全帧格式；再经调制送应答机发送。地面遥测过程是，接收解调后，先进行分块，获取 **A**、**B**、**C** 分块平面；分别经过二维→一维数据转换；最后得到分包遥测的传送帧完整的信号。

可见，对于统一遥测，在星上只是增加了一个一维数据到二维数据的转换模块（用软件实现），在地面只是增加从二维数据到一维数据的转换模块（也是软件实现），如图 4-10 所示。

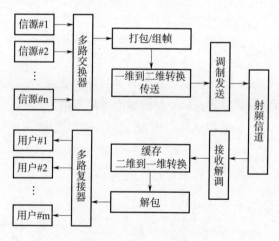

图 4-10　统一遥测框图

统一遥测标准，在视频处理过程中完全包含有分包遥测的源包规约；而在射频收发过程中，完全与 PCM 遥测传送帧规约一致。经过这样处理，实现了小卫星星务系统 PCM 遥测到分包遥测的平滑过渡，与地面遥测系统设备无关，只需调整相应的处理软件。因此，在设备级上，统一遥测与 PCM 遥测一致。在功能层面上，它与分包遥测一致。这样既适应我国卫星测控短帧的情况，又适应前方收发站简易和实时性需求，能与遥控回复信号的遥信工作相配合。同时，也具有分包遥测的全部功能，并具有多种信道合用的优势（实遥、延遥、附加遥测，报文数据和图像数据等）。

特别是，当仅用于工程遥测时，为节省信道，帧头域的帧主导头、副导头数据可省去。增设的附加文件，其数据的隶属者是由位置所确定的，固定不变，格式类同于 PCM 遥测，为的是应对 PCM 遥测中所要求的信道参数，确保遥测系统的平滑无缝过渡。

4.2.3.1　第一类统一遥测格式

星务系统的统一遥测是指在常规遥测基础上引进二维遥测。它有两种类型，都经过在轨验证过。在第一代星务系统（实践五号卫星）中，按垂直方向（遥测帧方向）进行分割，如上所述，分帧号 0-3 四帧按 PCM 格式遥测构建，分帧号 4-7 四帧按分包遥测格式遥测构建。如图 4-11 所示。其中分包遥测按自定义标准构建。它的包头由三个字节组成。前二个字节为 146FH，作为起始标记。后一个字节为遥测数据类型的标记，用于区分后接数据的内容。当时这样规定其目的是为了节省遥测资源和方便从分包遥测缓冲区内提取相应的数据。

4.2.3.2　第二类统一遥测

在第二代星务系统（探测双星等卫星）中，按水平方向（遥测路方向）进行分割，路序号 2-7 按 PCM 格式遥测构建，路序号 8-127 按分包遥测分包遥测构建。如图 4-12 所示。其中分包遥测遵循国际/国家标准，在第一类统一遥测实践的基础之上，方便地完成了这种标准化。

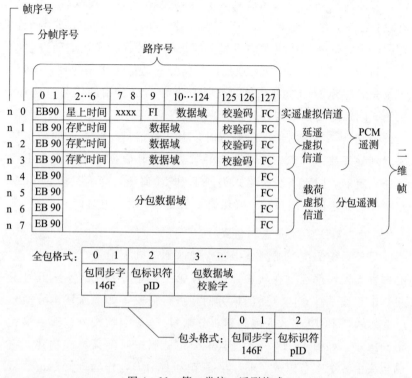

图 4-11 第一类统一遥测格式

4.2.3.3 统一遥测标准及实现技术

统一遥测技术是作者的原创,过去卫星工程遥测均采用 PCM 遥测,而分包遥测在国内还很少应用。我们用统一的观点,将上述两种遥测标准统一形成新的遥测约定,实现 PCM 遥测和分包遥测的合并,完成遥测系统的平滑过渡,解决了分包遥测在我国工程遥测中首次使用的技术问题。它以 PCM 遥测为形式,内嵌分包遥测为内涵,形成一种适合小卫星高性能的遥测标准,既适合 PCM 遥测设备的接口要求,又具备分包遥测的功能。这样的遥测技术我们称之为统一遥测技术,这样的遥测标准我们称之为统一遥测标准。

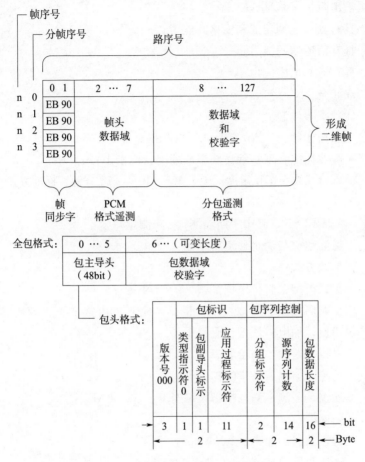

图 4 - 12　第二类统一遥测格式

（1）USB 体制

码速率：4 096 bps/1 6384 bps；

调制方式：PCM/DPSK；

副载波频率：65 536 Hz，频率稳定度：$1×10^{-5}$（RMS）；

信号幅度：3V±5%，波形：正弦波；

码型：NRZ - L；

换相点：副载波过零点 10°内；

输出阻抗：≤1kΩ；

具有分包遥测功能和变格式能力；

具有信道编码能力；

具有遥测加密能力；

双冗余。

（2）扩频体制

· 通信体制：PCM－CDMA－BPSK；

· 载波性能：下行载波频率准确度：优于±$1.5×10^{-5}$；

下行载波频率稳定度：优于 $1.5×10^{-7}$（15 分钟，标准方差）。

· 下行信号调制方式：

2 路 BPSK（其中 1 路遥测，1 路测量）；

遥测通道与测量通道功率比：4：1。

· 扩频方式：

扩频类型：直接序列扩频（DS－SS）；

扩频码类型和选取：GOLD 码，应答机内置 2 组扩频码，可用指令切换，加电默认工作码组 1；

遥控、遥测、测量帧码型：NRZ－L；

遥控、遥测、测量帧扩频码码长：$2^{10}-1$（1023）；

遥控、遥测、测量帧扩频码速率：10.23 Mcps。

· 码速率：

遥控数据码速率：2 000 bps；

遥测数据码速率：4 096/1 6384 bps；

测量帧数据码速率：1 000 bps；

测量帧频率：2 帧/秒。

4.3　可控式遥测

4.3.1　可控遥测的涵义

为了实现对星上遥测任务按卫星运行需要进行地面站管理或星

上自主管理，必须首先建立遥测工作过程的可控通道，使传统遥测从单一的输出设备，变成双向的有输入的受控设备。输入信息用于改变遥测运转顺序、流程、工作状态，输出信息才是它的本身工作，输入只是为了更优地完成这个本身工作。

从上述可见，星务系统的遥测结构中，采用了两个关键技术。其一，通过内嵌式管理执行单元（MEU）和星上网（CAN 总线），比较简单地把分散在各被测对象内部的参数、数据和信息集中起来，减少了代价和降低了风险，并且可灵活裁减和增添。MEU 方便地构成了整星与各设备之间的通用智能接口，并且实现了全星信息化的关键之一——网络化。其二，通过星务主机软件替代常规遥测中的部件——多路复接装置。它不仅实现硬件软件化，而且由于软件重构和软件流向控制可以方便地形成双向可控式遥测。所谓可控式遥测是指，通过遥控、程控或自主控制，在轨重新设置遥测的运行状态，达到管理、挑选、增补和裁减遥测下行的数据、信息的内容及其采集速率，改变遥测的格式和码速率。过去的常规遥测系统只有下行数据流向，可控式遥测是双向的，有上、下行两种数据流向。下行量是遥测数据，上行量是遥测状态控制。图 4 - 13 给出小卫星遥测系统（星上部分）的信息流向控管图。

在星上，遥测数的汇集、打包和组帧软件，遥控的生成软件，自主控制软件分别完成各自的任务。它们由星务主机的实时多任务操作系统统一管理，它们之间的信息交换通过全局变量、信号量、邮箱等机制实施。

遥控上行信号形成虚拟间接指令，用于设置遥测任务的状态，控制遥测软件的流向，实现多种不同的信源的遥测数据的控管，改变遥测下传的内容，调整各种不同的信源的遥测采样速率，以适应各种情况遥测的需要。所谓虚拟间接指令是控制软件工作流程和状况的指令，控制遥测数据的汇集、打包和组帧软件实现遥测的信息流的控管。譬如，当星敏感器开机检查时，需要详细了解其工作状况和性能，地面用遥控指令改变星上遥测结构。在下行遥测中，关

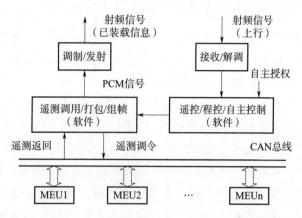

图 4 - 13　双向可控式遥测系统（星上部分）信息流控管图

闭其他信源详细遥测，仅传示性数据，将腾出的信道能力留给星敏感器的详查数据和星敏图像数据下行。再如，当姿控需要地面定姿时，探测小卫星在 3 万到 4 万 km 的轨道高度位置处，下行遥测中增添详细的姿态测量数据，将姿控延时遥测的压缩比从常规的 32 比 1 改成无压缩，全数下传，支持地面姿控计算。卫星运行超过上述范围后，星上遥测结构恢复到原定状态：延时压缩数据遥测。此外，还有下行码速率的可控，某个或某组遥测数据汇集速率可控，某个或某组遥测数据采集或停采控制等。可见，可控式遥测带来遥测的灵活性，加强了整星遥测能力和卫星在轨重构柔性，缓和了遥测信道"瓶颈"的矛盾。

4.3.2　可控遥测的内容

可控遥测的内容包括如下几方面。

1) 控制遥测设备对象，只有在工作的设备才对其提供遥测服务，搜集它的遥测信息数据。当该设备退出工作，同时也退出遥测的服务。当星上某一设备出现故障或需要详细检查时，可以暂时关闭正常工作的设备占用遥测资源，腾出遥测通道供其使用。

2) 控制遥测数据类型，被服务的设备可以使用多种遥测数据内容，如：工程遥测数据、设备运行结果数据、中间数据、图像数据、设备作业参数返回核实、设备软件代码返回核查以及其他的需要信息数据。

3）控制遥测数据传送速率，以适应被测量动态需求，形成各种快速遥测、慢速遥测。

4）控制遥测数据抽样压缩比，以满足境外存储遥测的约束。

5）控制传送遥测数据的通道，以应对信道的拥挤和损坏，提高遥测功能的可靠性。小卫星设置有 A、B 两条 CAN 总线传送数据。当一条信道连续出现多次故障时，就会自主切换到另一信道继续传送，维持遥测的进程。

4.3.3　可控遥测的方法

利用控制字，控制遥测的调用进程、打包范围和组帧的格式，有如下方法。

1）控制遥测设备对象的方法是，对各设备设置相应的传送标志。当标志 xwj _ health ［*］＝0x66 时，表明设备在线，即处于工作状态，星务调度单元对其实行遥测服务。当 xwj _ health ［*］≠0x66 时，设备离线，即处于关闭状态，星务调度单元不对其实行遥测服务。

2）控制遥测数据类型的方法是，星务调度单元向各设备发出搜集遥测数据的调用 form _ pack （PackNo）中，附有数据类型的信息：pack _ info ［PackNo］［2］，被服务的设备据此返回相应类别的数据。因此，这种方法可以满足各种设备的不同要求。根据需要，实现遥测返回各种各样的数据，应对在轨的正常运行、故障诊断、详细测试和地面的联调、试验等各项作业。这种方法大大扩展了遥测信息容量，满足各种设备需要测量的方方面面。

3）控制遥测数据传送速率的方法是，根据需要，设置遥测的不同传送周期，形成各种速变遥测、慢变遥测。如：速变传送周期（fast _ cyc）可设为 1s、2s 或 4s，缓变传送周期（slow _ count）可设为 8s、16s 或 32s。

4）控制遥测数据抽样压缩比的方法是，设置遥测压缩标志 pack_info［PackNo］［4］和压缩周期（compress_cyc），以满足境外存储遥测的约束。压缩周期为的是适应遥测缓冲区的限制，当应急数据量过大时非急用遥测数据压缩周期可以调大。压缩标志表明不同遥测数据类型的不同要求，有些数据不需要压缩存储过境重放的，这时压缩标志为 0x99。

5）控制传送遥测数据的通道的方法是，建立 CAN 总线故障自主判别程序，当发现一条 CAN 总线连续出现多次故障时，就会自主切换到另一条 CAN 总线上继续传送。另外，星务系统还设有 A、B 两条总线选择指令，分开两条总线的运行，避开有些设备的不可知干扰和损坏。

6）控制遥测的全部旗标，可以通过上注遥控数据在运行过程中进行修改，或者在程序启动时由文本文件装订。这些配置参数与程序脱钩，方便星务基本程序的复用和应对在轨偶发事件处理。

4.4　虚拟遥测分系统

4.4.1　软件遥测概念

遥测分系统在卫星任务中是非常重要的一个环节，为提升其功能，类比软件无线电，我们认为有必要强调"软件遥测"的概念。所谓"软件遥测"是用软件可定义的遥测。它的基本思想是，采用一个通用的、标准的、模块化的硬件平台，通过软件实现遥测的各种功能，无需面对各种卫星应用制作相应的各种遥测硬设备。东方红卫星公司的小卫星就是借用星务系统这个公用硬件平台，实现各种小卫星的软件遥测，形成统一结构的小卫星遥测，应对各种型号卫星的需求。

星务系统采用 MEU 和星上网的拓扑结构，支撑了一种分布式遥测系统。它是星上视频电子集成设计的结果，给卫星技术带来一些新的改进，其中的每个环节都渗透了计算机软件技术。因此，软件在星上遥测系统中的地位越来越重要，从 MEU 中遥测采集处理、存储，到星务主机中遥测调度，汇集数据、打包、组帧，虚拟信道的分配，以及 MEU 和星务主机遥测结构的受控都是靠软件来完成。目前技术的发展，集成电路硬件的故障概率很小，系统运行的效率很大程度决定于软件的能力。有效地提高遥测系统的可靠性、灵活性和可操作性，关键在于有高质量和高可靠性的软件。星务系统遥测软件结构如图 4 - 14 所示。

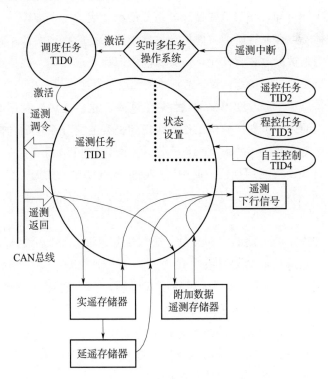

图 4 - 14 星务系统遥测软件结构

　　由遥测中断信号定时激活调度任务（TID0），再由 TID0 激活遥测任务（TID1）。TID1 按设置的状态组织遥测工作。首先通过星上网发送遥测调令，再通过星上网汇集 MEU 采集的遥测数据，存于实遥存储区内，并通过处理存于延遥存储区内。另外，其他附加遥测数据放于相应存储器内，如：报文存储器、图像存储器等。同时，将实遥、延遥存储区的数据和其他数据按状态设置进行顺序打包、组帧、分配虚拟信道，经付载波调制送应答机，调制发送。遥测任务的状态可以在轨修改。遥测系统软件全部是基于星上实时多任务操作实现的，具有灵活性和可靠性，并可在轨重构。

4.4.2　虚拟遥测分系统的工作过程

从上述可知，小卫星的遥测分系统已经变成为一个虚拟的分系统了，实体不再存在。所谓"虚拟"是指该分系统的物理实体不再整体存在，而是被拆散和软件化，但其功能依旧保存或加强。在传统卫星中极其重要的遥测功能依赖于通信机的无线电发送、设备中嵌入 MEU 的采集信息和星务调度单元的软件联合实现。这就是说，利用嵌入星上设备内的计算机支持协同工作，实现和提升遥测分系统的功能，形成虚拟遥测分系统，如图 4 - 15 所示。它的工作过程如下：

· 首先由遥测周期的定时中断启动星务调度单元的遥测任务；

· 同时将遥测数据缓冲区的数据送无线电下行的调制器，向地面站传送；

· 按设定的遥测顺序和参数，遥测任务通过 CAN 总线从下层各设备调回相应的遥测数据；

· 然后进行编排，按适当的格式组帧，存入遥测数据缓冲区，待下一遥测任务周期送通信机下行。

遥测数据缓冲区编排技术，在下一节中阐述。控制遥测任务运行的顺序和参数，可以灵活地设置，除预先设置的工作状况，还可以根据卫星当前的实际进行控制和调整。

应该强调一点，我们建立虚拟遥测分系统的概念，而不是全部删除该系统，是为了在设计中加强遥测功能的正确性和有效性。建立虚拟遥测分系统有如下的好处：

· 统一小卫星的遥测系统，可以在多种型号上重复使用；

· 遥测系统的部分硬件软件化，减少星上设备；

· 在轨可以重配遥测信息，提高遥测适应能力和服务质量；

· 可以满足各种遥测类型和数量的需要，解决卫星的遥测通道容量和传送巨大数据量的矛盾，可以实现遥测的"按需分配"；

· 可以实现遥测和整星测试工作的联合，可以有助于在轨卫星诊断。

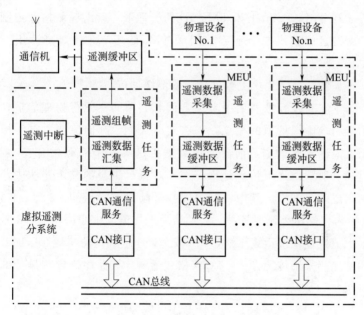

图 4 - 15　虚拟遥测分系统方块图

4.5　遥测功能设计

4.5.1　遥测工作内容

以实践五号卫星为例，

· 遥测输入参数：

遥测特征字，TM_ID=0：实遥方式，TM_ID=1：组合遥测方式；

存储遥测据处理压缩比，TM_compaction；

遥测模式，TM_mode；

遥测缓冲区

遥测读出指针，TM_Pointer；

·由 TMTC 板的中断，启动遥测送数和激活遥测任务；

·在 TM_Pointer 和 TM_ID 的管理下，读出遥测指针控制从遥测缓冲区中读出二个字节数据送 TMTC 板，并使遥测读出指针移位；

·遥测任务采集星上数据填入遥测缓冲区。

为了在实践五号卫星中实现多信源共用同一下行物理信道，在遥测中引入虚拟信道的概念，它将实时遥测、存储遥测、空间探测数据、液池实验数据、前向通信数据传送等多个信源融合在一起，经过同一射频信道下传到地面。在实践五号卫星的整个遥测中，每八帧组成一个方块。其中，首帧即 0 号帧为实时遥测。1 号、2 号、3 号帧为存储压缩延时遥测，1 号帧为平均值或中间值压缩，2 号帧为最大值或逐位或运算压缩，3 号帧为最小值或逐位与运算压缩。这前四帧遥测采用传统方式：PCM 格式遥测，按路序确定测量量的隶属关系。

4 号、5 号、6 号帧、7 号帧形成二维数据阵（4×123 字节），采用分包遥测格式。实践五号卫星的分包遥测与 CCSDS 分包遥测规范不同，为实践五号卫星自定。其原因在于：

·CCSDS 分包遥测规范要求，包头占用 6 个字节。为了节省遥测资源，实践五号卫星规定包头占用 3 个字节，即包头同步字"146F"二个字节，另外再加一个字节特征字，作为包的标识符，说明包的性质。

·由于引进了包头同步字，极大地方便了查找位于二维数据阵中的包数据，容易将其提取出来，不需要包头位置首指针和数据长度，还可以避免由于遥测误码、丢数带来后续数据包的丢失。数据丢失仅限于该包自身。

可见，星务主机的遥测软件任务有：遥测发送驱动程序（遥测中断处理程序）；实时数据汇集程序（含星上网和并口汇集）；存储数据生成程序；科学数据生成程序；其他数据生成程序。

4.5.2　遥测缓冲区

实践五号卫星有三类遥测缓冲区。

（1）实时遥测缓冲区 RTM＿buf

如图 4－16 所示。

其中：

帧同步＿EB90H。

星上时间＿字节 2 为毫秒（低）

字节 3 的高两位为毫秒（低），低六位为秒

字节 4 的高两位没用，低六位为分

字节 5 为小时（低）

字节 6 为小时（高）

卫星识别码＿xxxxH

格式识别码＿FI，高三位为格式计数，表示页面地址：0－7

低五位为卫星遥测模式

实遥帧计数＿FC，前五位表示帧块序号，后三位表示类型号。

实时遥测缓冲区中，每 8 帧构成一块，每 4 块即 32 帧构成一页，整个缓冲区中共有 8 页。每块中，前半块按 PCM 格式遥测构造，用于传送卫星的工程遥测数据；后半块按分包遥测构造，用于传送有效载荷的数据。从而，形成统一遥测格式。

页序号

帧序号

路序号

页序号	帧序号	0 1	2…6	7 8	9	10…124	125	126 127
0	0	EB 90	星上时间	xxxx	FI	数据域	FC	校验码
0	1	EB 90	星上时间	xxxx	FI	数据域	FC	校验码
⋮		⋮	⋮	⋮	⋮	⋮	⋮	⋮
0	31	EB 90	星上时间	xxxx	FI	数据域	FC	校验码
⋮		⋮	⋮	⋮	⋮	⋮	⋮	⋮
7	31	EB 90	星上时间	xxxx	FI	数据域	FC	校验码

图 4-16　实时遥测缓冲区

（2）存储遥测缓冲区 STM _ buf

如图 4-17 所示。

其中：

存储时间 _ 处理期间的起点时间

遥测特征码 _ TI 中含有：

TM _ mode＝1：消偏模式，有实遥、延遥、扩展存储遥测

2：慢旋模式，有实遥、延遥、液池实验 1 遥测

3：自旋模式，有实遥、延遥、空间探测 2 遥测

4：对地模式，有实遥、延遥、扩展存储遥测

5：备用模式，有实遥、延遥、前向通信

6：地面模式，有实遥、延遥、测试信息

TM _ compaction，确审值 32

图 4 - 17　存储遥测缓冲区

（3）附加遥测缓冲区 ATM _ buf（也称科学探测遥测缓冲区 DT _ buf）

如图 4 - 18 所示。

附加遥测缓冲区用于存储多种信息：

· 科学探测数据；

· 液池试验数据；

· 扩展存储数据；

· 前向通信数据；

· 地面测试数据。

这些数据类型由遥测模式控制，在轨通过遥控可以改变。

在附加遥测缓冲区中，每 4 帧的数据域形成二维数据阵，用于存放数据包。

图 4 - 18　附加遥测缓冲区

4.5.3　遥测缓冲区指针变量表示法

引入四元变量　　（Type，Page，Frame，Byte）。
其中：

Byte　　取值 0－127 表示字节路序号

Frame　　取值 0－31 表示帧号

Page　　取值 0－7 表示页号（格式计数号）

Type　　取值 0－7 表示缓冲区类型

　　　　　0＝实时遥测缓冲区

　　　　　1＝存储遥测缓冲区 max 值帧

　　　　　2＝存储遥测缓冲区平均值帧

　　　　　3＝存储遥测缓冲区 min 值帧

4＝附加遥测缓冲区 1 号帧

5＝附加遥测缓冲区 2 号帧

6＝附加遥测缓冲区 3 号帧

7＝附加遥测缓冲区 4 号帧

所以

XX　X　　　XXX　　　XXXX　X　　　XXX　XXXX
　T　　　　　P　　　　　　F　　　　　　　B
T＝0～7　　P＝0～7　　F＝0～31　　　B＝0～127

指针＝32 768 T＋4 096 P＋128 F＋B

4.5.4　遥测读写指针移位规则

1）在实时遥测模式下，令当前读出指针为

（0，P，F，0）＝（N，0）

缓冲区为单一实时遥测缓冲区，指针计数（顺序）

（N，0）→（N，127），并重复 8 次，

（N＋1，0）→（N＋1，127），并重复 8 次，

反复循环。因为

F＝0，1，…，31

P＝0，1，…，7

则 N＝0，128，…，32 640。

注意：

F 逢 32 向 P 进 1；

P 逢 8 置 0，即模 8 运算；

它们相当于当前写指针为（N＋1，0）。

2）在组合遥测模式下，缓冲区为组合缓冲区，即由实时遥测缓冲区、存储遥测缓冲区、探测缓冲区联合组合而成。令当前读出指针为

$$（0，P，F，0）＝（N，0）$$

又令存储缓冲区首指针为

$$（1，P'，F'，0）＝（M，0）$$

又令附加缓冲区首指针为

$$(4, P'', F'', 0) = (L, 0)$$

指针计数（顺序）

$(N, 0) \rightarrow$	$(N, 127)$	实时遥测，
$(1, P', F', 0) \rightarrow$	$(1, P', F', 127)$	存储遥测 1, $(M, 0 \rightarrow 127)$
$(2, P', F', 0) \rightarrow$	$(2, P', F', 127)$	存储遥测 2, $(M+1, 0 \rightarrow 127)$
$(3, P', F', 0) \rightarrow$	$(3, P', F', 127)$	存储遥测 3, $(M+2, 0 \rightarrow 127)$
$(4, P'', F'', 0) \rightarrow$	$(4, P'', F'', 127)$	附加遥测 1, $(L, 0 \rightarrow 127)$
$(5, P'', F'', 0) \rightarrow$	$(5, P'', F'', 127)$	附加遥测 2, $(L+1, 0 \rightarrow 127)$
$(6, P'', F'', 0) \rightarrow$	$(6, P'', F'', 127)$	附加遥测 3, $(L+2, 0 \rightarrow 127)$
$(7, P'', F'', 0) \rightarrow$	$(7, P'', F'', 127)$	附加遥测 4, $(L+3, 0 \rightarrow 127)$

然后，F、F'、F''均各加 1 后反复循环。

注意：

F、F'、F''均均逢 32 向 P 进 1；

P、P'、P''均模 8 运算。

组合帧格式如图 4-19 所示。

3）实时遥测缓冲区指针顺序如图 4-20 所示。

当实时遥测读出指针为 N 时，写入指针为 N+1。

4）存储遥测缓冲区指针顺序如图 4-21 所示。

5）附加遥测缓冲区指针顺序如图 4-22 所示。

一帧实时遥测，分帧号 = 0

三帧延时遥测，分帧号 = 1、2、3

四帧附加遥测，分帧号 = 4、5、6、7

		01	2…6	78	9	10…124	125	126127
0	0	EB 90	星上时间	xxxx	FI	数据域	FC	校验码
0	1	EB 90	存储时间			数据域	FC	校验码
0	2	EB 90	存储时间			数据域	FC	校验码
0	3	EB 90	存储时间			数据域	FC	校验码
0	4	EB 90			数据域		FC	校验码
0	5	EB 90			数据域		FC	校验码
0	6	EB 90			数据域		FC	校验码
0	7	EB 90			数据域		FC	校验码
⋮	⋮				⋮		⋮	⋮
511	0	EB 90	星上时间	xxxx	FI	数据域	FC	校验码
511	1	EB 90	存储时间			数据域	FC	校验码
511	2	EB 90	存储时间			数据域	FC	校验码
511	3	EB 90	存储时间			数据域	FC	校验码
511	4	EB 90			数据域		FC	校验码
511	5	EB 90			数据域		FC	校验码
511	6	EB 90			数据域		FC	校验码
511	7	EB 90			数据域		FC	校验码

帧序号

分帧序号　　　　　路序号

实时遥测容量 64 kBytes　　　　　　循环时间 = 1024sec

延时遥测容量 192 kBytes

附加遥测容量 256 kBytes　　　　　　总共 512 kBytes

图 4 - 19　组合帧格式

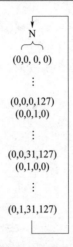

图 4 - 20　实时遥测缓冲区指针顺序

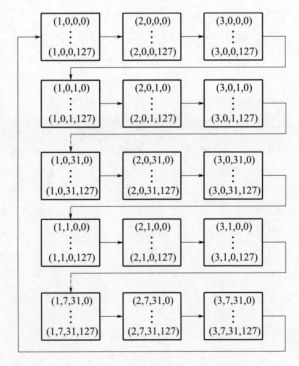

图 4 - 21　存储遥测缓冲区指针顺序

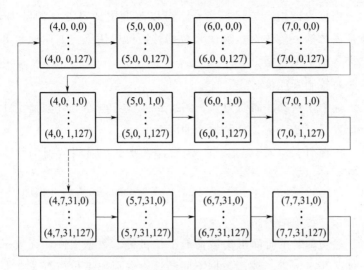

图 4 - 22 附加遥测缓冲区指针顺序

6）写指针规则。存储遥测缓冲区和附加遥测缓冲区的读指针可以跨过写指针。跨过后，最后的读指针为新的写指针，即写指针随动读指针移位。

实时遥测缓冲区的读指针比写指针小 1，实时遥测缓冲区的读/写指针是顺序移位的，即读指针在 N 帧时，写指针在 N+1 帧处。

4.5.5 实时遥测数据汇集管理和格式生成

（1）功能

在遥测中断次数计数器的控制下，完成如下功能：

· 从各下位机汇集遥测数据，并按规定存放到实时遥测缓冲区 RTM_buffer 相应的单元内。

· 根据 RTM_buffer 数据集压缩生成存储工程遥测数据，并放于存储遥测缓冲区的 M、M+1、M+2 单元内。分别相应于 max 值、平均值、min 值等处理值。压缩比按程控指令选用多种模式。

· 根据程控指令从载荷舱下位机汇集探测数据，存放于附加遥测缓冲区的 L、L+1、L+2、L+3 单元内。

· 根据程控指令或遥控指令，可以改变附加遥测缓冲区内容，用于注入数据下传比对，除注入数据外还可以用于：前向通信和测试结果等的下传数据。

（2）控制管理策略

· 遥测中断脉冲周期为 3.90 625 ms。送 2 个字节数据到 TMTC 板并串发送（循环从 TM 数据缓冲区读出）。

· 中断计数 8×64 次，即 2s 后，需要更新遥测数据的快变部分，即主帧遥测。

· 中断计数 32×8×64 次，即 64 s 后，需要更新遥测数据的慢变部分，即付帧遥测。

· 过境前若干时间汇集载荷舱下位机科学数据文件，存放于存储缓冲区相应位置。载荷数据不间断地由载荷舱下位机汇集，存放于载荷舱下位机的附加缓冲区内（96 kByte）。

· 汇集的压缩数据，分区分阶段对快变、慢变参数的数据进行预处理（压缩处理），其结果存放于相应存储缓冲区相应位置，作为延时遥测数据。

1）当实时遥测缓冲区读出指针为（0，0，0，0）时，中断次数计数器清零，为的是强迫同步，避免失锁。

2）中断次数计数器的计数值表示为

$$\underbrace{xx\quad xxx}_{0\sim31}\qquad \underbrace{x\quad xx}_{0\sim7}\qquad \underbrace{xx\quad xxxx}_{0\sim63}$$

3）计数值＝（*，0，1）时，开始执行如下调用，完成主帧数据汇集，其中 * 表示所有取值，即 0～31，然后重新开始执行。即每帧，帧同步码后开始汇集数据。由快变实时遥测任务完成，其中调用一串数据汇集子程，并将获取数据置于相应的 RTM _ buf 中。

· 首先，调用时间码。

· 调用 数据汇集（0BH，27，2－6 9－30）。

其中，0BH：遥控下位机地址

27：经星上网汇集数据字节长度

2－6 9－30：汇集数据依次放于的路序位置

·调用 数据汇集（16H，9，31－39）。

其中，16H：内务下位机地址

9：经星上网汇集数据字节长度

31－39：汇集数据依次放于的路序位置

·调用 数据汇集（15H，5，43－47）。

其中，15H：一次电源下位机地址

5：经星上网汇集数据字节长度

43－47：汇集数据依次放于的路序位置

·调用 并口数据汇集（05H，50，70－119）。

其中，05H：姿控下位机地址

50：经并口汇集数据字节长度

70－119：汇集数据依次放于的路序位置

当姿控分系统的健康状态字＝0时，采用星务主机与姿控机主份联络方式，即并口联络，用"调用 并口数据汇集（05H，50，70－119）"指令。当姿控分系统的健康状态字＝1时，采用星务主机与姿控机的星上网联络方式，用下面的调用指令。

·调用 数据汇集（05H，50，70－119）。

其中，05H：姿控下位机地址

50：经星上网汇集数据字节长度

70－119：汇集数据依次放于的路序位置

当姿控分系统的健康状态字＝2时，也采用星务主机与姿控控制盒的星上网联络方式，用下面的调用指令。

·调用 数据汇集（0EH，50，70－119）。

其中，0EH：姿控控制盒下位机地址

50：经星上网汇集数据字节长度

70－119：汇集数据依次放于的路序位置

4）计数值＝（＊，0，100）时，开始执行如下调用，完成付帧数据汇集。由慢变实时遥测任务完成，其中调用一串数据汇集子程，并将获取数据置于相应的 RTM _ buf 中。

　　·调用 付帧数据汇集（19H，63，40/0）。

　其中，19H：热控下位机地址

　　　　63：经星上网汇集数据字节长度

　　　　40/0：汇集数据依次放于的路序位置和帧序位置，表明从 40 路 0 帧开始到 31 帧，接着从 41 路 0 帧开始到 30 帧结束，共 63 个字节

　　·调用 付帧数据汇集（1AH，14，42/0）。

　其中，1AH：配电器 A 下位机地址

　　　　14：经星上网汇集数据字节长度

　　　　42/0：汇集数据依次放于的路序位置和帧序位置，表明从 42 路 0 帧开始到 13 帧结束，共 14 个字节

　　·调用 付帧数据汇集（15H，19，48/0）。

　其中，19H：一次电源下位机地址

　　　　19：经星上网汇集数据字节长度

　　　　48/0：汇集数据依次放于的路序位置和帧序位置，表明从 48 路 0 帧开始到 18 帧结束，共 19 个字节

　　·调用 付帧数据汇集（10H，54，60/0）。

　其中，10H：载荷舱下位机地址

　　　　54：经星上网汇集数据字节长度

　　　　60/0：汇集数据依次放于的路序位置和帧序位置，表明从 60 路 0 帧开始到 31 帧，接着从 61 路 0 帧开始到 21 帧结束，共 54 个字节

　　·调用 付帧并口数据汇集（05H，18，49/0）。

　其中，05H：姿控下位机地址

　　　　18：经并口汇集数据字节长度

　　　　49/0：汇集数据依次放于的路序位置和帧序位置，表明从 49 路 0 帧开始到 17 帧结束，共 18 个字节

当姿控分系统的健康状态字＝0 时，采用并口联络，用"调用付

帧并口数据汇集（05H，18，49/0）"指令。当姿控分系统的健康状态字＝1时，采用星务主机与姿控机的星上网联络方式，用下面的调用指令。

· 调用 付帧数据汇集（05H，18，49/0）。

其中，05H：姿控下位机地址

18：经星上网汇集数据字节长度

49/0：汇集数据依次放于的路序位置和帧序位置，表明从49路0帧开始到17帧结束，共18个字节

当姿控分系统的健康状态字＝1时，采用星上网联络，用"调用付帧数据汇集（05H，18，49/0）"指令。当姿控分系统的健康状态字＝2时，采用星务主机与姿控控制盒的星上网联络方式，用下面的调用指令。

· 调用 付帧数据汇集（0EH，18，49/0）。

其中，0EH：姿控下位机地址

18：经星上网汇集数据字节长度

49/0：汇集数据依次放于的路序位置和帧序位置，表明从49路0帧开始到17帧结束，共18个字节

当姿控分系统的健康状态字＝2时，采用星上网联络，用"调用付帧数据汇集（0EH，18，49/0）"指令。

4.5.6　存储遥测数据压缩处理，延时遥测（压缩存储遥测）功能

（1）功能

依据实时遥测缓冲区 RTM＿buf 中的数据集，压缩产生存储工程遥测数据，并按规定存放到存储遥测缓冲区 STM＿buf 中。

要求满足卫星境外连续4～5圈复盖，即约500分钟时间。取过境时间15分钟。因此，如果连续过境，取压缩比＝8；多圈过境，取压缩比＝64。

（2）压缩算法

1）在压缩周期内，取主帧数据，求最大值存于相应的（1，P，

F，B）中；求平均值存于相应的（2，P，F，B）中；求最小值存于相应的（3，P，F，B）中。压缩存储时间为压缩期的起始时刻。

2）压缩周期大小由下次过境的圈数确定，为的是要在存储量一定的条件下，可以获得最大的下行转送信息量。这样，压缩处理要受限于存储遥测数据压缩比的控制。

当一圈后再次过顶，即 102 分钟后，按 8 个实时遥测格式生成三帧一套存储遥测，即一帧 max 值、一帧平均值、一帧 min 值，数据压缩比为 8。当六圈后再次过顶，即 612 分钟后，按 64 个实时遥测格式生成三帧一套存储遥测，即一帧 max 值、一帧平均值、一帧 min 值，数据压缩比为 64。

3）扩展存储遥测时，将附加存储缓冲区借为存储遥测缓冲区使用。即奇数个三帧一套存储遥测送存（1，P，F，B）、（2，P，F，B）、（3，P，F，B）单元内，而偶数个三帧一套存储遥测送存（4，P，F，B）、（5，P，F，B）、（6，P，F，B）单元内，这样，扩展存储遥测时，压缩比降低一倍。即当一圈后再次过顶，按 4 个实时遥测格式生成三帧一套存储遥测；当六圈后再次过顶，按 32 个实时遥测格式生成三帧一套存储遥测处理。

4）压缩比和遥测模式由程控设置旗标/特征字来进行控制管理。当遥测模式 TM_mode=0 或=3 时，执行扩展存储遥测，其他值时执行实时遥测或一般的存储遥测。

4.5.7　附加遥测数据汇集方法

依据程控指令，从载荷舱下位机汇集探测数据，存放到附加遥测缓冲区 ATM_buf 中。

注入数据存入四帧一套临时附加遥测数据区，并优先下传，即插入到当前附加遥测中下传。

4.5.8　载荷管理功能

遵循星务系统建造的"集中管理、分散风险"的原则，为了避免底层部件的故障和具体业务引入卫星顶层而导致全星失控，在载荷舱下位机中设有 96k 字节缓冲存储区。由载荷舱下位机代理星务主机执行对载荷（各个探测仪器）进行实时管控，包括连续采集、缓存数据，减轻了各个探测仪器都进入整星的运转通道所带来的拥挤，当星务主机有序调用载荷舱下位机时，再将这些数据集中传送。这样，形成分级分层管理，既提高卫星对载荷的服务质量，又可隔离故障提高可靠性。

4.5.9　地面测试辅助功能

概念：接收 422 星地串口的信号或通过它发送令到星务主机，实现星地计算机一体，借用地面机作为星上机的显示/键盘终端，形成新的有线遥控口和遥测口。即 422 口上行信号作为遥控用，送遥控注入数据上星，由星务主机解释并执行。另外一部分可作为调试命令，可以不驻留于 PROM 中，可以装载于 RAM 工作区。422 口下行信号为调试返回数据或遥测缓冲区成组数据下传。所以，

上行：同遥控注入；附加调试命令。

下行：遥测缓冲区数据；附加的调试结果数据。

测试方式，用测试模式字，如表 4-1 所示。

表 4-1　测试模式字

测试模式字	内容
0	正常实时遥测模式
1	载荷舱全帧测试模式
2	姿控全帧测试模式
3	供电全帧测试模式
4	星务全帧测试模式
5	温度全帧测试模式

4.6　遥测数据格式约定

4.6.1　说明

卫星遥测任务涉及到整星各分系统，分别由星务管理分系统各下位机采集，形成数据块文件，存入各下位机文件缓冲区。由星务主机从各下位机通过星上串行通信网络汇集到星务中心计算机遥测数据缓冲区。进行数据处理和格式编排后，通过调制由应答机发送到地面。

考虑目前国内地面站的实际情况和节约星上资源，对常规分包遥测具体格式经过修改，采用简化分包遥测体制，探索节约资源的适于小卫星应用的统一遥测体制。统一遥测内融合有 PCM 格式遥测和分包遥测两部分，前者也称为固定遥测。统一遥测的帧格式从传统的一维形式变成二维形式。

统一遥测实现多信道的复用，将传统的实时、延时遥测融合在一起。实时遥测为卫星实时采集的遥测数据，对应时间为固定遥测中的"星上时"数据；延时遥测为卫星按采样周期进行抽样压缩的遥测数据。同时，固定遥测数据也按采样周期进行抽样压缩、打包形成特定的数据包。延时遥测对应时间，依据这个特定的数据包的"星上时"数据。在每一个传送周期内，实时遥测包传送完后，再传送延时遥测包。

根据需要，遥测的传送周期不同，分为速变和缓变两种遥测数据。传送周期可控，例如：速变传送周期为 1 s 或 4 s，缓变遥测传送周期为 8 s 或 32 s。

4.6.2　主要参数

卫星上遥测参数都通过遥测方式传送到地面。目前小卫星统一遥测的主要参数如下：

字节：	8 bit
遥测帧长：	4×128 字节或 4×512 字节
遥测帧同步码：	EB90H
遥测下行码速率：	4 096 或 16 384 bps
副载波频率：	65 536 Hz，波形为正弦波
码型：	NRZ－L
调制方式：	PCM/DPSK（零差分相对相移键控）
遥测参数采集周期：	1~32 s，可以由遥控指令进行调整

4.6.3　遥测数据包格式

小卫星遥测数据包格式按 GJB 1198.6 的结构组成，遥测数据包由主导头和数据域组成，主导头固定为 6 个字节，如表 4－2 所示。主导头包含包识别、包顺序控制、包长三部分。

表 4－2　遥测数据包格式

主导头（48 bit）							数据域
包识别				包顺序控制		包长	
版本号	类型	副导头标志	应用过程识别	分段标志	源包序列计数		
3	1	1	11	2	14	16	
16				16		16	可变，与包长对应

4.6.3.1　包识别

包识别分成四部分。

1）版本号：占用 3 位，指明包装格式的版本，本卫星固定为"000"；

2）类型：占用 1 位，用于与遥控包区分，本卫星固定为"0"；

3）副导头标志：占用 1 位，本卫星遥测中无副导头，填"0"；

4）应用过程识别：占用 11 位，用于识别遥测数据包的种类；最高位为"0"表示实时遥测数据包，最高位为"1"表示延时遥测数据包，全"1"表示空数据包。

4.6.3.2　包顺序控制

包顺序控制分成两部分。

1）分段标志：占用 2 位，本卫星所有数据包均不分段，填"11"；

2）源包顺序计数：占用 14 位，应用过程每产生一个数据包，源包顺序计数加 1，可以根据此值对数据包的连续性、完整性进行检查。数值计满后归零。

4.6.3.3　包长

占用 16 位，指明不含主导头的源包长度，等于数据域的字节数减 1。

4.6.3.4　数据域

包含应用过程产生的数据，其长度为整数个字节。

4.6.4　传送帧格式

小卫星统一遥测的传送帧格式同 PCM 格式遥测的传送帧格式。帧长为固定字节，包括：帧同步码、固定遥测数据子行、帧计数（FC）、第一个主导头指针（HP）、分包遥测数据子行。例如，帧长为 128 字节（1 024 bits）时，传送帧格式如表 4 - 3 所示。

表 4 - 3　传送帧格式

0	1	2	3	4	···	···	m+2	m+3	···	···	···	126	127
EB	90	＃＃	＃＃	＃＃	＃＃	＃＃	＃＃	＃＃	＃＃	···	···	＃＃	＃＃
帧同步码		固定遥测数据子行					FC	HP	帧数据域数据子行				
固定遥测区							分包遥测区						
2		m					1	1	124－m				

1）帧同步码：占用 2 字节，固定为 EB90H；

　　2）固定遥测数据子行：占用 m 字节，1 秒刷新一次，用于传送与测控信道工作状态相关的参数，确保星地链路工作可靠；

　　3）帧计数 FC：占用 1 字节，相当于模为 256 的计数器，每一帧顺序加 1，用于判断帧的连续性；

　　4）主导头指针 HP：占用 1 字节，指出帧数据域中第一个出现的数据包主导头的首字节位置，帧数据域的第一个字节的位置为 0；如果整个帧数据域中无数据包主导头首字节，则填 FFH；

　　5）分包遥测数据子行：占用 124－m 字节，遥测数据包按字节界限连续置入帧数据域。如果帧数据域已填满，而一个数据包没有被装完，则剩余部分放在下一数据子行的最前面。

　　传送过程中，对于每一字节，最先传送的是最高有效位。传送过程按帧顺序传送，如图 4-23 所示。

	0	1	2	3	4	...	...	m+2	m+3	9	10	...	126	127
	EB	90	##	##	##	##	##	FE	##					
	EB	90	##	##	##	##	##	FF	##					
全帧	EB	90	##	##	##	##	##	00	##					
	EB	90	##	##	##	##	##	01	##					
	EB	90	##	##	##	##	##	02	##					
	EB	90	##	##	##	##	##	03	##					
	帧同步码		固定遥测数据域					帧计数	主导头指针	分包遥测数据域				

图 4-23　帧传送过程

4.6.5　遥测帧格式

　　小卫星统一遥测帧为二维结构。例如，遥测帧长为：4×128。即每 4 个传送帧组成一个完全的遥测帧（组和全帧），每一个传送帧称一子帧。传送帧的帧计数 FC 可以分成两部分，低二位 FC1 为二维结构的行号，高六位 FC2 才是统一遥测的全帧计数。可见，全帧计数 FP2 取值从 0 到 63。第一子帧的帧计数是 4 的倍数，即 FC1＝00B。相继子帧的 FC1＝01B、10B、11B。

固定遥测数据块，按对应的 FC1、FC2 和路序号位置赋于数据的隶属关系，构成各种快变、慢变的 PCM 格式遥测。对于固定遥测数据表示方法说明：依次用全帧计数序号（F，0～63）、帧子帧序号（L，0～3）、字节序号（W，∈ {2、3、4、5、6}）和比特位序（D）表示。

例如：L0W5 表示第一子帧第 5 个字节；L0W5D0 表示第一子帧第 5 个字节 D0 位；F0L3W6D0 表示第一全帧固定遥测数据最后字节 D0 位。

分包遥测数据块，按数据包主导头处理，形成数据的隶属关系和遥测速率，与 FC1、FC2 和路序号无关。对于遥测数据包中的数据表示方法说明：依次用包识别（P）、有效数据字节序号（W，从 0 开始）和比特位序（D）表示。

格式为：PhhWddDd，其中 hh 为十六进制数据，dd、d 为十进制数据。例如：P20W5 表示数据包 20H 的第 5 个字节；P20W5D0 表示数据包 20H 的第 5 个字节的 D0 位。

4.6.6　遥测数据处理要求

固定遥测数据块处理过程如下：

1）完整接受传送帧；

2）按帧计数和路序号处理相应参数并显示。

分包遥测数据处理过程如下：

1）完整接收传送帧；

2）按照第一个主导头指针寻找第一个数据包，按主导头指示的包长形成遥测数据包；主导头前面的数据为上一数据包数据；

3）按包识别对该数据包相应的处理、显示。包识别为 16 bit，当高字节为"0"时，可以只用低字节值表示。

4）如果由于传送帧的不连续，而不能形成完整的数据包，则丢弃该数据包不作任何处理，继续处理下一数据包。

固定码：　　　　按规定的字长将原码以十六进制处理；

双电平：　BL　按规定的字长将原码以二进制处理；

数字量：　DS　按规定的字长将原码以二进制、十进制或十六进制处理；

模拟量：　AN　按给定公式计算处理；

编码量　　　　　按规定的字长将原码以二进制、十进制或十六进制处理；

热敏电阻：TH　按给定公式计算处理。

· 所有字节的二进制代码中，规定 D7 为最高位，D0 为最低位；

· 二字节数据由 2 个字节组成，高字节在前，低字节在后，D15 为最高位，D0 为最低位；

· IEEE 浮点数，符合 IEEE 数值标准，高字节在前，低字节在后，D31 是符号位，D30～D23 是指数位，D22～D0 是尾数位。如 4000 0000H 表示 2，C000 0000H 表示 −2，3DCC CCCD 表示 0.1，全 0 表示 0；

· 多字节数中，高字节在前，低字节在后；

· 符号 "N"，N 为遥测原码或补码对应的数值；

· 当量，对于公式为 k×N，k 即是当量；

· 未说明显示方式的均按十进制方式显示。

对于温度值，设温度测量分层值为 N，则热敏电阻两端的压降 $V_1 = k \times N$。可计算出该热敏电阻的阻值 R_t 为：

$$R_t = 10000 V_1 / (V_{ref} - V_1)\, (\Omega)$$

式中　V_{ref} 为参考电压。

再利用以下公式计算出对应的摄氏温度值 T：

$$T = \frac{2c}{-b + \sqrt{b^2 - 4c(a - \ln R_t)}} - 273$$

其中，T —温度（℃）；R_t —电阻（Ω）。对应于不同热敏电阻，式中

a、b、c 的取值不同。

4.6.7　遥测数据使用范例

4.6.7.1　固定遥测数据使用

在遥测传送中，为了掌握星地信道的状况，以适应对卫星地面前置站的操作，需要立刻了解信道的数据。所以在小卫星遥测中，保留一小部分 PCM 格式。这样做，一方面快，另一方面不改变传统的习惯和地面现有的设备、流程。因此，固定遥测数据基本上是关于无线信道的数据、返回命令链路控制数据、星上时间数据和其他附加特定的数据。

目前常用的无线信道的数据有：应答机 A/B 的发射机功率，应答机 A/B 的 AGC 电平，应答机 A/B 压控，应答机工况数字遥测量等。返回命令链路控制数据有：遥控甲/乙机指令计数，遥控甲/乙机信道工作状态，遥控甲/乙机数据工作状态，遥控甲/乙机解密模块状态、遥控单元工况数字遥测量等。星上时间数据是星上时间秒值和毫秒值。其他附加特定的数据，如卫星地址识别码，这些值均放置在固定遥测数据块内。

4.6.7.2　分包遥测数据使用

为了适应星上多数据源的需求，小卫星遥测引入了分包遥测的理念，将多种数据源的数据打包集成处理。这样做有利于遥测系统提高效益，既减轻了庞杂的工作量，又放宽对各个数据源的约束，使其灵活地满足各式各样的遥测需求。这在一定程度上实现了遥测量的"按需分配"，解决了下行遥测数据流量的矛盾。

各个数据源的安排在不同的数据包中，赋予不同的包标识。同一数据源不同类别的数据也可以安排在不同的数据包中，赋予不同的包标识。同时，不同的数据源中，同类数据，也可以由星务调度单元抽取再形成一个组合包，赋予新的包标识，供需要用户使用，方便共享信息。

例 4-1：星务主机的不同类别的数据安排在不同的数据包中，赋予不同的包标识。

1) 星务主机缓变遥测参数：包识别＝20H；

2) 星务主机程控指令区遥测参数：包识别＝90H；

3) 总线数据通信计数遥测参数：包识别＝A0H；

4) 星务主机上行数据回传遥测参数：包识别＝B0H；

5) 星务中心计算机内存区遥测参数，返回星上程序代码：包识别＝C0H。

例 4-2：姿控的不同类别的数据安排在不同的数据包中，赋予不同的包标识。

1) 姿控速变遥测参数：包识别＝14H，姿控地面或在轨测试。

· 姿控第一类遥测参数：特征码＝1，表示第一种速变遥测。

· 姿控第二类遥测参数：特征码＝2，表示第二种速变遥测。

· 姿控第三类遥测参数：特征码＝3，表示姿控接收到的 GPS 数据返回。

· 姿控第四类遥测参数：特征码＝3，表示姿控分系统注入参数返回，并且返回参数中内设参数类旗标。旗标＝11h 表示为固定地址参数注入数据返回；旗标＝22h 表示为可变地址注入数据返回；旗标＝33h 表示为轨道参数注入数据返回；旗标＝44h 表示为注入代码地址数据返回。

· 姿控第五类遥测参数：特征码＝3，表示返回注入代码。

2) 姿控缓变遥测参数：包识别＝24H。

由上述两例可见，利用数据包、包标识、包内附加旗标，可以生产多种多样的数据，适应于对星上设备的详细测试和诊断。

例 4-3：不同的数据源的同类数据，由星务调度单元抽取再形成一个组合包，赋予新的包标识。

1) 一次电源、配电器、星务主机组合速变遥测数据包：包识别＝10H；

2) 遥控单元、一次电源、配电器缓变遥测参数：包识别

＝22H。

　　建立这样的复合数据包，其旨在于方便应用。上述的 10 包就是集中监测全星的设备用电电流、星上网通信状况，实现对全星整体健康安全管控。

　　例 4－4：星上有些数据源，仅仅在一段时间内有用，过时后无用。譬如：配电器星箭分离遥测参数，在卫星入轨前后是关键参数，必须监测。但入轨后，它就无用了，为节省资源这种数据包应该关闭。为此，建立配电器下位机的星箭分离遥测参数包：包识别＝37H。

　　例 4－5：星上小容量的图像数据，也可以形成数据包，由遥测通道下传。在希望一号卫星中，相机图像数据包：包识别＝83H，每一遥测帧传送一行数字图像。四分多钟可以传送幅 256×256 的 CCD 图像。

第5章 遥控管理

5.1 遥控分系统的组成和工作原理

遥控分系统负责接收地面的遥控指令，实施对卫星的控制。同时，负责接收遥控数据，转送给卫星上其他设备，对其运行的参数进行设定，确保其工作正常。遥控分系统是确保地面人员能对卫星进行操纵的唯一手段，通常卫星总体对它的可靠性有最高的要求，对它的控制有效性、灵活性也有较高的要求。

星上遥控分系统接收地面上行信号后，分成两条信道在星内传送。

一是指令信道。接收、传送地面遥控站向卫星遥控单元发送的指令，通过点到点的电缆线，由遥控单元直接控制卫星上设备的工作状态，如：设备的开/关机指令。这种控制指令称为直接开关指令。

二是注入数据信道。传送地面遥控站向卫星各设备注入的工作参数，通过星上网传送各种数据，指导星上设备自行控制或管理。如：轨道参数、设备参数和工作步骤、时间控制指令、时钟校正、星上计算机程序代码等。同时，也通过注入数据信道，注入卫星工作程序，由星务主机解释和分发，通过星上网传送给星务管理执行单元执行指令，控制设备的工作状态。这种控制数据称为间接开关指令，以示与遥控单元的直接开关指令的区别。

5.1.1 遥控分系统的组成

在小卫星中，遥控分系统由应答机上行通道、遥控单元、星务调度单元、星上网和其他分散在星上各设备的 MEU 组成，如图 5 -

1 所示。

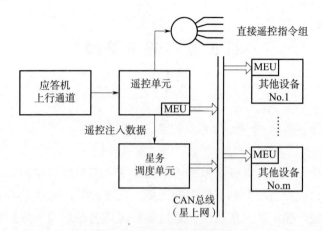

图 5-1　星上遥控分系统组成

　　遥控单元是当前小卫星遥控分系统唯一存留的实体部件，它的其他部分已经被分散到星上其他设备中去了，或被星务的计算机"软件化"了。遥控单元设备一般采用双机热备份体制。它由副载波解调模块、地址识别模块、指令逻辑控制模块、指令驱动模块、数据注入模块、其他（遥测、电源、扩展内总线、解密）模块等组成，如图 5-2 所示。遥控单元的任务包括：

　　·对应答机输出的副载波 PSK 信号进行解调；

　　·译码输出遥控开关直接指令；

　　·接收、解包、校验注入数据，然后将有效数据送星务调度单元；

　　·监测应答机的工作状态和自测工作状况，通过内嵌的遥控下位机和 CAN 总线传送遥测数据，并接受调度单元的管理；

　　·当收到地面遥控信号时，监测地面遥控站和遥控信道的传送信息服务质量，并通过遥测返回地面站以达到质量控制。

　　因而，遥控单元的组成可以分成三个部分。

　　1）遥控直接指令信道。在指令路径上的主要部件都是采用双套电路并行工作。输入信号为 S 波段应答机的 PSK 信号，根据应答机

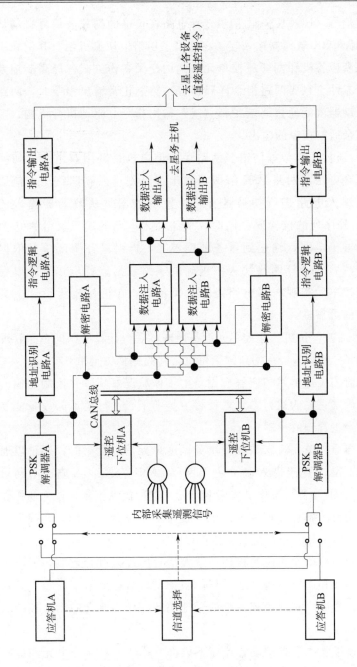

图5-2　遥控单元组成

的锁定信号（LOCK），由信道选择电路将正确的副载波信号自动切换至两路 PSK 解调器输入端。在这里采用信道切换机制，其旨在于实现双套应答机和两套遥控单元之间的交叉备份方式，提高遥控系统的可靠性。只要两路指令译码器有一路能正常输出指令时，两路指令驱动器就能通过终端逻辑"或"输出指令，驱动执行机构，实现双冗余遥控指令的输出。

2）遥控注入数据信道。两路注入信道也是采用双机交叉切换机制冗余办法。两路 PSK 解调器输出都分别送入到两路注入信道中，由注入电路进行切换选择，切换的依据是从解调器输入的 PCM 信号序列的校验码。同时，两路注入电路的输出又分别送两路数据输出电路，输送到星务调度单元，再由星务调度单元依据注入的校验码选择两路注入中正确的一路数据进行应用。可以看出，遥控单元实现内部电路级的交叉备份，在信号流程设计上具有较高的可靠性。

3）遥控下位机。遥控单元设备内嵌了一台计算机（即星务管理执行单元，MEU），称为遥控下位机，它的主要功能如下：

· 监测遥控单元和应答机设备的工作状况好坏，并控制它们的工作，设置它们的运行参数，使得卫星的上、下行信道的设备能受到卫星自主管理的控制；

· 当遥控单元注入数据到星务调度单元信道受阻时，还可以通过遥控下位机直接进入星上主干网（CAN 总线），形成"上网遥控"，对星上设备（包括星务调度单元）进行操纵控制，作为遥控注入数据通道的备份，即地面站能"绕过"星务调度单元，直接进入星上网，对卫星各设备进行直接操控；

· 对遥控单元和应答机传送遥控信号的过程进行监测，形成地面遥控系统和遥控信道发送过程的服务质量数据或遥控命令链路控制字，这样可以实现遥控系统的星地闭环操作，建立遥测遥控的联合运行机制。

在这里强调一点，设置遥控下位机，除为了对遥控单元和应答机进行管理和控制外，还形成上行线路的多条通道，构成"多路径的"遥控通路容错机制。所谓"上网遥控"就是为了进一步提高卫星整体的可靠性和灵活性。

5.1.2　基本工作原理

卫星遥控是指从地面站或其他在轨卫星对该卫星进行远距离的控制。通常它是指指令型遥控，即在地面站产生并发出直接指令信号，利用无线电信道将其传送至卫星，使其直接执行预定的动作。进一步，卫星遥控有了发展，形成遥控数据，即上行数据注入。在星上，由星务调度单元对遥控数据进行解释和计算，形成多种多样的间接指令信号、控制信息和卫星运行参数。从而，卫星可以实现更多复杂的控制功能。完成此项作业的设备组被称为遥控分系统。一般地说，它可以分成两个部分，一是地面遥控分系统，二是星载遥控分系统。它们的工作原理如图 5-3 所示。地面遥控分系统，根据卫星运行管理要求，完成指令、上行数据的产生和发出。星上遥控分系统接收地面发送的遥控指令和注入数据，直接或经过 CAN 总线实施对星上设备的工作状态或运行参数进行控制。

本书仅涉及星上遥控分系统部分。首先，由应答机上行通道接收地面载波信号，经解调后形成副载波信号，移送给遥控单元。后者接收 BPSK 副载波，并进行副载波解调，生成 PCM 信号和同步信号。然后，再分成三条信号传送。

1) 传送地面遥控站向卫星遥控单元传送的指令，经指令译码、格式识别、逻辑处理和输出电路，形成指令驱动信号，再由电缆点到点地分送给卫星上各个设备，控制其工作状态，如设备的开关机指令。

2) 经注入电路，向卫星各设备传送地面遥控站注入的数据。注入电路是一个微处理器，对注入数据进行计算程序处理后，用三线制同步串口送星务调度单元，再由后者经过分析、计算、处理后，采用 CAN 总线广播送星上各个设备，除控制指令外，还包括各个设

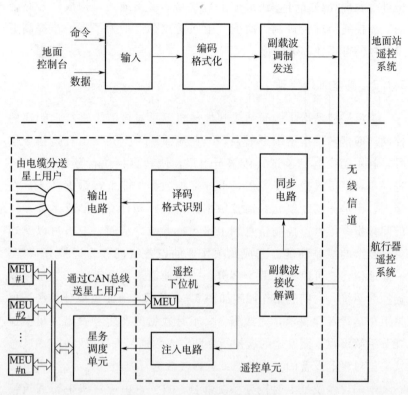

图 5 - 3　遥控系统工作原理图

备的工作步骤和参数、星上计算机程序代码等。

3）为了防止星务调度单元失误而阻塞了地面上行的通路，在这里引入"多路径冗余备份机制"，添加遥控下位机直通星上主干网的信道，即将副载波解调后的 PCM 信号的数据经遥控下位机送 CAN总线，直接到达星上各设备，包括星务调度单元，对其操纵控制。应该注意到，由于缺少星务主机的处理，通过遥控下位机直通的上网指令、信息是比较简单，仅仅作为应急处理和故障抢救之用。

PSK 副载波解调工作原理如图 5 - 4（a）所示。副载波解调模块对 BPSK 信号进行解调，提取码元同步信号，恢复遥控 PCM 码。PSK 副载波解调模块原理和信号波形如图 5 - 4（b）所示。关于

BPSK 副载波解调的技术关键，可以参考相关文献。

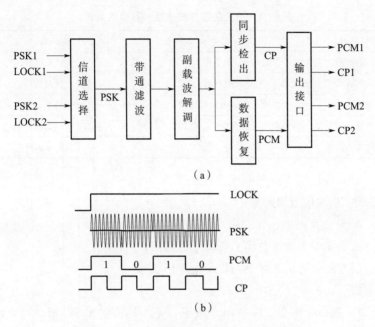

图 5-4　遥控副载波解调器原理框图和波形图

此外，为了安全可靠，遥控系统还附有一些其他的部件，如地址和格式识别、纠检错和解密等环节，在后面相关章节将详细阐述。

5.1.3　小卫星遥控的特点

为了适应小卫星应用的需要，对它的遥控功能提出了很高的要求，它必须具备如下的技术特点：

- ·指令条数多（上千条），指令容量大，指令可编程；
- ·指令类型多，使用灵活，适用于各种应用目的；
- ·采用统一信道体制；
- ·作用距离远；
- ·可靠性、安全性、保密性要求高；
- ·工作寿命时间长。

小卫星遥控安全性和可靠性要求见表 5-1。

表 5-1 小卫星遥控安全性和可靠性要求

项目	定义	一般要求
漏命令率	发出 K_i 命令却未收到	$<10^{-6}$（每次）
误命令率	发出 K_i 命令却收到 K_j 命令（$i \neq j$）	$<10^{-8}$（每次）
虚命令率	未发出任何命令却收到 K_i 命令	$10^{-4} \sim 10^{-6}$（卫星寿命期内）
有意攻击成功率	地面恶意发出伪造信息收到 K_i 命令	$<10^{-12}$（每次）
设备可靠性	$R = e^{-t/\mathrm{MIBF}}$	>0.99（卫星寿命期内）

（1）直接指令误码率计算方法

令 P_e 为信道误码率；

N 为命令码集包含的命令数；

d_{ij} 为第 i 条命令与第 j 条命令的码距；

L 为命令码长（假设码集命令等码长）；

则

1）误命令概率或称窜命令概率，是当地面发出 K_j 指令时，由于信道噪声星上错译成 K_i 指令的概率

$$P_{je} = \sum_{\substack{i=1 \\ (i \neq j)}}^{n} P_e^{d_{ij}} \cdot (1 - P_e)^{L - d_{ij}} \tag{5-1}$$

当所有指令的码距是常数（$d_{ij} = s$）时

$$P_{je} = 2 \cdot C_L^s \cdot P_e^s \cdot (1 - P_e)^{L-s}$$

2）漏指令概率

$$P_{jc} = \sum_{i=1}^{L} C_L^i (P_e)^i (1 - P_e)^{L-i} \tag{5-2}$$

由于只有 L 码位全部正确，指令才能正确译码输出。考虑指令帧中错一个码位，地面只发送一遍指令的漏指令概率

$$P_{jc} = C_L^1 \cdot (P_e) \cdot (1 - P_e)^{L-1}$$

3）虚命令概率

$$P_{jf} = (0.5)^L \tag{5-3}$$

例 5-1 设某卫星直接指令帧长度为 96 bits，其中有效指令码

促 96 bits。要求指令字的码距≥4，考虑上行信道误码率 $P_e = 10^{-5}$（当 $E_0/N_0 = 16$ dB 时），则

漏指令概率：

$$P_{jc} = C_{96}^1 \cdot 10^{-5} \cdot (1 - 10^{-5})^{96-1} = 9.59 \times 10^{-4}$$

虚指令概率：

$$P_{jf} = (0.5)^{96} = 1.26 \times 10^{-29}$$

误指令概率：

$$P_{je} = 2 \cdot C_{72}^4 \cdot (10^{-5})^4 \cdot (1 - 10^{-5})^{96-4} = 2.06 \times 10^{-14}$$

（2）当安全性和可靠性达不到要求时的应对措施

当安全性和可靠性达不到指标要求时，可以采用如表 5 - 2 所示的方法来提高：

· 连发多次任取一次成功，漏命令幂次下降，但误命令率倍增；

· 多条命令连锁译码，误命令率按合成码距大幅度下降，但漏命令率累加；

· 组合方法。

表 5 - 2　应对措施

措施	漏命令率	误命令率	虚命令率	攻击命中率	可靠性
加大命令码集汉明距离		↓			
适当增长命令码字	↑		↓	↓	
重发遍	↓	↑			
多条命令连锁	↑	↓	↓	↓	
前向检错自动重传	↓	↓			
信道输入控制门			↓	↓	↓
设备热冗余	↓	↑			
设备冷冗余					↑
遥控上程控、自主控制结合	↓	↑	↑		
密钥使能				↑	↑

注：↑表示对应指标上升，↓表示对应指标下降。

（3）PCM 码字要求满足的约束

遥控载波解调和副载波解调后，对恢复后的 PCM 码字进行译码、格式识别，并要求其满足如下的约束：

· 16 位地址同步字，至少 15 位正确；

· 8 位方式字完全符合；

· 命令字完全符合，多次重发时仅取一个，命令译码不导致误指令出现；

· CRC 校正确才能接受；

· 注入多组必须全部正确、顺序正确，才能接受；

· 遥控译码输出不同命令脉冲不允许时间上重叠；

· 充分利用星地闭合回路的作用，监督遥控的接收和执行状态。

（4）对信道传输的要求

· 作用距离：>100 km（仰角 $3°\sim5°$）；

· 误码率：$P_e<(10^{-5}\sim10^{-6})$（$E_b/N_0=16$ dB）；

· 实时性：$10^{-1}\sim10$ s；

· 信息容量：500（开关命令），5×10^3 比特/帧。

（5）遥控系统设计内容

· 选择命令码集和格式；

· 选择信道体制、设计参数；

· 选择差错控制方案；

· 确定设备组成及其指标；

· 确定加密算法、密钥管理体制；

· 规定星地操作流程。

5.1.4　遥控体制

目前卫星常用遥控体制分为传统的 PCM 遥控和分包遥控。遥控分系统可以采用两种方式建造。其一，基于布线逻辑构建硬件设备，如上面所述的遥控单元，它依靠一套逻辑电路，能够实现 PCM 遥控。其二，基于计算机程序逻辑构建软件设备，在本章虚拟遥控一节中将详细讲述。它将遥控分系统的硬件部分分散或软件化了，同虚拟遥测分系统类似。遥控单元的技术比较成熟，产品质量比较可靠，有很好的继承性，可靠但缺少灵活性。显然，采用计算机软件组成遥控系统其优点是，易于实施集成和构建虚拟的遥控分系统，并易于扩展新的功能，易于引进分包遥控技术。

小卫星的星务系统将 PCM 遥控和分包遥控两个集成在一起，建立统一遥控。引入"统一遥控"的目的，如同引入"统一遥测"一样，其目的是仅仅变动小卫星内部架构来提高其性能，而不变动与外部地面测控系统的接口，也就是不要求地面测控系统的重大变动。这种设计思想是继承我国第一颗人造卫星东方红一号的设计理念："就汤下面"。在当时，我国的技术和经济底子较薄，"另起炉灶"发射卫星是有困难的。为此，从实际出发，利用现有设备和技术，"全国一盘棋"创造条件制造和发射第一颗人造卫星终于成功。小卫星引进分包遥测、分包遥控也就是基于这样一条技术路线。

5.2 PCM 遥控

PCM 遥控是传统卫星采用的遥控体制，它用硬件设备组成，基于布线逻辑，将获得的 PCM 信号转变成指令控制信号。在小卫星上，将 PCM 遥控的无线接收机通道部分集成到应答机中，余下的部分构成星上一个重要的设备：遥控单元。

5.2.1 PCM 遥控数据流格式

PCM 数据流格式（信号时序）如图 5-5 所示，它包含四方面的主要内容。

（1）起始序列

首先，地面站发送遥控信号以载波信号开始，用于连通射频信道。接着发送 1-0 交替引导信号，用于连通遥控上行。这是由于遥控工作具有突发性的特点，需要在遥控数据流开始时，由载波和引导序列信号启动星上遥控设备，使其从等待状态进入正常工作状态。再接着发送遥控帧序列，即遥控有效数据。只有这样做，遥控设备才能开始正常接收和处理。

（2）帧序列

帧序列用启动字开头，后面串接若干个遥控帧和结束字组成。启动字为可选域，字长 16 bits，推荐用 EB90。结束字，字长 16 bits，推荐用 09D7。当不用启动字时，帧序列开始点是在 1—0 序列之后，由后接遥控帧的地址同步字启动。

（3）空闲序列

如果需要连续发送多个遥控帧序列时，帧序列之间插入空闲序列，是帧序列和帧序列之间的填充序列，用于划分和衔接多个帧序列。空闲序列是长度为 8 比特整数倍的 1—0 交替序列。引入空闲序列的目的是，在遥控信号多个帧序列连发状态时，替代后接帧序列需要的前接的起始序列。

（4）遥控帧

每个遥控帧才是传送的有用信号（数据）。它包括有：地址同步字、方式字和遥控信息。地址同步字用于区分遥控信息隶属的卫星和同步遥控译码器，字长 16 bits。当不选帧序列启动字时，地址同步字在前接 1—0 序列时可作为帧序列开始。方式字用于指明后续信息的类型和尺寸，字长 8 bits。PCM 遥控的遥控帧有两种类型，其一是实时开关指令帧，其二是串行注入数据帧。同时，方式字还用于指明后接遥控信息序列的长度。由于遥控帧为定长传送方式，可以不选帧的结束字。实践五号卫星的遥控帧有五种，都是固定长度，分别为 96、152、536、1 048、2 072 bits。第一种类型，除地址同步字（16 bits）外，有 8 bits 的方式字和 72 bits 的遥控指令信息码位。后四种遥控帧，有 8 bits 的方式字和其他的遥控注入数据，分别为 16、64、128、256 Bytes。应该注意，地址同步字和方式字所用码位之间的最小汉明码距要求等于或大于 3，这是为了确保硬件逻辑电路译码无误。遥控信息序列可以是开关命令字或是注入数据。

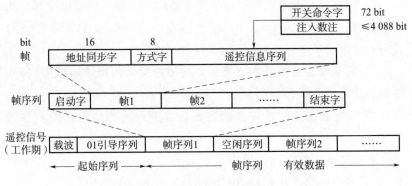

图 5-5　PCM 遥控数据流格式

5.2.2　PCM 遥控直接指令帧格式

PCM 遥控指令帧格式如图 5-6 所示。例如其中一种它的信息序列长 72 bits，可以划分为六个 12 bits 的指令块，它的具体用法可以由用户制定。在实践五号卫星上，为了提高指令执行概率，减少拒收率，将指令 A 和 B 形成三个 8 位相同的指令码，采用三取二表决方式实现纠检错。

当然，指令 A、B、C 为同一条指令，连发三次，采用三取二机制；也可以用指令 D、E、F 作为密码抗恶意攻击。另外，也可以将六个指令块的划分联合一起来使用，增强遥控指令的灵活性和功能。指令码型具体设计，根据任务要求：可靠性和安全性的折中实施。

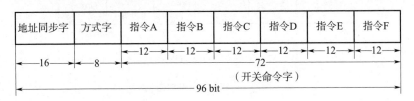

图 5-6　遥控指令帧

由于遥控工作的安全性和可靠性要求很高，不允许执行伪指令、误指令，也不允许漏掉部分指令。为此，形成一套完整的保障措施：

1）借助与遥测系统联手，实现星地闭合回路，形成星地遥控和遥信连通，上下行闭合操作，减少遥控作业和信道干扰常带来的误码；

2）制定相应遥控数据流格式，增加纠检错的措施，减少误码、漏码、伪码的概率；

3）制定相应遥控数据加密措施，减少伪码的概率，防止恶意攻击。

遥控指令一般指标：指令拒收概率 $P_r \leqslant 1 \times 10^{-6}$（$E_b/N_0 = 16$ dB）；误指令概率；$P_e \leqslant 1 \times 10^{-8}$（$E_b/N_0 = 16$ dB）。

5.2.3　PCM 遥控注入数据帧格式

PCM 遥控注入数据帧格式如图 5 - 7 所示。注入数据长度是 8 bits 的整数倍。方式字除表明此遥控帧为注入数据帧外，还表明注入数据的长度，目前注入数据是采用定长方式。注入数据后可选 16bits 的 CRC 校验码跟随，用于对注入数据的校验，并将校验结果返回地面，正确时由地面发执行指令执行，否则重发。CRC 校验的生成多项式为

$$g(x) = x^{16} + x^{12} + x^5 + 1$$

其中　　　$g(x)$——生成多项式，生成初态为"1"；

　　　　　x——自变量码元。

图 5 - 7　串行注入数据帧

当然，也可以采用其他差错控制技术。注入数据帧结尾可用结束字，由于定长传送也可省略。

如同遥控指令一样，对遥控注入数据也有高的安全性和可靠性

要求，遥控注入数据指标：

1）当输入 PSK 信号的归一化信噪比 $E_b/N_0 = 16$ dB 时，注入数据的误码率不应大于 1×10^{-5}；

2）注入数据定长，用方式字实现区分长度：64/128/256/512/1 024/2 048 等；

3）设置数传门开/关指令，门关指令使注入电路进入休眠态，用于提高可靠性和防止恶意攻击；

4）当 CRC 校验正确时接收上注数据，否则剔除，并要求重发。

遥控串行注入数据在星地间的传送流程如图 5 - 8 所示。

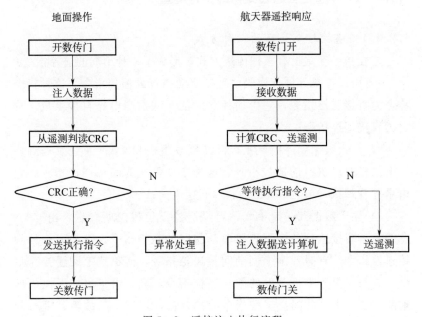

图 5 - 8 遥控注入执行流程

地面站操作过程：首先发送数据门开指令，通知卫星准备接收注入数据；然后注入遥控数据，并等待卫星返回是否接收数据正确的信号；当卫星收到数据，进行判断，当正确后通过遥测，向下发回接收正确的信号，实现遥控－遥信的一次握手；紧接着，发送执行指令，通知卫星执行遥控数据。否则，转为异常处理，如：重发遥控数据，或检查数据的正确性，或检查星上设备工作的正确性。

星上操作过程：执行地面站"开数传门"指令，准备接收注入数据，接收并判断其正确性，根据判断结果通过遥测返回遥控服务质量信号，接着等待地面站新的指令。如果收到执行指令，按遥控数据执行。如果收到数据门关指令，结束这次注入数据业务。

注意：这里使用"数传门开/关"这个名称，其原因是，最早使用"小数传"技术来实现上注数据的。小数传是仿效数传技术，只不过它是从地面站向卫星传送较少量的数据。

5.2.4　PCM 遥控信息在星内的传送类型

5.2.4.1　遥控指令传送的三种方式

遥控指令在星上有三种传送方式，形成了三种不同的遥控指令：

1）由遥控单元硬件译码，直接驱动执行的遥控指令，这种指令称之为直接遥控指令，它由遥控单元的布线逻辑电路直接生成，称之为直接遥控指令；

2）注入数据到遥控单元，再经星务主机和 CAN 总线发送到各个下位机驱动执行的遥控指令，这种指令称之为间接遥控指令，它由星务管理执行单元 MEU 的软件间接生成；

3）注入数据到遥控单元，再经遥控下位机透明转送，由 CAN 总线发送直接达到各个下位机驱动执行的遥控指令，它是另一种间接遥控指令，有时称为上网的间接遥控指令，简称"上网遥控"指令。它与经星务主机分发的间接遥控指令不同，由于遥控下位机处理能力弱，上网的间接遥控指令简单，仅仅用于卫星故障处理时的人星交互。

这三种指令在小卫星上的传送路线如图 5-9 所示。

显然，直接遥控指令，分别经过点对点的电缆束传送，保留传统卫星的连接方式。显然，直接指令是由地面控制直接对星上设备实施，不经过星务主机，减少环节，提高了可靠性。由于遥控单元比较成熟，有长期的在轨飞行经历，所以一直保留下来了。

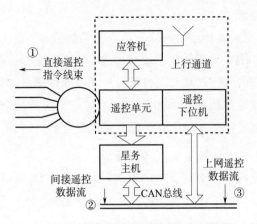

图 5 - 9　三种不同的遥控指令传送路线

在小卫星上，建立第二条遥控传送路径，极大增强地面操作者对卫星的管控能力，操纵可以直达星上每个设备，在需要时可以发出调令从各个设备取回详细的信息。建立第三条遥控传送路径，其旨在于：当第二条路径阻塞时，打开此条路径传送遥控信息，形成"多路径的冗余备份"。这种备份方式只设计一个软开关，不增加硬件设备，可以极大地提高卫星的可靠性。在卫星故障抢救时，可以增加地面的管控途径，方便实现星地专家人机结合。

间接遥控指令和上网遥控指令，都是经过星上主干网传送的，其传送机制为"发布/订阅"方式。发布方分别是星务主机和遥控下位机。接收方是星上设备的各个 MEU。

5.2.4.2　直接遥控

由遥控单元硬件和/或固件实现，用于应急供配电和/或应急故障处理，采用定制的格式。直接遥控指令按工作性质又分为如下两种指令：

1）脉冲型式直接遥控指令，指令结果形成 160 ms 宽吸收电流脉冲，负载能力 200 mA，可用于驱动继电器工作，也可借用上拉电阻形成负向脉冲信号。这样，脉冲型式直接遥控指令的输出线一条，对应于一条指令。指令结束后，不再存在效应。如果需要，星上自行安排自保持能力。

2）电平型式直接遥控指令，指令结果形成 0V 或 +5V 的电平，负载电阻为 3kΩ，可用于状态设置形成 0/1 电平信号。指令结束后，依然存在指令的效应，只有当相反指令才能获取相反的效应。这样，电平型式直接遥控指令的输出线一条，对应于两条指令。一条指令使输出一个电平，另一条指令使输出相反的电平。

5.2.4.3　间接遥控的指令及其他功能

间接遥控指令，采用统一的格式，如图 5 - 10 所示。它由遥控注入数据实现，按工作性质又可以分为如下几类。

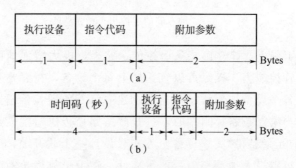

图 5 - 10　间接指令的数据格式

1）立即执行间接遥控指令（遥控间接指令），即注入数据后星务主机立即经星上网将其送相应下位机去执行的一种遥控间接指令，它的效果和功能类似直接遥控指令，只是控制信息需要经过星务主机解释和分发，由星上网传送和下位机激发。经过 30 多颗小卫星的实践，用立即执行间接指令取代直接遥控指令，将遥控单元集成到各下位机去是可行的。立即执行间接指令格式由遥控指令类型码和附属参数构成（4 个字节），如图 5 - 10（a）所示。

2）延时执行间接遥控指令，即注入数据经星务主机分析，送时间程控缓冲区，按时间排队，再由程控执行程序，将到时间的延时指令由星上网送相应下位机去执行的一种遥控指令。这种指令又称为遥控注入的时间程控指令，它在目前的星务系统中应用很广。延时执行间接遥控指令由两部分构成，一部分为遥控指令类型码，另一部分为时间码，表示该指令动作时间。如图 5 - 10（b）所示。

3）事件激发间接遥控指令，即注入数据经星务主机分析，送事件程控缓冲区，当相应事件发生，再由程控执行程序，将相应的指令串由星上网送相应下位机执行的一种遥控指令。这种指令又称为事件程控指令。事件激发间接遥控指令由一串有序的遥控指令类型码组构成。

4）事件＋时间间接遥控指令，又称为事件激发的时间程控指令。事件＋时间间接遥控指令，由一串有序的时间码和相对应成对的遥控指令类型码组构成。这种遥控指令就是相对时间指令，动作时间有序，而时间的起点由事件发生点激发。

5）完成星地间遥操作功能的间接遥控指令，这些指令大多数希望附有相应参数信息，以反应遥操作的属性。所以，间接指令除指令代码外，还附有参数码，用于应对各样指令的不同要求。

6）完成星上设备工作状态设置、工作参数的修改等功能专用间接遥控指令。这些指令不仅附有许多参数，而且参数形式特殊指定。这种指令又称为参数注入间接遥控指令。例如，实践五号卫星注入参数有：

·姿控参数（轨道参数、控制参数、传感器测量参数、姿控时间校正、姿控注入指令等）；

·星务数据（工作模式、时间管理数据、轨道参数等）；

·热控数据（控温模式、控温门限、测温代号等）；

·一次电源数据（充放电比等）。

7）为了适应在轨情况的变化，要求星上有能力完成程序修改的代码注入功能。这种指令又称为代码注入间接遥控指令。一般，注入代码，经过装配后送姿控下位机或本机，作为修改 RAM 区的更新程序用。

·姿控下位机代码；

·星务主机代码；

· 所有 MEU 的程序代码。

8）虚拟间接遥控指令。一般遥控指令为 ON/OFF 指令。常规遥控指令是用来控制硬件工作状态的转换，对星上硬件电路开关进行控制操作，如：设备的开关机等。虚拟间接指令则是对星上软件流向进行控制的一种间接指令。从而提升软件的灵活性和功能。如：虚拟间接遥控指令用于切换全星运行调度细则的旗标，在运行调度运行程序中控制程序的流向，完成不同的动作。实践五号卫星旗标缓冲区含有：

地面测试旗标（test_flag）=1 遥测数据送 422 口下行，=0 封锁 422 口下行；

遥测旗标（tm_flag）=1 组合遥测模式，=0 实时遥测模式；

星上网旗标（bus_flag）=1B 总线工作，=0A 总线工作；

主备工作旗标（who_flag）=1 备份 8031 工作态，=0 主份 80C86 工作态；

探测类型旗标（dmode_flag）=1 单粒子探测，=2 流体实验，=3 平台试验，=4 备用，=5 地面测试；

姿控健康字（zk_health）=0 姿控计算机并口工作，=1 姿控计算机串口工作，=2 姿控控制盒串口工作；

遥控健康字（yk_health）=1 关闭，=0 工作；

载荷管理健康字（yx_health）=1 关闭，=0 工作；

一次电源健康字（yc_health）=1 关闭，=0 工作；

供配电器健康字（pd_health）=1 关闭，=0 工作；

内务管理健康字（nw_health）=1 关闭，=0 工作；

热控健康字（rk_health）=1 关闭，=0 工作；

压缩比（com_flag）=1 高压缩比（64），=0 低压缩比（8）。

间接遥控指令是星务系统新开发的一种方法。它将传统的遥控指令、遥控信号，扩展为遥控数据。它基于"数据注入"这一手段，企图扩展遥控的能力，实现傻瓜式的"一条指令操作"，将遥控和遥调、遥操作统一起来，增强星地智能集成，使星务系统在轨成为

"卫星总体设计部的代理"，应对地面设计中的缺陷和突发事件，灵活地进行星地交互，实现在轨重设计。数据注入，在实践五号卫星上亦称"小数传"。它与卫星的常规数传不同的是，从地面向天上传送各种数据，数据容量和速度比常规数传要小得多。

间接指令的数据格式，如图 5‐10 所示。它由 4 个字节组成，包括三个数据域。其一，执行设备域，表示指令执行设备方的代号。其二是指令代号，表示指令码。其三是附加参数域，用于添加指令的一些属性，增强指令的控制功能，譬如：指令宽度等。如果不需要附加参数，在附参域内添加确审值：0xAAAA。引进带参数的指令格式，为的是应对复杂的星地交互需求，增加地面专家系统对在轨卫星的操控能力和灵活性。

例 5‐2 实践五号卫星在轨展开某一设备时，利用火工品起爆实现。为此，需要遥控或程控发送一串指令来控制它实现平稳展开过程。首先用"火工品母线通"指令接通电源，遥控借助注入数据形成立即执行间接指令，准备火工品工作的电源，其数据格式如图 5‐11 所示。当星务主机收到后，从网上发出指令，通知配电器下位机接通火工品的电源，准备启动火工品工作。这是一条立即执行的间接指令。

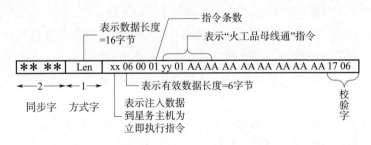

图 5‐11 一个立即执行间接指令

例 5‐3 为了控制星务主机应用程序运行分支，也可以通过遥控或程控发送一条虚拟指令来完成，用来控制程序的运行方向。例如，当要停止采集一次电源的遥测信息时，发送"一次电源下位机离线"指令。它的数据格式如图 5-12 所示。当星务主机收到后，更改星务系统应用程序的相应旗标，使"采集一次电源下位机遥测的函数"停止调用。如果要继续采集时，发送另一条虚拟立即执行间接指令，使该函数再次启用它。这是使用遥控指令实现对软件的运行控制。

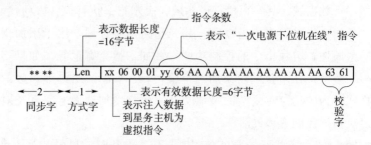

图 5-12　一个虚拟立即执行间接指令

除指令功能外，注入数据还有其他的功能：

·遥控上行注入数据块，完成参数值修改的数据注入功能。用于对星上设备的控制参数的修改、调整、再设计，以及星地间远距离的控制、调节，即方便地实现远动学的"遥调"功能。

·遥控上行注入程序代码，完成程序修改的代码注入功能。用于对星上设备的控制方案的修改、调整、再设计。

例 5-4　注入数据用于对星务主机应用程序的运行参数进行修改，如：对星授时，其数据格式如图 5-13（b）所示，注入后星时改为 98 s。如：对集中校时，其数据格式如图 5-13（a）所示，注入后星时增加 3 s。

例 5-5　注入数据用于对热控下位机设置温控程序的运行参数，如：控温模式（开环/闭环模式）、回路代号、控温开关门限值等。数据格式如图 5-14 所示。这样，可以实现对星上设备的两级控制。底层由设备实现闭环控制，顶层由地面经星务实现监督控制，给出设定值和运行策略。

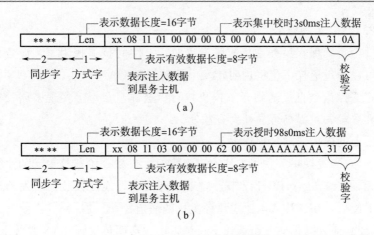

图 5-13　星务主机注入数据块

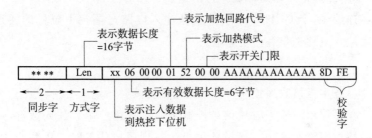

图 5-14　热控下位机注入数据块

例 5-6　注入数据用于对姿控下位机修改程序，数据格式如图 5-15 所示。

其中，＊＊表示具体的代码，AA 表示填充的空白位。

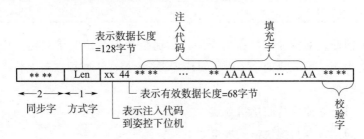

图 5-15　姿控下位机注入程序代码数据块

5.2.4.4 上网遥控

为了确保在星务主机故障发出时，上注间接遥控阻塞，应急处理可以通过遥控下位机透明转发上注数据到 CAN 总线，经 CAN 总线将遥控指令直接送到各下位机执行。这样，在星上实现多路径容错和自救，对提高可靠性大有益处。

上网遥控启动过程如下：

1）当发现星务主机上注通道阻塞时，发指令给遥控单元的注数单元，连续 11 个 BBH 字节，启动软开关，切换注数数据转发给遥控下位机，切断注入电路送星务主机的通道；

2）注入数据转发给遥控下位机，由它透明传送到 CAN 总线上；

3）当通道阻塞解除后，再向遥控单元的注数单元发另一条软开关，连续 11 个 CCH 字节，封锁从注入电路送遥控下位机的通道，接通注入电路送星务主机通道。

5.2.4.5 注入数据类型

星务主机接收遥控注入，采用中断方式。

在遥控单元输入三线信号控制下，接收遥控单元注入数据，存入遥控数据缓冲区内。当星务主机运行到遥控任务时，从缓冲区取出数据，判数据的正确性，从二组冗余数据组中获取正确的一组数据。

例如，遥控全帧格式：

引导码 128 bit	卫星地址同步字 16 bit	方式字 8 bit	注入数据	校验码 16 bit
1，0 交替码	xxxxH	XXH	2^n	CRC

因此，遥控注入数据的应用，由遥控数据约定文件规定，用某卫星为例，可分成四个方面，对应 PCM 遥控注入数据在星上传送有四种类型。

（1）立即执行间接指令块

间接指令数据块格式规定如下：

· 间接指令数据块中可以包含一条指令，也可以包含多条指令；

· 每条指令占用 4 个字节，对于只有两个字节的间接指令在后面补充两个字节（AAAAH）；

· 块内剩余数据填充（AAAAH）；

· 最后两个字节作为校验字，作为本数据块合理性的检查。

注意，为了区分间接指令对硬件设备进行管控，我们特别引入了对软件进行管控的指令，称之为虚拟指令。它用来控制程序运行过程中，接入的不同的函数、任务、线程，实现对软件的实时管控。虚拟指令数据块格式与间接指令数据块格式基本一致，仅仅指令块标识码不同。虚拟指令数据块格式规定标识为：60H。

（2）延时执行间接指令块

延时执行间接指令块格式规定如下：

· 每条延时执行间接指令占 8 个字节，前 4 个字节为时间码，后 4 四字节为间接指令代码；

· 块内延时指令格式按时间先后排序，小的执行时间在前，大的在后；

· 块内剩余数据填充（AAAAH）；

· 最后两个字节作为校验字。

（3）遥控上行注入数据块

注入各设备、系统所需的运行参数或流程数据块格式规定如下：

· 用前四个字节为头，分别为该数据块的标识、长度和辅助数据，其中 * 表示注入数据传送到的目的地；

· 后续为具体参数；

· 块内剩余数据填充（AAAAH）；

· 最后两个字节作为校验字。

从上可见，在常规 PCM 遥控技术中引入注入数据块，使得从单指令远距离控制演变成多指令控制；从指令控制发展到数据控制；从单项功能扩充到多项复合功能。

（4）注入程序代码块

注入各设备、系统所需的代码数据块格式规定如下：

· 用前四个字节为头，分别为该数据块的标识、长度和辅助数据；

· 后续四个字节为安装代码实际的地址和偏移量；

· 再后续为具体代码；

· 块内剩余数据填充（AAAAH）；

· 最后两个字节作为校验字。

注意：注入代码块后，应该上注间接指令从遥测通道返回代码块，进行上下闭合检查。遥测检查方式是，分段重复下传。为了避免下行通道的拥挤，每一遥测周期内传送适当固定长度的代码，如128 或 256 字节；又为了避免下行通道的误码，连续重复传送多次，如 6 次。比对正确后，再发指令启动执行。

可见，遥控注入数据是可以完成多项任务的：遥控命令、程序控制指令、作业参数修改、运行程序代码修补等。对于多字节组成的数据，如果不特别说明，高字节在前，低字节在后。数据块总长度暂定 4 种选择 128、512、1 024、2 048 bits（或 16、64、128、256 字节）。第一字节为数据块标识，用于区别注入数据的目的地和类型，表示遥控数据块传给那个下位机和数据块的用途。其值用户自定，在具体规定一如下：

· 块标识占一个字节，分高低半字节两部分；

· 低半字节指明信息目的地；

· 高半字节指明信息的性质，表示遥控。

5.3　分包遥控和统一遥控

由于用户对小卫星的性能要求越来越高，PCM 遥控不满足航天的发展的需要。譬如，为了应对航天器数量的急增，PCM 遥控的地址同步字需要扩充。在地址同步字长度为 16 bits 时，为了保证最小汉明码距，允许选用的地址同步字为数不多。当在轨卫星数量过多时，会发生冲突。如果利用分包遥控的航天器识别字来区分各航天器，该识别字 10～12 bits，其容量足够应对当前卫星的数量。因此，当前小卫星市场需要引入分包遥控方式。

同时，由于计算机硬/软件技术发展迅速，星上设备内嵌微处理器普遍应用，信息"布线式"硬件处理方法已经由软件处理方法替代，对码型、码距等的限制放松，可以用其他更好的方法来进行纠检错工作，提高了信息码的使用宽度。还由于星上建立网络传送信息（控制、测量），容易实现分包遥控与网络技术的融合。网络技术的成果应用到分包遥控技术中来，为卫星遥控开发提供了宽松的条件，并且进一步提升了遥控的功能。网络连接使单任务单用户体制转变为多任务多用户的操作。用户可以根据需要自主安排，使用数据包的格式和内容，将点到点的控制信息发展成数据包的信息。如果采用分包遥控，还可以使各用户设备不再需要大量遥控命令的硬件接口，改而变成统一的数据包接口，从而使用户能自主处理数据的能力提升，能应对控制过程的复杂性和灵活性高的要求。所以，在小卫星上引入分包遥控方式，不仅成为必要，也成为可行。

另外，为了提高遥控的可靠性，需要将遥控与遥测融合在一起，形成星地闭合，方便核查遥控过程的执行情况和安排补救的处理动作。

这样，星务系统的遥控功能应该提升一个档次。但是，在改造目前现行的 PCM 遥控体制时，一定要考虑到新系统与原系统的衔接。特别是，在硬件设备方面，需要与地面遥控分系统相容、无抵触。如同我们在前一章中开发"统一遥测"一样，应该将 PCM 遥控和分包遥控统一起来，形成"统一遥控"。统一的技术方法是，将分包遥控的传送帧纳入 PCM 遥控的数据注入范畴，即将分包遥控的核心（分包层、分段层和传送层）服务所产生的传送帧嵌入到 PCM 遥控的注入数据内。其实，在目前小卫星的 PCM 遥控中，数据注入已经实现了从指令型遥控向数据型过渡，只是没有靠拢分包遥控的标准。因此，可以利用数据注入技术手段，很容易加快分包遥控的推广使用，建立统一遥控就是这个目的。统一遥控就是在 PCM 遥控的基础之上，融合分包遥控的部分核心技术所形成的一种新型遥控体制。所以在本章中将分包遥控与统一遥控合在一起阐述，主要讲解统一遥控，它是对前者的继承，并对其进行了部分的修改。因此，统一遥控的许多细节与分包遥控是相同的，在此不单独讲解分包遥控，重点突出它们之间的不同设计。

应该强调一点，统一遥控即适用于 PCM 遥控，又适用于分包遥控，它具有这两种运行方式，分别称之为统一遥控的 PCM 遥控方式、分包遥控方式。

5.3.1　统一遥控的信息组合

5.3.1.1　统一遥控在信道上传送信息的组合方法

"统一遥控"是在 PCM 遥控内，借助于注入数据的机制，引入分包遥控的分包传送格式，所形成的一种新的遥控体制。它可以平稳地、无缝地从传统遥控到分包遥控的过渡。可以看出，统一遥控就是对前一节中提及的注入数据，用 CCSDS 的标准编写和解释，而不是采用一套自定的规则。"统一遥控"利用 PCM 遥控在信道上传送信息的规则，制定它的信息组合方法，为的是避免它的实现过程与现有硬设备的冲突。

图 5-16 给出了统一遥控信道传送的信息内容。由于遥控的突发要求，为了星上遥控系统能工作正常，地面遥控系统首先发送一串起始序列，包括载波信号和 0-1 引导序列。接着才发送遥控帧序列，包括启动字和遥控数据。如果需要联发，用空闲序列过渡，再接着发送后继的遥控帧序列。以此循环，直到不需要发送，用发送结尾序列表示结束。

常规 PCM 遥控的帧序列前 16 bits 是启动字，它为可选域。统一遥控的 PCM 方式，规定采用不选启动字的方案；统一遥控的分包方式用 EB90 作为帧序列的启动字，同时也作为统一遥控的分包标识。可见，从信道的信息组合层面上看，统一遥控的 PCM 方式和分包方式两者是类似的，都满足 PCM 遥控国家标准，仅仅借助于帧序

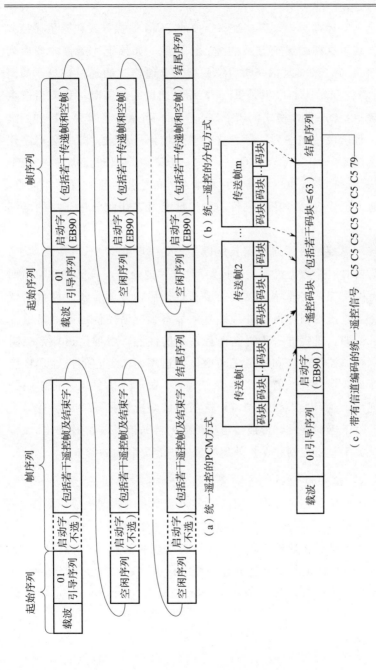

（a）统一遥控的PCM方式

（b）统一遥控的分包方式

（c）带有信道编码的统一遥控信号 C5 C5 C5 C5 C5 C5 79

图5-16 统一遥控在信道上传送信息的组合关系

列的启动字存在与否来区分统一遥控的 PCM 遥控方式和分包遥控方式，实现了这两种遥控方式的统一。因此，如果统一遥控的帧序列前 16 bits 为 EB90 时，表明后续数据为分包格式的遥控信息，如图 5-16（b）所示。如果不是 EB90，而是地址同步字时，表明后续数据为该卫星的 PCM 格式，如图 5-16（a）所示。有时为了更加安全起见，也增设结尾序列，标志这一组遥控信号结束。图中结尾序列建议选用 64 bits："C5 C5 C5 C5 C5 C5 C5 79"，作为最后一个特别的码块。这样做，也仅仅涉及到星地双方的应用处理软件适当调整，实现起来也较容易，花费代价不大，星上可以获取分包遥控的全部效益。

统一遥控的帧序列数据长度限于 ≤4 096 bits，不包括启动字。如果需要对遥控数据进行差错控制和/或保护处理，只仅仅对帧序列数据范围实施，将原始数据转换成新数据后，再填入帧序列数据域内传送。差错控制和保护处理结果，都不影响遥控信道的信息组合关系。譬如，需要进一步提高遥控系统的性能，增加信道差错控制能力，在遥控传送帧和信道之间增设信道编码层。它的机理是将传送帧序列数据分割成若干个小块，每个小块形成信息域，再按照分组码规律生成附加差错控制域，这两个域组成遥控码块。所有码块串联，附于启动字后，形成信道的帧序列传送信号，如图 5-16（c）所示。关于差错控制和保护处理的具体内容见后面的章节。

5.3.1.2　统一遥控的传送帧信息组合方法

统一遥控的分包方式，它由帧头和遥控应用数据组成，如图 5-17 所示。在统一遥控中，将分包遥控的遥控段头和传送帧头合并在一起，为的是简化层次。这样，统一遥控的传送帧的帧头由 6 个字节（48 bits）组成，它是将分包遥控的段头（1 个字节）与帧头（5 个字节）合为一处所构成的，为了靠拢分包遥控标准，其定义基本一致。

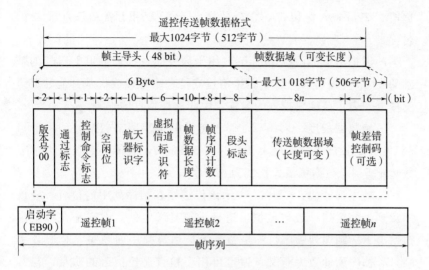

图 5-17　统一遥控的传送帧信息组合

传送帧是分包遥控的核心之一，它提供了可靠传送遥控应用数据所需要的重要标记和操作。它的标准数据结构格式，从图 5-17 可见，包含帧头、帧数据域和帧差错控制码三部分。后者为可选域，帧头由 6 个字节组成包含 8 类标志域。

· 版本号目前只取 10，表示为统一遥控版，借以区分常规分包遥控。

· 通过标志（1 bit），用于区分该帧接受的原则，当它为 0 时表示该帧要经过帧合法性检验和序列正确性检验，通过后才能接受，此帧属于 A 类帧。为 1 时表示该帧要经过帧合法性检验，但不需要通过序列正确性检验，此帧属于 B 类帧。

· 控制命令标志（1 bit），用来区分帧数据域的内容。当它为 0 时表示该帧帧数据域是来自上一层的遥控应用数据，此帧属于 D 类帧，传送应用数据。为 1 时表示该帧帧数据域是对传送层接受端的控制命令，此帧属于 C 类帧，即传送用于对"地面遥控、信道和星上遥控"星地联合操作的检测，称为遥控系统内务命令。

· 航天器标识字，用 10 bits，如果不够用，可以扩充为 12 bits，预留了 2 bits 的保留位，它需要统一分配，用于表示该航天器的名称。

·虚拟信道标识符，6 bits，用于区分同一物理信道上以帧为基础的 64 个虚拟信道，每个虚拟信道支持一个地面或天基其他的卫星发控方，表示该帧发控方的名称，说明遥控信息的来源。

·帧数据长度，10 bits，等于传送帧全部字节数减一。由于目前 PCM 遥控注入数据最大长度为 4 096 bits，故传送帧长最大字节数暂定 512，数据域最大长度为 506 字节。

·帧序列计数，8 bits，表示该传送帧在帧序列中的位置。应该注意到，帧序列计数与虚拟信道标识符是绑定的，即它是在指定虚拟信道下的帧序列顺序，不是整个上行通道帧序列顺序。对于 B 类帧，虽帧序列计数无意义，但也可用于检查遥控信道的质量，与常规分包遥控不同，可以不赋值"全 0"，依旧顺序计数。

·段头标志，8 bits。其中低两位，同常规分包遥控，用于确定该传送帧是唯一子帧组成，还是多子帧组成。当 $B_0B_1=11$ 时，表示该传送帧为唯一子帧组成遥控帧。当 $B_0B_1 \neq 11$ 时，表示该传送帧为一个长的完整遥控帧的一部分。当 $B_0B_1=01$ 时，表示该传送帧为第一部分。当 $B_0B_1=10$ 时，表示该传送帧为最后部分。当 $B_0B_1=00$ 时，表示该传送帧为中间部分。在常规分包遥控中段头标志高 6 位，用于虚拟信道标志，与帧头的内容重复。在统一遥控中，变成多子帧组合一完整遥控帧时，可用于中间部分的顺序计数。

统一遥控的 PCM 方式的传送帧信息组合，它由方式字、注入数据和 CRC 组成。它与常规 PCM 遥控完全一致，详情参见 5.2.3 节。

5.3.1.3　统一遥控分包方式的包信息组合方法

它由包头和遥控应用数据组成，如图 5-18 所示。在统一遥控中，包信息组合格式与常规分包遥控的一致，由 6 个字节（48 bits）组成。其中，包含如下 4 大类标志域。

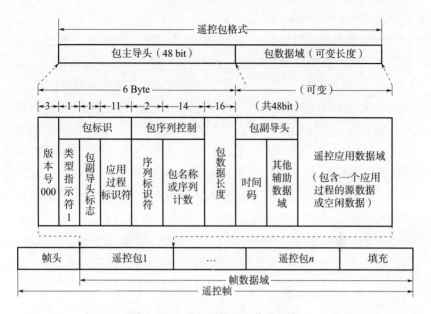

图 5-18　统一遥控的包信息组合

1）版本号，3 bits 目前只取 100，表示为统一遥控版，借以区分常规分包遥控。

2）包标识，13 bits，分属 3 个分标志域，即：

• 类型指示符，1bit，用于区分遥测、遥控，取 1 表示遥控包，0 表示遥测包。

• 包副导头标志，1bit，用于指明数据域内是否存在有副导头，1 表示有。

• 应用过程标志，11 bits，表示应用过程的名称。

3）包序列控制，16 bits，分属 2 个分标志域，即：

• 序列标志，2 bits，用于确定该包是唯一子包组成，还是多子包组成。当 $B_{16}B_{17}=11$ 时，表示该包为独立子包组成遥控包，称为单包。当 $B_{16}B_{17}\neq11$ 时，表示该包为一完整遥控包的一部分。当 $B_{16}B_{17}=01$ 时，表示该包为第一部分，称为首包。当 $B_{16}B_{17}=10$ 时，表示该包为最后部分，称为尾包。当 $B_{16}B_{17}=01$ 时，表示该包为中间部分，称为中间包。

·包名称或序列计数，14 bits，用于指明该遥控包在包序列中的序号，产生数据包的排序。

4）包数据长度，16 bits，等于包数据域内全部字节数减一。

如果包副导头标志＝1，表示数据域内有副导头，它位于数据域的开始部分，为该包数据附加一些辅助数据说明，如：时间、扩展地址、数据格式、航天器位置、高度、注释等，其格式用户自定，长度为 8 bits 的整数倍。数据域内的应用数据格式不限，长度为8 bits的整数倍。另外，可以在数据域内添置差错控制码，它的编码多项式选择、长度、放置地点由用户自定；还可以对数据域的数据进行加密、纠检错等。如果实际包长超过包数据域容许的最大长度，可以拆分成若干子包，借助包序列控制标志区分，而后组装还原。

5.3.2 统一遥控的特点

统一遥控技术具有如下多项主要特色。其一，采用通信网络的分层结构体制，方便多用户、多信源的使用。其二，建立星地闭环工作环境，提高遥控的可靠性。其三，将其嵌入到 PCM 遥控体制内，实现统一遥控和 PCM 遥控技术的无缝过渡，平稳地提升小卫星的遥控功能和灵活性。

5.3.2.1 分层体制

分包遥控采用分层体制，把复杂的小卫星星地控制过程简化为：一系列简单的模块方式对应各层相互操作，层间按照协议形成标准的数据格式接口，使得设备间的信息由点对点的物理接口转变为由数据包的软件接口。从星上工程实际应用来看，可以将标准的通信七层模型简化为四层：物理层、链路层（包括信道编码层和传送层或分帧层）、分包层以及应用层。因为，物理层由硬件实现，链路层由接收设备的硬和/或软件实现，至于分包层和应用层采用软件就可以完成了。所以，有时也可以将分包层和应用层合并为应用层，这样既灵活，又节省星上资源。统一遥控分层模型如图 5-19 所示。

需要强调的是，星上的遥控为接收方，它的分包层实际上是完成解包的工作。

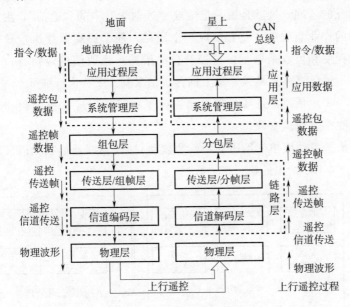

图 5 - 19　分包遥控分层模型

（1）应用层与分包层

在星务系统中，它们主要是完成数据管理和分发业务。

首先，由星务系统的调度单元（星务主机）实现一部分管理功能，构成用户和遥控系统的第一级接口。该部分业务是，完成遥控命令和遥控数据的检索、分割、分析、处理，然后转换形成星上主干网的信息，通过广播方式发送出去，把系统的命令和数据变换成星务管理执行单元（MEU）的可识别的遥控命令和数据。从而，对一个复杂的数据结构的遥控文件来说，进行拼接、排序、分拆、分发，完整无错地恢复出原始的遥控应用数据，分别送给不同的应用过程使用。这就是解包过程，是应用层的主要任务。

星上设备或分系统收到与自己相关的遥控命令和遥控数据以后，它的 MEU 的应用层再将用户的命令需求转换成指令信号，这样就构成用户和遥控系统的第二级接口。

图 5 - 20 给出应用层的数据管理业务流程。其中附加了遥控执行情况的返回，这就是说，把常规"远动学"中的"遥信"，集成到遥控的作业流程中，使其形成一个回路，便于提高遥控执行效果的可信程度和可以采取重发遥控补救的措施。返回信息包括有三个方面：星地信道传送结果、星上网传送结果和 MEU 执行结果。

· 星地信道传送质量信息由遥控下位机返回应答机参数和遥控单元的接收检验参数；

· 星务调度单元给出的检验参数和 CAN 总线通信状况记录；

· MEU 给出的执行结果数据。

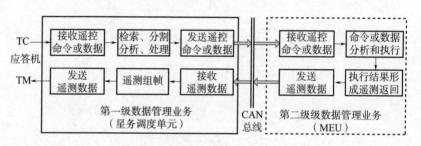

图 5 - 20　应用层的数据管理业务流程

（2）链路层

它的核心业务是从遥控信道传送的信息中提出帧数据，故也可称之为分帧层。它包括几方面的业务：

· 分帧业务。完成对遥控数据单元的装帧或拆帧。传送层形成数据结构：遥控帧，用于包装遥控包、段、自定义数据单元，利用多个虚拟信道或重传机制进行可靠传送。帧序列层（分帧层），帧序列数据格式＝启动字＋帧序列数据域，帧序列数据域长最大可容 512 字节，这是限于 PCM 遥控的注入数据规范要求，串行注入数据帧除地址同步字外其余部分总长最大为 4 096 bits，它包含有一个或多个遥控帧。帧数据格式＝帧头＋帧数据域，全帧长最大 1 024 字节，帧头占 6 个字节，数据域包含多个遥控包和差错控制码。

· 实现按帧为单位的同步与传输。

· 多路访问接入。在多址传输情况下，提供接入信道和收发控制功能。

· 信道业务。对链路上的传输施行流量和差错控制。它的业务是，服务于差错控制和重传控制。信道编码在有噪时无错传送时采用纠检错技术，其旨在于改善传输质量。信道层，信道据格式＝起始序列＋帧序列＋空闲序列＋帧序列＋…＋结尾序列。

（3）物理层

它是专门完成二进制比特信号在物理传输媒质中传输的功能群，可归纳为一个服务层。即它支持遥控信息用无线信道上行传送给小卫星，进入无线信道传输业务。

从而，地面遥控系统要完成遥控信息的装配业务；星上遥控系统要完成遥控信息的分解业务，并且这两组业务相互对应。

1）装配业务。如图 5－21 所示，在地面遥控系统中，上述各层分别执行不同的装配业务。

· 组包业务。首先，一个应用过程软件将其产生的源数据送分包层，由其按包格式生成“单包”。然后，根据单包的长度将多包进行集装，形成一个传送帧；或者将一个长包分拆，形成多个传送帧。组包业务过程如图 5－21（a）所示。注意，在分拆过程中，需要调整帧头中的段头域信息，用于区分多子帧的次序。

· 加密业务。如果需要的话，组包后就对包信息进行加密。加密工作就是对原来明文信息进行变换形成密文，用于替换原来的明文，将密文的组包进行传送。

· 组帧业务。在统一遥控中，为了避免在生成帧序列时对长帧需要进行分拆，限制全帧长度最大数为 512 字节。因此，根据单帧的长度将多帧进行集装，再配装启动字 EB90，形成一个帧序列。组帧业务过程如图 5－21（b）所示。

· 信道编码业务。如果需要在遥控传送帧和信道之间增设信道编码，将传送帧序列数据分割成若干个小块，每个小块形成信息域，再按照分组码规律生成附加差错控制域，这两个域组成遥控码块。所有码块串联，附于启动字后，形成信道的帧序列传送信号。信道编码业务过程如图 5-21（c）所示。

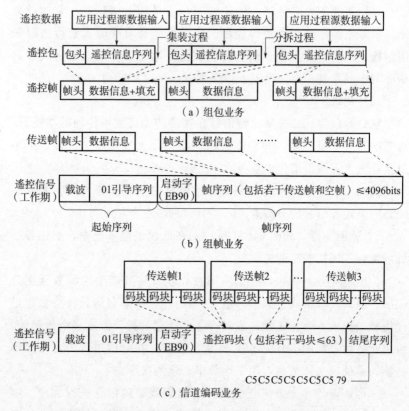

图 5-21 统一遥控分包方式的数据格式和集装处理过程

2）分解业务。同样，在星上遥控系统中，上述各层之间存在有分解业务。小卫星收到该信号后，进行反向处理，进行分解业务，获取遥控指令或遥控数据，如图 5-22 所示。

·信道解码业务。如果存在信道编码、加密时，星上需要进行信道解码、解密。形成脱密的纯帧序列数据。信道解码、解密见后面章节阐述。

·分帧业务。在帧序列数据中寻找帧头，根据帧头信息分离出独立帧，或将多个子帧组合形成长帧。

·分包业务。在帧数据中寻找包头，根据包头信息提取数据及其所属对象，分送对应的应用程序或设备。

·解密业务。如果包的数据为密文时，需要将其变换成明文，再将明文的包传送给对应的应用程序或设备。

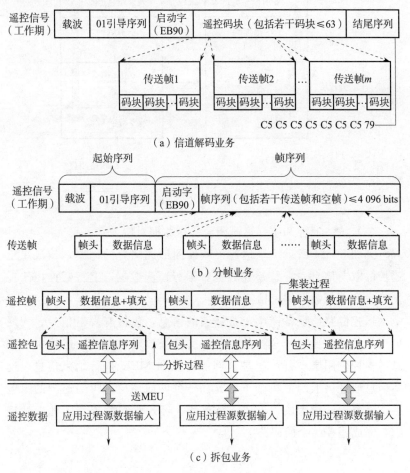

图 5-22　统一遥控分包方式的数据格式和拆开处理过程

5.3.2.2　统一遥控的星地闭合关系

（1）星地遥控分层上的对应关系

如图 5-23 所示，星地遥控在分层上存在有相互的对应关系，这样的对应关系反映星地操作的对应关系。

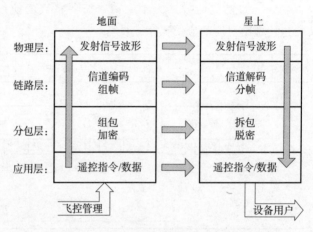

图 5-23　星地遥控分层上的对应关系

（2）统一遥控和统一遥测闭合传送数据对应关系

如图 5-24 所示，星地遥控和遥测形成闭合的回路，构成星上遥控的双向信息。上行遥控数据和下行遥测数据，上行数据用于控制信息和下行数据用于检测信息。

遥控链路层设备产生上行链路的信息，包括有发射信号、无线信道的信息，遥控传送帧的信息。遥控分包层设备产生遥控包的信息。遥控应用层设备产生星上网的信息和 MEU 执行结果信息。这些信息通过星上网汇集于下行遥测任务的应用层，再经遥测的组包层、链路层和物理层，形成下行遥测。经过无线信道，由地面站接收，形成遥控闭合的回路。

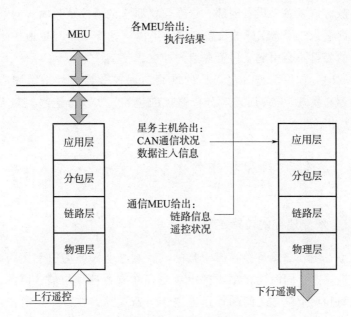

图 5-24　星地遥控分层上的闭合关系

5.3.2.3　虚拟化的内嵌式遥控

由上述可见，统一遥控是基于 PCM 遥控体制，同时接纳了分包遥控的核心思想，将其嵌入到 PCM 遥控内，实现分包遥控和 PCM 遥控技术的无缝融合，平稳地提升小卫星的遥控功能和灵活性。这就是说，统一遥控就是内嵌入分包遥控的一种特殊的 PCM 遥控。

在 PCM 遥控中嵌入分包遥控的技术措施是借助于"上注数据"。"上注数据"原本是在遥控中引入"数传"机制，获取上行"遥控数据"，实现对遥控指令功能的扩展。小卫星星务系统也借用这一个传送数据的通道，进一步扩大了它的功能，形成诸多的间接遥控指令。所谓间接遥控指令是利用数据传送和 MEU 形成的控制指令，从而将"遥控指令"概念扩展为"遥控数据"。经过这一番演变，小卫星上原本用硬设备产生遥控指令的设备，可以被星上网和 MEU 替代。遥控的功能存在并且得到加强，但遥控设备被虚拟化了。遥控设备被分散、嵌入各个设备内部。这样，使原来的遥控从封闭走向开放，对于内嵌入一个 MEU 的设备来说，可以多达 255 条间接遥控指令，指令的安排不会引起全星资源上的冲突。

同时，如果引进分包遥控的规则对遥控数据进行规定和应用，就很容易实现 PCM 遥控对分包遥控的包装，实现分包遥控对 PCM 遥控的嵌入。

5.4　差错控制和加密技术

5.4.1　统一遥控的差错控制

小卫星外部总是存在有干扰的，特别是空天环境的干扰和人为的恶意攻击。同时，在星内部也总是存在有各种噪声的。因此，星地之间和星上设备之间的通信数据不可避免地存在有一定的错误概率。特别是，星地间或两星间的遥测、遥控传输数据错误会严重地影响到它们的应用。因此，除提高信号电平和采用优质的调制解调方法外，还必须采用差错控制技术，以降低指令和数据的错误概率。差错控制的基本原理是，在数据传送的同时，以一定规律产生一些附加的数据，并伴随一起传送。当使用该数据时，用附加数据按预定的规律，对数据进行检验。如果发现存在错误，还可以利用多余数据部分进行纠正修复，这种技术就是差错控制技术，或称纠检错技术，附加的数据称为校验数据。目前在小卫星上常用的差错控制方法有如下几种。

5.4.1.1　单向纠检错方法

这种方法是采用从地面站向卫星发送已经具有防错、检错和纠错的数据，卫星收到该数据后利用附加的数据实现检错、纠错和防止错误指令的执行。单向防错方法的具体技术措施包括：

（1）码距防错

它利用加大码距和码长达到减少指令误码率，防止错码。这种措施具有设备简单、指令码效率高等优点。但它会带来漏码概率增大的不足。

令码距为 d，码长为 n，信道误码头率为 P_e（$\ll 1$）则指令漏、误码概率为

$$P_漏 \approx nP_e$$

$$P_误 \approx C_n^d P_e^{\ d}$$

显然，d 越大，误概率越小；n 越大，漏概率越大。

（2）多次重复多数表决

它是将一条基本指令多次重发，按多数取舍表决方式防止错码。令重发次数为 N，当接收到 m 次为指令 K_i 时，如果满足

$$\frac{N}{2} < m \leqslant N$$

时，则可以判决接收 K_i 指令是正确的。其优点是使漏指令概率小了很多，缺点是增加了总指令的长度，它为有效指令长度的 N 倍。此外，它不能发现码字相同位置错，会造成误指令。因此，合理选择参数 N 和 m，使漏、误指令概率都降到要求的范围之内。它的指令漏、误码概率分别为

$$P_漏 \approx C_N^{N-m+1} (nP_e)^{N-m+1}$$

$$P_误 \approx C_N^m nP_e^{\ m}$$

（3）多次重复一次有效

针对（2）的缺点，并吸收（1）的优势，也采用地面站多次重发，然而卫星只要收到一次正确指令就确认有效，不再接收后续的重发指令。它利用足够大的码距防错，利用多次重发防漏。显然，这种措施可以实现低的误码率，同时漏码率也可以很低。这种措施在小卫星遥控任务中经常采用。它的指令漏、误码概率分别为

$$P_漏 \approx (nP_e)^N$$

$$P_误 \approx NC_n^d P_e^{\ d}$$

（4）纠检错编码和译码

地面站发送具有纠检错能力的码字作为指令码，卫星按纠检错

算法进行纠错译码，可以实现自动纠错。令纠检错码长 n，纠检错能力 s（$d \geqslant 2s+1$）。当 $d = 2s+1$ 时，码字能纠正 s 个错误。即传送中产生的错误数不超过 s 个时能够检错（$\leqslant s$），并能够进行错误定位和纠正。当超过 s 个时，会产生误译为其他许用的指令或误译为漏指令。它的指令漏、误码概率分别为

$$P_{漏} \approx C_n^{s+1} P_e^{s+1}$$

$$P_{误} \approx C_n^{s+1} P_e^{s+1}$$

$$P_{正} \approx 1 - 2C_n^{s+1} P_e^{s+1}$$

当 $d > 2s+1$ 时，则码字能纠正 s 个错误，检测出 $r = d-s-1 > s$ 个错误。即传送中错误个数不超过 s 个时，可以纠正，实现正确译码。如果错误个数超过 s 个但不超过 r 个时，可以发现错误，但不能对错误定位和纠正，译码会产生漏指令。如果错误个数超过 r 个时，译码会产生误指令。它的指令漏、误码概率分别为

$$P_{漏} \approx C_n^{s+1} P_e^{s+1}$$

$$P_{误} \approx C_n^{r+1} P_e^{r+1}$$

纠检错编码的实质是在传送码字中附加有多余的码元，使得全体码元之间具有某种规律性。其中有效码元组成信息数字，而多余的码元是用于检测和修正传送中发生的错误。为此，编码后的码字长度 n，一定大于编码前的码字长度 k。这就是说，编码是把信息码字适当加长，使其变成传送码字的过程。译码是把带有干扰的传送码字，按一定规律剔除错误，使其恢复成信息码字的过程。根据编码过程中引入的码元间的规律性划分遥控常用的编码类型有：

· 分组码。码元间的规律仅局限于码字之内，即监督码元仅与本码字的有效信息码元有关。如果这个规律性用线性方程描述时，称为 (n, k) 线性分组码，否则称为非线性分组码。

· 卷积码或连环码。码元间的规律存在于若干相邻码字之间，即本码字的监督码元取值依赖于本码字的有效信息码元，也依赖于相邻码字的有效信息码元。

根据纠检错能力划分遥控常用的编码类型有：检错码，只能发

现错误；纠错码，能检测又能纠正错误。例：（12，8）线性分组码，有 256 个码字，最小码距 $d=3$，可以检出全部双差错或纠正全部单一差错。

5.4.1.2　双向纠检错方法

在从地面站到卫星单向防错基础上，增加从卫星到地面站反馈校验信息，提升星地信息传送的纠检错的效率，这种方法称为双向防错法。反馈通道通常由遥测分系统提供，实现双向遥控信息应答。这种方法的基本点是，将遥控指令的内容（称为预令）和动令分开，将遥控数据的内容和数据认可分开，即卫星收到地面站的指令、数据等遥控信息之后，首先将其存储在星上，并进行校对处理，把校验结果或收到的全部信息返回给地面站。地面站将其与发送的信息进行比对，如果正确，再发送"执行指令"。卫星收到执行令后，执行存储的指令或使用存储的数据。如果不正确，地面站再发送"清除指令"，卫星取消原存储的指令、数据信息，准备接收重发指令、数据信息。这是采用一种"星地应答"的方式来提高星地信息传送的质量，在遥控执行过程中嵌入了遥测的协同动作，形成了遥控过程的双向信息流动。所以，本书把具有双向防错技术的遥控也称为双向遥控。根据返回信息形式和地点不同，有如下几种具体措施。

（1）只返回星上比对结果（判决结果返回）

地面站发送的信息带有能够检测（发现）错误的附加码。星上收到后，判决传输中有无错误，将判决结果通过遥测反馈回送到地面站。地面站据此是否重发或发"执行指令"。从而，达到防错的目的。譬如，卫星收到遥控数据后，根据前向纠检错规则和循环冗余（CRC）校验进行处理，并将处理的结果——CRC 校验是否正确，通过遥测返回到地面站，等候地面站应答。这种办法简单，目前小卫星中常用。为了更简化，当 CRC 校验正确时，有的小卫星直接将正确数据以串行 PCM 信息码形式送用户，当不正确时，错误数据不送，仅返回遥控状态信息到地面，等候地面专家处理。

这种只是返回遥控传送层的对应结果的简单检查，可以反映发射设备、传送信道和接收设备的简单质量等级。它是遥控传送层产生的简单链路控制数据。

（2）返回地面站发送和上行信道的质量（通道信息返回）

卫星收到地面站遥控信号后，除去在（1）项的处理结果外，还增加星上接收设备工作的遥测数据，形成上行链路性能完整的数据包，嵌入在统一遥测的帧头数据域内，通过遥测返回。这个数据包内含有：应答机接收通道、遥控单元的工作状态和参数。这些返回数据可以间接反映发射设备、传送信道和接收设备的服务质量情况，地面专家可以据此进行分析采取对策，它属于详细的遥控传送层链路控制数据。

（3）返回星上收到的全部信息（全比对）

有时上行遥控数据要求很高，不许存在一点错误。为此，需要上行数据全部返回，实行星地全比对。譬如，上注修补程序代码数据、姿态和其他过程控制参数、轨道根数和星时修正数据等，只有比对全部正确才允许执行或使用。它是遥控分包层产生的完整的信息。

（4）返回星上网服务质量

为了全程监督遥控信息传送的质量，也需要通过遥测对遥控指令、数据到达目的设备的星上网传送情况进行返回。如果遥控信息没有传送到该设备，需要想方设法重传。它也是属于遥控分包层产生的信息。对星上网传送效果的监督是确保遥控上行指令、数据传送到最后用户都是正确无误的，丢失了就应该补发。

（5）执行后的效果比对，应用层效果比对

当遥控指令、数据传送到位后，还需要监督执行的情况。它由各最终用户的遥测数据返回，属于遥控应用层产生的信息。

双向防错法的性能分析：

令地面站发送 K_i 指令上行到卫星传送正确的概率为 $P_{上行(i \to i)}$，传送错到 K_j 的概率为 $P_{上行(i \to j)}$，从卫星上正确返回概率 $P_{下行(i \to i)}$，错误返回概率 $P_{下行(i \to j)}$，则双向遥控指令正确、错误和要求重发（即

漏码）的概率分别为

$$P_{i0(正)} = P_{上行(i \to i)} \cdot P_{下行(i \to i)}$$

$$P_{i0(错)} = \sum_{j \neq i} \left[P_{上行(i \to j)} \cdot P_{下行(j \to i)} \right]$$

$$P_{i0(重发)} = \sum_{j} \left[P_{上行(i \to j)} \cdot \sum_{k \neq i} P_{下行(j \to k)} \right]$$

$$P_{i0(漏)} = P_{i(重发)}$$

$$P_{i0(误)} = P_{i(错)} - P_{i(漏)}$$

如果重发一次后，正确、错误和要求重发（即漏码）的概率分别为

$$P_{i1(正)} = P_{i0(正)} \cdot P_{i0(重发)}$$

$$P_{i1(误)} = P_{i0(误)} \cdot P_{i0(重发)}$$

$$P_{i1(重发)} = P_{i0(重发)} \cdot P_{i0(重发)} = P_{i0(重发)}^2$$

这样，重发 n 次后，正确、错误和要求重发（即漏码）的概率分别为

$$P_{in(正)} = P_{i0(正)} + \sum_{m=1}^{n} P_{im(正)} = P_{i0(正)} \frac{1 - P_{i0}^{n+1}{}_{(重发)}}{1 - P_{i0(重发)}}$$

$$P_{in(误)} = P_{i0(误)} \frac{1 - P_{i0}^{n+1}{}_{(重发)}}{1 - P_{i0(重发)}}$$

$$P_{in(重发)} = 1 - P_{in(正)} - P_{in(误)}$$

可以看出，1）在合理设计的系统中，实行重发操作后，都转变为正确判决概率；2）随 n 增加，正确概率增加，重发概率越来越小。所以双向遥控纠检错，在返回基础上重发是有效的。同时，在返回信息内容上增加上行传送链路服务质量数据，包括命令链路控制字，便于改善信道和发送设备参数。从而，改进上行传送正确的概率 $P_{上行(i \to i)}$，进一步提高正确判决的概率。当然，这种双向防错法也存在缺点，它需要花费较长的时间来实现。所以，目前小卫星针对不同上行信息，采用不同判决方法，形成不同层面的返回信息。

5.4.2 统一遥控的数据保护技术

5.4.2.1 遥控数据安全需求

遥控分系统承担对小卫星实施控制的重要任务，是上行控管信息进入小卫星的唯一通道。由于无线通道的开放性，不管是由国内、外地面站，还是由中继卫星传送，都存在有安全问题，都需要加强对遥控数据进行保护。因而，遥控分系统应该采用数据保护技术，确保遥控数据的安全。如同所有信息系统一样，遥控关心信息内容的保密，也关心信息来源的正当和信息数据的可靠。所谓数据安全的含义是：

· 遥控信息的机密性，防止信息的非法泄漏；

· 遥控信息的完整性，防止信息的非法修改；

· 遥控信息的可用性，防止信息的非法重用；

· 遥控信息的可控性，提供对信息的合法监控。

因此，遥控数据安全的主要措施有数据加密和监控攻击。加密的目的是不让敌方知道数据的生成过程，避免伪造指令的攻击。监控的目的是发现敌方攻击，加强防护，躲开攻击。图 5 - 25 给出遥控系统的安全模型。

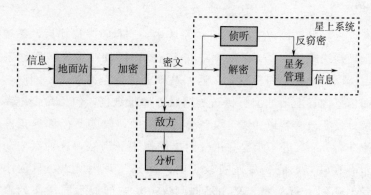

图 5 - 25　小卫星遥控系统的安全模型

遥控分系统是属于一种特殊的信息系统，将地面操控人员的消息传送到星上，由星上设备执行相应的动作，完成既定的任务。消息被称为明文。用某种方法伪装消息以隐藏它的内容的过程称为加密，加了密的消息称为密文，而把密文转变为明文的过程称为解密。

明文用 M（消息）或 P（明文）表示，它可能是比特流（文本文件、位图、数字化的语音流或数字化的视频图像）。至于涉及到计算机，P 是简单的二进制数据。明文可被传送或存储，无论在哪种情况，M 指待加密的消息。密文用 C 表示，它也是二进制数据，有时和 M 一样大，有时稍大（通过压缩和加密的结合，C 有可能比 P 小些。当然，单单加密通常达不到这一点）。

一般来说，密码算法也叫密码，是用于加密和解密的数学函数（通常情况下有两个相关的函数：一个用作加密，另一个用作解密）。如果信息的保密性是基于保持算法的秘密，这种算法称为受限制的算法。但按现在信息系统加密的标准，它们的保密性已远远不够。如果有人无意暴露了这个秘密，所有进行交换信息的人群都必须改变他们的算法。更糟的是，受限制的密码算法不可能进行质量控制或标准化。每个用户群必须有他们自己的唯一算法。这样的群体不可能采用流行的硬件或软件产品。因为，窃听者可以买到这些流行产品并学习该算法，于是用户不得不自己编写算法并予以实现，他们很难拥有方便而安全的算法。这样会很大地影响小卫星的快速、低价、批量生产。尽管有这些主要缺陷，受限制的算法对低密级的应用来说还是很流行的，这是使用方或者没有认识到或者不在乎他们系统中内在的问题。目前，小卫星的加密工作还停留在这种低密级的阶段，需要"人工保密"。

加密函数 E 作用于 M 得到密文 C，用数学表示为

$$E(M) = C$$

相反地，解密函数 D 作用于 C 产生 M，即

$$D(C) = M$$

先加密后再解密消息，原始的明文将恢复出来，下面的等式必须成立

$$D[E(M)] = M$$

对于小卫星来说，较好的办法是依托于密钥，较少或不依赖于算法。这样，小卫星加密产品的生产就能方便地进行质量控制和标准化，可以批量生产现代密码学就是用密钥解决了这个问题的，密钥用 K 表示。K 可以是很多数值里的任意值。密钥 K 的可能值的范围叫做密钥空间。加密和解密运算都使用这个密钥（即运算都依赖于密钥，并用 K 作为下标表示），这样，加/解密函数现在变成

$$EK(M) = C$$

$$DK(C) = M$$

这些函数具有下面的特性

$$DK[EK(M)] = M$$

有些算法使用不同的加密密钥和解密密钥，也就是说加密密钥 K_1 与相应的解密密钥 K_2 不同，在这种情况下：

$$EK_1(M) = C$$

$$DK_2(C) = M$$

$$DK_2[EK_1(M)] = M$$

所有这些算法的安全性都基于密钥的安全性；而不是基于算法的细节的安全性。这就意味着算法可以公开，也可以被分析，可以大量生产使用算法的产品，即使偷听者知道你的算法也没有关系；如果他不知道你使用的具体密钥，他就不可能窃取你的消息。

这样，遥控的数据安全系统由算法，以及所有可能的明文、密文和密钥组成。

除了提供机密性外，遥控的数据安全系统通常有其他的作用，如：

·合法性检验。星上遥控接收应该能够验证在传送过程中消息没有被修改，验证消息的正确性，防止入侵者用假消息代替合法消息。

·时效性鉴别。星上遥控接收应该能够确认消息的来源、消息发布的时间，防止入侵者进行非法复制式伪装假消息实施攻击。

将这些作用融合在加密过程中，使得加密与反窃密过程联合起来，监控和回避攻击。为了实现这一点，本书提出对密钥的改进方法。将密钥分成两部分，其一是常规密钥，其二是结构密钥。后者用于对前者的运算、修改，最后生成实际操控的密钥。结构密钥可以依赖于信息发布方，信息序号，信息本身的特性。对于非合理的信息源、非合理的信息时序、非合理的信息特性，都可以被侦破，被拒收。从而，形成自适应的密钥，容易实现"一次一密"，防止复制式的攻击。

5.4.2.2 数据加密方法

（1）古典加密方法

几种常见密码形式：

1）栅栏易位法。即把将要传递的信息中的字母交替排成若干行，再将下面一行字母排在上面一行的后边，从而形成一段密码。

2）恺撒移位密码。也就是一种最简单的错位法，将字母表前移或者后错几位，这就形成了一个简单的密码表，那么对照上面密码表可将明文编成密文了。移动的位数也就是密钥。

3）进制转换密码。比如给你一堆数字，乍一看头晕晕的，你可以观察数字的规律，将其转换为 10 进制数字，然后按照每个数字在字母表中的排列顺序，拼出正确字母。

4）维热纳尔方阵。上面所说的频率分析，很容易破解较长篇幅的密文，于是维热纳尔继承前人的经验，创造出了这个维热纳尔方阵，从而克服了词频分析轻易能够破解密码的弊端，成为一种较为强大的密码编译形式。

```
 a b c d e f g h i j k l m n o p q r s t u v w x y z
1 B C D E F G H I J K L M N O P Q R S T U V W X Y Z A
2 C D E F G H I J K L M N O P Q R S T U V W X Y Z A B
3 D E F G H I J K L M N O P Q R S T U V W X Y Z A B C
4 E F G H I J K L M N O P Q R S T U V W X Y Z A B C D
```

5 F G H I J K L M N O P Q R S T U V W X Y Z A B C D E
6 G H I J K L M N O P Q R S T U V W X Y Z A B C D E F
7 H I J K L M N O P Q R S T U V W X Y Z A B C D E F G
8 I J K L M N O P Q R S T U V W X Y Z A B C D E F G H
9 J K L M N O P Q R S T U V W X Y Z A B C D E F G H I
10 K L M N O P Q R S T U V W X Y Z A B C D E F G H I J
11 L M N O P Q R S T U V W X Y Z A B C D E F G H I J K
12 M N O P Q R S T U V W X Y Z A B C D E F G H I J K L
13 N O P Q R S T U V W X Y Z A B C D E F G H I J K L M
14 O P Q R S T U V W X Y Z A B C D E F G H I J K L M N
15 P Q R S T U V W X Y Z A B C D E F G H I J K L M N O
16 Q R S T U V W X Y Z A B C D E F G H I J K L M N O P
17 R S T U V W X Y Z A B C D E F G H I J K L M N O P Q
18 S T U V W X Y Z A B C D E F G H I J K L M N O P Q R
19 T U V W X Y Z A B C D E F G H I J K L M N O P Q R S
20 U V W X Y Z A B C D E F G H I J K L M N O P Q R S T
21 V W X Y Z A B C D E F G H I J K L M N O P Q R S T U
22 W X Y Z A B C D E F G H I J K L M N O P Q R S T U V
23 X Y Z A B C D E F G H I J K L M N O P Q R S T U V W
24 Y Z A B C D E F G H I J K L M N O P Q R S T U V W X
25 Z A B C D E F G H I J K L M N O P Q R S T U V W X Y
26 A B C D E F G H I J K L M N O P Q R S T U V W X Y Z

以上就是维热纳尔方阵，它由明码表（第一行的字母）、密码表（下面 26 行）和密钥组成，只要有密钥，再复杂的密码也能查出来，就是个查表的问题。下面举个例子说明。

举例：

密钥：frzy

密码：qfuc

解：第一个字母，看以 f 开头第五行，对应明码表查找 q 字母所标示的字母为 l。以此类推找出后面字母。所得明文为 love。

维热纳尔方阵加密过程（如图 5-26 所示。）：

· 密钥序号作为矩阵的行；

· 明文序号作为矩阵的列；

· 行列交叉点存放密文。

解密过程：

· 密钥序号作为矩阵的行；

· 在该行内搜索密文；

· 密文对应的矩阵的列为明文。

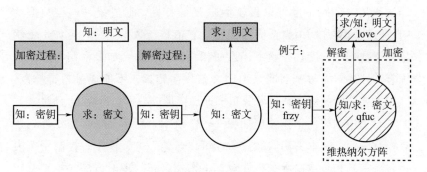

图 5-26　维热纳尔方阵加密/解密过程

5）密码本。维热纳尔方阵加密/解密实际上是利用一种密码本进行加/解密方法，只不过为了省略大容量的"密码本"，将密码本的内容公式化了，用计算代替查表。随着计算机存储容量大增，密码本的存储容量不再是问题了。维热纳尔方阵不需要简单化，可以大大加大行序号，字符代换从"移位规律性"变成随机化，就会带来加密强度的巨增。古典加密常用的"密码本"，就是这种方法。通信双方选用同一本书，作为"密码本"，用书的"页号、行号、字号"代换文字。这种方法具有极大的保密强度，除非丢失了"密码本"外。

5.4.2.3　统一遥控数据保护

自适应密码是根据统一遥控/遥测的特点形成的一类信息保护技

术。统一遥控的数据是包格式组成的，包括有包头域和数据域两部分。有效的数据内容位于数据域内，需要严格保密，不希望别人知道。包头仅属于标记有效数据的辅助数据，加密效益有限，如果加密还会影响卫星测控业务的实时性和复杂性。为了保证测控的及时，对包头信息不进行加密业务，并且还可以利用包头信息对数据域的有效信息的加密/解密用的密钥进行处理。从而，利用包标志，形成统一遥控数据的"分包分密"。利用包序号，形成统一遥控数据的"一包一密"。这样使得星地传送的有效信息密文更加"混乱"，促使敌方破译更加困难。包序号已经嵌入密文之中，也可以防止信息的非法重用。同时，也可以根据数据域的特性，形成统一遥控数据的"自适应密钥"。所谓自适应密钥是，它依赖于数据本身，譬如，密钥依赖于数据的长度、校验字、累加和、奇偶校等。如果密钥与数据的固有特性不符，解密后非法的明文就发生错误，不能通过差错控制，利用差错控制的结果和地域分布统计规律可以判别恶意攻击地域。

　　自适应密码的工作原理如图 5 - 27 所示。密钥除基本密钥外，还有控制密钥。基本密钥取 6 位数，可以修改，方便使用。控制密钥表示包头信息和包数据本身特性对基本密钥进行处理的方法。控制密钥装定后不可变化。回避攻击的方法是关闭遥控上行通道一个时间段。自主关闭上行，对于卫星是危险的，必须采取措施防范失误。

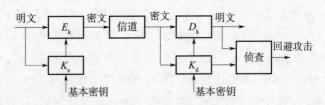

图 5 - 27　自适应密码技术

　　对包数据域的数据加密的方法：

　　1）用常规密码的 2 个字节对校验字在数据包内的位置定位，即在解码时利用 2 个字节的密码在包数据域内找出校验字代理；

　　2）再利用 2 个字节的密码对校验字代理进行处理，获得有效数据的校验字；

3）利用有效数据的校验字，确定包数据域前 n 个字节在密码本的位置，查找密文对应的明文字节；

4）再利用 2 个字节的密码对校验字进行一次处理，确定包数据域紧接的 n 个字节在密码本的位置，查找密文对应的明文字节；

5）如此类推，从密文数据包获得全部明文；

6）最后，对明文用校验字进行校验，正确者认可，否则拒收，并遥测下传和统计地域分布。在授权下可以在相应地域关闭上行通路；

7）密码本可以根据加密强度和星上硬件容量设计。

可见，自适应密码的加密强度依赖于密码本的容量，常规 6 位密码规定查表的方法。这样做是为了使遥控加密工作标准化、规格化，加密方法公开，仅对密钥进行安全保密。

每半个字节进行加密/解密，如图 5-28 所示。

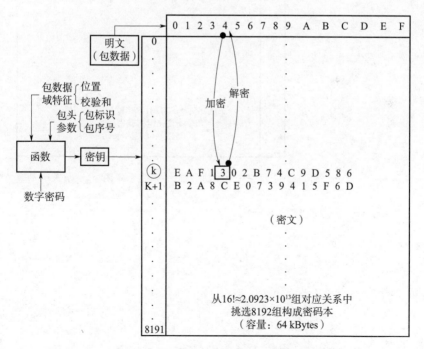

图 5-28　每半个字节进行加密/解密示意图

每一个字节进行加密/解密如图 5 - 29 所示。

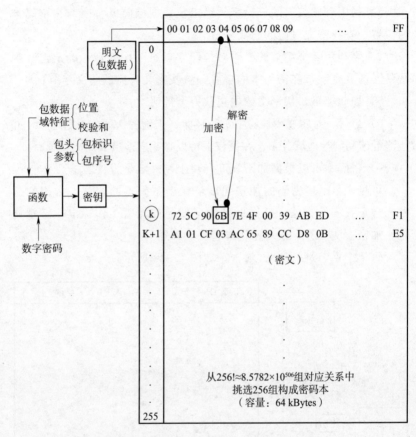

图 5 - 29　每一个字节进行加密/解密示意图

图 5 - 30 为加解密示例图。

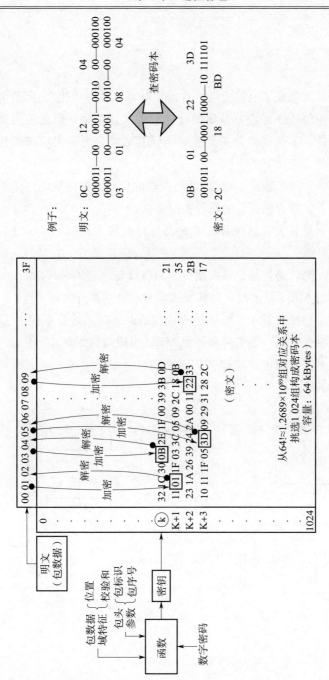

例子：

明文：

0C
000011—00　0001—0010　0010—00　000100
000011　00—0001　0010—00　000100
03　　　01　　　08　　　04

12　　　04

查密码本

0B
001011 00—0001 1000—10 111101
2C　　　01　　　18　　　BD

01　　　22　　　3D

密文：2C

图 5-30　加解密示例图

5.5　虚拟遥控系统

　　星务系统集成了遥控功能，将遥控分系统"虚拟化"。所谓虚拟化是，企图将传统遥控分系统的硬件设备实体消除，但是依旧保存其运行功能，不仅这样，甚至还要加强其效益。为了实现虚拟化的技术，我们采用如下的方法。

　　·引入"注入数据"，实现遥控数据的接口，将传统的遥控指令硬件接口方式变为数据包的软件接口方式；

　　·利用星务主机软件对遥控数据进行分析、处理，并通过星上网分发；

　　·星上网将遥控指令或数据传送到各设备内嵌的 MEU；

　　·再由 MEU 将遥控信息转换为信号，分别执行遥控动作。

　　从而，形成分布式、网络化的遥控机制。星上遥控系统由 USB应答机、星务主机、星上网和各类 MEU 组成，如图 5-31 所示。或者，星上遥控系统由直接序列扩频通信机、星务主机、星上网和各类 MEU 组成，如图 5-32 所示。

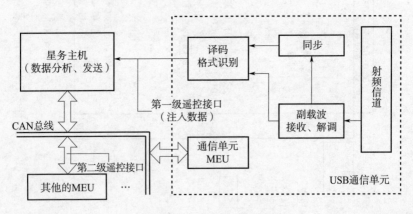

图 5-31　星上遥控通道

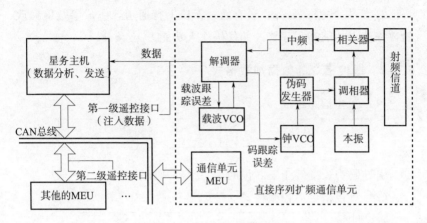

图 5 - 32　星上遥控通道

5.6　遥控数据格式约定

5.6.1　卫星遥控指令说明

卫星的遥控任务涉及到全星多个分系统。描述整星直接遥控指令和间接遥控指令的名称、代号和输出（执行）设备，是整星数据管理的依据。

1）遥控指令，有两种传送方式：

·由遥控单元硬件译码直接驱动执行的遥控指令，即直接遥控指令；

·注入数据到遥控单元，再由遥控单元送星务主机，经星务主机发送到各个 MEU 驱动执行的遥控指令，即间接遥控指令。间接指令按工作性质又分为二种指令：一是延时间接指令，即注入数据经星务主机送入程控缓冲区，按时间排队，再由程控执行程序将到时间的延时指令送星上网相应下位机执行的一种延时间接遥控指令；二是立即执行的间接指令，即注入数据后立即经星上网送下位机执行的一种立即执行的遥控间接指令。

2）遥控数据，另外，还有通过无线上行通道，完成参数值修改的数据注入功能和程序修改的代码注入功能。

5.6.2　遥控指令的数据加载格式

（1）遥控信息组成

引导码	遥控帧

引导码为长度等于 128 位的 1、0 交替码序列。

（2）直接指令遥控帧格式

同步字	方式字	指令码
16 bit	8 bit	72 bit

（3）注入数据遥控帧格式

同步字	方式字	注入数据	CRC
16 bit	8 bit	8 * nbit	16 bit

CRC：校验码。

生成多项式为：$Y(X) = X^{16} + X^{12} + X^5 + 1$；

生成初态为"1"。

对方式字所对应长度的数据进行校验，并将校验结果返回地面，正确时由地面发执行指令执行，否则重发。

5.6.3　直接指令

直接执行指令全部由星务分系统遥控单元提供服务。直接指令建立指令表提供操作方使用，如表 5-3 所示。其中，每一个代号对应直接指令的一组指令代码，对应遥控单元的一个输出驱动器的节点。

表 5 - 3　直接遥控指令表

序号	代号	指令名称	备注
1	K1	姿控系统主份加电	
2	K2	姿控系统备份加电	
3	K3	应答机 A 发射开	
⋮	⋮	⋮	⋮
n−1	Kn−1	有效载荷总电源通	
n	Kn	有效载荷总电源断	

5.6.4　间接指令

间接指令建立指令表提供操作方使用，例如表 5 - 4 所示。

表 5 - 4　间接指令格式表

序号	代号	指令名称	指令码（Sub. No. AP）
1	KI01	地面姿态控制模式	xx01ab00
2	KI02	地面转速控制模式	xx020001
3	KI03	星上章动控制模式	xx03011a
⋮	⋮	⋮	⋮
m	KIm	磁强计断电	xx070000
m+1	KV01	姿控下位机在线	00010066
m+2	KV02	姿控下位机离线	00020099
m+3	KV03	热控下位机在线	00030066
⋮	⋮	⋮	⋮
n−1	KVn−1	允许传送内存数据	00e00066
n	KVn	禁止传送内存数据	00e10099

其中，Sub 表示指令的执行设备方（下位机）的代号；No 表示指令代号；AP 表示附加参数，用于添加指令的一些属性，增强指令的控制功能。

间接指令遥控帧的数据顺序为：

·间接指令数据块标识符 KI；

- 有效数据长度 leng；
- 数据块辅助标识符；
- 指令条数 N；
- 依次间接指令码，每条指令码占有 4 个字节；
- 填充字为随机数；
- 校验字，占两个字节。

注意，KI 是间接指令数据块的标识符；辅助标识符用来对间接指令进行分类，0x66 表示该间接指令为立即执行间接指令，0x99 为虚拟指令；填充字是遵循遥控上注数据定长的要求，填充数据为随机数 xx；校验字用于检查。

虚拟指令，亦称内部指令，是控制卫星状态的指令。一般指令是用于控制硬件设备开关动作。虚拟指令在这里是用来控制软件流程的分支动作，用于区分上述间接指令。

5.6.5　上行注入程控数据

上行注入程控数据在遥控帧内的数据顺序为：
- 程控数据块标识符 KP；
- 有效数据长度 leng；
- 数据块辅助标识符；
- 指令条数 N；
- 依次间接指令码，每条指令码占有 8 个字节；
- 填充字为随机数；
- 校验字，占两个字节。

注意，KP 是程控指令数据块的标识符；辅助标识符用来对程控指令进行分类，0x66 表示该程控指令数据为绝对时间程控指令数据，0x99 为相对时间程控指令数据；填充字是遵循遥控上注数据定长的要求，填充数据为随机数 xx；校验字用于检查，其校验字为使本数据块按字（16 bit）计算异或和结果为 0，所有多字节数据均为最高字节在最前，最低字节在最后的顺序传送。

绝对延时执行间接指令也简称时间程控指令，它以时间为依据顺序执行的指令集合。每条延时执行间接指令占 8 个字节，前 4 个字节为时间码，后 4 四字节为间接指令代码。

相对延时执行间接指令简称相对程控指令，也称事件程控。它以某一事件发生的时间为起始点，再依据时间顺序执行的指令集合。每条延时执行间接指令占 8 个字节，前 4 个字节为时间码，后 4 字节为间接指令代码。

5.6.6　上行注入星务主机和各下位机数据

除上述地面站对卫星控制指令外，还需要对卫星各设备的工作参数和工作模式进行上行传送，使星上设备的运行受到地面用户的支配。从而，形成各式各样的数据块。

1) 对星务主机上行注入数据块，在遥控帧内的数据顺序为：

· 星务主机数据块标识符 XW；

· 有效数据长度 leng；

· 数据块辅助标识符一 XW1，区分大类：星时管理数据、下传数据区指针；

· 数据块辅助标识符二 XW1，区分小类：集中校时、均匀校时、授时；

· 相应的有效数据占有 8 个字节；

· 填充字为随机数；

· 校验字，占两个字节。

注意，XW 是星务主机数据块的标识符。XW1 是辅助标识符一，用来对星务主机数据块进行一级分类，0x66 表示该数据块是星时管理数据，0x99 是下传内存数据区的首指针和尺寸控制数据。XW2 是辅助标识符二，用来对星务主机数据块进行二级分类。

· XW2＝0x77 表示上行数据为集中校时，对星上时间调快或调慢秒值，有效数据是需调整的秒值和需调整的毫秒值；

· XW2＝0x88 表示上行数据为均匀校时，每一周期对星上时间调快或调慢一个时间单位，有效数据是均匀校时周期（秒值）和均校状态（均匀校时停止、调快、调慢）；

·XW2＝0x99 表示上行数据为授时命令块，有效数据是秒值和毫秒值。

填充字是遵循遥控上注数据定长的要求，填充数据为随机数xx；校验字用于检查，其校验字为使本数据块按字（16 bit）计算异或和结果为 0，所有多字节数据均为最高字节在最前，最低字节在最后的顺序传送。

2）一次电源下位机上行数据块，在遥控帧内的数据顺序为：

·一次电源下位机数据块标识符 DY；

·有效数据长度 leng；

·数据块辅助标识符；

·附参；

·相应的有效数据：蓄电池电量初始值、充放比设置；

·填充字为随机数；

·校验字，占两个字节。

其中，DY 是数据块标识符，表示该数据块为一次电源下位机上行注入数据块。

3）热控下位机上行数据块，在遥控帧内的数据顺序为：

·一次电源下位机数据块标识符 RK；

·有效数据长度 leng；

·数据块辅助标识符：控温参数设置数据块；

·附参；

·相应的有效数据：控温模式（闭环/开环、控温电阻选取准则、选取控温电阻），温控关闭门限，温控开启门限；

·填充字为随机数；

·校验字，占两个字节。

其中，RK 是数据块标识符，表示该数据块为热控下位机上行注入数据块。

4）姿控下位机上行数据块，在遥控帧内的数据顺序为：

• 姿控下位机数据块 ZK；

• 有效数据长度 leng；

• 数据块辅助标识符 ZK1：姿控参数设置数据块；

• 附参 ZK2；

• 相应的有效数据：姿控上注数据；

• 填充字为随机数；

• 校验字，占两个字节。

其中，ZK 是数据块标识符，表示该数据块为姿控下位机上行注入数据块；ZK1 是数据块第二标识符；ZK2 是数据块附参，说明该数据块的子类别。

5）载荷分系统上行数据块，在遥控帧内的数据顺序为：

• 姿控下位机数据块 ZH；

• 有效数据长度 leng；

• 数据块辅助标识符 ZH1：姿控参数设置数据块；

• 附参 ZH2；

• 相应的有效数据：载荷上注数据；

• 填充字为随机数；

• 校验字，占两个字节。

其中，ZH 是数据块标识符，表示该数据块为载荷下位机上行注入数据块；ZH1 是数据块第二标识符；ZH2 是数据块附参，说明该数据块的子类别。

5.6.7　各个下位机注入代码

上行注入各计算机的程序代码在遥控帧内的数据顺序为：

• 程序代码数据块标识符；

• 有效数据长度 leng；

• 数据块附参一：0x66 表示送入 EEPROM，0x99 表示送入 SRAM；

·数据块附参二：表示的代码有效长度；

·依次上注数据字节；

·填充字为随机数；

·校验字，占两个字节。

块标识符 ZKC 表示该程序代码送姿控下位机；ZHC 的代码送载荷分系统下位机；XWC 的代码送星务主机；YKC 的代码送遥控下位机。

5.6.8　直接上网上注数传送格式

当星务主机出现故障时，上行数据和指令不能送达星上网。为此，可以通过遥控单元的下位机向星上网总线传送数据块，实现"多路径的软件冗余"办法来处理故障。直接上网的数据块在遥控帧内的数据格式为：

·直接上网的数据块标识符；

·有效数据长度 leng；

·数据块附参一：0x66 表示送入 EEPROM，0x99 表示送入 SRAM；

·数据块附参二：表示的代码有效长度；

·依次上注数据字节；

·填充字为随机数；

·校验字，占两个字节。

直接上网的数据块标识符有三类：其一为 DK66，用于启动遥控直接上网开通命令，将上行注入数据块流向从星务主机切换到遥控单元的下位机，由后者向星上网总线直接传送；其二为 DK99，用于关闭遥控直接上网命令，将上行注入数据块流向恢复到星务主机来，由其向星上网总线发送数据和命令；其三为 DK33，用于表示该数据块为遥控单元的下位机向星上网发送的透明数据，其数据顺序为：

·数据块标识符：DK33；

·有效数据长度 leng；

·各个 CAN 数据帧的字节；

·填充字为随机数；

·校验字，占两个字节。

各个 CAN 数据帧，依次包括有：CAN 数据帧描述符一（ID10～ID3）、CAN 数据帧描述符二（ID2～ID0、RTR、DLC）、8 个字节数据（不足 8 个者用填充常数）。

遥控单元根据接收注入数据，按照帧格式直接把每一帧数据发送到 CAN 总线上，发送后遥控单元不需要等待其他通信节点的应答。

第6章　程序控制与自主管理

6.1　程序控制系统

6.1.1　概述

6.1.1.1　程序控制系统的定义和组成

程序控制系统（Program Control System）是这样一种控制系统，它的设定值是按照预先规定的时间的顺序而发生变化，是时间的已知函数；或者是按照预先规定的事件发生的顺序而跟随变化，是事件序列的已知逻辑关系。所谓设定值，在这里是指动作命令。它产生的结果即输出值应该与设定值所要求的变化规律相同。这种控制系统在卫星上的间歇性运行过程中，具有比较广泛的应用。譬如：太阳帆板和各种伸展机构的展开过程；具有多种电源种类的设备上电和下电过程；载荷设备在轨工作任务的切换过程；卫星在轨运行的任务管控过程；卫星事故的处理过程等。它们都是一种间歇性运行过程，需要遵循预先设定好的工作步骤进行有序的操作和运转。每步启动的依据、每步动作的内容都是预先设定好了的，即需要预先把这些"设定值"存放在约定的地方。然后，它们都需要用程序一步一步地判断事件的发生，取出相应的指令，执行相应的动作。从而，它们形成一个完整的有序的运行过程。其中，程序控制的依据可以是：时间、事件及其发生次数、次序和间隔等。根据这些依据，可以区分成各种各样的程序控制系统。

程序控制系统的组成如图 6-1（a）所示，它包括有程序控制装置和执行机构。程控装置用于产生设定值，规定控制的次序和内容，生成一串动作命令。执行机构接收命令，用于执行控制的动作，达到其控制的效果。

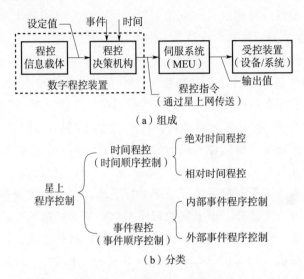

（a）组成

（b）分类

图 6-1　数字程控系统方块图

　　过去卫星多采用固定接线的硬件程控系统，它是一台专用数字逻辑控制设备或电路。譬如，遥控单元的太阳帆板展开控制，是用逻辑电路来实现的程序控制。当遥控单元收到星箭分离信号后，经过100 s的延迟电路，再发出太阳帆板展开指令脉冲信号。一般逻辑控制、顺序控制以及安全互锁控制都必须依靠众多的继电器、定时器以及专门的闭合回路来实现，并且也只具有简易之逻辑开/关（on/off）功能。

　　现在卫星中，采用程控计算机替代了各种程控电路，利用编制不同的程序软件实现不同类型的程序控制，可以增强系统的控制功能和灵活性。它采用代表控制顺序、控制方式和控制参数的数字码来作为控制指令，构成了一种数字控制系统，故程序控制系统有时也被称为数控系统（Numerical Control Systems，NC）。在小卫星中，我们采用星务调度单元即星务主机，兼作这个数控专用计算机，把反映控制参数和操作步骤的控制信息用数字代码，预先记录在星务调度单元的存储器中。如果需要的话，它也可以在调用之前由遥控上注数据块进行修改。当程控系统工作时，依据时间和事件的激发，从存储器中将相应代码取出，送入星务计算机或星上网，再由MEU转换成相应形式的电信号，由执行机构按次序完成各项控制动作。这样控制效率较高，特别适合于控制复杂的单件或小批量生产和运行的小卫星，同时又有利益于在小卫星上实施星上网的管理、卫星自主管理和整体控制。所以程序控制在小卫星管理上应用很广，受到特别重视，是小卫星自动化、自主化的一种强有力的工具。

由于用星务主机代替专用的程控计算机，用一台主机通过星上网直接管理和控制一群具有 MEU 智能接口的可程控的设备，从而，在星上形成计算机群控系统或网络数控系统，它可以实现多级的程序控制，进一步提升了小卫星的程序控制功能和灵活性。这样，多台计算机统一管理和控制，构成计算机群控自动化系统，也可称为柔性管理系统（Flexible Management System，FMS）。所谓柔性管理是指，根据不同卫星的使命、各种运行模式和当前健康状况，都是由程序控制系统、即星务系统来实现对卫星运行的自主管理。

在小卫星中，程序控制装置包括程控信息载体和程控决策机构两部分，都集中在星务主机设备内部。前者使用星务主机的存储器，后者使用星务主机应用软件的一个进程，称之为"程控任务"。然而，执行机构却分散到星上各个设备的管理执行单元（MEU）中，这样，小卫星的程序控制分系统是借助于星务系统来实现其功能的。这就说，小卫星的程控装置由星务计算机的程序来实现，实现数字程控，它被"软件化"、"虚拟化"了。如同小卫星的遥测、遥控分系统一样，单独的程序控制分系统实体已经不存在了，但其功能依旧，并且被加强。

6.1.1.2 程序控制在小卫管理中的地位

显然，按事先规定的程序，对卫星运行实现控制，这是一种自动控制的方式，在本书中有时也称为管理控制或计划控制。程序控制系统中的设定值即程控信息，就是预先编制的卫星运行计划或管理项目。从而，它是小卫星星务管理的一项极重要的手段。所以星务管理系统也就是卫星的程序控制系统，也就是卫星的"测量、控制与运行的计划管理"的系统。

如第 1 章所述，程序控制是卫星自动化技术之一，它直接影响到卫星在轨的自主管理和控制。每当在轨发生某一事件时，或到了某一时刻时，或飞临某一地区时，卫星将自动启动或终止某一动作，以便实现卫星在轨执行的任务或确保卫星的安全。因此，小卫星在轨运行过程中需要大量的开关量顺序控制，这些控制必须按照一定的逻辑条件进行顺序地动作，并且按照逻辑关系这些动作要进行连锁保护。因此，在卫星运行管理中，星务系统特别关注"程控"，它是自主地发布命令的"决策机构"，是完成协调和指挥整星的操作的中枢，是实现整星各设备群的协同工作的关键点。因此，星务系统把卫星的顶层测量、管理控制、任务调度、故障处理、在线健康监护等都归结于"用程序控制"来实现。所以，我们需要特别重视程序控制设计的可靠性和灵活性。

程序控制是指对卫星经常性的重复出现的业务的一种控制方法，它要求执行动作按规定的标准化程序来完成，以保证业务处理质量达到控制目标和要求，并以优化业务处理的结果为目的。从而，利用程序控制使卫星自主管理标准化、规范化，实现操作事故最小化。程序控制要求按照规定的原则进行程序设置，所有的主要业务活动都要建立切实可行的安全的操作程序。按设备的工作流程，每步操作的终点都作为程序控制，每步操作的终点的操纵设备和被控设备的参数作为检查质量参照，对不合格的操作、不合格的效果给出操纵和效应记录。这些记录信息通过星上网返回，使得每一步在过程中都受到监控，并作为星上设备的健康管理资料。这有利于及时处理业务和提高工作效率，以及追究有关设备环节的故障苗头，预防故障，确保整星运行安全。

星务系统的程序控制的应用设计，一般可分为三个阶段：首先，确定总目标和反映总目标的各项指标；其次，预测实现总目标中会出现的因素，包括内部因素、外部因素、有利因素和不利因素；第三，综合上述情况，制定具体实施计划。

从小卫星星务管理角度看，程序控制是对操作或事务处理流程的一种描述、计划和规定。卫星上常见的程序控制很多，例如：星地通信的进站和出站程序，有效载荷的开机和关机程序，特殊电源的上电和下电程序，星上网管理程序，姿控模式切换程序，卫星电源安全事故处理的程序，决策程序，主要管理活动的计划与控制程序，各种工作程序等。凡是连续进行的、由多步操作组成的管理活动，只要它具有重复发生的性质，就都应当为其制定程序。用程序进行控制是必要的。这种必要性表现在：

1）程序是一种计划。它规定了如何处理重大问题以及处理信息流、动作流、能量流等的例行办法。也就是说，对处理过程包含哪些工作、涉及哪些设备、发布哪些指令及其先后次序、是否影响到其他设备和整星的安全等，进行分析、研究和计划，从中找出最简捷的、最有效的和最便于实行的准确方案，用固定的判据和指令存储于程控系统设备中，并且要求严格遵守。

2）程序是一种控制标准。它首先通过文字说明、格式说明和流程图等方式，把一项业务的处理方法规定得一清二楚，然后将这些文档转换成代码、存储在星务主机的数据库中。操作和管理中的许多问题都是因为没有程序或没有遵守程序而造成的。所以，星地操作或自主管理借用程序控制，不仅节省资源，能及时应对突发事件，更重要的是可以减少许多低层次的事故。

3）程序还是一种系统。一个复杂的管理程序，往往涉及多个设备、多个工作、各种数据记录，以及各种类型的管理活动等，因而应将其看作是一种系统，用系统观点和系统分析方法来分析和设计程序。从系统的观点来看，一个管理系统的程序化水平是这个系统"有序"程度的一种标志。这样，应该恢复和提升程序控制分系统在小卫星设计、制造、运行管理中的地位，加强其作用和功效。它虽然虚拟化了，但地位和作用不能轻视，否则会大大影响卫星的功能和安全。

从而，建立程序控制的准则是重要的。实践经验表明，在对程序进行编制和控制时，应遵循下列准则。

1）使程序精简到最低程度。最重要的准则就是要限制所用程序的数量。程序控制也有一些固定的缺点，如：对改变了的情况不能及时作出反应等。为此，要考虑到利用遥控上注数据块对其进行修改，实现遥控与程控功能或职能的融合，实现程序控制的灵活性，方便使用。

2）确保程序的计划性。既然程序也是计划，因而程序的设计必须考虑到有助于实现整个卫星的目标和提高整星的效率、安全。所以，运转程序控制系统也应该程序化，即要建立一套能程序化的程序控制系统，使其使用起来简单而灵活。

3）把程序看成是一个系统。任何一个程序，其本身都是包含着许多活动的呈显网络关系的系统，同时，从整体角度来考虑，任何一个程序又都是一个更大的系统的组成部分或要素。我们可以将由许多程序组成的系统称为程序系统。将程序看作系统，就是要从整体的角度细微地分析和设计程序，务必使各种程序的重复、交叉和矛盾现象减少到最低限度。此外，将程序看作系统，还有助于追求整体的最优化而不仅仅是局部的次优化。

4）使程序具有总体性。这里应该强调一点，卫星运行的程序设计、故障处理的程序设计等都应该落实到"程序控制"的设计，而不是计算机程序的设计。程序能否发挥应有的作用，一方面取决于它设计得是否合理；另一方面取决于它执行得是否严格或各方面的配合一致。程序要求按既定的方式行事。因而也就对程序的控制提出严格的要求和多方的协同，这就是使程序具有总体性。具体地说，这就要求：

· 程序的制定和发布要具有总体性。统一制定、协调和发布程序控制的判据和操作。

· 严格遵守程序。不许随意改变，避免不协调的故障。

· 必须长期坚持对程序实施的检查监督。

　　所以，实践经验证明，创建全星整体控制和管理的程序化和标准化，是对传统分系统之间"协调"的管理方式的改善，是实现卫星自主管理的重要步骤。

　　在小卫星中，为了增强它的自主控制功能和灵活性，我们引入了多种程控的方法。根据激发程控源进行分类，把它们划分为如下几种。

　　·时间程控，即设定值是已知时间的函数的程序控制，按照时间是否到的先后顺序，分别发出指令，由执行机构实施，由于采用统一的星上时为参照，故又称为绝对时间程控；

　　·事件程控，即设定值是已知事件的序列逻辑关系的程序控制，按照事件出现的顺序、次数和逻辑关系，激发指令，再由执行机构实施；

　　·相对程控，它由时间程控和事件程控结合共同形成指令，即用某一事件发生时刻作为时间起点，相对于这个起点运行时间程控。因此，也称为相对时间程控；

　　·位置程控，即设定值是已知卫星轨道星下点位置的函数的程序控制，按照星下点是否落入指定区域，分别发出指令，由执行机构实施。其实，位置程控是由星下点到达给定位置这一事件诱发的相对程控。它是一种特殊的相对程控。它在卫星载荷开关机管理工作中和地面站进出站的管理中，得到广泛使用。也可在定点探测任务中使用。

　　根据自主控制采取的时间点，即管理中采取的控制可以在行动开始之前、进行之中或结束之后进行，可以划分为三种程序控制。第一种称为预先控制；第二种称为同期控制；第三种称为事后控制。

　　小卫星上的自主控制和管理主要的实施方法是依据程序控制。所以，在小卫星上开发了各种各样的程序控制方法。

6.1.2　绝对时间程控

6.1.2.1　绝对时间程控定义和指令格式
　　绝对时间程序控制系统（Absolute Time Program Control Sys-

tem，APC）是这样一种程序控制系统，它的程控指令伴随有绝对时间标记，即它的设定值是已知时间的函数，按照星上时间是否到了的先后顺序，依次发出指令，再由相应的执行机构实施控制。

星上指令分成两类：其一是直接指令，其二是间接指令。为了统一起见，绝对时间程控指令定义为，具有绝对时间标记的间接指令。因此，绝对时间程控指令码的格式，如图 6-2（a）所示。该指令码包括两个数据域。其一是时间域，占 4 个字节，存储发布指令的时刻，是绝对时间码。所谓绝对时间，指星上时间，可以采用星箭分离时刻为零的秒计数时、世界时、北京时等。其二是指令域，也占 4 个字节，存储指令代码，该代码格式与遥控指令代码格式相同，即间接指令码。绝对时间程控指令，表示当星上时到达时间域指定时间时，立即发出指令域的间接指令。

由于我国卫星大部分时间是处于在不可测控区域，卫星在境外的工作管理主要由程控指令控制才能完成。所以，小卫星利用绝对时间作为星上自主控制指令激发的依据，即星上设备自动判断星上时间是否到，如果时间已到，执行此指令，启动相应的任务或动作。

6.1.2.2　绝对时间程控的工作原理

时间程控的工作原理，如图 6-2（b）所示。程控的信息载体是绝对时间程控的数据缓冲区。程控的决策机构是绝对时间程控的执行程序。如图 6-2（c）所示，该程序以 1 s 或 250 ms 周期运行。执行机构由 MEU 充当，通过 CAN 总线获取指令。它的工作过程包含有四个阶段。

（1）第一阶段——程控信息载体中的数据准备

时间程控指令码组存储在星务主机的内存中，或者非易失存储器中。它们是按照码组内的时间信息的先后次序，存放于程控数据缓冲区内，从缓冲区开始位置起，时间由小到大排序。当需要修改时间程控时，或向程控数据缓冲区内添补指令时，从地面站遥控上注数据，经过对程控指令码按时间排序后，插入程控缓冲区相应位

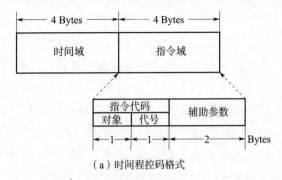

（a）时间程控码格式

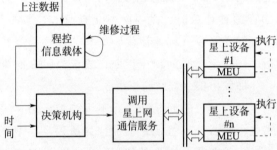

（b）时间程控工作原理

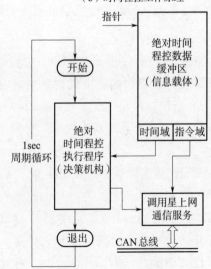

（c）时间程控装置

图 6-2　绝对时间程控工作原理

置。因此，新数据送程控缓冲区时，需要经过"排序和插入"的缓冲区维护处理工作。插入遥控输入绝对时间指令到程控缓冲区的操作程序流程，如图 6-3（a）所示。其关键点有三。

1）检查送入数据的合理性，核查数据的时间域是否先后排序；

2）在程控缓冲区内原存数据序列中，查找满足时间顺序的插入点；

3）如果插入点在序列中间部分，则后半部的序列先行位移，腾出空位，再填入遥控注入的数据。

（2）第二阶段——程控指令发出的判决过程

在启动程控工作后，从程控缓冲区取出最近一条时间程控指令码，按星务调度单元运行周期（如：Tcycle＝1 s 或 250 ms），查询该程控码的激活时间是否到了，如果到了就分别发出一条或多条指令，通过星上网传送，由相应的 MEU 执行机构分别实施。如图 6-3（b）所示。其关键点是当星务系统调度任务启动时间程控后，取出星上时间和程控缓冲区内相应指令给出的时间值，并进行比较。设星上当前时为 localtime，该条程控指令的序号为 Prog_index，对应的时间码为 Prog_time_buff。那么：

1）当 localtime $\in$ [Prog_time_buff, Prog_time_buff＋ΔT] 时，则取出 Prog_index 的指令代码 Prog_cmd_buff，并从 CAN 总线送出；

2）当 localtime＜Prog_time_buff 时，则跳出，表明时间未到，什么也不做；

3）当 localtime＞Prog_time_buff＋ΔT 时，表示该条指令超时，作为废除指令处理。

其中，ΔT 是一给定的常数，为容许指令执行的时间偏差，例如：10 s。

（3）第三阶段——程控缓冲区整理过程

当正常判决执行一条指令后，即从 CAN 总线送出指令代码信息后，或判决该指令为作废处理后，需要对程控缓冲区进行清理，对

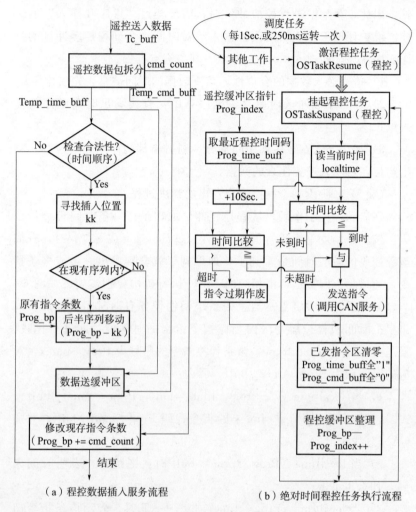

（a）程控数据插入服务流程　　　　　（b）绝对时间程控任务执行流程

图 6-3　绝对时间程控流程图

已经执行或作废的指令所占用的存储区域进行清除初始化。这就是说，它们所占用的缓冲区 Prog _ time _ buff［Prog _ index］全部置"1"，Prog _ cmd _ buff［Prog _ index］全部置"0"，而缓冲区指针 Prog _ index 加 1，剩余的程控指令总条数 Prog _ bp 减 1。

注意：Prog _ index 变量的计数值是循环使用的，当超过缓冲区的最大序号后，就从 0 开始重新计数；Prog _ bp 减到 0 时，表明程控缓冲区中再无指令了，停止程序控制工作，直到另外重新注入新的程控指令后才重新工作。

（4）第四阶段——程控指令的执行过程

指令的执行机构由 MEU 管理和驱动。当 MEU 收到星务主机的指令码后，将其转换成电脉冲信号驱动执行机构。应该注意，驱动脉冲信号有宽度要求，如：160 ms。当需要同时执行多条指令生成多个驱动脉冲信号，要求不多占用 MEU 机时，可以选用如下的编程技巧，其流程图如图 6 - 4 所示。它是利用一个软件进程：间接指令执行任务。它将指令脉冲划分成若干段，每段时间宽度如 10 ms，通过各路计数实现驱动脉冲的投入和切除。从而，同时完成执行多条指令的工作。这个办法还可以实现驱动脉冲宽度的调整，它借用指令代码的辅助参数指示脉冲宽度。例如，辅助参数值为 n，则生成指令脉冲宽度为 $n \times 10$ ms。

从此可以看出，不管是遥控命令，程控命令，还是自主控制命令，星上的控制执行部门都是由星上网和 MEU 统一实现的。这样的集成，可以节省星上的资源，简化星上的控制架构，提高卫星运行的可靠性。

一般的情况，绝对时间程控指令信息只存储在星务主机中，由星务主机统一完成绝对时间程控功能，时间到时发出相关指令，通常是不要求 MEU 具备绝对时间程控功能的。这样的好处是使得MEU 简单，也便于星务主机对全星的统一调度。当然，如果多条程控指令串，同属于一 MEU 管理，而且与其他 MEU 运行无关，为了减少星上主干网的工作量，亦可将这类时间程控指令信息存储在相应 MEU 之中。归属下级 MEU，可以形成多级程序控制，提升功能。特别是，当要求多条指令之间相对时间缩小，小于星务调度运行时间时更加有利。

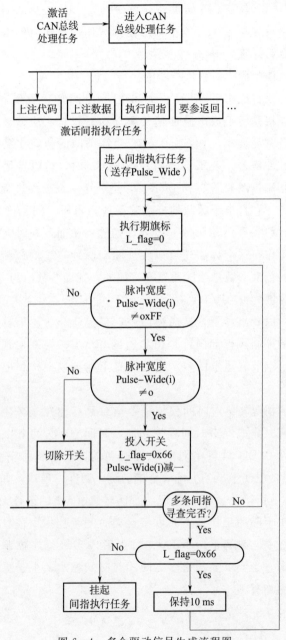

图 6 - 4 多个驱动信号生成流程图

例 6-1 我国的第一颗公益卫星（希望一号）飞越地面站上空时，绝对时间程控缓冲区中存放的内容如图 6-5 所示，包括卫星进站的一串动作指令、临空试验的操作指令、出站的一串动作指令。其中 T0 为过境起始时间。指令发出时间，在缓冲区内从小到大依次排放。当卫星过境时，执行时间 T0 一到卫星就自主运行，逐一取出比较、实施，不需要地面站操控。

绝对延时程控指令码

时间码（Sec.）	控制代码		
T0+5	xx,01,00,10	通信机A开机	进站指令串
T0+10	xx,03,00,10	通信机B开机	
T0+15	xx,0C,66,AA	通信下位机在线	
T0+25	xx,0B,00,10	转发器电源接通	过境操作指令串
T0+30	xx,34,66,AA	转发器422通信开	
T0+35	xx,28,03,AA	信标控转发器开	
T0+920	xx,29,20,AA	转发器数据保存	
T0+970	xx,28,04,AA	信标控转发器关	
T0+975	xx,34,55,AA	转发器422通信关	
T0+980	xx,0C,00,10	转发器电源断开	
T0+985	xx,0C,99,AA	通信下位机离线	出站指令串
T0+990	xx,04,00,10	通信机B关机	
T0+995	xx,02,00,10	通信机A关机	

图 6-5 卫星过境程序控制指令

6.1.3 事件程控

6.1.3.1 事件程控定义和指令格式

事件程序控制系统（Event Program Control System，EPC）是这样一种控制系统，它的程控指令伴随有事件标记，即它的设定值是已知事件的序列，按照事件发生先后的顺序排队，当事件依次出现时就会激发一串指令，再由相应的执行机构分别实施的程序控制动作。

因此，事件程控指令是具有事件标记的间接指令。事件程控数据的格式如图 6-6 (a) 所示。事件程控码包括两个数据域：事件域和指令域。指令域给出执行指令，其格式与遥控、时间程控的执行指令相同，都是由 4 个字节组成，存放该事件发生后要激发的控制指令。事件域也由 4 个字节组成，存放将要发生的事件序列及其附属参数。其中首字节表示激发该事件程控的事件诱因，第二字节表示事件程控的类型（EventType），后两个字节用于表示指令执行事件发生时刻延后的相对时间或表示事件连续激发的次数。相对时间以秒计数。

事件程控的类型有四种。

第一种是单次事件程控，表示一旦事件诱因发生，立即启动相应指令执行。

第二种是多次连续事件程控，为了提高可靠性，要求检查事件连续发生多次后，才确认该事件为真正发生，然后启动执行指令，连续激发的次数存放在事件域第三字节。

第三种是多次发生但可以不连续事件程控，要求检查事件发生多次后，才确认该事件为真正发生，然后启动执行指令，两次发生事件间隔时间不能过长，超时会退去该事件程控进程，并报警。超时数存放在事件域第四字节内。

第四种是时间延迟的事件程控，表示事件激发后，以激发时刻为起点进行时间计数，延迟相应时间才执行的指令，延迟的时间值存入事件域后两字节内。其实，时间延迟的事件程控是时间程控和事件程控的复合程序控制方式，它类似于后面提及的相对时间程控。

令　　　　　　　　　　$EventType = X_7 X_6 X_5 X_4$，

其中

$X_7 = 0$ 表示该事件程控指令处于休眠态，即对事件的发生处于不关心状态；

　　 $= 1$ 表示该事件处于关注状态。

$X_6 X_5 = 00$ 表示该子事件只需检查到一次就确认发生；

=01 表示该子事件需要延迟规定时间后才执行，并再转入下一事件的监视；

=10 需要多次检查到才被确认、执行；

=11 需要连续多次检查到才被确认、执行。

$X_4 = 0$ 表示该子事件程控指令处于等待条件；

=1 表示等待确认次数计算或等待时间计数，等待条件的满足。

6.1.3.2　事件程控的工作原理

事件程控工作原理如图 6-6（b）所示。它与绝对时间程控的工作类似，其工作过程也可以分成四个阶段。

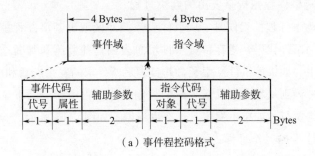

（a）事件程控码格式

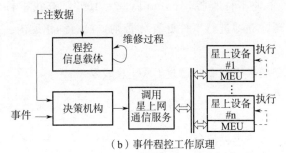

（b）事件程控工作原理

图 6-6　事件程控工作原理

（1）事件程控信息载体的数据准备

事件程控指令码组存储在星务主机的内存中，或者非易失存储器中。每条事件程控是按照码组内的事件发生先后的顺序排队，存放于程控数据缓冲区内，从缓冲区开始位置起。这里与绝对时间程控不同的是，事件程控用缓冲区不是循环流动的，而是固定分块方式。

一组事件程控用事件组号为 M 表示，预设每组最多有 8 个子事件组成，则每组事件程控的数据查询指针为

$$PPevent = StartAddr + M * 64$$

其中，StartAddr 是事件程控数据缓冲区首地址。

当需要修改事件程控时，或向程控数据缓冲区内添补指令时，从地面站遥控上注数据，填入程控缓冲区相应位置。因此，注入更新 M 组程控数据缓冲区时，需要经过定位的处理工作。

（2）事件程控指令发出的判决过程

启动事件程控工作时，从事件程控缓冲区取出各事件程控组的等待发生的事件代码，送存待查事件汇总表内，并监测和判断这些事件是否发生。如果该事件发生了，并且满足所要求的发生次数和/或等待时间长短，则从星上网发送相应的控制指令。再由相应的下位机控制执行机构执行。如果不发生，什么也不做。如图 6 - 7 所示。

事件程控工作过程：

1）对于单纯事件程控，EventType = 1000，查找事件发生否？一旦事件出现，立即进行事件处置。否则，没有动作退出。"事件处置"包括有：

· 从指令域取出指令，通过 CAN 总线发出；

· X_4 置 0；

· 流动计数器清零；

· 取下一条子事件执行。

2）对于时延事件程控，EventType = 1010，查找事件发生否？一旦事件出现，再经过规定的时间延迟后再进行事件处置。否则，没有动作退出。即当查找事件出现，计时计数器 +1；$X_4 = 1$；比较计时值是否大于或等于终值，如果是则完成"事件处置"，否则未完成退出。

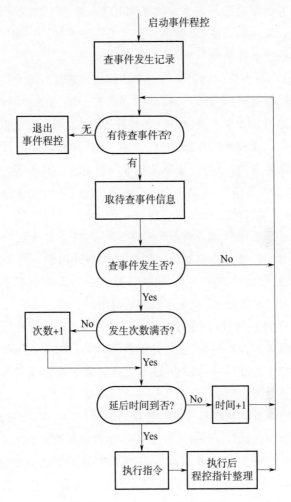

图 6 - 7　事件程控判决过程流程图

EventType＝1011，继续时延事件程控，不进行查找事件，计时计数器＋1；X_4＝1；比较计时值是否大于或等于终值，如果是，则完成上述同样的"事件处置"，否则未完成退出。

3）对于多次发生事件程控，EventType＝1100，查找事件发生否？一旦事件出现，要求经过规定的重复次数后再进行事件处置。

否则，没有动作退出。即当查找事件出现，计数计数器＋1；超时计数器清零；$X_4 = 1$；比较计数值是否大于或等于终值，如果是则完成上述同样的"事件处置"，否则未完成退出。

EventType＝1101，继续时延事件程控。进行查找事件，如果出现则计数计数器＋1，超时计数器清零，$X_4 = 1$；比较计数值是否大于或等于终值，如果是则完成"事件处置"，否则未完成退出。如果查找事件不出现则超时计数器＋1，$X_4 = 1$；判超时超时计数器是否大于某一定值（如：10），如果是则事件组退出，并报警，否则未完成退出。

4）对于多次连续发生事件程控，EventType＝1110，查找事件发生否？一旦事件出现，要求经过规定的连续重复次数后再进行事件处置。否则，没有动作退出。即当查找事件出现，计数计数器＋1；超时计数器清零；$X_4 = 1$；比较计数值是否大于或等于终值，如果是则完成"事件处置"，否则未完成退出。

EventType＝1111，进行查找事件，如果出现则计数计数器＋1，超时计数器清零，$X_4 = 1$；比较计数值是否大于或等于终值，如果是则完成"事件处置"，否则未完成退出。如果查找事件不出现则事件组退出，并报警。

（3）待查事件程控指针整理过程

当正常判决执行一条指令后，该组事件程控指针加8，更新等待发生的事件代码。这就是说，准备好下次事例判决的新事件代码。如果更新的事件代码为结束代码时，该组事件程控退出整个事件程控的判决过程，恢复该组事件程控的初始状态。如果一组事件程控的子事件个数超过预设的8时，可以在最后一个子事件，即第8个子事件指令域内填入启动另一下事件组的指令。实现多个事件组的串接，达到子事件数超过8的需要。

（4）事件程控指令的执行过程

设备的执行机构由 MEU 管理和驱动。当 MEU 收到星务主机的指令码后，将其转换成电脉冲信号驱动执行机构。

可见，引入事件程控的一个目的是，有利于卫星在轨的安全管理和健康管理，有利于卫星的故障分析和处理，也有利于地面和在轨的测试。另一个目的是简化星地之间的控制操作，提高对星控制的效能。

根据事件不同，它又可以分成两种：其一是内部事件程序控制，其二是外部事件程序控制。根据运行方式不同，它也可以再分成两种：其一是纯事件程序控制，其二是相对时间程序控制。

6.1.3.3　外部事件型程控指令

外部事件程控是指，由外部事件产生的程控指令，即通过地面遥控指令或绝对时间程控指令引发的事件，这些事件按激发一串依次执行的指令，使卫星或星上设备按预定的规则正常工作。引入外部事件程控的目的是：

· 利用地面站上传的一条指令换得星上一串指令，扩大了指令的使用范围，减轻星地通信的繁琐，增加了星地接口的灵活性；

· 利用时间程控的一条指令激发事件程控的一组指令，减轻时间程控缓冲区的资源负担，也减轻星地通信的困难；

· 利用多条指令组合形成更多的复杂指令，增强星地交互能力，如同一个 PC 机的"键盘"，企图形成虚拟"个人"卫星（Personal Satellite）。

外部事件实例，如：

· 星箭分离事件。由分离机构产生分离信号，形成一个外部事件——星箭分离事件，启动程控指令来完成分离段一串指令，包括星上时间清零、程控启动、太阳帆板展开。

· 虚拟键盘事件。通过几条直接指令来模拟完成虚拟键盘功能，星上根据指令组合结果，启动相应指令，虚拟键盘指令的设计。

· 程控缓冲区起点设置指令事件。在星箭分离后，由于经过了恶劣的上升段飞行环境，卫星可能发生种种故障，从遥测数据中反映出异常，需要地面飞控专家进行及时管控。分离入轨时卫星的动作很多而较为复杂。同时，我国小卫星入轨监控间也很短，如果出现故障处理又需要时间。因此，卫星发射前，都进行了充分的"预想"，如果出现某种问题，就采用相关的一套处理措施，形成一串有序的指令组。这些各种各样的预处理方案分别存储在程控缓冲区不同的区域内。当卫星发射入轨分离后，从遥测中发现某一种故障，如果需要的话，就立即发送"程控缓冲区起点设置指令"，将程控从相应处理指令组开始启动，执行故障处理。如果无故障发生，原存故障处理指令组，可在适当时间清除。这样，用一条事件程控就可以解决入轨时故障处理问题，采用星上自主和星地专家管控相结合的办法。事件程控就是实现这种"结合（集成）"的手段。

6.1.3.4　内部事件型程控指令

内部事件程控是指，卫星在轨运行时，星上设备工作状态变化引发的事件，包括正常状态的变迁和突发故障，再由卫星运行内部过程自动产生的程控指令。它由星上遥测结果分析和星上主干网传送的信息诱发的事件，这些事件由星务主机根据安全管理判据自动生成。

·设备运行的示性数改变事件。示性数是用于描述设备的运行状态，给出设备内部自检的结果，利用设备的内建测试能力直接反映其健康情况，有利于从历史过程中掌管设备的健康状况，有利于预防灾难性故障。同时也减小整星健康管理任务的复杂程度。当示性数改变超过限量值时，就引发事件，代表危险性将发生，需要启动相应的措施加以防范。

·重要遥测参数越限事件。例如电源电池的电量过低等事件发生时，启动卫星安全程控指令以保证卫星的安全。

·卫星星下点进入某指定区域事件。启动卫星某项预定任务操作过程，例如定点开机照相。

启用内部事件程控的好处：根据卫星运行状况启动相应指令，扩大了指令的使用范围，方便地增加了卫星自主控制能力，增强卫星在轨生存能力。

6.1.3.5　事件处理方法

事件程控工作步骤：

第一步　建立事件程控缓冲区，如图 6-8（b）所示。如果无事件程控数据安排，初始化时事件程控每条指令设置为：全"1"。

第二步　对每一个事件程控都建立对应的流动变量 Event_Series（EventNo），其数据格式如图 6-8（c）所示。它由 4 个字节组成，包括五项数据域：状态域、指令序号域、类型域、激发计数域和相对计时域。指令序号表示该事件程控指令组中的第几条，即存储变量 Index。类型域同事件程控的类型，激发计数域作为激发次数的计数器，相对计时域作为延后相对时间的计数器。每个流动变量的初值 = "c0 00 00 00"。事件的流动变量对应于绝对时间程控的当前时间变量：localtime。

第三步　设置星上事件状态变量：Event_State。它的每一位表示一项事件，当某事件发生时，对应位置"1"，没发生时置"0"。它的初值为零。

每当星务管理运行一周时，由遥测任务处理结果判断对 Event_State 相位进行设置，或由遥控指令解释时设置，或由 CAN 总线通信判断设置。它用来记录在一个运行周期内星上状态的变换，供事件发生的判断。

第四步　由星务调度启动事件程控对每项事件程控流动变量进行更新。

当 Event_Series（EventNo）状态 = 11 时，依据 EventNo 和 Index 在缓冲区内调用一条事件程控指令。基于 Event_State 判断该指令是否被激话。如果事件没有发生，则跳出，不做任何动作。如果事件已经发生，从缓冲区将相应指令的属性送 Event_Series（EventNo）的状态域，激发计数器清 0，相对时间计数器清 0。当 Event_Series（EventNo）状态 = 01 时，激发计数器 + 1。当 Event_Series（EventNo）状态 = 10 时，相对时间计数器 + 1。对所有的 EventNo 处理完后，转下一步。

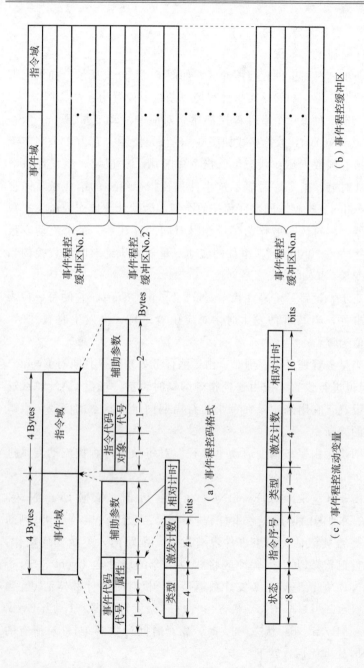

图 6-8　事件程控缓冲区

第五步　根据每项事件程控流动变量进行执行程控。

当 Event_Series（EventNo）状态＝00 时，依据 EventNo 和 Index 在缓冲区的指令域内调用一条指令，并通 CAN 总线发送立即执行。当 Event_Series（EventNo）状态＝01 时，比较激发计数器值和缓冲区的相应的给定激发计数。如果判断为大于或等于，则调用相应的一条指令，并通 CAN 总线发送立即执行，否则跳出，不做任何动作。当 Event_Series（EventNo）状态＝10 时，比较相对时间计数器值和缓冲区的相应的给定相对时间。如果判断为大于或等于，则调用相应的一条指令，并通 CAN 总线发送立即执行，否则跳出，不做任何动作。

第六步　清星上事件状态变量：Event_State，准备下一周期工作，返回第三步。

6.1.4　相对时间程控

6.1.4.1　相对时间程控定义和指令格式

相对时间程控（Relative Time Program Control，RPC）是由某一事件诱发的一串时间程控，即以该事件发生的时刻为起点时间，依据该起点时间依次顺序执行一串动作，故称之为相对（该事件的）时间程控。在小卫星中，广泛地使用了这种事件触发型指令。例如，对有效载荷等设备的投入和切除管理来说，每次调用的工作过程，大多数情况下是相似的，指令串是相同的，只是起点时间和参数不一样。为了减少地面操作，根据卫星的使用情况，设置相对时间程控指令。对于卫星测控来说，进入和离开地面测控站的管理步骤，每次也都是一样的，也可以用相对时间程控指令来实现。对于卫星故障处理也是类似，一旦诊断故障为某一类事件就按相应的一串指令操作，调用相应的相对时间程控执行。因此，小卫星的自主任务管理的机理都可以归纳为：

1）监测状态和参数来判断事件是否发生，或接收对应的命令来激发事件发生；

2）借用事件的发生，激活对应的相对时间程控组；

3）再由相对时间程控组顺序发送指令串，执行各种相应的动作。

由于相对时间程控指令是因为事件触发型而产生的指令，它需要以该事件发生时刻为起点时间，按相对这个时间顺序执行一串动作。它可以采用如下两种方法之一来实现。

其一是，记下事件触发时刻 t_0，按照各条指令相对时间加上 t_0，形成绝对时间程控指令，送存绝对时间程序控制缓冲区中，按绝对时间程控控制方法进行程序控制。

其二是，由事件激活相对时间计数器，类似绝对时间程控，利用时间域数据与相对时间计数器的比对来控制程控指令的发送，实现程序控制。

对于简单应用情况来说，前一方法简单方便，但需要占用一些机时，实现从相对时间程控指令到绝对时间程控指令的转换过程。为了应对各种各样的应用情况，第二种方法更为灵活、适应性好。下面阐述这一方法的具体实现。

相对时间程控用的数据缓冲区结构与绝对时间程控用的不同，后者数据依时间为序，从小到大排列，并且首尾相接循环使用。前者不能循环使用，相对时间程控用的数据缓冲区为固定格式，它被划分成若干块，每块标记相对时间程控名号。每块包括 n 个单元，每个单元可以存放一条相对时间程控指令。每一块事件群有一个对应的时间计数器，当该事件发生就激活相对时间计数器进行计数，再由事件程控块控制依次发出一串指令，实现该事件诱发的程序控制。

每条相对时间程控指令包括：2 个字节的相对时间码和 4 个字节的指令码，如图 6 - 9（a）所示。相对时间码为秒计数，占用 15 位，其范围为：[0，7FFF]，最高位作为特殊标志，当它为 1 时表示该事件程控块任务结束。如果事件程控所需指令条数小于 n 时，最后一条指令时间码最高位置 1，执行完该条指令后就退出该块相对时间程控。如果 n 条指令不够，可以用第 n 条指令激活另外一事件程控块，可以获得 $2n-1$ 条指令串，或更多。

可以看出，利用事件程控和相对时间程控指令可以大大简化卫星的操作和测试过程，并且也最大限度地保证了卫星的安全性和可靠性。

6.1.4.2　相对时间程控的工作原理

相对时间程控工作原理如图 6－9（d）所示。它与绝对时间程控的工作类似，不同的是它不依托于星上时间，而是建立自己的相对时间计数器。其工作过程也可以分成四个阶段。当某一事件发生，由该事件程控处理，如果该事件是启动某一相对程控时，就由事件程控从相对时间程控缓冲区取出相应的数据送存，并整理相对时间程控流动变量，如图 6－9（c）所示。接着相对时间程控控制器将相对时间计数器和时间码进行比对，时间到就从 CAN 总线发送指令。

（1）程控信息载体的数据准备阶段

相对时间程控指令码组存储在星务主机的内存中，或者非易失存储器中，如图 6－9（b）所示。每一块相对时间程控是按照码组内的时间先后的顺序排队，存放于程控数据缓冲区内，每一块固定指令条数为 n。

注意：1）固定指令条数；2）当指令条数小于或等于 n 时，最后一条指令时间码最高位为 1，表示该条指令执行完后本块相对时间程控结束；3）当指令条数大于 n 时，最后一条指令时间码最高位为 1，指令码用于激活另一个相对时间程控块，表示本块相对时间程控结束，使用另一块相对程序控制块来继续相对程序控制。

（2）程控指令发出的判决过程阶段

同绝对时间程控，仅不同的是时间比对采用自身的计数时间，而不是星上时。

（3）程控缓冲区整理过程阶段

遇到时间码最高位为 1 时，执行完该条指令后，退出该事件程控块。即对该相对程控流动变量的状态设置为初始状态。

（4）程控指令的执行过程阶段

同绝对时间程控。

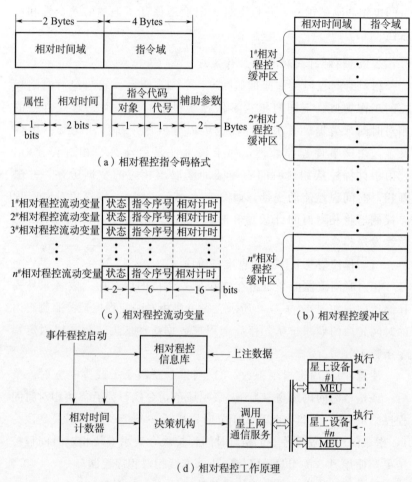

（a）相对程控指令码格式

（c）相对程控流动变量

（b）相对程控缓冲区

（d）相对程控工作原理

图 6-9　相对时间程控工作原理

6.1.5　位置程控

6.1.5.1　位置程控定义和指令格式

位置程控（Location Relative Program Control，LPC）是一种特殊的相对时间程控，它是由"卫星的星下点进入给定位置的事件"所引发的相对时间程控。这就说，当卫星星下点进入给定地域时，以该时刻为起点时间，依据该起点时间依次顺序执行一串动作。由于卫星的运行管理和应用目的，都要求星地之间存在有多种联系。这就是说卫星和指定地域出现给定的关系时，卫星上要求实现一串动作。它可以用位置程控完成，在小卫星中有广泛的用途。

用于运行管理，与地面站连接，实现进站和出站的一系列常规操作。过去小卫星是利用地面轨道计算，将过境地面站的时间上注卫星，由绝对时间程控进行管理。由于每圈过某一站的时间是变化的，所以每次过站均需上注数据到卫星。如果用位置程控进行管理，事先计划某站管理，由星上轨道计算自主判断飞临上空时，进行进站操作；飞离上空时，进行出站操作。这样，勿需每次轨道圈都需要上注数据管理，只需一次指定即可。

用于应用任务的自主启动和结束。譬如：对于卫星数据搜集系统，每个地面搜集目标建立一条位置程控。当卫星飞临该目标上空时，进行搜集数据操作；飞离上空时，进行停止操作。位置程控只需要地面目标的位置数据和操作的代码，对于定点目标侦察照相卫星也可以常常启用位置程控。

位置程控的数据格式如图 6 - 10 （a）所示，包有两个数据域。其一是位置域，占 4 个字节，分成星下点经度和纬度两部分，各占 2 个字节。其二是指令域，占 4 个字节，格式同遥控指令。其中的辅助参数用于表示：

1）位置的范围，如：高度角或相对星下点的偏离距离；

2）位置程控的工作状态，如：休眠态、开始工作态、结束工作态。

6.1.5.2　位置程控程控的工作原理

位置程控的工作原理，如图 6 - 10（b）所示。它的工作过程包含有三个阶段。

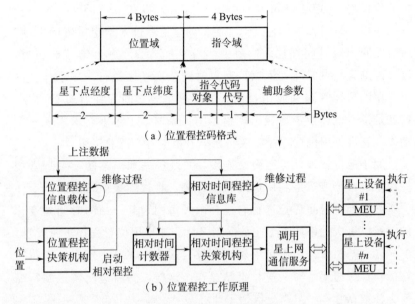

图 6 - 10　位置程控工作原理

（1）程控信息载体中的数据准备

位置程控指令码组存储在星务主机的内存中，或者非易失存储器中。每一项位置程控占 8 个字节，存放一条位置程控指令，所有位置程控指令组成位置程控缓冲区。位置程控指令的位置域给出星下点位置，指令域给出"卫星的星下点进入给定位置的事件"发生时，所启动的事件程控指令码和发生条件。

（2）程控指令发出的判决过程

启动位置程控工作时，从位置程控缓冲区依次取出各位置程控指令的位置和区域范围，再根据轨道计算提供的轨道服务数据进行计算，判断该位置程控指令的位置是否落入这个要求的范围内部。如果没有，跳出。如果在该范围内部，按该位置程控指令的指令代

码激活相应的相对时间程序控制。随后，由激活的相对时间程序控
制顺序控制，通过星上网发送一串指令，再由相应的下位机控制执
行机构执行。

（3）程控缓冲区整理过程

当该位置程控处于不工作时，该位置程控指令最后一字节赋予
0x99，表示该指令处于休眠态。当位置程启动控工作时，不对其进
行判决过程，跳过对下一条位置程控指令进行扫描工作。当位置程
控工作激活相应的相对程控后，应对该位置程控指令最后一字节赋
予 0x66，表示该指令处于正在工作态，避免在下一个扫描周期内重
复启动对该位置程控指令的判决处理。当它对应的相对程控完成，
最后一条指令应该将调用这个相对程控的源头位置程控复位，使其
处于等待状态。位置程控指令最后一字节赋予 0x55，表示该指令处
于等待态。因此，初始化时，对于不用的位置程控指令最后一字节
赋予 0x99，对于要用的位置程控指令最后一字节赋予 0x55。

6.2　卫星自主管理

6.2.1　概述

引入在轨自主管理，减少地面干预，其旨在于：

·小卫星、微小卫星越来越多，减轻地面测控站的工作量是必
要的；

·简化卫星发射过程的工作量，避免与主星、运载的冲突；

·加强星务主机设备坚固性、软件灵活性、功能广泛性，利用
主机对星上设备的公共服务，从而放宽对下位机及其本体设备的要
求和限制。

因此，小卫星的自主管理功能是星务系统具有的特点之一。这
一特点是基于星务系统作为小卫星测控信息的中心，并且具有很强
的数据处理能力和设备群间的协作能力。小卫星自主管理功能是对

星上各分系统、各个设备和有效载荷实施有效的整体管理，为它们提供数据处理和信息交换等服务。进而，也对整星运行进行监测和控制，回避危险事故的出现，对出现的故障进行排除。

自主管理的过程包括两个方面的工作。其一是，对全星进行测量、监视各设备运行状况、判断它们的工作是否正常，从而判断星内、星外发生什么"事件"。其二是，进行故障类型的识别和运行任务的调配，从而决策启用应对该事件的程序控制过程，最后再由程序控制系统自动执行。这表明：自主管理一方面需要有一个强有力的决策系统，另一方面又需要有一个灵活的执行系统。当然，它也需要一套提供信息的设备，用于支持决策工作。特别是，为了集成地面专家系统进行智能管理，也需要一条灵活方便的渠道，用来支持星地交互，实现互通互联，将星上实况全面地下传到地面专家，又能灵活地实现专家的决策措施。因此，基于这四个"需要"，把"自主管理"纳入星务管理中，就成为必然了。我们利用遥测遥控通道实现星地联网、集成星地决策资源；利用程控完成自主管理的执行；利用星上网构成的测控信息中心获取各种数据；利用星务主机和星上网构建的网络计算系统进行分布式多层面的决策。由此，确保了决策的实时性、简单性和可靠性；也确保了执行的及时性、有效性和正确性。这就是星务系统能成为卫星自主管理的中心的基础，也是在星务系统中重点开发各式各样的程序控制方法的原因。正如第1章所述，星务系统是小卫星的"信息总体"或"电总体"，是星上自主管理工作的物质基础，是地面专家在卫星中的"代理"。

可见，自主管理需要四个方面的能力：

- 各种信息数据的获取和处理能力；
- 决策系统的决策能力；
- 强有力的、灵活的执行能力；
- 与地面专家系统的沟通能力。

自主管理的内容很广泛，从小卫星现状出发，本书暂时划分成三方面进行阐述。其一是，卫星内部设备的自主管理；其二是，卫星飞行任务自主调度；其三是，充当地面飞控专家的遥代理（远程代理）。

6.2.2　星内设备安全运行自主管理

卫星内部自主管理，其目的是：维持小卫星内部设备的正常运行；或者当出现故障情况时，由小卫星自治地采取处理措施，使其恢复现场，并继续工作。

因此，星内设备自主管理有如下几个方面。

6.2.2.1　星务主机的内务管理

星务主机，除承担对全星运行的管理功能外，还需要对自身的内务工作实施自主管理功能，包括如下几项：

1）主、备机切换管理功能。自主掌管复位或切换，为的是确保星务主机在轨能连续不间断地工作，避免或减少卫星应用任务的暂停时间和卫星出现危险的机会，同时也减少地面控制的工作量。

2）切机或复位后，借助内务下位机的支持，立即恢复主机运行的现场，实现无扰的切机或复位，保证星务主机的服务质量，不影响卫星的正常运行。

3）星上网 A、B 总线切换管理功能。它确保星上网在轨运行时能自主修复，保障星上信息的畅通。同时，借助对网上各节点进行监督和适度的维护，避免或减少地面干预。

4）控制存储器纠检错（EDAC）和定时刷新，实现对星上重要信息的自主保护功能。当主机上电后，由 main（）激活 edac（）任务，它以最低优先级不断运行，以一秒左右周期对 1 MBytes 存储器刷新一遍，防止单粒子翻转，避免二位以上错，纠正程序中运行数据、堆栈数据、控制旗标等的异常错误，避免了程序跑飞。

5）星上重要信息数据的异地保存和返回等管理功能。星务主机保存全星各设备运行状态的设置数据，还包括自身的许多重要参数。它们规定了卫星的工作流程，当星务主机复位或切机后，这些数据将会丢失。因此，它们需要借助多机协同，采用"异地保存"机制，用于对全星的重要信息进行自主保护。星务系统设置内务下位机，其旨在于协同星务主机的工作，完成异地保存重要数据是其中的一项重要的任务。"异地保存"功能很大程度避免了星上计算机复位、切机需要地面站干预的麻烦。

6）星务主机对全星和自身的控制与管理都是通过调用星载程序的函数或任务进程来实现的。对现有函数或任务进程的切除和接入，就可实现对现有的功能或任务进行管理。因此，星务系统的自主管理有些部分就转变为程序的函数和进程的切除和接入。在软件中引入众多的旗标和遥控中引入虚拟指令，其目的就是为了这一点，使之容易构建实现自主控制的手段。它对灵活管理星上的工作量、回避不良任务和函数的运行、启用良好功能运转，都是有效果的。从而可以控制错误的出现，避免失误。

7）除了6）已有函数和进程可以进行自主接入和切除的管控外，还具备有上注新添函数和进程功能及其切除和接入控制（新添功能、任务管理）。

8）运行参数的上注修改，也可以灵活变更运行状态（含监督控制策略更改管理）。

9）星上统一时间和校对管理。

可见，星务主机的内部事务管理，除自身内务外还包含卫星的内部事务，是很复杂的。因此，在小卫星星务系统中专门设置有内务下位机，协助星务主机进行主机和全星的内部事务管理。

6.2.2.2　下位机及其设备的管理

对下位机的管理，进而通过下位机实现对设备本体的管理，其技术途径如下：

1）基于中国文化"通则不痛、痛则不通"的原则，主机对下位机的诊断首先就是利用星上网总线工作状况实行的，"总线通与不通成为主机判断下位机痛与不痛的标准"。当 A 总线不通，切换到 B 总线，还是不通，表明该下位机有故障，需要修复。

2）修复的办法是，通过星上网依次采用 CAN 控制器重新初始

化、下位机复位、下位机断电后再上电、下位机主备份切换等指令
实施。

3）当总线工作正常时，利用总线返回的遥测信息或检测信息对
设备本体进行评估和采用相应处理方法。首先是启用设备内部自检
和自恢复措施，来实现故障排除。其次通过总线发送测试报文对设
备诊断和相应的命令报文进行故障排除。最后通过星务系统透明传
发，由地面专家诊断和处理故障。

可见，基于现有的星上网对下位机进行诊断和修复，其好处是
不增加额外的附加设备，符合小卫星建造原则，证明了小卫星以星
上网和内嵌式技术为核心来建造星上各种设备的策略是有效的。

6.2.2.3　电源的管理

（1）自主供电管理

根据当前供电资源状况安排全星用电。自主供电管理原则是：

1）在"日照区"时期，在满足蓄电池充电的条件下，可以对全
星需要用电设备进行供电。当用电量过大时，采用分时供电，避免
影响对蓄电池的充电工作。

2）在"星蚀区"时期，在保证蓄电池的安全条件下，首先满足
平台主设备用电，再对需要用电的载荷设备进行供电。

3）任何时期，在危害蓄电池的安全条件下，可以暂停蓄电池对
外进行供电。

（2）蓄电池的管理

1）根据电池的工作模式，自动设置不同的充电模式和充、放电
电流参数。

2）自动进行充放电控制，监视充放电电流，进入过充、过放临
界区时自动实施过充、过放的保护动作。

3）采用安时计控制，自动实施充、放电过程。

4）引入蓄电池组安全性管理原则：为长远生存之计，容许蓄电
池造成"保护性"全星断电故障。

· 基于中国文化"无为"的思想，它在技术上的意思就是，"不

要强迫星上设备实现它无法完成的功能"，过去在轨卫星的蓄电池是不能断开的，始终处于要对卫星供电状态，但是小卫星的锂电池组不能"过放"，所以我们对其控制要采用与过去卫星不同的管理规则，即当锂电池接近"过放"门限时，立即切除，不再对卫星供电，虽然这样做会对整星暂时造成"断电故障"，但是"留得青山在不怕没柴烧"，由于这种"主动有序地"进入故障（称为"主动制造的"的故障），为日后"有序地"退出故障安排了条件。从长期和整体观点上看，这是有利于卫星生存寿命的。

·实施锂电池过放、过充保护程序，即进入"过放、过充"临界区，自主切断蓄电池的充放作业。

·在实施锂电池断电、接通保护程序过程中，保障星上动作（包括"主动制造的"故障动作）都是有序、平稳、无扰、可控地进行，只有这种特性的动作才对卫星持久、稳健、健康、长寿是有好处，对卫星不产生危害、损伤。这表明：卫星在轨运行管理也是很重要的，不能"用坏了"。

（3）大耗电用户限电管理

对于卫星用电大户，星上电源对其长期供应负担不起，为此在轨采用"脉冲供电"方式，即卫星进入应用区时对其供电，其他时区不供电，必须强行切除，减轻电源的消耗。在我国第一颗公益卫星（希望一号卫星）中，通信机是用电大户，星上电源无法支持对其长期供电，然而没有它卫星又无法在轨运行。折中解决的办法是，在轨采用"脉冲供电"方式，即卫星进入测控区时对其供电，其他时区不供电。

采用这种办法，就会出现在切除用电大户过程中发生的诸多问题：

1）切除用电大户后对整星工作的影响，需要改变过去在轨的运行策略。在希望一号卫星中，对通信机用电大户采用"脉冲供电"方式，就必须改变过去在轨测控以遥测遥控为主的原则。而改用以自主程序控制为主的新原则。这就是说，星地测控通信开始或结束时刻，由星上程序控制进行管理。当卫星飞临地面站上空时，通信机才自动上电，才准备好与地面站通信。星上通信机不上电，地面站遥控是打不开的，这就是说自主程序控制优先于遥控。

2）这样做就要防止卫星自主控制的失误，失误后必须采用一套策略，使卫星能自主恢复，能自动与地面站建立起"连系"。希望一号卫星的应急方案就是解决这些问题。当希望一号卫星和地面站失去"连系"时，希望一号卫星每 30 分钟定期使控通信机上电工作 5 分钟，然后关机 25 分钟停止供电，从而满足星上功耗的限制，又提供与地面站联络的窗口。希望一号卫星多次用这种应急办法恢复正常工作，以克服星上的故障和地面操作的失败。

（4）错峰用电管理

由于星上对设备供电不是平稳状态，当开机设备多时用电量大，否则用电量小。同时在日照期充电完成后，供电富裕量大；在星蚀期和卫星出地影初期供电量紧张。因而采取合理安排设备的开关机时段，错开集中用电期，对星上资源和安全运行都是有好处的。我们曾经在一颗卫星上实现了错峰用电，避免了过长地影区造成卫星"冻坏"设备的灾难。

6.2.2.4　各类数据服务管理综合信息自主管理

（1）星时信息自主管理

提供时间数据服务，包括：

1）利用高稳定度的时间计数脉源，生成时间信息。

2）接收地面站的授时和校时控制，获取和校准星上时间。

3）接收导航星（GPS 或北斗卫星）的授时，获取星上时间。

4）通过星上网广播，统一星上设备的时间和实现相互之间的时间同步，确保星上各设备用较低稳定度的时间计数脉源获取长期的时间准确度。星时广播周期 1 s，同步精度优于 0.1 ms。

5）产生秒脉冲，实现高精度时间。

（2）轨道信息自主管理

利用星上轨道外推和插值计算，获取用户（设备）订阅的如下信息的数据，再通过星上网的广播发布，需要者接收、使用。提供轨道数据综合服务，包括：

1）卫星轨道空间位置和速度。

2）卫星高度，星下点的经度和地理纬度，星下点的前向运动速度，以及速高比等专用数据。

3）卫星轨道日照条件。

4）星下点日照方向。

注意，如果星上引入卫星位置测量设备，用测量数据不断更新、修正计算轨道的参数，不仅提高计算精度，还延长地面站进行轨道修正的时间间隔，甚至可实现卫星的自主导航。譬如：各种敏感器成像匹配自主导航、地磁场自主导航等。

（3）姿态信息自主管理

利用星上姿态测量数据进行插值计算，获取用户（设备）订阅的信息的数据，再通过星上网的广播发布，需要者接收、使用。提供姿态数据综合服务，包括：姿态角度和角速度。

（4）综合能源信息自主管理

提供能源信息综合服务：能源信息获取、信息发布。当能源进入紧张期时，各设备提前保存数据自动关机。

6.2.2.5　全星温度环境的维护服务管理

温度环境维护管理的原则是：确保星内温度环境在日照条件下不超过要求温度的上限，在星蚀区也不低于下限；同时在星蚀区的控温耗功应该考虑任务需要和蓄电池的安全。温度服务管理包括有：

1）自动温度控制是普遍采用的典型的自主控制，由遥测通道探测被控部件一个或多个测温点，简单地进行判决或按设定的算法计算后再进行判决：当达到了所设定的控制阈值，则由星务系统发出接通或断开加热器供电的指令。

2）根据轨道预估和卫星作业安排，设置控温参数。譬如，在星蚀区有用电大户设备需要启动时，在进入星蚀前，利用日照期过剩的能量提高星体温度，用储热的方法，换取星蚀期的用电。这就是我们所说的"错峰用电"方案。这种"中长期规划的温度控制原则"有利于卫星安全和卫星应用服务的品质。

6.2.2.6　设备和执行任务的保障管理

在设备运行和任务执行中，发生故障，对其管理的原则如下：

1）对故障处理有实时性要求，由地面站实施实时控制在大多数情况下是很难做到的。因为绝大多数在轨小卫星处于地面站测控作用距离范围内的时间都是很有限的，而由星务系统自主控制来实施故障处理，将是实时而有效的。星务系统首先检测并诊断、定位小卫星的故障部位，然后由星务系统发出一系列指令进行重组切换，使小卫星及时进入安全模式或降级运行。复杂的控制往往按一定的算法对探测到的多参数进行运算，根据对运算结果的判断最终确定是否发送指令。自主控制比由地面站实施控制要简便并有效得多，当小卫星较长时间脱离地面站控制时，要求它能自主控制，使其维持在一个安全模式下运行，等待飞临地面站上空时由地面专家协同救援。

2）自主控制的设计要特别谨慎，以保证不会带来额外的故障。对故障的检测往往需要采用容错设计，进行多方多次检测比对，所实施的控制也要有周密的考虑。应将较为复杂的有效载荷工作安排、失效分析等较为复杂的工作交由地面站去做，以限制小卫星设计的复杂程度并确保安全性。有些任务也可以在小卫星上做相对简单的处理，然后通过地面站的后续处理而最终实现。

3）和程控功能一样，自主控制的条件（阈值和自主算法）也都由地面站赋予。地面站遥控具有可以干预的优先权，包括设置自主控制的"使能"和由地面站发令控制更改。它不需要配置专用的直接开/关指令通道，因为自主控制指令是虚拟指令或由 MEU 的间接开/关指令通道发送的，编制并注入适当的遥控数据块便可发送。

可见，故障处理的自主控制功能不仅增强了小卫星的自主性，和程控、延时遥控功能一起，还大大地降低了要求地面站支持小卫星运行的代价。

6.2.2.7　自主监管星内设备安全运行的过程

对星内设备运行的自主监管一般采用三项步骤。

（1）设备的工作健康状态监测的方法

1）利用 CAN 总线通信工作状态，监测各设备的工作健康状态。

星务系统利用星上网汇集全星的遥测数据，周期性地与星上各种设备经过 CAN 总线通信。在通信过程中，星务主机同时监测各种通信状态。如：设备是否及时应答通信，通信格式是否正确，通信过程中是否丢帧，通信数据是否有错等。利用这些状态初步判断该设备是否在正常地工作。

2）利用设备返回的遥测数据信息，监测各设备的工作健康。

·监测各设备的工作电压和电流，判断是否存在欠压、过流等异常参数；

·监测各设备的工作温度，判断是否存在发热情况；

·监测各设备的关键参数，判断是否存在超越要求的上、下限额。

3）输入预定的激励信号报文到设备，监测该设备的反映。

·从 CAN 总线发出相应的测试报文，在总线上监测该设备是否响应总线的调用；

·利用设备从总线返回的测试数据信息，经过处理，判断是否发生相应状态的改变，从而监测该设备的工作健康和故障状态。

（2）设备故障自主排除的方法（即星内设备投入/切除自主操作）

1）当监测到一条 CAN 总线通信工作状态异常时，首先采用"总线切换"措施。

·当发现某一设备的 CAN 总线通信连续错的次数超过某一设定值，如：10 次，星务主机仅对该设备主动切换到另外备用总线；

·当发现多个设备的 CAN 总线通信连续错的次数超过某一设定值，如：100 次，星务主机对所有的设备从现用总线切换到另外备用总线。

2）当监测到两条 CAN 总线通信工作状态都异常时，需要采用如下管理措施。

· 当发现某一设备的两条 CAN 总线通信都出现异常时，如果在授权条件下，切断该设备的供电，延续若干秒钟后，重新给该设备供电，即"设备复位"；

· 或者先切除现场设备再投入备份设备，即"设备切换"；

· 如果该设备是"非关键"设备，或当前业务处于紧急状态下，可以采用将该设备挂起，即"设备离线"，等待设备自行处理自行恢复 CAN 总线通信故障。

因为，星务系统的 MEU 或下位机都具有长期无星务主机调用时，自主对 CAN 总线控制器复位的"自保"措施。

3）当监测到某设备的遥测数据异常时，如果在授权条件下，采用 2）项类似的管理措施。

（3）星内设备运行参数恢复与重设置

可见，设备出现故障后，采取"设备复位"和"设备切换"的措施，都会破坏原先的设备运行现场。复位或更换的设备需要恢复现场，实现无扰切换，恢复原来的工作环境状态。因此，星务系统利用星上计算机群实现"整体控制"，其中内容之一是现场数据和业务设置参数等采用"异地存储"机制。各设备的业务设置参数和其他关键数据都在星务主机中备份。并且定期交换、刷新。当某设备需要进行原有设置参数的回传时，譬如设备复位或切机后，可以向星务主机申请回送，实现重置，恢复现场。

6.2.3　飞行任务自主调度

卫星本身由许许多多设备组成，星内、星地共同完成飞行任务。小卫星以星上网和内嵌下位机（MEU）构建星上设备，使星上设备变成各种可"协作型"的设备。它们之间互联互通，共享信息资源、相互协同支援。产生了协同管理的需求，从而对星务系统赋予"任务管理"的功能就应运而生。以整合星内、星地的信息和资源，实现任务过程化管理，如图 6-11 所示，包括如下基本任务集。

·将目标信息和实际飞行信息进行综合分析，制定下步飞行计划，并根据任务优先级和优化目标自行实施。

·日常任务的管理与分配，实现星内的协同工作，最大发挥星上资源的效能。

·应用任务的整个工作期，包括：启动、计划、执行、控制和结束。根据实际情况实现合理的应用任务运作，对项目使用到的设备和各种使用约束条件（电源、温度、姿态、日照）进行恰当的分配预报和管理。对任务进行逐层的分解，获得可控制和可操作的子任务，制定设备的日程工作计划，并且通过星上网传达给分担给对应的设备，对其工作进行监督与监控。

·维修任务，如果设备发生问题，代理可以冻结现场，进行现场分析和维修处理，如果解决不了，才将信息传回地面，寻求地面支持。

·任务过程追踪、经验知识积累，便于星务主机积累星上设备的健康状态，调整管理的模式和需求，构建自适应型整体运行架构。

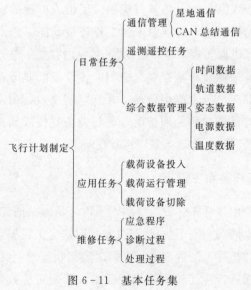

图 6-11　基本任务集

各项任务管理系统（task management system）包含如下业务过程：

·管理业务过程。业务管理的集中体现是对日常的设备管理，加强设备之间的互联互通，提高信息传送的可靠性，即保证决策实施与控制的执行力。任务管理可以进行"一对一"的任务下达和完成确认，加强了与设备的沟通，并根据业务需求对设备的执行工作进行有效的规范和调整。也可以"广播式"一次下达命令，各相关设备并行工作，按约定时刻前返回结果报文数据。前者基于 CAN 总线的滤波机制实现，后者是 CAN 总线的广播方式。

·时间管理。时间管理（Time Management）包括有时间和设备间的时间同步，使其配合完成同一工作，实现目标。"任务管理"可作为日常工作的时间管理工具，实现在最短的时间和预定的时间内，完成工作、实现目标，降低变动性，使各设备更有效地运用时间，确保从设备外获取的数据可用性，也保证对外提供的信息的实效性。时间管理对于具有"协作型"的设备群系统来说，是很重要的一项管理。全星只统一大时间，既协调星上各设备统一动作，又宽松各设备之间的相互制约，使各设备之间只处于松耦合状态。

·事件管理。事件管理（Event Management）包括有星上大事件的通报，如：当全星缺电时各设备进行安全关机，保护数据。又如：当某设备处于工作状态，相关设备可以获取相应的数据或提供相应的数据。

·网络共享文档。计算机群可实现资料信息的全星共享，可实现在异地存储，资料信息保存完整，还可及时更新和备份追回。

6.2.4　遥代理（远程代理）

6.2.4.1　为什么要引入遥代理概念

星务系统开发的整个过程，就是对星上设备逐步进行综合集成的过程。然而设备的综合集成，首先都是为了能在星务系统运行中实现优秀的"综合集成"服务。因此，它不仅仅是把现有的多个设备简单地集中于一体，而是采用现代最新的技术成果形成一个新设备，替代传统的多个设备，并使其性能提升。它也不仅仅是限于设备产品的集成，还要包含有人和机器的集成（结合），在机器内预置有与人能顺畅合作的"途径"。我们称之为"运行服务的综合集成"，它是综合集成的终极目的。因为，任何机器制造好并运行一段时间后，都会出现遗憾和问题，往往需要人来调整，所以人是最重要的，要预留人工干预的接口。这就是，卫星自主管理中我们要引入遥代理的原因。

遥代理（autonomous remote agent，即远程代理）是在星上设置了一个用于管理整星工作和执行地面站指令的人工智能管理系统。它是为地面的人和天上的各个设备这一集体，造就了一个沟通和协调的高效工作环境。远程代理是星地专家系统的集成技术的具体实施途径，在小卫星中它就是星务管理系统。它利用下行的遥测将星上设备的信息送地面站专家，利用上行遥控将专家的信息送星上设备。管理是通过信息流对星上设备群的信号流、工作流、动作流、能量流、物质流进行引导和操纵的过程。其中，引导过程可以获取设备的各种各样的工作信息，操纵过程可以改变设备的各种各样的工作模式和设置不同的参数。人工智能是指借助于中心计算机、星上网和内嵌式下位机（MEU）组建的计算机群，使其具有"卫星思维"、"卫星感知"、"卫星行为"。所谓"卫星思维"是指专家系统、启发式程序、各种综合信息预报业务等。所谓"卫星感知"是指事件发生的判决、故障模式的识别、地物情报的生成等。所谓"卫星行为"是指在常规反馈原理支持下的自适应、自寻优等智能控制、有目的的自动搜索、向地面专家请求的行为等。

6.2.4.2 "卫星总体设计部"代理

综合集成，是从系统整体出发将系统进行分解，即"化整为零"；在分解后研究的基础上，再综合集成到系统整体，即"聚零为整"；最终从整体上研究和解决问题，从而实现 $1+1>2$ 的效果。小卫星星务系统的建造遵循这一综合集成方法。我们这里所指的"整体"包含有"人"，特别是"总体设计部"。它由地面专家支持系统、航天信息和数据库、星上设备，这三个方面组成，构成人机集成（结合）的整体。前两方面都是"人"，一个是当前的人，另一个是历史的人。最后一方面是"机"，是卫星。将"人"引入综合集成的范畴中，不仅因为卫星及其设备的设计、制造都是由人工作的结果，构成历史上的人；在轨管理特别是故障诊断和修复更需要人的决策、人的经验知识和灵感，需要现有的人。卫星远在天边运行，实现人机集合，在星上就需要一个代理。如同星务系统需要在各设备中嵌入 MEU 一样，它们代表星务系统对星上具体设备进行测、控、管。所以，小卫星运行上的"综合集成"包括有三个层面：第一，总体设计部，实现人星集成（结合）；第二，在星内嵌入总体设计部的代理，即星务系统（ASSA）；第三，在各星上设备内嵌入星务系统的代理（MEU）。建立星上"总体设计部"的代理很有必要，作为星地人机的接口，以及地面"总体设计部"在轨实施信息传递和命令发布的代表，它从整体上把握，统筹考虑各方面因素，调动全星，贯彻地面总体部的意图。这样，分层次地综合集成星上设备、专家智慧和各类信息，就较容易应对在轨运行中的各种突发事件。

在卫星中嵌入"总体"的代表，代理地面总体设计部对卫星任务运行进行调度和管理，对事故进行防范和处理。它控制着星地或星间信息交互；它管理星上设备运行流程和节律；它监测星上内外环境和状态的变化；它执行对星上架构的再设计、重构和安全防护；它作为人星的接口。为此，它应该具备如下特性和能力：

·它能对星上设备实施直接管理，最关键点就是星上网，由 CAN 总线组成，灵活、快速、可靠管控星上信息，调度星上设备；

·星上设备内嵌 MEU，智能化，能上网，既能接受全星调度协同工作，共享信息增强能力，又能提升设备自身的自动化水平；

·增强型遥控指令系统，通过星地交互，能够在轨修改和增添，新增的遥控指令能融入原有运行管理之中，遥控指令系统在轨再设计为的是应对未知事件的发生；

· 可控遥测系统，能通过星地交互，修改急需传送的信息项目和周期，各设备故障记录遥测回传，既增强星地信息沟通，又避免信道的拥挤；

· 星务调度程序代码，能通过星地交互，修改其运行流程，新添函数和任务，而交互过程在原有程序运行过程中进行，即新增的代码又能容入原有程序代码之中联合运转，或者中断部分程序中的函数和进程。对调度程序在轨进行重新再设计，为的是应对未知事件的发生，可以采用各种新增对策。

为了实现星地人机集成（结合），星务系统构成一个整体的多层次的体系结构：地面卫星总体→星上代理（星务系统）→IEM（＝MEU＋各种设备 OEM）。我们用一个卫星事件实例分析小卫星运行服务的综合集成的思想，即遥代理的运作。

探测一号探测卫星于 2003 年 12 月 30 日发射入轨，运行正常。由于运载火箭将卫星送入比原定方案高许多的轨道上，使得它在运行期间最长地影时间从方案设计的不超过 180 分钟延长到 275 分钟。国外曾有卫星在过长地影时，发生了冻坏星上设备的事故。因此，需要认真研究确保卫星安全度过长地影的对策。

我们将探测一号卫星度过"长地影"这一过程作为一个系统来研究。如图 6 - 12 所示，这个系统包括：星上系统即卫星、地面站、飞控组（卫星总体设计部）等一级要素。飞控组又包括各方面的专家和卫星运管人员，对该系统的运行进行决策和实施管控。飞控组提出解决方案，完成定性决策，实现从定性到定量指令的转换工作。卫星作为一个子系统，又可细分为若干子要素，构成星上分系统，层层叠叠。

在这个包含有人的大系统中，"以人为主，人星结合"，共同实现让卫星安全地度过"长地影区"而不冻坏星上设备这一基本功能。采用这种办法进行处理，是因为这个系统太复杂，目前在轨现实环境与原方案设计有太大的差异，必须要求专家重新决策，对卫星再设计，各方面共同采取有效措施达到这一目标。又由于卫星在轨，远距离实现人机结合，需要在星上建立卫星总体的代理，管控全星，协调其属下的各分系统设备联合运行，完成飞控组的决策目标。小卫星构建星务系统的目的，除实现星上电子设备综合集成外，就是要代表卫星总体设计部实行"星上现场"的综合调度、集成管理和应用服务。

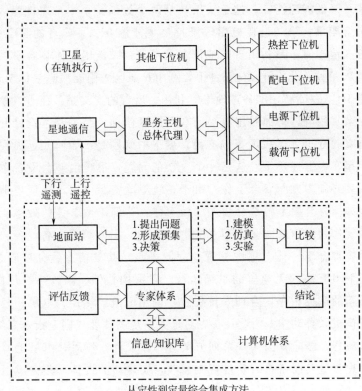

从定性到定量综合集成方法

图 6-12 度过长地影系统

"度过长地影系统"的地面专家考虑到如下几点。第一，根据新轨道分析，探测一号卫星经历超过 180 分钟的地影共 108 次，这些地影时段有 10 次不在地面站可测控弧段范围之内，需要星上自主管理。第二，由于地影时段加长，已经增加蓄电池的负担，蓄电池还须将不多的电能供给卫星在地影区的星体加温。第三，卫星热控系统原定自主控温方案在长地影区会增加蓄电池的负担。因此，在地影区，控温和蓄电池的矛盾可能危及到卫星的安全。为此，专家首先提出定性决策：根据卫星自身的能力，重新整合已有的星上资源。综合集成人的知识："开源节流"，错峰用电，提高整星电源系统的效率，降低能源消耗。这个决策包括两个方面：第一，在日照区广集星上能量；第二，在地影区维持最少能源开销。前者的含义是，在进入地影前，除利用蓄电池储备充足外，破例用星体热容量储备热能，在星上设备可容许条件下，利用日照区太阳能提高星体温度，相当于"贴秋膘"，准备过地影时利用。后者的含义是，在进入地影后，节省用电，将加温用电提前在日照区使用。经过专家设计和地面仿真验证了上述决策正确有效。剩下的问题是：如何让远离在轨的卫星实现上述决策？这是一个复杂的问题，很难由一台设备单独完成，必须多方面联合工作。由于在轨卫星资源已定，运行规则已定，如何整合星上各部分协调一致工作，达到 $1+1>2$ 的效果？星务系统作为地面总体设计部"驻星办事处"，旨在将星上各设备、各分系统整合于一体，集中管理、分散风险、共享信息、分层管控，实现卫星有序的无竞争的平稳运行。它重构软件，修改热控规则，增添新的遥控指令，合理安排程控，调用配电、热控、电源、载荷等下位机联合动作。为此，首先对星务系统的调度规则、指令系统、运行流程、储能方法等一系列方案进行再设计。然后，由星上总体的代理对星上设备执行管控规则修改，实现新的设计，并完成运行控制。从而，提出解决安全度过长地影问题的方法如下：

1) 热控系统有 4 个功率较大的加热器，位于星体结构上，热容量大，可以启动作为星体加温，加温效果好，但需要对其控温原则进行调整。在日照区利用富余的电能加热，使星体温度上升，低于上限值，以热能形式储备能量。在地影区，停止控温加热，利用星体储存热能，缓慢释放，维持卫星温度高于下限值，实现热控系统加温的"错峰用电"策略。将地影区加温用电移至日照区供电，平衡电能供求。

2）星务主机利用参数注入修改热控下位机控温策略，实现过长地影区温控系统特定的控温方案。

3）对星务主机软件进行了部分重构，引入二个附加管理函数，形成两条整星加温开关的新指令。当进入日照区，启动星体加热储备热能。当储热到上限或进入地影区，关闭加热，节省电能，并且这二个新添的指令遵循星上程控功能调用规范，纳入常规程控管理流程。

4）利用新添整星加温开关指令，程控管理星上设备供配电，实现卫星安全度过长地影。

"度过长地影系统"的星务系统再设计过程，如图 6-12 所示。

36 天飞行结果表明：卫星平安渡过长地影，无一设备"冻坏"。实践证明：基于星务系统代理机制，实现人星（运行服务的）综合集成，将卫星总体设计部延伸到星上，对卫星进行再设计是在轨复杂性的需要，也是可实现的。

同时，从这一例子证明，星上自主管理能力中应该具有"遥代理"功能，这不仅是减少星上设备的复杂性和实施的可行性，重要的是利用人的智慧才最大增强卫星的智能。星务系统这个代理工作得越好，卫星的智能越高。

6.3　全星运行架构与工作流

6.3.1　全星运行架构

图 6-13 给出全星运行架构。整个架构分为两个层面，下面层是星务系统的建造架构，是全星运行管理的物质基础。它基于星务系统的四大协议支持下运转，与应用管理相对分离。上面层是星务系统的应用架构，是全星运行管理的具体操作。它借助于程序控制手段完成自主管理功能，这一层面的架构与卫星应用形成紧耦合关

系。它设计的灵活性和执行力，关系到卫星服务的质量和生存能力。

在前数章中讲述的都是星务系统的建造架构，在本章讲到的是星务系统的应用架构。将运行架构分成两部分，其旨在于区分不同的重点，对于建造卫星更关注建造架构，对于使用卫星应该关注运行架构。

我们建立星务系统的运行架构的目的是，企图基于它来实现全星的整体控制。卫星由林林种种的设备组成，我们将其统一包装后，均寄居于星上网之下，它们接受整体控制。整体控制是以全星任务为目的，由飞行计划制定，分解后经 CAN 总线分发给相应的设备执行。

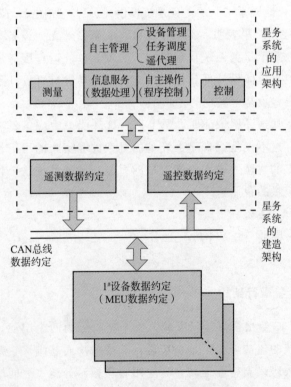

图 6-13　星务系统的运行架构

6.3.2　工作流管理

卫星运行工作流（Workflow）就是卫星运行过程在计算机应用环境下的自动化。它要解决的主要问题是：为实现某个运行目标，在多个计算机之间，按某种预定规则自动传递报文、信息或者任务。简单地说，工作流就是一系列相互衔接、自动进行的运行业务活动或任务。我们可以将整个业务过程看作是一条河，其中流过的河水就是报文和待审核的表单。

目前小卫星的发展趋势是，星上计算机、微处理器愈来愈多。它们带来各个设备的功能增强，性能提升，成本降低，开发速度加快。同时，也带来不少新的问题，需要互相依赖和支持，出现了群体性、交互性和协同性的特点。但是这都不能影响卫星作为一个统一的整体的现实。因此，在小卫星的自主管理任务中引入"整体控制"的概念，企图将不同的运动形式、不同的物质层次和不同的设备和分系统构成和谐的、协同的统一整体。其实，从我国研制第一颗现代小卫星就开始提倡协同工作（并行工程，Concurrent Engineering），把它作为一种关于系统集成、并行设计及相关的过程的系统方法。这种方法可以使开发人员从一开始就能考虑到从概念设计到产品更新换代的整个生命周期的所有因素，包括用户需求设计、试制、生产、设计、产品销售、计划进度、质量控制、成本计算等，可以获得提高质量、缩短产品上市时间、降低成本等许多好处。进一步把并行、协同的概念引升到设备群中，就形成了"整体控制"的概念。这就说，在卫星顶层，将全星的计算机和设备联合起来作为一台大计算机及其外设，统一调度管理、协同工作。

具体实现整体控制的实施方法是：依据飞行任务，建立工作流，分解成多个子任务，部署子任务执行的设备，分析所需资源和条件，核查资源和条件是否满足，从 CAN 总线下达子任务，进行时间管理，并从 CAN 总线监督和检察子任务的完成。

在卫星上运行的工作流，可以有多条并行流动，相互之间存在有优先级。图 6 - 14 给出一个示例。

卫星运行过程中有两个驱动动力，其一是时间，其二是事件，并且事件的发生具有随机性。所以在进行卫星的工作流管理时，应该特别注意资源上的冲突。小卫星的信息传送采用的主干网是 CAN 总线，它具有事件驱动型的特点。同时，用网络传送信息，不可避免存在延迟和丢帧。但是姿态控制过程是时间连续的过程，对时间精度要求很严。也不允许时延，过大的时延会使闭环反馈系统不稳定、动态性能变差。丢帧产生错误控制，也会带来控制的失败。这是阻碍网络闭环控制的两大困难，在后面姿态控制技术中我们还会提到。在卫星顶层运行工作流管理中，我们将时间驱动力和事件驱动力融合在一起，利用事件驱动力发挥 CAN 总线"多主"的优势，提升总线传送的容量，减少空等的时间。同时，利用时间同步、特定时期和报文优先级，确保姿态控制系统的严格固定时间要求。图 6 -14 中给出 250 ms 的姿态控制周期的工作流管理。我们采用了三个时间管理报文。其一是"时间同步报文"，它的周期为 1 s。它的发布表明全星秒脉冲同步，报文数据同时给出当前时间。其二是"一号调令"报文，它在秒同步后 110 ms 钟发布。它划分出从 0 ms 到 110 ms 为第一特定时期，CAN 总线仅用于传送姿态有关数据，不许其他数据干扰。其三是"二号调令"报文，它在秒同步前 5 ms 钟发布。它划分出 5 ms 宽的第二特定时期，在这个时期停止 CAN 总线的有目的发送，留出空闲，准备给"发送时间同步报文"用。这样安排其旨在于确保时间控制的准确和避免对姿控的干扰。

工作流管理是卫星自主管理的方法，它借用各种程控来实现手段。

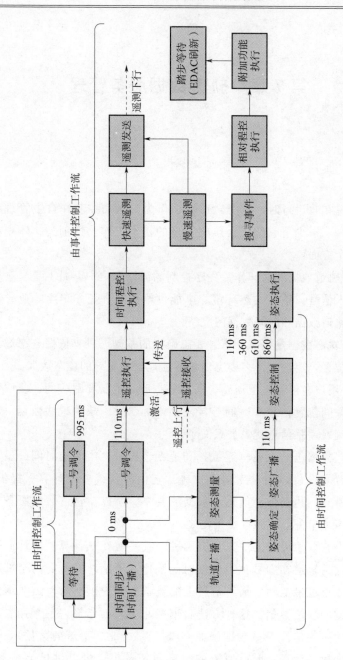

图6-14 卫星顶层运行工作流

第 7 章　轨道数据服务管理

7.1　轨道数据服务管理概述

卫星在轨运行时，需要轨道数据作为其自动控制和自主管理的依据之一。缺少了它们，会影响卫星的正常工作。特别是，体现在如下几个方面：

1）轨道数据和时间作为程序控制的激励源之一，是卫星自主管控的输入信号。整星的热环境、电能供给保障、任务调度等业务都离不开轨道数据和时间数据的支持。

2）轨道数据是姿态计算、姿态确定的基础。只有依据姿态观测的基点位置，卫星上许多姿态传感器才能给出正确的姿态数据。

3）用户在使用星上遥感、遥测数据时，也需要对应的、获取该数据的空间位置信息和时间等伴随的附加参数。缺少这些数据，所获的遥测、遥感信息就失去意义了。

这些数据包括卫星轨道位置和速度、根数、当前的时间、星下点的位置和速度、相对太阳方位等，它们需要统一来计算、提供、校准、管理，达到全星信息、数据的共享。所以，轨道数据服务管理也是卫星事务管理的重点工作之一。

星上获取轨道数据的方法有两种。其一是在轨计算：由地面不定期上注的轨道初始数据，依据时间顺序，不断外推所需的全部轨道数据，通过星上网广播，给星上的设备实时提供当前轨道数据或要求时刻的预定数据。这种方法目前在小卫星上已经广泛采用。其二是在轨接收定位卫星数据（如 GPS 卫星、北斗卫星的数据），经解算、变换、计算，形成所需的全部轨道数据，再提供星上服务。

前者的实现以软件为主，后者需要硬件支持，各有其优势。轨道数据服务管理包含的内容有：

1）轨道外推计算；

2）轨道原始数据上注和校准；

3）星时的上注和校准；

4）轨道数据广播和星时广播。

本章阐述轨道数据服务管理的主要内容和实现技术，包括：轨道和时间数据的获取、数据的外推和细化计算、数据的分发、数据的校准等。

关于轨道外推计算方法粗略分为三类。其一是基于二体问题进行计算开普勒轨道，由于过于简化，计算精度不高，外推时期不能过长，需要地面及时更新原始数据进行校准。其二是一般摄动法，考虑各种摄动力产生的摄动加速度，将其展开成级数，逐项积分，形成近似解析式计算。虽有更好的物理意义解释，但计算困难和繁琐，由于星上资源有限，不易在星上环境下完整实施，只是更进一步地近似，计算精度也不高。其三是特殊摄动法，它也考虑各种摄动力产生的摄动加速度，构成非线性微分方程式，不能求得有限形式的解析式解，只能求助于数值解。

特殊摄动法又有许多的具体方法。Cowell 法是直接基于非线性微分方程式求解，直观、简单、适用范围广，对摄动项无限制。由于摄动力远远小于地球中心引力，为了反映摄动力的影响，要求计算精度高、积分步长小，而积分步长小又会带来大的计算累积误差。虽然，目前计算机技术可以解决这个矛盾，但是在当前星上环境下实现是不易的。Encke 法基于二体问题定义基本轨道，建立真实轨道与基本轨道偏差的微分方程，对偏差的微分方程直接求解，然后计算出真实轨道。由于轨道偏差量较真实轨道量的变化缓慢，对轨道偏差的非线性微分方程直接求解就比较容易，允许积分步长较大，计算效率较高。另外一种特殊摄动方法是常数变易法，它是目前的一种最常用的方法。

本书作者提出另一种轨道计算方法，它继承 Encke 法的基本思路，采用离散化的方法，企图避开微分方程的非线性，避开数值法求解微分方程，只用解析式计算出轨道数据，这样有利于在星上环境下的实现。由于篇幅所限，下面仅简述与作者提出方法有关的轨道计算基本知识，作为该方法的技术支持。

7.2　卫星轨道运动的基本模型

7.2.1　轨道根数

在卫星轨道的计算问题中，为了简单，首先假定卫星是在地球中心引力场中运动，这种轨道称为二体轨道，其基本方程为

$$\frac{\mathrm{d}^2 \boldsymbol{r}}{\mathrm{d}t^2} = -\frac{\mu}{r^3} \cdot \boldsymbol{r} \qquad (7-1)$$

其中，$\mu = 398\ 600.5\ \mathrm{km}^3/\mathrm{s}^2$，是地心引力常数，$\boldsymbol{r}$ 是卫星的地心矢量。该方程是可积的，有六个独立的积分常数，称为轨道六根数，可分成三个层面描述。

（1）空间层面的轨道根数

定义卫星相对地心的动量矩矢量 $\boldsymbol{h} = \boldsymbol{r} \times \dot{\boldsymbol{r}}$，则由式（7-1）得

$$\frac{\mathrm{d}\boldsymbol{h}}{\mathrm{d}t} = \frac{\mathrm{d}}{\mathrm{d}t}(\boldsymbol{r} \times \dot{\boldsymbol{r}}) = \dot{\boldsymbol{r}} \times \dot{\boldsymbol{r}} + \boldsymbol{r} \times \ddot{\boldsymbol{r}} = \boldsymbol{r} \times \ddot{\boldsymbol{r}} = \boldsymbol{r} \times \left(-\frac{\mu}{r^3} \cdot \boldsymbol{r}\right) = 0$$

$$(7-2)$$

这表明 $\boldsymbol{h}$ 是常矢量，是单位质量的动量矩，在二体系统中动量矩是守恒的。故卫星绕地球的运动为一平面运动，相应动量矩的积分为

$$\boldsymbol{h} = \boldsymbol{r} \times \dot{\boldsymbol{r}} = h\hat{\boldsymbol{w}} = \begin{bmatrix} h_x \\ h_y \\ h_z \end{bmatrix} \qquad (7-3)$$

---

① 7.2.1 和 7.2.2 节引自《航天动力学引论》，刘林编著，南京大学出版社出版，2006 年。

其中，$h = |\boldsymbol{r} \times \dot{\boldsymbol{r}}|$ 是动量矩常数，$\hat{\boldsymbol{w}}$ 是动量矩方向，它是卫星运动平面的法向单位矢量。为了描述卫星在空间的位置，定义赤道惯性坐标系 $O-XYZ$，坐标原点位于地心，Z 轴沿地球的自旋轴指向北极，X 轴沿地球赤道面与黄道面的交线指向春分点 γ，Y 轴在地球赤道面上构成右手法则。i 是卫星轨道面与赤道面的夹角，Ω 是轨道升交点（或称节点）的赤经，如图 7-1 所示。其中轨道面法向单位矢量 $\hat{\boldsymbol{w}}$ 的表达式为

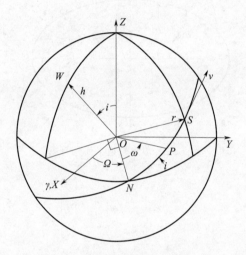

图 7-1　卫星轨道平面的空间方位图

$$\hat{\boldsymbol{w}} = \begin{bmatrix} \sin i \sin \Omega \\ -\sin i \cos \Omega \\ \cos i \end{bmatrix} \tag{7-4}$$

积分 (7-3) 包含了 h，i，Ω 三个积分常数，或 h_x，h_y，h_z 三个积分常数。

$$h = \sqrt{h_x{}^2 + h_y{}^2 + h_z{}^2}$$

$$\cos i = \frac{h_z}{h} \tag{7-5}$$

$$\tan \Omega = \frac{h_x}{-h_y}$$

式（7-4）给出 i、Ω 确定卫星轨道平面的空间方向。

（2）平面层面的轨道根数

既然卫星是在平面内运动，而相应的平面已由 (i, Ω) 确定，那么，可以在这一确定的平面内讨论降阶后的方程。为此，引入平面极坐标 (r, θ)，如图 7-2 所示。因为，卫星矢径 r 为

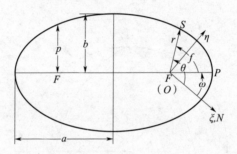

图 7-2　卫星轨道平面几何图

$$r = \begin{bmatrix} e_r & e_\theta & e_w \end{bmatrix} \begin{bmatrix} r \\ 0 \\ 0 \end{bmatrix}$$

速度为

$$v = \dot{r} = \begin{bmatrix} e_r & e_\theta & e_w \end{bmatrix} \begin{bmatrix} \dot{r} \\ 0 \\ 0 \end{bmatrix} + \begin{bmatrix} \dot{e}_r & \dot{e}_\theta & \dot{e}_w \end{bmatrix} \begin{bmatrix} r \\ 0 \\ 0 \end{bmatrix} = \begin{bmatrix} e_r & e_\theta & e_w \end{bmatrix} \begin{bmatrix} \dot{r} \\ r\dot{\theta} \\ 0 \end{bmatrix}$$

因为，第一项为相对速度，第二项为牵连速度，根据叉乘规则有

$$\boldsymbol{\omega} \times \boldsymbol{r} = \begin{vmatrix} e_r & e_\theta & e_w \\ 0 & 0 & \dot{\theta} \\ r & 0 & 0 \end{vmatrix} = \begin{bmatrix} e_r & e_\theta & e_w \end{bmatrix} \begin{bmatrix} 0 \\ r\dot{\theta} \\ 0 \end{bmatrix}$$

加速度为

$$a = \ddot{r} = [e_r \quad e_\theta \quad e_w] \begin{bmatrix} \ddot{r} \\ r\dot{\theta} + r\ddot{\theta} \\ 0 \end{bmatrix} + [\dot{e_r} \quad \dot{e_\theta} \quad \dot{e_w}] \begin{bmatrix} \dot{r} \\ r\dot{\theta} \\ 0 \end{bmatrix}$$

$$= [e_r \quad e_\theta \quad e_w] \begin{bmatrix} \ddot{r} - r\dot{\theta}^2 \\ r\ddot{\theta} + 2\dot{r}\dot{\theta} \\ 0 \end{bmatrix}$$

因为，根据叉乘规则有

$$\boldsymbol{\omega} \times \dot{\boldsymbol{r}} = \begin{vmatrix} e_r & e_\theta & e_w \\ 0 & 0 & \dot{\theta} \\ \dot{r} & r\dot{\theta} & 0 \end{vmatrix} = [e_r \quad e_\theta \quad e_w] \begin{bmatrix} -r\dot{\theta}^2 \\ r\ddot{\theta} \\ 0 \end{bmatrix}$$

所以，运动方程（7-1）可以改写成

$$\begin{cases} \ddot{r} - r\dot{\theta}^2 = -\dfrac{\mu}{r^2} \\ r\ddot{\theta} + 2\dot{r}\dot{\theta} = \dfrac{1}{r} \dfrac{\mathrm{d}}{\mathrm{d}t}(r^2\dot{\theta}) = 0 \end{cases} \tag{7-6}$$

由第二个方程给出一个积分

$$r^2\dot{\theta} = h \tag{7-7}$$

由空间极坐标（三个轴方向的单位矢量分别记作 $\hat{\boldsymbol{r}}$，$\hat{\boldsymbol{\theta}}$，$\hat{\boldsymbol{w}}$），可得

$$\boldsymbol{r} = r\hat{\boldsymbol{r}}, \quad \dot{\boldsymbol{r}} = \dot{r}\hat{\boldsymbol{r}} + r\dot{\theta}\hat{\boldsymbol{\theta}} \tag{7-8}$$

即

$$h = \boldsymbol{r} \times \dot{\boldsymbol{r}} = r^2\dot{\theta}\hat{\boldsymbol{w}}$$

表明积分（7-7）为动量矩积分（7-3）的标量形式。参见图 7-3，可以证明单位时间内卫星的地心矢量 $\boldsymbol{r}$ 在轨道平面上扫过的面积是一常数，称为面积速度，动量矩 h 的幅值 h 等于此面积的两倍，即

开普勒第二定律

$$\dot{A} = \frac{1}{2}r^2\dot{\theta} = \frac{1}{2}h \qquad\qquad (7-9)$$

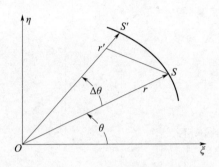

图 7-3　卫星空间极坐标图

　　上述方程组的特点是不显含自变量 t，对于这类方程，通过分离 t 的方法可使它降一阶，即能够首先讨论 r 对 θ 的变化规律。为此，记 $r' = \dfrac{\mathrm{d}r}{\mathrm{d}\theta}$，$r'' = \dfrac{\mathrm{d}^2 r}{\mathrm{d}\theta^2}$，由式（7-7）得

$$\begin{cases} \dot{r} = \dfrac{\mathrm{d}r}{\mathrm{d}t} = \dfrac{\mathrm{d}r}{\mathrm{d}\theta}\dot{\theta} = \dfrac{h}{r^2}r' \\[3mm] \ddot{r} = \dfrac{\mathrm{d}\dot{r}}{\mathrm{d}t} = \dfrac{\mathrm{d}\dot{r}}{\mathrm{d}\theta}\dot{\theta} = \dfrac{h^2}{r^2}\left(-\dfrac{2}{r^3}r'^2 + \dfrac{1}{r^2}r''\right) \end{cases}$$

　　将这一关系代入式（7-6）的第一个方程，即可给出 r 对 θ 的二阶方程。但相应的方程比较复杂，仍不便于求解。如果在降阶的同时，再作变量变换 $r = \dfrac{1}{u}$，因为

$$r' = \frac{\mathrm{d}r}{\mathrm{d}\theta} = \frac{\mathrm{d}r}{\mathrm{d}u}\frac{\mathrm{d}u}{\mathrm{d}\theta} = -\frac{u'}{u^2}$$

$$r'' = \frac{\mathrm{d}^2 r}{\mathrm{d}\theta^2} = \frac{\mathrm{d}r'}{\mathrm{d}\theta} = \frac{\mathrm{d}r'}{\mathrm{d}u}\frac{\mathrm{d}u}{\mathrm{d}\theta} = 2\frac{u'^2}{u^3} - \frac{u''}{u^2}$$

则有

$$\begin{cases} \dot{r} = -hu' \\[2mm] \ddot{r} = -h^2 u^2 u'' \end{cases}$$

利用这一关系即可得到 u 对 θ 的一个二阶常系数线性方程

$$u'' + u = \frac{\mu}{h^2}$$

这是可积的，积分求解证明了，开普勒第一定律，卫星沿圆锥曲线运动，一个焦点位于地心，极坐标原点，卫星轨道方程极坐标形式为

$$r = \frac{1}{u} = \frac{h^2/\mu}{1 + e\cos(\theta - \omega)} \qquad (7-10)$$

e 和 ω 即两个新积分常数。这是一圆锥曲线，在一定条件下它表示椭圆，地心就在椭圆的焦点上。对于人造地球卫星而言，当然属于这种情况。既然是椭圆，可令

$$p = a(1 - e^2) = h^2/\mu \qquad (7-11)$$

那么积分（7-10）变成

$$r = \frac{a(1 - e^2)}{1 + e\cos(\theta - \omega)} \qquad (7-12)$$

其中，$e = \sqrt{1 - \left(\frac{b}{a}\right)^2}$ 是轨道的偏心率（$e<1$），$p = \frac{h^2}{\mu}$ 是轨道的半通径，是从焦点垂线到轨迹的长度。由椭圆方程可得半长轴 a 和半短轴 b 的公式，$p = a(1 - e^2) = b\sqrt{1 - e^2}$，故 $a = \frac{h^2}{\mu(1 - e^2)}$，它是椭圆轨道长半轴，可见用常数 a 可以替代 h 作为轨道根数。ω 是近地点幅角，即 $\theta - \omega = 0°$ 地心距最小，$\theta - \omega = 180°$ 地心距最大，它表明轨道面上极坐标轴与椭圆长轴的关系。幅角 ω 从节点 N 沿卫星运动方向计量。

这样，(i, Ω) 在空间决定了轨道的方位，(a, e, ω) 在轨道平面内决定了轨道的几何形状和方位。它们构成前五个轨道根数。

另外，从式（7-9）和式（7-10）可得

$$v^2 = \dot{r}^2 + r^2\dot{\theta}^2 = \mu\left(\frac{2}{r} - \frac{1}{a}\right) \qquad (7-13)$$

或

$$E = \frac{v^2}{2} - \frac{\mu}{r} = -\frac{1}{2}\frac{\mu}{a} \tag{7-14}$$

其中，E 为能量常数，是卫星单位质量具有的动能和势能之和。

（3）曲线层面的轨道根数：第六个积分常数

假设卫星绕地球一圈周期为 T，矢量 r 扫过的面积等于椭圆轨道的面积，即

$$\frac{\pi ab}{T} = \frac{1}{2}h \quad \Rightarrow \quad T = 2\pi\sqrt{\frac{a^3}{\mu}} \tag{7-15}$$

故卫星轨道运行的平均速度，即真近点角的角速度平均值

$$n = \frac{2\pi}{T} = \sqrt{\frac{\mu}{a^3}} \tag{7-16}$$

或

$$n^2 a^3 = \mu \tag{7-17}$$

此表达式就是开普勒第三定律。

将式（7-6）代入式（7-13）有

$$\dot{r}^2 = \mu\left(\frac{2}{r} - \frac{1}{a}\right) - \mu\frac{p}{r^2} \tag{7-18}$$

整理，

$$n dt = \frac{r dr}{a\sqrt{a^2 e^2 - (a-r)^2}} \tag{7-19}$$

对于卫星椭圆轨道，r 有极大值和极小值. $r_{\max} = a(1+e)$，$r_{\min} = a(1-e)$。故 $|a-r| \leqslant ae$，可引变量 E

$$r = a(1 - e\cos E) \tag{7-20}$$

代入式（7-19）得

$$n dt = (1 - e\cos E) dE$$

积分

$$E - e\sin E = n(t - t_p) \tag{7-21}$$

其中，t_p 是第六个积分常数，当 $t=t_p$ 时，$E=0$，相应的 $r=r_{\min}$，故是卫星过近地点的时刻，作为卫星在椭圆轨道曲线上的参考点，用以描述卫星在椭圆轨道曲线上的位置。式（7-21）称为描述卫星位

置与时间关系的开普勒方程。变量 E 从图 7-4 可见，它称为偏近点角。卫星时间与 E 的关系式

$$t - t_p = \sqrt{\frac{a^3}{\mu}}(E - e\sin E) \qquad (7-22)$$

从图 7-4 可见，引入的偏近点角 E，它与真近点角 f 的关系

$$\begin{cases} \sin E = \dfrac{\sqrt{1-e^2}\sin f}{1+e\cos f} \\[3mm] \cos E = \dfrac{e+\cos f}{1+e\cos f} \end{cases} \qquad (7-23)$$

$$\begin{cases} \sin f = \dfrac{\sqrt{1-e^2}\sin E}{1-e\cos E} \\[3mm] \cos f = \dfrac{\cos E - e}{1-e\cos E} \end{cases} \qquad (7-24)$$

真近点角 f 与近地点幅角 ω 的关系：$f = \theta - \omega$，其中，θ 是在轨道面的极坐标的极角。

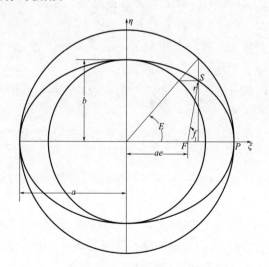

图 7-4　偏近点角几何图

另外，还定义 $M = n(t - t_p)$ 为卫星平近点角，它表示卫星从近地点开始，按平均角速度运动所转过的角度，即假设在一个面积等

于椭圆轨道面积的圆上以等速 n 运动，它转过的中心角就是平近点角 M，如图 7-4 可示。注意，在给定时刻的三种近点角，都是相互对应的。描述卫星位置与时间关系的开普勒方程为

$$M = E - e\sin E \qquad (7-25)$$

此为超越方程，用迭代法求解 E（初值取 M），也可得级数计算式

$$E = M + \left(e - \frac{e^3}{8}\right)\sin M + \frac{1}{2}e^2\sin 2M + \frac{3}{8}e^3\sin 3M + \cdots$$

$$(7-26)$$

$$f = M + \left(2e - \frac{e^3}{4}\right)\sin M + \frac{5}{4}e^2\sin 2M + \frac{13}{12}e^3\sin 3M + \cdots$$

$$(7-27)$$

已知时间 t，求真近点角 f 的过程：

· 由 t 计算平近点角 $M = n\ (t - t_p)$；

· 依据式（7-25）或式（7-26），由 M 计算偏近点角 E；

· 依据式（7-24），由 E 计算真近点角 f；

· 依据式（7-20），由 E 计算地心距 r；

· 取适当步长，按时间序列 t_0，t_1，t_2，$\cdots$，重复上述各步骤，获得真近点角 f 和地心距 r 的序列组。

这样，真近点角 $f\ (t)$ 和地心距 $r\ (t)$ 序列组，给出了卫星在轨道平面上的轨迹。

可见，卫星运动方程的六个积分常数分三个层次描述了卫星的运动：

· 以赤道惯性坐标系 $O-XYZ$ 为参照，(i,Ω) 决定了轨道平面在空间的方位。

· (a,e,ω) 决定了轨道在轨道平面内的几何形状和方位，即 $(a，e)$ 决定形状和大小，以节线 ON 为参照，ω 决定椭圆曲线在轨道平面内的方位，它是椭圆长轴与节线的夹角。

· 以过近地点时刻 t_p 为参照，用卫星时间作为自变量决定了在轨道曲线上卫星位置。

因此，根据此六根数和时间就可决定卫星的空间位置和速度。

7.2.2 卫星位置和速度公式

从图 7-5 可推导出卫星空间位置和速度与轨道六要素、当前时的关系，卫星位置地心距矢量 r 和速度矢量 v 可以表达成上述六个轨道要素的函数。即由轨道根数计算出 t 时刻卫星位置 r 和速度 v 的值。

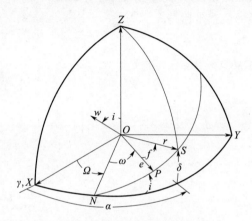

图 7-5 卫星空间轨道关系图

$O-XYZ$—赤道惯性坐标系，X 轴指向春分点 γ；

ON—卫星轨道的节线，N 为升交点；

S—卫星的位置；

P—卫星轨道的近地点；

f—真近点角，卫星位置相对于近地点的角距；

ω—近地点辐角，近地点到升交点的角距；

i—轨道倾角，卫星通过升交点时，相对于赤道平面的速度方向；

Ω—升交点赤径，节线 ON 或 OX 轴的夹角；

e—偏心率矢量，从地心指向近地点，长度等于 e；

w—轨道平面法线的单位矢量，沿运动方向右旋定义，与 Z 轴夹角等于轨道倾角 i；

a—半长轴；

α，β—在赤道惯性坐标系中的赤经、赤纬

定义地心轨道坐标系 $OX_oY_oZ_o$，用矢量 e 作为 X_o 轴，用矢量 w 作为 Z_o 轴，Y_o 轴在轨道平面上按右手法则建立。可见，在地心坐标

系内，t 时刻卫星的位置坐标是

$$X_o = r\cos f$$
$$Y_o = r\sin f \qquad (7-28)$$
$$Z_o = 0$$

其中，真近点角 f 从当前时间 t 计算获得。那么，在赤道惯性坐标系内卫星的位置坐标是

$$
\begin{bmatrix} X \\ Y \\ Z \end{bmatrix} = R_z(-\Omega)R_x(-i)R_z(-\omega) \begin{bmatrix} X_o \\ Y_o \\ Z_o \end{bmatrix}
$$

$$
= \begin{bmatrix} \cos(-\Omega) & \sin(-\Omega) & 0 \\ -\sin(-\Omega) & \cos(-\Omega) & 0 \\ 0 & 0 & 1 \end{bmatrix} \begin{bmatrix} 1 & 0 & 0 \\ 0 & \cos(-i) & \sin(-i) \\ 0 & -\sin(-i) & \cos(-i) \end{bmatrix} \begin{bmatrix} \cos(-\omega) & \sin(-\omega) & 0 \\ -\sin(-\omega) & \cos(-\omega) & 0 \\ 0 & 0 & 1 \end{bmatrix} \begin{bmatrix} X_o \\ Y_o \\ Z_o \end{bmatrix}
$$

$$
= \begin{bmatrix} \cos\omega\,\cos\Omega - \sin\omega\,\cos i\,\sin\Omega & -\sin\omega\,\cos\Omega - \cos\omega\,\cos i\,\sin\Omega & \sin i\sin\Omega \\ \cos\omega\,\sin\Omega + \sin\omega\,\cos i\,\cos\Omega & -\sin\omega\,\sin\Omega + \cos\omega\,\cos i\,\cos\Omega & -\sin i\cos\Omega \\ \sin\omega\,\sin i & \cos\omega\,\sin i & \cos i \end{bmatrix} \begin{bmatrix} r\cos f \\ r\sin f \\ 0 \end{bmatrix}
$$

$$
= \frac{a(1-e^2)}{1+e\cos f} \begin{bmatrix} \cos\Omega\,\cos(\omega+f) - \sin\Omega\,\sin(\omega+f)\cos f \\ \sin\Omega\,\cos(\omega+f) + \cos\Omega\,\sin(\omega+f)\cos f \\ \sin(\omega+f)\,\sin i \end{bmatrix}
$$

$$(7-29)$$

转为极坐标形式，在赤道惯性坐标系内，用卫星地心距矢量 $\boldsymbol{r}$ 和赤经 α、赤纬 δ 表示卫星的位置（赤经 α 又称为恒星角或时角）

$$
\begin{cases} X = r\,\cos\delta\,\cos\alpha \\ Y = r\,\cos\delta\,\sin\alpha \\ Z = r\,\sin\delta \end{cases} \qquad (7-30)
$$

注意，轨道长轴方向为偏心率单位矢量 $\boldsymbol{P} = \dfrac{1}{e}\boldsymbol{e}$

$$
\boldsymbol{P} = R_z(-\Omega)R_x(-i)R_z(-\omega) \begin{bmatrix} 1 \\ 0 \\ 0 \end{bmatrix} = \begin{bmatrix} \cos\omega\,\cos\Omega - \sin\omega\,\sin\Omega\,\cos i \\ \cos\omega\,\sin\Omega + \sin\omega\,\cos\Omega\,\cos i \\ \sin\omega\,\sin i \end{bmatrix}
$$

$$(7-31)$$

短轴方向为半通径单位矢量 $\boldsymbol{Q}$

$$\boldsymbol{Q} = R_z(-\Omega)R_x(-i)R_z(-\omega)\begin{bmatrix}0\\1\\0\end{bmatrix} = \begin{bmatrix}-\sin\omega\cos\Omega - \cos\omega\sin\Omega\cos i\\ -\sin\omega\sin\Omega + \cos\omega\cos\Omega\cos i\\ \cos\omega\sin i\end{bmatrix}$$

$$(7-32)$$

则卫星地心距矢量

$$\boldsymbol{r} = r(\cos f\,\boldsymbol{P} + \sin f\,\boldsymbol{Q})$$
$$= a(\cos E - e)\boldsymbol{P} + a\sqrt{1-e^2}\sin E\,\boldsymbol{Q} \qquad (7-33)$$

卫星速度矢量

$$\boldsymbol{v} = \dot{\boldsymbol{r}} = (\dot{r}\cos f - r\dot{f}\sin f)\boldsymbol{P} + (\dot{r}\sin f + r\dot{f}\cos f)\boldsymbol{Q}$$

因为，$\dot{r} = \sqrt{\dfrac{\mu}{a(1-e^2)}}\,e\sin f$，$r\dot{f} = \sqrt{\dfrac{\mu}{a(1-e^2)}}(1+e\cos f)$，

则

$$\boldsymbol{v} = \dot{\boldsymbol{r}} = \sqrt{\frac{\mu}{a(1-e^2)}}\left[-\sin f\boldsymbol{P} + (e+\cos f)\boldsymbol{Q}\right]$$

$$= \frac{\sqrt{\mu a}}{r}(-\sin E\boldsymbol{P} + \sqrt{1-e^2}\cos E\boldsymbol{Q})$$

$$(7-34)$$

7.2.3　两个时刻的位置矢量和速度矢量的关系

已知：t_0 时刻的位置矢量 $\boldsymbol{r}_0$、速度矢量 $\boldsymbol{v}_0$ 和轨道根数，求：t 时刻位置矢量 $\boldsymbol{r}$ 和速度矢量 $\boldsymbol{v}$。

解：

为了用初值来描述轨道上的位置和速度，假设当 $t=t_0$ 时，$\boldsymbol{r} = \boldsymbol{r}_0$，$\dot{\boldsymbol{r}} = \dot{\boldsymbol{r}}_0$，且偏近点角 $E=E_0$。它可以由下式唯一确定

$$\begin{cases} e\sin E_0 = \sqrt{\dfrac{1}{\mu a}}(\boldsymbol{r}_0 \cdot \dot{\boldsymbol{r}}_0) = \sqrt{\dfrac{1}{\mu a}}(x_0\dot{x}_0 + y_0\dot{y}_0 + z_0\dot{z}_0) \\[3mm] e\cos E_0 = 1 - \dfrac{r_0}{a} \end{cases}$$

$$(7-35)$$

于是由式（7-33）和式（7-34）得到

$$\boldsymbol{r}_0 = a(\cos E_0 - e)\boldsymbol{P} + a\sqrt{1-e^2}\sin E_0 \boldsymbol{Q}$$

$$\boldsymbol{v}_0 = \dot{\boldsymbol{r}}_0 = \frac{\sqrt{\mu a}}{r_0}[-\sin E_0 \boldsymbol{P} + \sqrt{1-e^2}\cos E_0 \boldsymbol{Q}]$$

$$(7-36)$$

求解上述两个方程式得到

$$\boldsymbol{P} = \frac{\cos E_0}{r_0}\boldsymbol{r}_0 - \sqrt{\frac{a}{\mu}}\sin E_0 \cdot v_0$$

$$\boldsymbol{Q} = \sqrt{\frac{a}{p}}\frac{\sin E_0}{r_0}\boldsymbol{r}_0 + \frac{a}{\sqrt{\mu p}}(\cos E_0 - e)\boldsymbol{v}_0$$

$$(7-37)$$

故，得到

$$\boldsymbol{r} = \frac{a}{r_0}[\cos(E-E_0) - e\cos E_0]\boldsymbol{r}_0 + \sqrt{\frac{a^3}{\mu}}[\sin(E-E_0)$$
$$- e(\sin E - \sin E_0)]\boldsymbol{v}_0$$

$$\boldsymbol{v} = -\frac{\sqrt{\mu a}}{r r_0}\sin(E-E_0)\boldsymbol{r}_0 + \frac{a}{r}[\cos(E-E_0) - e\sin E]\boldsymbol{v}_0$$

$$(7-38)$$

如果在不断外推所需的全部轨道数据算过程中，不是以等距离时间增量，而是以等距离偏近点角增量为依据顺序计算，那么上式就成为

$$\boldsymbol{r} = \frac{a}{r_0}[\cos(\Delta E) - e\cos E_0]\boldsymbol{r}_0 + \sqrt{\frac{a^3}{\mu}}[\sin(\Delta E) - e(\sin E - \sin E_0)]\boldsymbol{v}_0$$

$$\boldsymbol{v} = -\frac{\sqrt{\mu a}}{r r_0}\sin(\Delta E)\boldsymbol{r}_0 + \frac{a}{r}[\cos(\Delta E) - e\sin E]\boldsymbol{v}_0 \quad (7-39)$$

采用等距离偏近点角增量，为的是避免利用迭代法对开普勒方程求解时间。同时，$\sin(\Delta E)$，$\cos(\Delta E)$ 均为常数，可以方便地求出 E 和对应的时间 t

$$E = E_0 + \Delta E$$

$$t = t_0 + \{(E - E_0) + \frac{\boldsymbol{r}_0 \cdot \boldsymbol{v}_0}{\sqrt{\mu a}}[1 - \cos(E - E_0)] - \left(1 - \frac{r_0}{a}\right) \cdot$$

$$\sin(E - E_0)\} / \sqrt{\frac{\mu}{a^3}} = t_0 + \{\Delta E + \frac{\boldsymbol{r}_0 \cdot \boldsymbol{v}_0}{\sqrt{\mu a}}[1 - \cos(\Delta E)]$$

$$- (1 - \frac{r_0}{a})\sin(\Delta E)\} / \sqrt{\frac{\mu}{a^3}}$$

$$(7 - 40)$$

这样，从 t_0 时刻的位置矢量 $\boldsymbol{r}_0$ 和速度矢量 $\boldsymbol{v}_0$，可以方便地求出 t 时刻位置矢量 $\boldsymbol{r}$ 和速度矢量 $\boldsymbol{v}$，大大减少了计算量。

7.2.4　从卫星的位置矢量和速度矢量，求轨道的根数

由 t 时刻的卫星位置 r 和速度 v 的值，反过来，计算出轨道根数。

已知：t 时刻卫星在地心赤道坐标系中的位置和速度（$\boldsymbol{r}, \dot{\boldsymbol{r}}$），求描述卫星运动的六个轨道根数。

解：

第一步：计算三个基本矢量

1）计算角动量矢量 $\boldsymbol{h} = \boldsymbol{r} \times \dot{\boldsymbol{r}} = h_x \boldsymbol{e}_x + h_y \boldsymbol{e}_y + h_z \boldsymbol{e}_z$，$h = |\boldsymbol{h}| = \sqrt{h_x^2 + h_y^2 + h_z^2}$

2）计算升交点矢量　它在赤道平面内，又在轨道平面内，故在升交点线上，即为升交点矢量。

$$\boldsymbol{n} = \boldsymbol{e}_z \times \boldsymbol{h} = \begin{vmatrix} \boldsymbol{e}_x & \boldsymbol{e}_y & \boldsymbol{e}_z \\ 0 & 0 & 1 \\ h_x & h_y & h_z \end{vmatrix} = \begin{bmatrix} \boldsymbol{e}_x & \boldsymbol{e}_y & \boldsymbol{e}_z \end{bmatrix} \begin{bmatrix} -h_y \\ h_x \\ 0 \end{bmatrix}$$

$$n = |\boldsymbol{n}| = \sqrt{h_x^2 + h_y^2}$$

3）计算偏心率矢量。它从地心指向近地点，大小等于偏心率。由 $\ddot{\boldsymbol{r}} \times \boldsymbol{h}$ 可以得到

$$e = \frac{1}{\mu}\dot{r} \times h - \frac{r}{r} = \frac{1}{\mu}\left[\left(v^2 - \frac{\mu}{r}\right)r - (r \cdot \dot{r})\dot{r}\right]$$

$$e = |e| = \sqrt{e_x^2 + e_y^2 + e_z^2}$$

第二步：根据式（7-1）～式（7-27），计算

1）倾角 $\cos i = \dfrac{h_z}{h}$，轨道倾角总是小于 $180°$；

2）升交点赤经 $\cos \Omega = \dfrac{h_x}{\sqrt{h_x^2 + h_y^2}}$ 或 $\tan\Omega = \dfrac{h_x}{-h_y}$，如果 $h_x > 0$，则 $\Omega < 180°$；

3）n 和 e 之间的夹角为 ω　$\cos\omega = \dfrac{n \cdot e}{ne}$，如果 $e_z > 0$，则 $\omega < 180°$；

4）真近点角　$\cos f = \dfrac{e \cdot r}{er}$，如果 $r \cdot \dot{r} > 0$，则 $f < 180°$；

5）幅角 u　$\cos u = \dfrac{n \cdot r}{nr}$，如果 $r_z > 0$，则 $u < 180°$。

第三步：计算半通径 $p = \dfrac{h^2}{\mu}$，半长轴 $a = \dfrac{p}{1 - e^2}$

第四步：当 $e < 1$ 时，按下式计算 E

$$\tan\frac{E}{2} = \sqrt{\frac{1-e}{1+e}}\tan\frac{f}{2}$$

然后计算 t_p

$$n(t - t_p) = E - e\sin E$$

7.3　Encke 法

Encke 法的基本思路是，由于摄动力远远小于中心主引力，所以真实轨道对基于二体问题的理想轨道的偏离而言是一个小量。这样，以开普勒轨道作为基本轨道，建立偏差的微分方程式，用数值法求解，然后求出真实轨道。

对于开普勒基本轨道，有运动方程式

$$\ddot{\boldsymbol{r}}_1 = -\frac{\mu}{r_1^{\ 3}}\boldsymbol{r}_1 \tag{7-41}$$

其中 r_1 是卫星的基本轨道位置矢量，根据 7.2 节的描述，它可以用解析公式计算。

对于真实轨道，有运动方程式

$$\ddot{\boldsymbol{r}} = -\frac{\mu}{r^3}\boldsymbol{r} + \boldsymbol{f} \tag{7-42}$$

其中 $\boldsymbol{r}$ 是卫星的真实轨道位置矢量，f 是卫星运动所承受的全部摄动力，这个方程一般来说是非线性的，不能用解析公式计算。

Encke 法假设在某个初始时刻 t_0，卫星的真实轨道与基本轨道重合，有

$$\boldsymbol{r}(t_0) = \boldsymbol{r}_1(t_0), \dot{\boldsymbol{r}}(t_0) = \dot{\boldsymbol{r}}_1(t_0) \tag{7-43}$$

而 t 时刻真实轨道与基本轨道的偏差为

$$\Delta \boldsymbol{r} = \boldsymbol{r} - \boldsymbol{r}_1 \tag{7-44}$$

这样，得到偏差微分方程式

$$\Delta \ddot{\boldsymbol{r}} = \ddot{\boldsymbol{r}} - \ddot{\boldsymbol{r}}_1 = -\frac{\mu}{r^3}\boldsymbol{r} + \boldsymbol{f} + \frac{\mu}{r_1^{\ 3}}\boldsymbol{r}_1$$

$$= \frac{\mu}{r_1^{\ 3}}\left[-\Delta \boldsymbol{r} + \left(1 - \frac{r_1^{\ 3}}{r^3}\right)\boldsymbol{r}\right] + \boldsymbol{f} \tag{7-45}$$

因为偏差为小量

$$\frac{r^2}{r_1^{\ 2}} = \frac{(\boldsymbol{r}_1 + \Delta \boldsymbol{r}) \cdot (\boldsymbol{r}_1 + \Delta \boldsymbol{r})}{r_1^{\ 2}} = \frac{r_1^{\ 2} + 2\,\boldsymbol{r}_1 \cdot \Delta \boldsymbol{r} + \Delta \boldsymbol{r} \cdot \Delta \boldsymbol{r}}{r_1^{\ 2}}$$

$$= 1 + 2 \cdot \frac{(\boldsymbol{r}_1 + \Delta \boldsymbol{r}/2) \cdot \Delta \boldsymbol{r}}{r_1^{\ 2}} \tag{7-46}$$

引入小量 ε

$$\varepsilon = \frac{1}{2}\left(1 - \frac{r^2}{r_1^{\ 2}}\right) = -\frac{(\boldsymbol{r}_1 + \Delta \boldsymbol{r}/2) \cdot \Delta \boldsymbol{r}}{r_1^{\ 2}} \tag{7-47}$$

于是

$$1 - \frac{r_1^{\,3}}{r^3} = 1 - (1 - 2\varepsilon)^{-3/2}$$

$$= -3\varepsilon - \frac{15}{2}\varepsilon^2 - \frac{35}{2}\varepsilon^3 - \frac{315}{8}\varepsilon^4 - \frac{693}{8}\varepsilon^5 - \cdots \tag{7-48}$$

简记

$$1 - \frac{r_1^{\,3}}{r^3} = p(\varepsilon) \tag{7-49}$$

将式（7-49）代入式（7-45），可得

$$\Delta \ddot{\boldsymbol{r}} = \frac{\mu}{r_1^3} \{ - [1 - p(\varepsilon)] \cdot \Delta r + p(\varepsilon) \cdot \boldsymbol{r}_1 \} + \boldsymbol{f}$$

或

$$\Delta \ddot{\boldsymbol{r}} + c_1 \cdot \Delta r = c_2 \cdot \boldsymbol{r}_1 + \boldsymbol{f} \tag{7-50}$$

其中

$$c_1 = \frac{\mu}{r_1^{\,3}} [1 - p(\varepsilon)], c_2 = \frac{\mu}{r_1^{\,3}} p(\varepsilon) \tag{7-51}$$

选择适当的步长 Δt，由 t_0 开始对式（7-50）进行积分计算，直到 $|\varepsilon|$ 超过某一给定小值后，将 Δr 补上，重新构建新的基本轨道。这就是说，在该时刻利用 $r = r_1 + \Delta r$ 和 $v = v_1 + \Delta v$ 计算新的轨道根数，作为后继的基本轨道，它与真实轨道再次重合。而后继的偏差轨道又重零初始状态开始，不断循环直到计算完成。这个过程如图 7-6 所示。

用求解微分方程式（7-50）代替式（7-2）的好处是，它比较容易获得数值解。因为 Δr 比 r 变化缓慢，从而允许积分步长较大，计算效率较高。

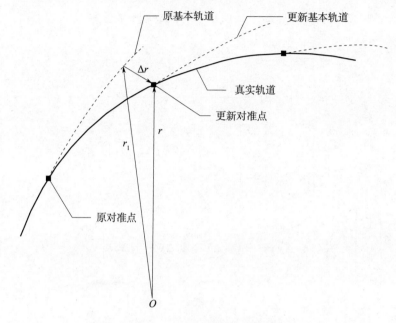

图 7 - 6　Encke 法轨道计算方法

7.4　一种可能的星上轨道计算方法

7.4.1　轨道外推计算步骤

　　为了在星上完成轨道外推的计算，采用 Encke 法的基本思路，而企图回避直接求解偏差的非线性微分方程，作者利用线性化获得近似的一类二阶常系数线性微分方程组，并且利用其有限形式的通解，计算摄动轨道的偏差，从而简化星上轨道计算的复杂性。再利用地面的支持进行"均匀轨道校准"，如同目前常用的"均匀时间校正"一样，企图延长在轨外推计算有效时间，减轻地面站管控的负担。此方法目前仅处于探索阶段，还存在许多可以改进的地方。

　　由 Encke 法知

$$\Delta\ddot{\boldsymbol{r}} = \frac{\mu}{r_1{}^3}\big[-\Delta\boldsymbol{r} + p(\varepsilon)\cdot(\boldsymbol{r}_1 + \Delta\boldsymbol{r})\big] + \boldsymbol{f}$$

$$\approx \frac{\mu}{r_1{}^3}\Big[-\Delta\boldsymbol{r} + 3\,\frac{\boldsymbol{r}_1\cdot\Delta\boldsymbol{r}}{r_1^2}\,\boldsymbol{r}_1\Big] + \boldsymbol{f} \qquad (7-52)$$

$$\approx \frac{\mu}{r_1{}^3}\Big[-\Delta\boldsymbol{r} + \frac{3(x_1\Delta x + y_1\Delta y + z_1\Delta z)}{r_1^2}\,\boldsymbol{r}_1\Big] + f$$

其中
$$\Delta\boldsymbol{r} = \begin{bmatrix}\Delta x\\\Delta y\\\Delta z\end{bmatrix},\boldsymbol{r}_1 = \begin{bmatrix}x_1\\y_1\\z_1\end{bmatrix},\boldsymbol{f} = \begin{bmatrix}f_1\\f_2\\f_3\end{bmatrix}$$

即
$$\begin{bmatrix}\Delta\ddot{x}\\\Delta\ddot{y}\\\Delta\ddot{z}\end{bmatrix} = \frac{\mu}{r_1^3}\Big(-\begin{bmatrix}\Delta x\\\Delta y\\\Delta z\end{bmatrix} + \frac{3}{r_1^2}(x_1\Delta x + y_1\Delta y + z_1\Delta z)\begin{bmatrix}x_1\\y_1\\z_1\end{bmatrix}\Big) + \begin{bmatrix}f_x\\f_y\\f_z\end{bmatrix}$$

$$(7-53)$$

或
$$\begin{bmatrix}\Delta\ddot{x}\\\Delta\ddot{y}\\\Delta\ddot{z}\end{bmatrix} = \frac{\mu}{r_1^3}\left\{-\begin{bmatrix}\Delta x\\\Delta y\\\Delta z\end{bmatrix} + \frac{3}{r_1^2}\begin{bmatrix}x_1^2 & x_1 y_1 & x_1 z_1\\x_1 y_1 & y_1^2 & y_1 z_1\\x_1 z_1 & y_1 z_1 & z_1^2\end{bmatrix}\begin{bmatrix}\Delta x\\\Delta y\\\Delta z\end{bmatrix}\right\} + \begin{bmatrix}f_x\\f_y\\f_z\end{bmatrix}$$

$$(7-54)$$

记
$$\boldsymbol{A} = \frac{3\mu}{r_1^5}\begin{bmatrix}x_1^2 - \dfrac{r_1^2}{3} & x_1 y_1 & x_1 z_1\\[2mm] x_1 y_1 & y_1^2 - \dfrac{r_1^2}{3} & y_1 z_1\\[2mm] x_1 z_1 & y_1 z_1 & z_1^2 - \dfrac{r_1^2}{3}\end{bmatrix} \qquad (7-55)$$

则上式变为
$$\Delta\ddot{\boldsymbol{r}} = \boldsymbol{A}\cdot\Delta\boldsymbol{r} + \boldsymbol{f} \qquad (7-56)$$

　　由于摄动效应弱小，为了方便近似处理，将摄动力离散化。在小范围内，$\boldsymbol{A}$ 为常矩阵，$\boldsymbol{f}$ 为常矢量。这样描述真实轨道与开普勒轨

道的偏差方程就近似为一类二阶常系数线性微分方程组，它有有限
形式的解。这样，计算步骤如下。

第一步：当 $t = t_0$ 时，有

$$\begin{cases} r(t_0) = r_1(t_0) \\ \dot{r}(t_0) = \dot{r}_1(t_0) \end{cases} \tag{7-57}$$

$$\begin{cases} \Delta r(t_0) = 0 \\ \Delta \dot{r}(t_0) = 0 \end{cases} \tag{7-58}$$

第二步：由开普轨道计算公式确定卫星在 $t = t_0$ 的空间小范围，
计算在该范围内卫星所承受的各种摄动力。根据摄动力的数量级用
两种方法拟合。对于数量级为 $O(\varepsilon^{-6})$ 的摄动力在该小范围内用常值
近似。对于数量级为 $O(\varepsilon^{-3})$ 的摄动力在该小范围内用一次时间函数
近似。这样，卫星从 t_0 到 $t_0 + \Delta t$ 范围内承受有摄动力

$$f = \begin{bmatrix} f_{x2} \\ f_{y2} \\ f_{z2} \end{bmatrix} \Delta t^2 + \begin{bmatrix} f_{x1} \\ f_{y1} \\ f_{z1} \end{bmatrix} \Delta t + \begin{bmatrix} f_{x0} \\ f_{y0} \\ f_{z0} \end{bmatrix} \tag{7-59}$$

也可以用更高阶多项式拟合。为了简化计算，也可以都只取常数项
近似。

第三步：由式（7-35）到式（7-40），可以计算 $t = t_0 + \Delta t$ 时
的开普勒轨道位置和速度

$$\begin{cases} r_1(t + \Delta t) \\ \dot{r}_1(t + \Delta t) \end{cases} \tag{7-60}$$

第四步：根据 $t = t_0$ 初始条件，求解偏差方程（7-56），有有限
形式的解析解，得到

$$\begin{cases} \Delta r(t + \Delta t) \\ \Delta \dot{r}(t + \Delta t) \end{cases} \tag{7-61}$$

第五步：计算 $t = t_0 + \Delta t$ 时的真实轨道位置和速度

$$\begin{cases} r(t + \Delta t) = r_1(t + \Delta t) + \Delta r(t + \Delta t) \\ \dot{r}(t + \Delta t) = \dot{r}_1(t + \Delta t) + \Delta \dot{r}(t + \Delta t) \end{cases} \tag{7-62}$$

并计算 $\varepsilon(t+\Delta t)$，反映 r 与 r_1 的偏差

$$\varepsilon = \frac{x_1 \Delta x + y_1 \Delta y + z_1 \Delta z}{x_1^2 + y_1^2 + z_1^2} \tag{7-63}$$

如果 $\varepsilon < \varepsilon_0$，$\varepsilon_0$ 是给定的误差界限值，返回第二步，向前增加一步 Δt，继续计算，直到 $\varepsilon \geqslant \varepsilon_0$ 为止，转向下一步。

第六步：基于 7.2.4 节的公式，用最后的 $r(t+i\Delta t)$，$\dot{r}(t+i\Delta t)$ 构建新的密切椭圆轨道根数，再返回第一步开始新的一轮计算。

7.4.2　摄动力的离散化

卫星运动不是严格意义上的二体问题。推导二体运动方程的时候，实际上是做了如下假设：1）作用力仅有引力；2）地球为球形且密度均匀，可视为质量集中在球心（即点质量模型）。但真实情况不是这样的，卫星还受其他天体引力作用，还受大气阻力、辐射压力等各种影响，地球形状亦非真正球体且密度也非均匀。这样卫星运动是偏离二体问题的，称之为轨道摄动。根据摄动对轨道状态的影响可将摄动分成：一阶状态摄动、二阶状态摄动和更高阶状态摄动。一阶状态摄动引起相对二体运动的状态改变小量为：$\boldsymbol{O}(\varepsilon^{-3})$，二阶摄动引起状态改变小量为：$\boldsymbol{O}(\varepsilon^{-6})$。

对于地球非均匀球体形状引起的摄动力是卫星相对地心位置的函数

$$\Delta g_x = \frac{\mu x}{r^3} \sum J_n \left(\frac{R_e}{r}\right)^n P_{n+1}'(\sin\varphi)$$

$$\Delta g_y = \frac{\mu y}{r^3} \sum J_n \left(\frac{R_e}{r}\right)^n P_{n+1}'(\sin\varphi) \tag{7-64}$$

$$\Delta g_z = \frac{\mu x}{r^3} \sum J_n \left(\frac{R_e}{r}\right)^n (n+1) P_{n+1}(\sin\varphi)$$

其中，P_n，P_n' 是勒让德函数及其导数

$$P_{n+1}(u) = \frac{1}{n+1}[(2n+1)u P_n(u) - n P_{n-1}(u)]$$

$$P_{n+1}'(u) = P_{n-1}'(u) + (2n+1) P_n(u) \tag{7-65}$$

前三项分别为

$$P_1(u) = u \qquad\qquad P_1'(u) = 1$$

$$P_2(u) = \frac{1}{2}(3u^2 - 1) \qquad P_2'(u) = 3u \tag{7 - 66}$$

$$P_3(u) = \frac{1}{2}(5u^3 - 3u) \quad P_3'(u) = \frac{1}{2}(15u^2 - 3)$$

仅计及 $n=2$ 时摄动力为

$$\Delta g_x = \frac{3}{2} J_2 R_e \mu \frac{x}{r^5} \left(1 - \frac{5z^2}{r^2}\right)$$

$$\Delta g_y = \frac{3}{2} J_2 R_e \mu \frac{y}{r^5} \left(1 - \frac{5z^2}{r^2}\right) \tag{7 - 67}$$

$$\Delta g_z = \frac{3}{2} J_2 R_e \mu \frac{z}{r^5} \left(3 - \frac{5z^2}{r^2}\right)$$

如果小范围内考虑，由于 r 和 φ 都变化很小，由 t_0 时刻式（7 - 64）或式（7 - 67）计算值，作为非均匀球体形状引起的摄动力，近似为常数。可以预先计算，形成非球形摄动力数据库，便于在轨使用时查找。特别是二阶以上的项可以这样做。

对于 J_2 项可以用一次或更高次时间函数拟合。由计算起点 t_0 和终点 t_1 时刻计算值拟合

$$f = \frac{f_1 - f_0}{t_1 - t_0} t + \left[f_0 - \frac{t_0}{t_1 - t_0}(f_1 - f_0)\right] = f_{21} t + f_{20} \tag{7 - 68}$$

对于其他因素的摄动力也考虑在小范围内为一常量。n 种因素相加可以形成时间多项式形式的摄动力

$$\boldsymbol{f} = \sum (\boldsymbol{f}_{n2} \, \boldsymbol{t}^2 + \boldsymbol{f}_{n1} \boldsymbol{t} + \boldsymbol{f}_{n0}) \tag{7 - 69}$$

7.4.3　偏差方程的通解

给出一类二阶常系数线性微分方程组的通解。

令微分方程组的矩阵形式

$$\begin{bmatrix} \ddot{g}_1 \\ \ddot{g}_2 \\ \ddot{g}_3 \end{bmatrix} = \begin{bmatrix} b_{11} & b_{12} & b_{13} \\ b_{21} & b_{22} & b_{23} \\ b_{31} & b_{32} & b_{33} \end{bmatrix} \begin{bmatrix} g_1 \\ g_2 \\ g_3 \end{bmatrix} + \begin{bmatrix} f_1(t) \\ f_2(t) \\ f_3(t) \end{bmatrix} \qquad (7-70)$$

记

$$\boldsymbol{B} = \begin{bmatrix} b_{11} & b_{12} & b_{13} \\ b_{21} & b_{22} & b_{23} \\ b_{31} & b_{32} & b_{33} \end{bmatrix}$$

式（7-70）的齐次方程组为

$$\begin{bmatrix} \ddot{g}_1 \\ \ddot{g}_2 \\ \ddot{g}_3 \end{bmatrix} = \begin{bmatrix} b_{11} & b_{12} & b_{13} \\ b_{21} & b_{22} & b_{23} \\ b_{31} & b_{32} & b_{33} \end{bmatrix} \begin{bmatrix} g_1 \\ g_2 \\ g_3 \end{bmatrix} \qquad (7-71)$$

引入变换 $g_4 = \dot{g}_1, g_5 = \dot{g}_2, g_6 = \dot{g}_3$，降阶构成一阶齐次方程组

$$\begin{bmatrix} \dot{g}_1 \\ \dot{g}_2 \\ \dot{g}_3 \\ \dot{g}_4 \\ \dot{g}_5 \\ \dot{g}_6 \end{bmatrix} = \begin{bmatrix} 0 & 0 & 0 & 1 & 0 & 0 \\ 0 & 0 & 0 & 0 & 1 & 0 \\ 0 & 0 & 0 & 0 & 0 & 1 \\ b_{11} & b_{12} & b_{13} & 0 & 0 & 0 \\ b_{21} & b_{22} & b_{23} & 0 & 0 & 0 \\ b_{31} & b_{32} & b_{33} & 0 & 0 & 0 \end{bmatrix} \begin{bmatrix} g_1 \\ g_2 \\ g_3 \\ g_4 \\ g_5 \\ g_6 \end{bmatrix} \qquad (7-72)$$

记

$$\boldsymbol{D} = \begin{bmatrix} 0 & 0 & 0 & 1 & 0 & 0 \\ 0 & 0 & 0 & 0 & 1 & 0 \\ 0 & 0 & 0 & 0 & 0 & 1 \\ b_{11} & b_{12} & b_{13} & 0 & 0 & 0 \\ b_{21} & b_{22} & b_{23} & 0 & 0 & 0 \\ b_{31} & b_{32} & b_{33} & 0 & 0 & 0 \end{bmatrix} \qquad (7-73)$$

求 $\boldsymbol{D}$ 的 6 个特征根

$$- |\boldsymbol{D} - \lambda \boldsymbol{E}_6| = |\boldsymbol{B} - \lambda^2 \boldsymbol{E}_3| = -\lambda^6 + (b_{11} + b_{22} + b_{33})\lambda^4$$

$$- \left[\begin{vmatrix} b_{11} & b_{12} \\ b_{21} & b_{22} \end{vmatrix} + \begin{vmatrix} b_{11} & b_{13} \\ b_{31} & b_{33} \end{vmatrix} + \begin{vmatrix} b_{22} & b_{23} \\ b_{32} & b_{33} \end{vmatrix} \right] \lambda^2 + |\boldsymbol{B}| \quad (7-74)$$

则特征方程为

$$\lambda^6 + E\lambda^4 + F\lambda^2 + G = 0 \quad\quad\quad (7-75)$$

其中

$$E = -(b_{11} + b_{22} + b_{33})$$

$$F = \begin{vmatrix} b_{11} & b_{12} \\ b_{21} & b_{22} \end{vmatrix} + \begin{vmatrix} b_{11} & b_{13} \\ b_{31} & b_{33} \end{vmatrix} + \begin{vmatrix} b_{22} & b_{23} \\ b_{32} & b_{33} \end{vmatrix} \quad (7-76)$$

$$G = |\boldsymbol{B}|$$

变换 $\bar{\lambda} = \lambda^2$，式（7-75）变成

$$\bar{\lambda}^3 + E\bar{\lambda}^2 + F\bar{\lambda} + G = 0 \quad\quad\quad (7-77)$$

由方程式求根公式，可得式（7-77）的三个根：$\bar{\lambda}_1, \bar{\lambda}_2, \bar{\lambda}_3$。从而也可得到式（7-75）的六个根

$$\lambda_1 = \sqrt{\bar{\lambda}_1}, \lambda_2 = -\sqrt{\bar{\lambda}_1}, \lambda_3 = \sqrt{\bar{\lambda}_2}, \lambda_4 = -\sqrt{\bar{\lambda}_2}, \lambda_5 = \sqrt{\bar{\lambda}_3}, \lambda_6 = -\sqrt{\bar{\lambda}_3}$$

$$(7-78)$$

对应这 6 个特征根可求各自对应的特征矢量，当 $\lambda = \lambda_1$ 时，解方程 $(\boldsymbol{D} - \lambda_1 \boldsymbol{E}_6)\boldsymbol{\xi} = 0$，即

$$\begin{bmatrix} -\lambda_1 & 0 & 0 & 1 & 0 & 0 \\ 0 & -\lambda_1 & 0 & 0 & 1 & 0 \\ 0 & & -\lambda_1 & 0 & 0 & 1 \\ b_{11} & b_{12} & b_{13} & -\lambda_1 & 0 & 0 \\ b_{21} & b_{22} & b_{23} & 0 & -\lambda_1 & 0 \\ b_{31} & b_{32} & b_{33} & 0 & 0 & -\lambda_1 \end{bmatrix} \begin{bmatrix} \xi_{11} \\ \xi_{21} \\ \xi_{31} \\ \xi_{41} \\ \xi_{51} \\ \xi_{61} \end{bmatrix} = \begin{bmatrix} 0 \\ 0 \\ 0 \\ 0 \\ 0 \\ 0 \end{bmatrix} \quad (7-79)$$

化简后，由下式求解得到 $\xi_{11}, \xi_{21}, \xi_{31}$

$$\begin{bmatrix} b_{11} - \lambda_1^2 & b_{12} & b_{13} \\ b_{21} & b_{22} - \lambda_1^2 & b_{23} \\ b_{31} & b_{32} & b_{33} - \lambda_1^2 \end{bmatrix} \begin{bmatrix} \xi_{11} \\ \xi_{21} \\ \xi_{31} \end{bmatrix} = \begin{bmatrix} 0 \\ 0 \\ 0 \end{bmatrix} \quad (7-80)$$

和 $\xi_{41} = \lambda_1 \xi_{11}, \xi_{51} = \lambda_1 \xi_{21}, \xi_{61} = \lambda_1 \xi_{31}$ 。这样，

对应 $\lambda = \lambda_1$ 时的特征矢量：$\boldsymbol{\xi}_1 = \begin{bmatrix} \xi_{11} & \xi_{21} & \xi_{31} & \lambda_1 \xi_{11} & \lambda_1 \xi_{21} & \lambda_1 \xi_{31} \end{bmatrix}^T$

对应 $\lambda = \lambda_2$ 时的特征矢量：$\boldsymbol{\xi}_2 = \begin{bmatrix} \xi_{11} & \xi_{21} & \xi_{31} & -\lambda_1 \xi_{11} & -\lambda_1 \xi_{21} & -\lambda_1 \xi_{31} \end{bmatrix}^T$

对应 $\lambda = \lambda_3$ 时的特征矢量：$\boldsymbol{\xi}_3 = \begin{bmatrix} \xi_{13} & \xi_{23} & \xi_{33} & \lambda_3 \xi_{13} & \lambda_3 \xi_{23} & \lambda_3 \xi_{33} \end{bmatrix}^T$

对应 $\lambda = \lambda_4$ 时的特征矢量：$\boldsymbol{\xi}_4 = \begin{bmatrix} \xi_{13} & \xi_{23} & \xi_{33} & -\lambda_3 \xi_{13} & -\lambda_3 \xi_{23} & -\lambda_3 \xi_{33} \end{bmatrix}^T$

对应 $\lambda = \lambda_5$ 时的特征矢量：$\boldsymbol{\xi}_5 = \begin{bmatrix} \xi_{15} & \xi_{25} & \xi_{35} & \lambda_5 \xi_{15} & \lambda_5 \xi_{25} & \lambda_5 \xi_{35} \end{bmatrix}^T$

对应 $\lambda = \lambda_6$ 时的特征矢量：$\boldsymbol{\xi}_6 = \begin{bmatrix} \xi_{15} & \xi_{25} & \xi_{35} & -\lambda_5 \xi_{15} & -\lambda_5 \xi_{25} & -\lambda_5 \xi_{35} \end{bmatrix}^T$

于是，得到式（7-72）的通解为

$$\begin{bmatrix} g_1 \\ g_2 \\ g_3 \\ g_4 \\ g_5 \\ g_6 \end{bmatrix} = c_1 \begin{bmatrix} \xi_{11} \\ \xi_{21} \\ \xi_{31} \\ \xi_{41} \\ \xi_{51} \\ \xi_{61} \end{bmatrix} e^{\lambda_1 t} + c_2 \begin{bmatrix} \xi_{12} \\ \xi_{22} \\ \xi_{32} \\ \xi_{42} \\ \xi_{52} \\ \xi_{62} \end{bmatrix} e^{\lambda_2 t} + c_3 \begin{bmatrix} \xi_{13} \\ \xi_{23} \\ \xi_{33} \\ \xi_{43} \\ \xi_{53} \\ \xi_{63} \end{bmatrix} e^{\lambda_3 t} + c_4 \begin{bmatrix} \xi_{14} \\ \xi_{24} \\ \xi_{34} \\ \xi_{44} \\ \xi_{54} \\ \xi_{64} \end{bmatrix} e^{\lambda_4 t} +$$

$$c_5 \begin{bmatrix} \xi_{15} \\ \xi_{25} \\ \xi_{35} \\ \xi_{45} \\ \xi_{55} \\ \xi_{65} \end{bmatrix} e^{\lambda_5 t} + c_6 \begin{bmatrix} \xi_{16} \\ \xi_{26} \\ \xi_{36} \\ \xi_{46} \\ \xi_{56} \\ \xi_{66} \end{bmatrix} e^{\lambda_6 t}$$

式（7-71）的通解为

$$\begin{bmatrix} g_1 \\ g_2 \\ g_3 \end{bmatrix} = c_1 \begin{bmatrix} \xi_{11} \\ \xi_{21} \\ \xi_{31} \end{bmatrix} e^{\lambda_1 t} + c_2 \begin{bmatrix} \xi_{11} \\ \xi_{21} \\ \xi_{31} \end{bmatrix} e^{-\lambda_1 t} + c_3 \begin{bmatrix} \xi_{13} \\ \xi_{23} \\ \xi_{33} \end{bmatrix} e^{\lambda_3 t} + c_4 \begin{bmatrix} \xi_{13} \\ \xi_{23} \\ \xi_{33} \end{bmatrix} e^{-\lambda_3 t} +$$

$$c_5 \begin{bmatrix} \xi_{15} \\ \xi_{25} \\ \xi_{35} \end{bmatrix} e^{\lambda_5 t} + c_6 \begin{bmatrix} \xi_{15} \\ \xi_{25} \\ \xi_{35} \end{bmatrix} e^{-\lambda_5 t}$$

$$= \begin{bmatrix} \xi_{11} & \xi_{13} & \xi_{15} \\ \xi_{21} & \xi_{23} & \xi_{25} \\ \xi_{31} & \xi_{33} & \xi_{35} \end{bmatrix} \left\{ e^{-\begin{bmatrix} \lambda_1 & 0 & 0 \\ 0 & \lambda_3 & 0 \\ 0 & 0 & \lambda_5 \end{bmatrix} t} \begin{bmatrix} c_1 \\ c_3 \\ c_5 \end{bmatrix} + e^{\begin{bmatrix} \lambda_1 & 0 & 0 \\ 0 & \lambda_3 & 0 \\ 0 & 0 & \lambda_5 \end{bmatrix} t} \begin{bmatrix} c_2 \\ c_4 \\ c_6 \end{bmatrix} \right\}$$

$$= \boldsymbol{\xi} [\exp(-\boldsymbol{\Lambda} t) \boldsymbol{C}_1 + \exp(\boldsymbol{\Lambda} t) \boldsymbol{C}_2]$$

其中，$\boldsymbol{\Lambda} = \mathrm{diag}(\lambda_1, \lambda_3, \lambda_5)$；$c_i$（$i=1$，2，3，4，5，6）是常数；$\boldsymbol{C}_1$ 和 $\boldsymbol{C}_2$ 为常数矢量；$\boldsymbol{\xi}$ 是矩阵 $\boldsymbol{B}$ 的特征矢量矩阵。

假设

$$\boldsymbol{F}(t) = \begin{bmatrix} f_1(t) \\ f_2(t) \\ f_3(t) \end{bmatrix} = \begin{bmatrix} f_{11}t + f_{10} \\ f_{21}t + f_{20} \\ f_{31}t + f_{30} \end{bmatrix} \tag{7-81}$$

其中，f_{ij} 是常数，i，$j=1$，2，3，则非齐次方程（7-70）的一个特解为

$$\boldsymbol{g}_t = -\boldsymbol{B}^{-1} \begin{bmatrix} f_{11}t + f_{10} \\ f_{21}t + f_{20} \\ f_{31}t + f_{30} \end{bmatrix} \tag{7-82}$$

通解为

$$\boldsymbol{g} = \boldsymbol{g}_t + \boldsymbol{\xi} [\exp(-\boldsymbol{\Lambda} t) \boldsymbol{C}_1 + \exp(\boldsymbol{\Lambda} t) \boldsymbol{C}_2] \tag{7-83}$$

这样，利用摄动力离散化处理，将 Encke 法形成的偏差非线性微分方程式，变成一类二阶常系数线性微分方程式。基于非球形引力场摄动数据库查找和其他摄动力公式计算，方便实现在星上进行轨道外推计算。

7.5　轨道数据服务

7.5.1　轨道数据的上注和外推计算

7.5.1.1　一种常用的轨道外推计算方法

根据星上轨道计算方法的不同,要求地面支持上注数据也相应有所不同。如果星上采用轨道根数变动的特殊摄动法时,上注的轨道原始数据包括有:

1) 注入星上时 $t(\mathrm{s})$。

2) 注入轨道根数(地心惯性坐标系,对应星上时为 $t_0(\mathrm{s})$:

· t_0 时刻轨道半长轴 $a_0(\mathrm{m})$,摄动引起的轨道半长轴变化率 a_1 ($\mathrm{m/s}$);

· t_0 时刻 $\xi_0 = e_0\cos\omega_0$,一阶长期摄动系数 ξ_1;

· t_0 时刻 $\eta_0 = -e_0\sin\omega_0$,一阶长期摄动系数 η_1;

· 近拱点幅角一阶长期摄动项系数 $\omega_1(\mathrm{rad/s})$;

· t_0 时刻轨道倾角 $i_0(\mathrm{rad})$;

· t_0 时刻轨道升交点赤经 $\Omega_0(\mathrm{rad})$,它的一阶长期摄动项系数 $\Omega_1(\mathrm{rad/s})$;

· t_0 时刻 $\lambda_0 = \omega_0 + M_0(\mathrm{rad})$,它的长期摄动系数+轨道角速率 $\lambda_1(\mathrm{rad/s})$,二阶摄动系数 $\lambda_2(\mathrm{rad/s^2})$;

· 轨道角速度 $\omega_0(\mathrm{rad/s})$。

轨道原始数据的上注方法和数据格式,在第 5 章遥控管理中已经详述。上注数据在星上需要进行校对和判断其合理性。此外,还可以根据遥控指令,通过遥测通道返回到地面站进行比对,以确保数据的可靠。

轨道外推计算原理是,根据地面注入轨道参数,星上计算短周期项,将轨道根数转为直角坐标:t 时刻惯性系位置矢量 $r(\mathrm{m})$,速度矢量 $v(\mathrm{m/s})$。即

· 输入:$t, a_0, a_1, \xi_0, \xi_1, \eta_0, \eta_1, i_0, \Omega_0, \Omega_1, \lambda_0, \lambda_1, \lambda_2, \omega_1, t_0$;

·输出：卫星在惯性坐标系中的空间位置矢量 r 和速度矢量 v。

星上算法（常数有 $A_2 = 1.5 J_2 R_e^2$, $R_e = 6\,378.145\,E3$ 米 , $J_2 = 1.082\,625\,83E-3$ ）：

1）计算 t 时刻轨道根数

$$\begin{cases} \Delta t = t - t_0 \\[1mm] \bar{a} = a_0 + a_1 \Delta t \\[1mm] \Delta \omega = \omega_1 \Delta t \\[1mm] \bar{\xi} = \xi_0 \cos\Delta\omega + \eta_0 \sin\Delta\omega + \xi_1 \Delta t \\[1mm] \bar{\eta} = \eta_0 \cos\Delta\omega - \xi_0 \sin\Delta\omega + \eta_1 \Delta t \\[1mm] \bar{i} = i_0 \\[1mm] \bar{\Omega} = \Omega_0 + \Omega_1 \Delta t \\[1mm] \bar{\lambda} = \lambda_0 + \lambda_1 \Delta t + \lambda_2 \Delta t^2 \\[1mm] \bar{p} = \bar{a}(1 - \bar{\xi}^2 - \bar{\eta}^2) \end{cases} \tag{7-84}$$

2）计算短周期摄动量

$$\begin{cases} a_s = \dfrac{A_2}{\bar{a}} \sin^2 \bar{i} \cos 2\bar{\lambda} \\[3mm] \xi_s = \dfrac{A_2}{\bar{p}^2} \left[\left(1 - \dfrac{5}{4} \sin^2 \bar{i}\right) \cos\bar{\lambda} + \dfrac{7}{12} \sin^2 \bar{i} \cos 3\bar{\lambda} \right] \\[3mm] \eta_s = \dfrac{A_2}{\bar{p}^2} \left[\left(-1 + \dfrac{7}{4} \sin^2 \bar{i}\right) \sin\bar{\lambda} - \dfrac{7}{12} \sin^2 \bar{i} \sin 3\bar{\lambda} \right] \\[3mm] i_s = \dfrac{A_2}{2\,\bar{p}^2} \sin\bar{i} \cos\bar{i} \cos 2\bar{\lambda} \\[3mm] \Omega_s = \dfrac{A_2}{2\,\bar{p}^2} \cos\bar{i} \sin 2\bar{\lambda} \\[3mm] \lambda_s = \dfrac{A_2}{\bar{p}^2} \left(-\dfrac{1}{2} + \dfrac{5}{4} \sin^2 \bar{i}\right) \sin 2\bar{\lambda} \end{cases} \tag{7-85}$$

3）计算密切轨道

$$
\begin{cases}
a = \bar{a} + a_s \\
\xi = \bar{\xi} + \xi_s \\
\eta = \bar{\eta} + \eta_s \\
i = \bar{i} + i_s \\
\Omega = \bar{\Omega} + \Omega_s \\
\lambda = \bar{\lambda} + \lambda_s
\end{cases}
\tag{7-86}
$$

4）计算轨道位置

$$
\begin{cases}
u = \lambda + \xi\sin\lambda + \eta\cos\lambda \\
u = \lambda + \xi\sin u + \eta\cos u \\
a_r = 1 + \xi\cos u - \eta\sin u \\
u = u + a_r(u - \lambda)(1.5 - 0.5a_r) \\
r = a/a_r
\end{cases}
\tag{7-87}
$$

5）转换到惯性系下卫星位置

$$
\begin{cases}
\boldsymbol{P} = \begin{bmatrix} \cos\Omega \\ \sin\Omega \\ 0 \end{bmatrix} \quad \boldsymbol{Q} = \begin{bmatrix} -\sin\Omega\cos i \\ \cos\Omega\cos i \\ \sin i \end{bmatrix} \\
\boldsymbol{r} = r\cos u\boldsymbol{P} + r\sin u\boldsymbol{Q} \\
\boldsymbol{v} = \sqrt{\dfrac{\mu}{a(1 - \xi^2 - \eta^2)}}\big[(-\sin u + \eta)\boldsymbol{P} + (\cos u + \xi)\boldsymbol{Q}\big] \\
\boldsymbol{rv} = \boldsymbol{r} \times \boldsymbol{v} \\
\boldsymbol{\omega}_0 = \boldsymbol{rv}/(r \cdot r) \\
\omega_0 = |\boldsymbol{\omega}_0|
\end{cases}
$$

$$
\tag{7-88}
$$

7.5.1.2　一种探索的轨道外推计算方法

在 7.4 节提出的方法，是基于 Encke 法的基本思想，企图在星上环境内实施，在技术上进行许多改进。从而，使得计算简化，容易用星上计算机程序实现。

上注的轨道原始数据包括：1）注入星上时 t（s）；2）注入对应星上时为 t_0 时刻惯性系位置矢量 $\boldsymbol{r}_0$（m），速度矢量 $\boldsymbol{v}_0$（m/s）。

轨道外推计算原理是，根据地面注入 t_0 时刻卫星位置矢量 $\boldsymbol{r}_0$ 和速度矢量 $\boldsymbol{v}_0$，星上按 7.4 节的方法，逐步计算，t 时刻惯性系位置矢量 $\boldsymbol{r}$（m），速度矢量 $\boldsymbol{v}$（m/s）。

在 7.4 节中，逐步计算采用的是时间步距，这样需要求解超越方程式（7 - 21）。但是为了更简单，实际使用中可改为偏近点角为步距。因为在每一步计算中，仅希望每一步距引发的空域足够小，以保证"离散化"过程的合理性，并不要求每步时间都一样大小。

本方法外推计算可适用于考虑各种摄动因素，并且根据它们各自的数量等级采用不同的"离散化"办法。譬如，非球形的 J_2 项地球引力作用，离散化可以采用一次项或二次项函数逼近，J_3 以上项地球引力作用和其他摄动力作用，离散化可以采用常数近似。特别是，出现突发控制力矩时，它可以随时引入到轨道的外推计算中。

星上的算法：

1）按二体轨道计算 t_1 时刻轨道根数、惯性系下卫星位置 r_1（t_1）和速度 v_1（t_1）。

2）引入偏近点角增量 ΔE，计算前进一步后的时间 t_2、卫星位置 r_1（t_2）和速度 v_1（t_2）。

3）计算摄动力

・对于 J_2 分量地球引力摄动，分别利用 r_1（t_1）和 r_1（t_2）计算式（7 - 67），然后利用式（7 - 68）获得一次时间项的拟合函数：$f_{21}t + f_{20}$。如果要求精度更高一点，J_2 分量用二次时间项近似。

・对于 J_3 以上分量地球引力摄动，可以使用预先按式（7 - 64）计算生成的数据库，由 r_1（t_1）查表插值获得常值近似：f_{30}。由于 J_3 以上分量地球引力摄动较 J_2 分量小，可以用较差一点的拟合。

・对于大气阻力摄动，在地心赤道惯性坐标系中卫星对大气的相对速度为

$$v_a = v - \omega_E \times r = \begin{bmatrix} v_x + y\omega_E \\ v_y - x\omega_E \\ v_z \end{bmatrix}$$

则大气阻力的摄动加速度，由 v_1（t_1）用下式计算，在小范围内视为常值

$$f_D = -\frac{1}{2}\sigma\rho v_a v_a = -\sigma\rho v_a \begin{bmatrix} v_x + y\omega_E \\ v_y - x\omega_E \\ v_z \end{bmatrix}$$

$$v_a = \sqrt{v_x^2 + v_y^2 + v_z^2}$$

· 对于太阳和月亮的引力，对于小卫星中低轨道，轨道高度低于 10 000 km，可以不予以考虑。

· 假设在该范围内存在有控制力 f_c。

最后汇总摄动加速度

$$f = f_{21}t + (f_{20} + f_{30} + f_D + f_C) \tag{7-89}$$

4）按照 7.4.3 节公式求解式（7-56），得到 $\Delta r, \Delta \dot{r}$。

5）按照式（7-63）评判偏差 ε 大小。如果 $\varepsilon < \varepsilon_0$，返回 b）步，再增加一步 ΔE 继续计算。

6）如果 $\varepsilon > \varepsilon_0$，则，利用 $r = r_1 + \Delta r, \dot{r} = \dot{r}_1 + \Delta \dot{r}$，按照 7.2.1 节公式计算二体轨道根数，并返回 1）步，进行不断的外推计算。

7.5.2　轨道数据的校准和分发

7.5.2.1　轨道数据的校准方法

不管怎样的方法，在轨计算轨道总是会存在误差，特别是长期积累，所以需要校准。因此，过一定时间后，可由地面飞控站上注精确的轨道数据，对其校准。

如果星上采用轨道根数变动的特殊摄动法时，它的校准是借助于轨道根数变化函数分别采用不同的函数拟合。对 $a, \omega, \xi, \eta, \Omega$ 等采用一次时间函数拟合，对于 i 采用不随时间变化的常数，λ 采用二次

时间函数拟合。这些参数由地面站支持上注参数给出。

作者推广的 Encke 法，在外推过程中，有序地更新密切轨道根数，它们改换是依据考虑到摄动引起的轨道偏差。由于为了处理方便采用了近似，同时计算也带来误差，它们可由地面站的观测或自主测量进行校准补偿。考虑到非球形引力场的作用和大气阻力的作用，在无轨控的期间，对 Ω, ω, a 等三项轨道根数需要进行均匀"轨校"。这就说，星上轨道外推时，每次重新计算密切椭圆根数时，对 Ω, ω, a 补充修改量。即

$$
\begin{cases}
\Omega_{\text{use}} = \Omega_{\text{cal}} + \delta\Omega \, (t_2 - t_1) \\
\omega_{\text{use}} = \omega_{\text{cal}} + \delta\omega \, (t_2 - t_1) \\
a_{\text{use}} = a_{\text{cal}} + \delta a \, (t_2 - t_1)
\end{cases}
\text{或}
\begin{cases}
\Omega_{\text{use}} = \Omega_{\text{cal}} + \delta\Omega \, (E_2 - E_1) \\
\omega_{\text{use}} = \omega_{\text{cal}} + \delta\omega \, (E_2 - E_1) \\
a_{\text{use}} = a_{\text{cal}} + \delta a \, (E_2 - E_1)
\end{cases}
$$

$$(7-90)$$

其中，下标 use 表示修改后的值，下标 cal 表示外推计算值，t_2 和 E_2 是当前更新密切椭圆时间和近点角，t_1 和 E_1 是上次更新密切椭圆时间和近点角，$\delta\Omega, \delta\omega, \delta a$ 是均匀校轨系数，类似星时均匀校正。

显然轨道的均匀校正是借助于星时的均匀校正的机理。在星时均校中，存在连续的时间量，利用时间的增量对根数进行相应的补偿。轨道均校中，也可以利用时间的增量或各种近点角的增量对根数进行相应的补偿，这样可以减少地面站上注轨道新数据的次数。

7.5.2.2 轨道数据的分发方法

星上轨道数据分发的方法是利用星上网传送完成的。一般情况，采用广播方法，每秒定时广播，广播数据有卫星惯性空间位置和速度，星上设备需要者均可接收，只要设置好 CAN 总线的接收屏蔽字。另一种情况，设备首先订阅，再由星务主机发送专项数据，特定的标识符，满足该设备的接收要求。轨道数据内容按协议进行。

轨道数据分发的数据格式，遵循星务系统的四个顶层标准文件的约定，前面的章节所述。

7.6　星时数据服务

7.6.1　星上授时系统

授时系统是确定和发播精确时刻的工作系统。在日常生活中，每当整点钟时，正在收听广播的收音机便会播出"嘟、嘟……"的响声，人们便以此校对自己的钟表。星上的授时系统也是这样的，不过不同的是，小卫星采用两级方式。

第一级，由地面站对卫星授时，它是通过遥控系统，上注"授时命令块"，将星上时间调定至某秒值。或者由 GPS 接收设备、北斗接收设备接收的世界时数据，转送星务主机作为星上时使用。

第二级是星内各设备间的授时系统，它是由星务主机通 CAN 总线广播方式实现的。星务调度每秒钟开始，由星务主机发送一帧星上时信息报文。该报文具有最高优先级，每一调度周期在网上最先传送，作为星上时秒脉冲的同步。当 CAN 总线码速率为 307.2 bps 时，星上对时准确度优于 0.1 ms，当存在有一次错帧的情况下。星上设备可以利用这个秒脉冲的同步帧报文，实现星上时的同步，各设备可以利用本地计数器构自建毫秒级的小时间。当设备收到时间同步报文后，强迫本地时间计数器清零。这样，星务主机由时间同步报文提供秒级大时间，各设备自行产生毫秒级或微秒级的小时间，联合形成星上时。即

$$星上时 = 星务主机的大时间 + 本地的小时间 \qquad (7-91)$$

因此，星务主机需要采用一个较为稳定的钟源，利用恒温槽中的晶体振动脉冲计数，形成星上时钟，确保星上时的稳定性和准确性。另外，为了更精确的星上时，也可以在星上引入秒脉冲源硬件设备。

7.6.2　星时的上注、校准和分发

为了确保星上时的稳定性和准确性，除了采用稳频的计数脉冲

外，还需要由地面站利用遥控上注数据对时钟计数进行遥操作，从而达到星上时的准确度和稳定度。对星上计时脉冲校准的方法是每一周期内对星上时调快或调慢一个最小单位时间。对星上时钟计数进行遥操作的方法如同授时一样，它也是通过遥控系统上注"均匀校时命令块"实现的。

星上时间管理业务包含有：

1）授时，将星上时间调定至某一秒值；

2）集中校时，对星上时间调快或调慢秒值；

3）均匀校时，每一周期对星上时间调快或调慢一个时间单位；

4）对全星时间信息用户（设备），通过 CAN 总线广播星上时，提供星上的统一时间；

5）提供星上时间同步信号：秒脉冲的同步帧报文。

7.7　其他的轨道数据服务

卫星及其遥感设备在轨运行时，需要与地面发生各种各样的联系。譬如，卫星对地照相遥感时，需要在相机、遥感器与地面目标物体之间，建立相互几何关系的联系。在地面站对卫星进行观测、控制和无线电通信时，也需要建立相互的几何关系的联系。这样，星务管理的任务，不仅关心卫星在轨的运动规律，而且还关心卫星相对于地面的运动情况。因此，卫星任务需要星务管理提供星地之间的几何关系数据服务。

· 计算和预报卫星在地面运行的踪迹（即"星下点轨迹"）；

· 计算和预报星地可行的联络区域的边界（即"覆盖区"）；

· 计算和预报轨道上的日照条件；

· 计算和预报星下点或覆盖区的日照条件；

· 计算和预报星下点的速度和速度高度之比等。

这些几何关系表现在卫星的轨道位置、卫星的姿态，与地面观察点位置和地球自转相位的相互关系。所以需要的轨道数据范围是很广的，将它们集中起来，形成一个轨道数据服务中心，可以提高性能，又可节省星上资源。

7.8　轨道数据广播和星时广播

星务系统接收地面提供的星时和轨道数据，并通过外推不断地更新这些数据。为此，星务系统必须具备如下功能：

·具有高稳定度的振荡器，能提供高精度的时钟，传送星时或世界时数据；

·发放全星同步工作的星上时间的同步信号；

·传送轨道数据、轨道根数、轨道位置、高度、速度；

·传送太阳高度角、月亮位置、星下点位置等。

除为了实现头一项功能，需要有高稳定度的振荡器硬设备外，实现上述功能均采用软件方法实现。这些软件主要有：

·轨道外推计算，由星务调度单元一个任务进程完成；

·时间数据和轨道数据上注、校准，由星务调度单元的星地通信任务进程完成；

·时间数据和轨道数据广播，由星务调度单元的星上网管理任务进程完成；

·时间同步信号广播，也由星上网管理任务进程完成。

除第一个软件是新的，其他软件均为星务系统的基本软件，重复调用，不新增资源。

第8章 姿态控制及其数据服务管理

8.1 概述

在小卫星星务系统的开发中，我们已经将平台的一些常规卫星的分系统，如遥测分系统、程控分系统等加以改造、集成，把它们变为虚拟的分系统了。虚拟分系统的含义是，它们的功能依旧存在或得到加强，但物理实体已经不在或被分散了。遥测发射机部分合并到应答机中，传感器置入各 MEU 中，星务主机用软件和星上网实现遥测数据汇集、打包、组帧等功能。从而，遥测作为独立的分系统已经不存在了。程控分系统也是同样的，变成为虚拟程控分系统了，进入星上综合电子系统（星务系统）集成之中。平台其他分系统是否也能逐步转为虚拟分系统，进入综合集成之中？姿控分系统、电源分系统如何逐步加入综合集成系统，转为虚拟分系统呢？应该说明，集成技术不是完成 $1+1=2$ 的任务，而是要实现 $1+1>2$ 的进步。集成技术不是把现有的东西放在一起，而是采用新增的技术，进一步获取更高的效益。为此，在小卫星姿态控制技术中，我们提出基于星上网的姿态控制方法，即网络姿态控制方法，企图利用网络的优势和整星信息资源，将姿控功能引入全星综合集成之中，从而提高姿态控制的灵活性和安全性。

另外，小卫星姿态数据是整星的一种资源，为了提升整星的技术水平，应该将卫星姿态数据纳入全星共享范畴之中。

从上述两点出发，本章关注两个大的新课题：

· 将姿态控制与姿态确定两大任务分离，形成姿态数据管理和服务；

· 引入网络姿态控制方法，建立虚拟的姿态控制系统。

8.2　姿态确定任务从姿控中分离出来

8.2.1　单周期顺序流程

　　常规姿轨控系统在轨工作过程如图 8-1 所示。它的任务是，利用姿态敏感器进行姿态测量和处理，进行轨道外推计算，转换姿态数据，然后根据控制规律确定控制大小，发送控制指令指挥执行机构工作，从而实现星体需要的姿态。

　　显然，它有一个很长的控制回路，要花费很长的时间，造成控制周期较长。特别是在要求高精度的时候，轨道计算和姿态确定工作需要较长时间处理。同时，这些工作过程也很复杂，环节较多，容易出现故障。如果将容错处理和补救措施一系列动作引入，就更难保证控制过程的实时性要求。特别是，对于小卫星和微小卫星来说，要求控制周期进一步缩短，这种大串联方式的控制方案难度较大难于提速。因此将轨道计算和姿态确定从控制环路中分离出来，将计算与控制并行实现，既能加快反馈速度，减小时延，又能减少环节，减少失误机会。

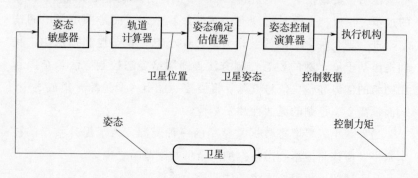

图 8-1　常规姿控系统在轨工作过程

8.2.2　快慢双周期并行流程

图 8-2 给出一个快慢双周期姿态控制的并行工作流程，它将常规姿控中的姿态控制和姿态确定两大任务分离开来。这样做的原因是：

1）可以减少闭合环路内的环节，失误机会也降低，从而控制安全性提高；

2）就工作时间而言，姿态控制和姿态确定属于两个范畴，前者希望快，特别是小卫星和微小卫星，质量越小控制周期越短。而后者需要一定时间进行处理，特别是有故障出现的时候；

3）闭环数字控制的周期要求减小，保证闭合控制的稳定性；

4）当姿态确定过程中某些高精度的设备故障，估值器可用其他低精度姿态敏感器的数据替代，甚至在短时间内失去姿态信号输入时，需要采用外推估值补充。即姿态确定过程分离出来后，可以附加许多安全保护的功能。虽然，给出的是降低姿控精度的信号，但不会丢失信号，不会形成错误的数据，可以确保姿态控制的安全性和稳定性。

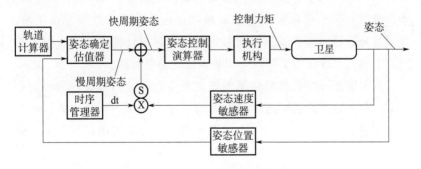

图 8-2　小卫星姿控数据流程

5）同时，将姿态控制和姿态确定分离后，给整星姿态确定的多信息融合提供了条件。如果不分离的话，在控制环路中仅仅接入一种敏感器，很难使用多台姿态敏感器同时对控制过程进行操作。只能是当一套敏感器有故障后，再切换到另一套敏感器工作。这样对于闭合系统是不利的。最好的是，星上所有敏感器同时工作，相互协同、相互比对，优先采用精度高的数据使用，并标记姿态数据的精度等级，这样可以大大提高卫星姿控的安全性，甚至太阳电池阵的工作状态、全星温度分布状态等都可作为姿态信息的参考和对照。所有闭环控制系统经验表明，除设备硬件损坏外，控制过程中发生错误的主要原因是测量信息的错误。提升在线姿态敏感器和姿态信息的处理的正确性是卫星姿控安全的关键。

8.2.2.1　慢周期姿态确定环路

卫星姿态确定的基本问题是确定固连在星体的坐标系 $O-xyz$ 在参考坐标系 $O-XYZ$ 中的姿态参数。姿态确定方法基本上可分为几何的姿态确定法和统计的姿态确定法。根据姿态敏感器的体轴相对于参考基准方位的夹角测量值，如果这些角信息是完全准确的话，几何的姿态确定法则基于它们用几何方法确定出星体的角位置。但是，测量过程中存在有各种随机噪声，以及星体运动位置的变化，不可避免地引起测量误差，并且在姿态确定过程中转化为姿态角也有误差。为了减小这些误差，除提高姿态敏感器的精度外，还可以采用统计方法来提高姿态确定的精度，这就是统计的姿态确定法。特别是，在高精度的姿态控制系统中，这种统计的确定方法更为重要。当然，统计法需要时间来积累大量的测量数据。

有关姿态及姿态参数的基本概念是姿态确定的基础，由于篇幅有限，有关敏感器的姿态测量和姿态确定本书都不讲述，请读者参考相关书籍。下面仅讨论多个姿态敏感器联合姿态确定的两个关键问题。

（1）多个姿态敏感器测量的同步

由于星体的运动，姿态参数是随时间而变化的，因而姿态敏感器的测量值也是时间函数。多个敏感器的测量值比对、融合，必须是同一时间点的数据，因此，它们应该同时采集姿态信号。另外，星体的运动也会引起参考基准变化，用于数据转化的轨道位置也需要是同一时间点的参数。这就是说，姿态测量数据、转化用轨道数据以及控制动作的时间点，应该是一致的，不能测量时间点在前，控制时间点在后，否则在控制环路中引入时间的延迟，不仅会带来误差，甚至会产生系统的不稳定。但是，对于一个物理可实现的系统，总是测量在前，控制在后的。所以要求测量过程实时性，对于高精度的测量这不总是能达到的。

　　为此，对于每个敏感器的测量值都要伴随时间参数，姿态确定的结果也伴随时间参数，并且预估控制作用时刻的数据。因此，姿态的控制周期内要严格地安排时间顺序，如图 8-3 所示。t_0 时刻为敏感器开始测量时间同步点，测量完成并将结果数据在 t_1 时刻前传送到姿态确定的估值器，t_1 时刻前估值器也接收到 t_0 时刻的轨道数据，由估值器完成姿态确定。同时，估值器外推 $t_0 + \Delta t$ 时刻的姿态，并传送给姿态控制器。再由控制器计算姿态控制大小，传送到执行机构执行。这里利用估值器外推预估 Δt 时刻的数据，是为了补偿在测量、传送、计算以及物理上的各种过程延迟，确保控制系统的稳定。同时，放松时间的"紧耦合"，留出测量、传送、计算过程中的异常事件的处理时间，有利于姿态控制的安全。

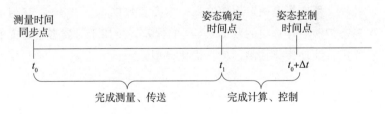

图 8-3　姿态确定时间同步

　　(2) 多个姿态敏感器确定信息的融合

　　一般卫星上装有多台姿态敏感器，处于备用，仅一台设备接入回路。其实，更合理的方式是它们同时接入，可以利用各种调度方法优选测量结果，进行控制。

　　其中一种办法是，首先将各个敏感器测量和姿态确定的结果相互比对，判断其正确范围，然后根据各个敏感器赋予的优先权方式，选用精度最好的数据作为控制使用的姿态数据，并且对该数据附加相应的精度等级，供控制器使用，这样可以确保姿态控制的输入信息不会或较少丢失。此外，还能将星体其他反映姿态的信息（如：太阳电池阵状况、温控状况等）引入姿态的保护控制中。

8.2.2.2　快周期姿态控制环路

利用姿态角速度的敏感器的数据，对慢周期的姿态确定数据进行插值，从而实现加速姿态控制过程，满足实时性和稳定性要求。而控制精度由姿态确定数据保证，控制精度和控制稳定性分开有利于物理实现。因此，姿态控制和姿态确定过程也存在时间同步关系。

令姿态控制周期为 t_c，姿态确定周期为 kt_c。由图 8-3 可见控制指令发出时刻分别是：$\Delta t, t_c + \Delta t, \cdots, (k-1)t_c + \Delta t$。各个时刻的姿态角速度分别为 β_i，则姿态角分别为

$$\alpha_i = \alpha_{i-1} + \beta_{i-1}t_c = \alpha_0 + \left(\sum_{j=0}^{i-1}\beta_j\right)t_c$$

利用姿态角 α_i 和姿态角速度 β_i，按照控制规律计算控制力矩进行姿态控制，形成快周期的姿态控制。

另外，每次姿态确定周期输入一个姿态数据 $\alpha_0(n+1)$，它与前一次姿态控制中计算出的数据 $\alpha_k(n)$ 的偏差，可用于对姿态角速度的敏感器进行滚动优化预测。建立优化模型

$$\tilde{\beta} = a\beta + b$$

偏差为

$$e = \alpha_0(n+1) - \alpha_k(n) = \alpha_0(n+1) - \alpha_0(n) - \left[\sum_{j=0}^{k-1}\tilde{\beta}_j(n)\right]\Delta t$$

$$= \alpha_0(n+1) - \alpha_0(n) - \left\{\sum_{j=0}^{k-1}\left[a \cdot \beta_j(n) + b\right]\right\}\Delta t$$

$$= c_1(n) + a \cdot c_2(n) + b \cdot c_3$$

其中，$c_1(n) = \alpha_0(n+1) - \alpha_k(n)$，$c_2(n) = \left[\sum_{j=0}^{k-1}(\beta_j(n)\right]\Delta t$，$c_3 = kb\Delta t$

取偏差极小值

$$J = \sum_{n=0}^{N} e_n^2$$

则

$$\frac{\partial J}{\partial a} = \sum_{n=0}^{N} \{2[c_1(n) + a \cdot c_2(n) + b \cdot c_3] \cdot c_2(n)\} = 0$$

$$\frac{\partial J}{\partial b} = \sum_{n=0}^{N} \{2[c_1(n) + a \cdot c_2(n) + b \cdot c_3] \cdot c_3\} = 0$$

即

$$\sum_{n=0}^{N} [c_1(n) \cdot c_2(n)] + a \cdot \sum_{n=0}^{N} c_2^2(n) + b \cdot c_3 \cdot \sum_{n=0}^{N} c_2(n) = 0$$

$$\sum_{n=0}^{N} c_1(n) + a \cdot \sum_{n=0}^{N} c_2(n) + b \cdot c_3 \cdot k = 0$$

写成矩阵形式

$$\begin{bmatrix} \sum_{n=0}^{N} c_2^2(n) & c_3 \sum_{n=0}^{N} c_2(n) \\ \sum_{n=0}^{N} c_2(n) & c_3 \cdot k \end{bmatrix} \begin{bmatrix} a \\ b \end{bmatrix} + \begin{bmatrix} \sum_{n=0}^{N} c_1(n) \cdot c_2(n) \\ \sum_{n=0}^{N} c_1(n) \end{bmatrix} = \begin{bmatrix} 0 \\ 0 \end{bmatrix}$$

从而，可求得角速度敏感器的修正值 (a, b)。

8.3　网络姿态控制系统

8.3.1　网络姿态控制系统的组成和关键问题

我们利用小卫星星务系统的特点，将卫星姿轨控任务综合集成进来，提出了姿态和轨道的网络控制方法。它是基于星上网实现信息传送和各种敏感器和执行机构的设备中内嵌微控制器，并行协同进行信息处理，从而实现卫星的姿态和轨道控制。如图 8-4 所示，其中敏感器和执行机构都内嵌有微控制器，形成集成电子模块。内嵌式微控制器专称为管理执行单元，它代理上层系统，对该敏感器或执行机构进行管控，完成种种基本工作，使其成为智能设备、可程控设备，从而减轻上层系统的繁杂工作负担。这样，虚拟的姿控系统的成员只包括有：敏感器 IEM（＝MEU＋敏感器 OEM）和执行机构 IEM（＝MEU＋执行机构 OEM），它们形成姿控功能专用模块。姿控软件和参数库被分散到星务调度单元和相应的 MEU 中去了。

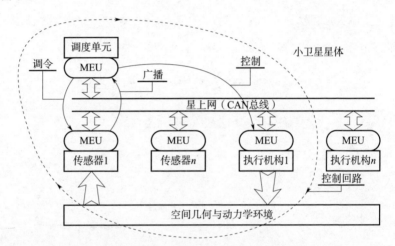

图 8-4　小卫星姿轨控的网络控制

由于利用网络将复杂的姿控任务分散给多个微控制器并行处理，在系统层面上，仅留有信息的调度、姿态确定和控制规律计算，这些可充分发挥主控计算机（星务调度单元）的特长。在此，实现了主控计算机和微控制器的任务分离，这对系统可靠性是有好处的。对于每个微控制器而言，任务变得简单容易。对主控计算机的复杂性要求也大大降低，它无需顾及繁杂的设备运行管控过程。从而，在进行星务和姿控两大分系统综合集成时，就不会加重上层管控的复杂性、危险性。主控计算机只需调度执行信息传送，无需控制和处理信息的获取过程，甚至许多底层基本工作也可以授权给微处理器实施，实现分层次管理和控制，达到"集中管理分散控制、分散风险"的目的。微控制器执行简单的、重复的、快速的控制作业，主控计算机进行复杂的、智慧的、长期的决策计划，指挥、分配、监督微控制器执行作业。由于任务分散，势必带来控制回路的反应加快，对于闭环控制系统的稳定性和动态响应也大有益处。尤其是，星务系统的"代理"机制对姿控系统的动态性能提高是大有帮助的。如图 8 - 5 所示，建立快速控制的短回路，与较慢的姿态确定过程分离。另外，如果在硬、软件制作上实施统一，也会给这些微控制器带来可靠性和低成本的好处。同时，分散了任务，也就分散了风险，并且容易基于星上网构建姿控部件的容错机制，即所谓网络容错。

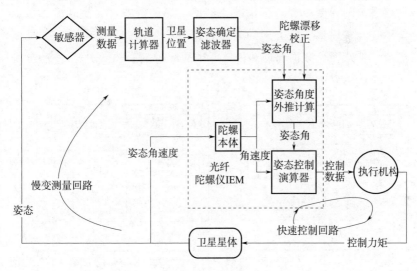

图 8 - 5 代理姿控系统短的控制回路

但是，由于在控制闭环中引入网络，给闭环控制和网络调度都带来一系列新的问题。因为信息传送通过网络进行，而网络的带宽总是有限，因此，数据包在传输过程中不可避免地出现碰撞以及排队等待，形成资源竞争和网络阻塞等现象，增加数据传输延迟（可称为网络时滞），造成控制指令不能及时执行。从而，导致闭环系统性能变坏，严重的甚至会影响系统的稳定性。另外，还存在有数据包丢失、数据包的时序错乱等。这些问题，在常规姿轨控系统中，

是不存在或可以忽略的。因此，基于传统的控制理论设计的参数用
于网络控制系统中，必须组织好网络调度规则，使网络传送中引发
的上述问题减小到可以忽略的程度，或者，针对网络控制闭环的特
点形成适合网络环境的先进的新的控制策略。总之，星务系统集成
姿态控制功能是一个难度大的工作。

　　鉴于星务系统运行的基础是智能设备和星上网的概念，在星务
系统集成姿控功能时，它的工程实现与传统的方法有所不同，其中
有三项关键的改动。其一是将星上的姿态传感器和执行机构加装
MEU 构成智能传感器和智能机构，并连线上网。其二是建立星上网
的姿态控制调度规程，尽量减小网络时滞的影响，并使时滞参数固
定不变，实现基于星上网的姿态控制方法。其三是引入预估的控制
规律，补偿因为数据处理和传送产生的纯时延影响。图 8-6 中分别
给出它们的方块图。

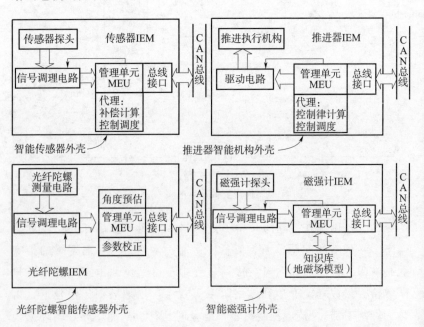

图 8-6　姿控系统的智能传感器和智能机构

由于在姿控各个环节中引入了 MEU，使其具有智能，不仅提升其性能，而且降低控制层面的设计和运行管理的复杂性。本书的重点不在设备的工作原理阐述方面，而是主要采用优化网络调度规则等办法，来确保姿态控制的实时性、控制周期的确定性、传输延迟的确定性和数据不丢帧。

8.3.2　TECAN 协议

小卫星的星上网采用 CAN 总线，其协议是以事件触发为基础的多主系统，而多个主站之间很难达到较好的时间同步，所以不能很好地满足系统对时间约束的要求，不适应姿态闭环控制的机制。目前国内外研究方向是，在标准 CAN 协议基础上，扩展了支持时间触发的高层协议 TTCAN（Time Triggered CAN）。TTCAN 在会话层协议中采用时间触发机制对总线通信进行规划，而在数据链路层中仍旧采用 CAN 自身的仲裁机制，结合了时间触发与事件触发两种机制的优点，可以达到对总线通信的有效调度。

众所周知，在 CAN 中实现 TTCAN 首要问题是多个节点的同步问题。因为 TTCAN 要求同步总线上所有节点的通信调度，并提供全局的系统时间。当网络严格同步时，任何节点都在一个指定的时间窗口内进行发送，提高总线利用率。这样存在一个时间主节点，它定期广播同步信号和全局时间，建立同步基准。其他节点以计数器的方式形成全局时间的副本，每隔一个网络时间单位，计数器加一。TTCAN 在会话层中定义了调度时刻表，又称为矩阵周期。矩阵周期由多个基本周期组成，其机制与时间多路复用器类似，即调度时刻表由固定顺序的时间窗口组成。所以，TTCAN 本质上是一种基于表的静态调度。这样，TTCAN 可以在一定条件下满足姿态控制的时间约束、延迟固定、周期固定、时间同步等各种要求。

由于姿态确定需要多个敏感器共同提供数据、合并处理，所以，必须解决它们之间的测量时间同步问题。另外，又由于数据传送是基于数字化通信（特别是网络通信），获得测量数据后，还需数据处理，所以存在时间延迟，带来测量和控制时间存在相差。这些都是需要考虑的问题。因此，网络调度协议必须给出同步启动敏感器的调令，给出相应时刻执行机构动作的调令；姿态确定和控制律预估未来相应时刻输出值，对应测量和控制之间的相差。例如，当 T_0 时刻各个敏感器同时收到外部同步时钟输入，立即启动测量和处理，并且输出 $T_0 + \tau_0$ 时刻的预估测量值。经过姿态确定和控制律计算后，在 $T_0 + \tau_0$ 时刻给出姿态控制信号。这样，借助于同步、预估和预留 τ_0 时间间隔，弥补测量、传输和处理的耗时产生的时迟，实现多敏感器的同步测量，实现纯时延的补偿。

但是，TTCAN 协议存在不足。它在周期报文发送的专用时间窗内禁止报文自动重发，这种"禁发"必将增加传送失误，丢弃 CAN 总线的长处，是不可取的。我们基于星务系统开发了一套新的具有时间管辖的高层协议 TECAN（Time Entailment CAN，时间制约 CAN），其基本内容如下。

第一，星务系统为了对星上时间统一管理，建立了一个时间主站。时间主站形成星上"大时间"，有较高的时间精度，可以由地面授时和校时，也可以跟踪 GPS 时间。时间主站以确定周期通过星上网广播星时，并强迫各网上节点 MEU（下位机）的本地时间计数器清零，达到全星时间同步，本地时间计数器形成该节点星上"小时间"。这样，该节点的星上时等于全星大时间加上该节点本地小时间。这样，既能够确保全星各节点的时间精度，又能够实现全星同步。一般使用晶体，小时间计数频率精度可以达到要求，大时间同步周期（控制周期）可取 1 s 或 250 ms，同步精度是 0.1 ms；小时间的分辨间隔可取 1 ms 或 1μs。如果需要更高精度，可用全星同步信号倍频、锁相等处理，以产生小时间计数脉冲。

第二，各节点在应用层中引入：以小时间为"标记"的控制量（简称时间令牌）。按网络调度规则，各节点依小时间获得各自数据包的"允发时间令牌"或"禁发时间令牌"。在禁发令牌期间，节点的该包数据禁止向总线发送，不管总线是否空闲或数据包的优先级。

在允发令牌期间，该节点数据包可以参加总线竞争发送。这就是说，时间令牌调度优先级高于包数据 ID 优先级，从而保证时间周期触发过程的实时性和延时确定性，如果总线通信容量设计合理的话。

第三，各节点数据包的时间令牌规则，在节点入网时由时间主节点赋予或入网前由网络调度规则确定，以确保网络传送的平稳和特殊信息传送的实时性。各节点入网前，处于初始状态，所有数据包处于禁发状态，除登录数据包外。登录数据包可在常规星务时隙期申请，等候主站处理，赋予时间令牌。

例如：姿控系统采样控制周期 T_0 为 250 ms，CAN 总线传送码速率为 307.2kbit/s，网络调度规则如图 8-7 所示。时间主站周期广播星时，所有网上的 MEU 时间计数器清零，小时间 $T_{local}=0$；所有姿态敏感器 IEM 同步启动姿态测量，并获得姿控"允发时间令牌"，测量和处理完毕后，立刻向 CAN 总线发送姿态测量数据包。此时其他节点处于禁发令牌状况下，不参与总线发送竞争，保证姿控测量数据的实时性和可靠性。定姿单元汇总姿态测量数据，进行合并处理，在 τ_0 时间前，完成姿态确定、计算控制律。到 τ_0 时刻后，$T_{local}=\tau_0$，控制器发送控制命令，执行机构同步实施姿控，并将姿控时间令牌释放，所有姿态测量包转为禁发时间令牌，并启动常规星务"允发时间令牌"。星上网转为常规星务系统的调用，所有其他数据包可参与总线竞争发送。当本地时计数到 245 ms 时，全部节点转为禁发，总线处于空闲态，从而保证时间主站周期星时广播的准确，全星时间的准确，姿控周期和时延的固定。

因此，当 T_0 时刻敏感器收到外部同步时钟输入时，立即启动测量和处理，并且输出 $T_0+\tau_0$ 时刻的预估测量值。经过姿态确定和控制律计算后，在 $T_0+\tau_0$ 时刻给出姿态控制信号。这样，借助于预估和预留 τ_0 时间间隔，弥补测量、传输和处理的耗时产生的时迟，实现多敏感器的同步测量。

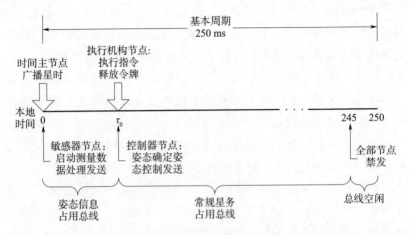

图 8-7　TECAN 网络调度例子

应该强调，由于姿态确定是基于多个敏感器联合信息获取的，必须要求所有敏感器测量是同步的；由于直接测量的信息要经过转换、传送汇集、合并处理，姿态确定，最后才能计算出控制律，表明在姿态测量通道上存在有纯时延环节；这二种因素是造成姿控系统出现故障的内因之一。引入网络控制会加大纯时延时间，更要注意有纯时延的闭环姿态控制系统设计。对于纯时延过程，微分控制是无能为力的。引入同步启动姿态测量，确保姿态确定的有效；引入人工固定纯时延 τ_0 时间，其旨在于掩盖实际过程中纯时延的不确定和未知，只要求它小于 τ_0。这样，用一个固定的已知的 τ_0 来替代，再用外推预估补偿方案实现控制，从而达到闭环系统的稳定性。

8.3.3　TECAN 协议调度算法及其在小卫星姿态控制中的应用

衡量通信实时性的指标是通信的延迟时间，CAN 网络的通信延迟时间可划分四个部分。

1）生成延迟：从发送节点（敏感器）收到启动测量请求到准备好数据送缓存队列时刻。

2）队列延迟：因总线共用引起，从消息帧进入缓存到消息帧获得总线控制权时刻。

3）传输延迟：因数据位串行传送引起，从消息帧占据总线到消息帧脱离总线的时刻。

4）接收延迟：从消息帧脱离总线到有效数据送接收点目标任务时刻。

其中，1）和 4）两项延迟同常规闭环控制，可以忽略不计。仅 2）和 3）两项是网络引入带来的新内容。故网络时滞由队列延迟 T_m 和传输延迟 C_m 组成

$$R_m = T_m + C_m$$

由于引入小时间令牌机制，大大减少总线的冲突，可使队列延迟 T_m 降为零，而传输延迟 C_m 由测量信息包和控制信息包的传输时间之和组成，它们依赖数据包的尺寸。为了减小网络时滞，网络设计时尽量精简姿控传送数据包，减小 τ_0 值。为此，信息包的设计应该优化，将姿控过程数据包与姿控设备数据包分离。姿控过程数据包如表 8-1 所示，采用 CAN 标准帧格式，$f_0 = 307.2 \text{ kbps}$，传输延迟计算公式

$$C_m = \left(44 + 8n + \frac{34 + 8n}{5}\right) \times \frac{1}{f_0} + C_{m_0}$$

其中，n 为数据包中数据字节数，C_{m_0} 为传输介质电气相关常数，同常规闭环控制，可以忽略不计。

表 8-1　姿控过程数据包

数据包名称	字节数	传输延迟/ms
三轴光纤陀螺	8	0.416
二维红外地敏	6	0.353
三维磁场计	8	0.416
二维太敏	6	0.353
控制器	8	0.416

故网络引入时延

$$R_m = 1.954 \times p_0$$

考虑余量，取 $p_0 = 1.5$（余量系数），由于网络引入时延

$$\tau_0 = 2.931 \text{ ms}$$

采用上述设计，网络姿态控制中，通信延迟时间仅占控制周期中的 1.2%。如果采用图 8-5 的快速方案，引入光纤陀螺代理，网络时运还可大大降低，这时

$$\tau_0 = 0.624 \text{ ms}$$

令控制周期为 Δ，每步时延为 τ_0，则网络姿态控制系统模型可以表示为

$$\dot{X}(t) = AX(t) + Bu(t)$$

$$u(t) = \begin{cases} KX(k), & k \in [k\Delta + \tau_0, (k+1)\Delta] \\ KX(k-1), & k \in [k\Delta, k\Delta + \tau_0] \end{cases}$$

如果控制器预估补偿输出

$$X^*(t) = X(t + \tau_0)$$

$$u(t) = KX^*(t)$$

则可补偿网络时延。

其实，系统的等效时延由卫星对象时延、测量时延、网络传输时延和数字控制引入时延，即

$$\tau = \tau_{obj} + \tau_{meas} + \tau_0 + \frac{T_0}{2}$$

除 τ_0 外，其他时延同常规姿态控制系统。只要当 τ_0 值较小时，如：小于 1/10 以下，对于中、低精度的姿态控制系统，用上述组织好网络调度规则的办法，可以使网络传送的延迟减小到忽略的程度，将传统的控制理论设计结果可以直接引入应用。对于高要求系统，需要针对网络控制闭环的特点形成适合网络环境的先进的新的控制策略。由于篇幅有限，关于网络环境的控制策略设计参考相关的文献。

建立基于星上网的小卫星仿真和测试环境，如图 8-8 所示，它由三方面组成：

1）星上全部或部分设备实体，包括在轨运行的软件；

2）从外环境到星上传感器和从执行机构到外环境的转换数据库；

3）空间几何和动力学环境数字仿真计算机（带有星上网总线接口和以太网接口）。

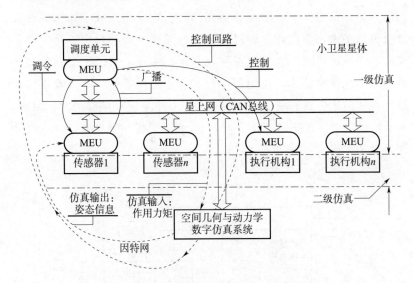

图 8 - 8　基于星上网小卫星运行、仿真和测试过程

可见，第一部分是真实物体，是对真实物件的直接测试，属于物理仿真，称为一级物理仿真。第二部分可以通过对星上真实物体（传感器和执行机构），在气浮转台上进行单机测试，所获取的数据，形成数据库，用于仿真和测试中，也属于物理仿真，也是对真实物件的直接测试的结果，真实可信，称为二级物理仿真。第三部分是数学仿真，它依据普遍的力学规律和空间几何关系，具有通用性并可多次复用，经过大量现场验证，它的真实性和可信度也很高。在图 8 - 8 中，上面两条点划线之间的实体，在轨和地面运行过程是完全一样的，即一级物理仿真，真实模拟在轨环境，结果可信。下面两条点划线之间的实体，在轨和地面运行过程也是完全一样，即二级物理仿真，真实模拟在轨，结果可信。所谓二级物理仿真含义是，

首先，在真实模拟的在轨环境下，对传感器和执行机构等实物进行真实测量，并将所获得的结果数据转为数据库存储；其次，将其内部功能看成是一个黑盒子，而外接口确保在轨和地面运行过程是完全一样；然后，再用于整体仿真。因此，二级物理仿真中，仅仅不同的只是，在地面运行时传感器和执行机构采用离线工作方式使用离线测试结果，而在轨是即时结果。但工作中的信息内容是完全相同的，在系统层面上地面模拟和在轨运行一样。所以，二级物理仿真亦称离线物理仿真。在地面运行时，星上网繁忙一些，除正常信息外，还传送仿真和测试部分信息。只要星上网有足够的空闲时间，不会影响星上网的正常工作。图 8 - 9 表示二级物理仿真进入一级物理仿真的过程

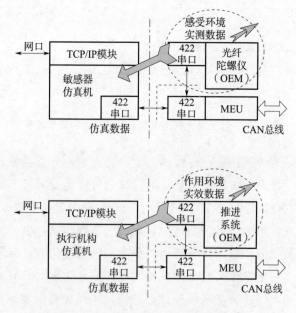

图 8 - 9　二级（离线）物理仿真形成

1）利用小型气浮台制造空间环境，仅仅实测姿控部件的特性；

2）构建数据库（对于传感器而言，输入：姿态，输出：422 口

数据，对于执行机构而言，输入：422 口数据，输出：控制力矩）；

3）存入部件的模拟器（由 PC104 机构成）中，并且模拟器确保外接口一致。

因此，基于星上网卫星仿真和卫星测试，在系统层面上可以实现地面与在轨工作情况一致。基于星上网络能将卫星测试与仿真过程，方便地引入到研制的各个阶段，对确保卫星质量是有益的。

8.3.3.1　陀螺 IEM 代理 + 仿真机

光纤陀螺 IEM 代理姿控，形成快速控制回路，如图 8 - 10 所示，其控制过程如下：

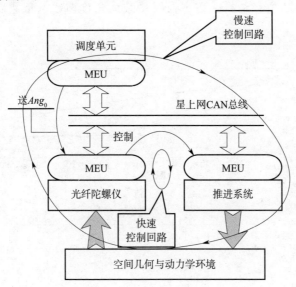

图 8 - 10　光纤陀螺姿控的原理图

1）以慢周期（如：1 s），从星上网接收的姿态角 Ang_0；

2）以 ΔT 周期（如：250 ms），循环采集姿态角速度 V_t，并计算当前姿态角

$$Ang_t = Ang_0 + V_t \times \Delta T$$

3）用 Ang_t 和 V_t 作为输入，查找相平面数据表，获取推进阀门

开脉宽 W_t ;

4）通过 CAN 总线，向推进 IEM 发令，控制推进系统工作，打开阀门，门宽为 W_t ；

5）赋值 $Ang_0 = Ang_t$ ；

6）返回 2）。

可见，这种代理姿控包含两个回路。其一为慢变回路，用大环路精确测定姿态角，由调度单元或其他代理送入光纤陀螺 IEM。其二为快变回路，用小环路测量姿态角速度，推算姿态角，并进行控制规律计算，送推进系统实施控制。图 8 - 11 给出光纤陀螺仪代理姿控的仿真结果：姿态控制系统的角度曲线、角速度曲线和极限环。

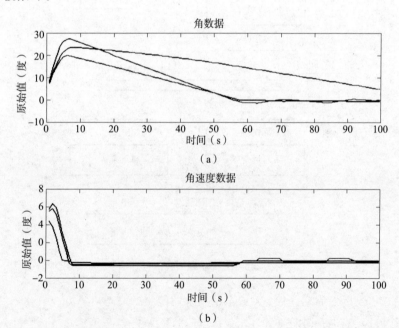

（a）

（b）

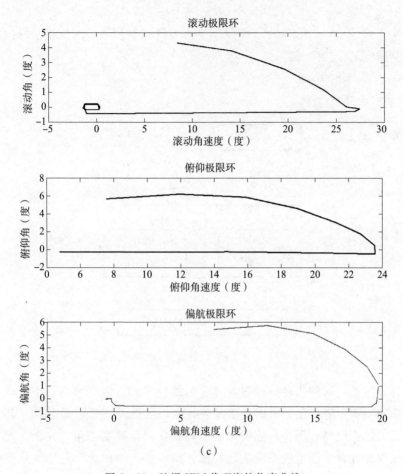

（c）

图 8 - 11 陀螺 IEM 代理姿控仿真曲线

8.3.3.2 推进 IEM 代理＋仿真机

推进 IEM 代理姿控，形成快速控制回路，如图 8 - 12 所示，其控制过程如下：

1) 以慢周期（如：1 s），从星上网接收的姿态角 Ang_0；

2) 以快周期（如：$\Delta T = 250$ ms），从星上网接收姿态角速度 V_t，并计算当前姿态角

$$Ang_t = Ang_0 + V_t \times \Delta T$$

3）用 Ang_t 和 V_t 作为输入，查找相平面数据表，获取推进阀门开脉宽 W_t，打开阀门；

4）赋值 $Ang_0 = Ang_t$；

5）返回 2）。

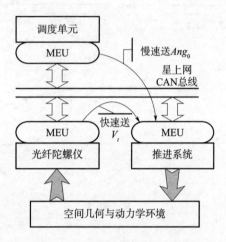

图 8-12　光纤陀螺姿控的原理图

可见，这种代理姿控包含两个回路。其一为慢变回路，用大环路精确测定姿态角，由调度单元或其他代理送入光纤陀螺 IEM。其二为快变回路，用小环路测量姿态角速度，推算姿态角，并进行控制规律计算，送推进系统实施控制。图 8-13 给出光纤陀螺仪代理姿控的仿真结果：态控制系统的角度曲线、角速度曲线和极限环。

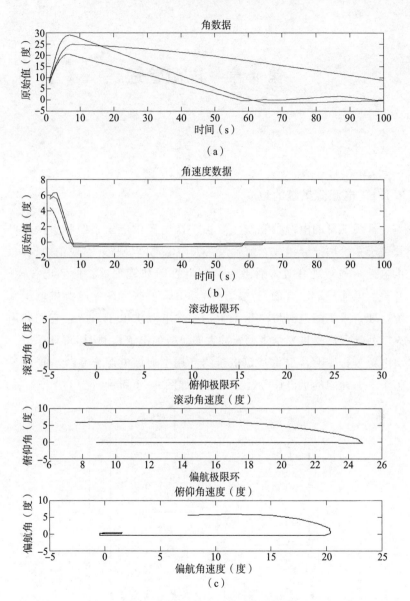

图 8 - 13　推进 IEM 代理姿控仿真曲线

第9章 电源管理

9.1 概述

9.1.1 电源分系统的组成

常规卫星的电源分系统主要由一次电源供电子系统和整星配电管理子系统两部分组成。前者包括太阳电池阵模块、蓄电池组模块、供电控制和管理装置，后者包括配电控制和管理器、低频电缆网、开关与电连接器。有的卫星，还另外引入一些特殊的电源供电子系统，如：火工品电源供电子系统，二次电源供电子系统。它们利用火工品管理器提供安全短期脉冲大安培数的电流；利用 DC/DC 对一次电源进行变换，提供特定电压的专用电源。电源分系统负责卫星整个寿命期间的供电任务。它的组成如图 9-1 所示。

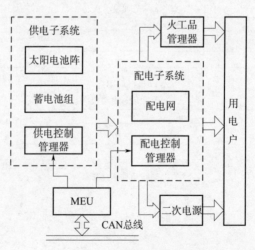

图 9-1 电源分系统组成

　　一般情况下，太阳电池阵、蓄电池组和控制电路"三大件"之间处于"紧耦合"状态。对于一个卫星型号来说，它们是不可分割的，如果要更换其中的一件，必须重新设计和试验。这样不仅带来制造周期长，而且由于紧耦合也带来一些风险性。为此，作者在小卫星预研支持下，开发了一套数字化电源系统。它的目的是，将电源系统的组成部件模块化、自主化、独立化、软件化，企图降低这"三大件"之间的耦合度，不同类的模块可以替代、并联运行，以适应不同任务的需求，适应批量生产。

　　所谓数字化卫星电源是指，通过数字接口进行控制的卫星电源，它利用数字控制功能来提升卫星电源的性能。它企图将太阳电池阵、蓄电池组、控制器之间复杂的硬件交叉连接关系，变成相互独立的无控制的关系。太阳阵在日照期独立生产电能，仅接受供电管理单元的电量定额信号管理，它在星蚀期停止生产电能。蓄电池组从供电母线上获取电能自动充电，当需要的时候，在供电管理单元控制下向供电母线送电。在供电管理单元授权下也可以保护性停止供电。控制器在供电管理单元控制下实现对太阳阵、蓄电池组、配电器等的控制和管理。可见，数字化卫星电源强调在卫星电源各环节中的"互联"和"数控"两项功能，同时又去掉了各个电源环节之间的设备交叉，回避冲突，这是模拟电路难以实现的，而是提高性能和应对空间复杂性的有力手段。这样，在卫星集成生产过程中，太阳电池阵、蓄电池组等都变成独立模块，只需要分别采购、配置、直接安装，只是根据卫星实际情况进行配置。作为电源分系统也就"虚拟化"了，可以减少卫星生产层次，降低成本和风险。数字化卫星电源分系统是以微控制器为核心，以星上供电为目的，将电能发生器、脉宽调制器（PWM）和各种切换开关作为被控对象，实现对其控制、管理和监测的分系统，从而，灵活、智能、方便、经济地完成卫星电源的产生、配给、保护等各项服务。

9.1.2　工作原理和发展

　　图 9 - 2 给出小卫星的电源系统的原理方块图。

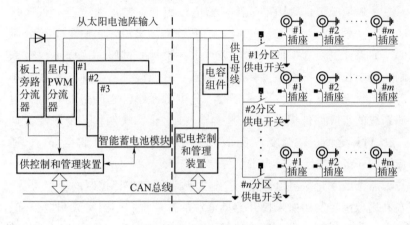

图 9-2　供电线网示意图

（1）供电的一般原理

它利用太阳电池阵在日照期将太阳能转化成电能，对星上设备供电，包括对蓄电池组充电。在地影区，利用蓄电池组放电，对星上设备供电。为了保证供电工作正常和供电的服务质量，需要对太阳电池阵和蓄电池组的工作进行控制和管理，从而引入了供电控制和管理装置。

（2）功率调节原理

在日照期，太阳电池阵在满足小卫星的负载功率需求和保证蓄电池组充电的前提下，通过分流控制器，自动把太阳电池阵寿命初期多余的能量以热的形式分流掉，以满足一次电源母线电压稳定度的要求。

（3）充电控制原理

太阳电池阵在满足小卫星的负载功率需求的前提下，通过充电调节器，把太阳能转换的电能，按一定的充电制式，使蓄电池组以最短的时间充至最佳状态。

（4）放电控制原理

在地影期间或在太阳电池阵供电不足时，并通过放电调节器，自动把蓄电池组电压调节到一次母线所要求的稳定度范围内，对母线供电。

(5) 供配电控制和管理装置工作原理

上述的分流过程、充电过程、放电过程都需要控制，这些控制过程也需要管理。根据当前的技术水平和小卫星发展经验和现状，为了实现即插即用批量生产，它可以采用微处理器 MCU（或 MEU）架构，适当添加需要的功率开关和模拟电路来实现。从而，形成数字化、智能化电源系统。很明显，这样做带来的好处有：

1) 提升信息处理能力；

2) 部分硬件软件化；

3) 设备自主能力加强，降低各部件之间的紧耦合关系，降低风险。

产生电能后，为了确保用电的安全和合理，电源分系统特别安排了对全星的用电的配给、监测、管理专用设备，称之为配电控制和管理器（简称配电器）。

(6) 电能传送网

为实现电能传送铺设了电缆网，包括供电线网、供电开关、供电连接器（或称供电插座）。供电线网从配电器开始，形成供电母线。从供电母线分成若干分区供电线，每条分区供电线附有供电开关，对供电分区实施供电开通或关断。从分区供电线分支成若干供电插座，每个供电插座附有供电开关，对接入供电插座的分系统或设备实行供电开通或关断，并进行供电管理。在星上引入供电插座可以实现供电电缆埋置的规范化，是实行"工业化批产""即插即用"的一项有效措施。供电插座构成智能插座，带有无触点开关，接受星务调度单元执行开或关控制，使其构成电流回路，并检测供电电流大小。当超越给定供电电流极限值时，可以拉闸停止供电，没有授权的除外。

可见，图 9-2 中提出了的一种新的小卫星电源系统，它与图 9-1 所示的常规卫星相比有如下的区别：

1) 集成化太阳电池阵。在常规太阳板上，加装"粗放式"数字化分流调节器（板上分流器），为的是使太阳电源一体化。集成化太阳电池板安装后，无需电源分系统的联合试验，即插即用。这也为的是减少 BAPTA 的滑环触点数，提高可靠性。分流调节器接受供电管理器输出电能规划，确定太阳电池阵生产电能的大小。集成化太阳电池阵企图将电源控制的两大任务（调功和调压）分开，在板上分流调节器主要完成调功任务，星内分流调节器主要完成调压任务，这样做是为了简化集成太阳电池阵的建造。

2）集成化蓄电池组。集成化蓄电池组是，把蓄电池组的充电和放电控制器，嵌入蓄电池组内，形成一体的新蓄能和供电部件。它借用于双向 DC/DC 变换器，在管理器控制下，需要充电时从电网吸收电能，进行充电；当需要供电时，向电网发送电能。蓄电池组直接跨在电源母线上，可以自主运行，从而降低与太阳电池阵之间的耦合关系。同时，将蓄电池的自身管理回归，有益于产品的质量和简化总体的烦杂性，带来整体的简化、可靠、安全。

3）通用电源插座。星体铺设内埋式供电网，构建星上通用电源插座，供星上设备自由插用。这样也为星体即插即用制造工艺提供好处。

4）构建带有信息管理的供电线网。供电线与用电信息的集成，方便提升供电的品质和供电系统的安全。供电开关与供电线网集成，有利于供电的保护，有利于整星设备的简化。

9.2　数字分流调节器

随着技术的发展，为了满足不断提高的供电质量要求，可采用数字控制，建立数字分流调节器。与传统的模拟控制相比，它使用非常少的模拟器件，不仅可以增加系统的平均无故障工作时间，还可以增加监测、保护和预警等功能，提高系统的工作可靠性。

9.2.1　传统卫星电源的分流调节器

9.2.1.1　S4R 功率调节技术的工作原理

目前传统卫星电源的控制和管理，通常采用太阳电池阵和蓄电池组捆绑在一起的组合控制和管理。其中功率调节技术有顺序开关旁路调节器（S3R）。它是采用三域调节技术，即根据主母线反馈电压 V_{MEA} 的大小采取放电、充电或是分流措施以稳定母线电压，进而满足负载需求。这一调节技术，对于太阳同步轨道需要频繁充放电的小卫星来说，存在一定的限制。由于充电控制器和放电控制器均直接与电源母线相联，当低母线电压体系（28V）时，蓄电池组的充电电压会受到较大的限制，只有减少蓄电池组的单体数量并扩大容量，来满足电源系统对电池数目的要求，而单体数目减少和容量的增加，则带来充电电流的增大。

因此，对于太阳同步轨道的小卫星来说，根据全母线调节的特点，适宜选用顺序开关旁路串联调节器（S4R）。它是在 S3R 方式基础上的进一步改进，主要表现在充电调节器的变化，根据主母线反馈电压 V_{MEA} 的大小采取放电或是分流措施以稳定母线电压。V_{MEA} 控制分流调节电路和放电调节电路，即为二域调节母线电压。同时，由电池误差放大器输出 V_{BEA} 协同 V_{MEA} 来控制充电，即在分流支路上利用 V_{BEA} 控制将分流的电流用于充电。这样，充电调节器也就改为多级、顺序调节方式。各级充电调节器的功率取自太阳电池分阵隔离二极管的前端，受电池误差放大器 V_{BEA} 控制，各级充电调节器只有一级工作在开关状态，其他各级或工作在开路状态或工作在短路状态。

图 9-3 给出 S4R 功率调节技术的工作原理框图。可以看出在该功率调节系统中，每个太阳电池分阵均与一个分流调节器 SAR（Solar Array Regulator）连接。其中分流调节器开关有两种类型，其一是单触点开关，受主母线误差放大器控制；其二是双触点串联开关，受主母线误差放大器和电池误差放大器联合控制。前者控制对负载供电或分流不供电，后者控制供电、不供电和连接一个充电控制器

BCR 对蓄电池充电。可见，双触点串联开关有四种工况：全充电态、全分流态、全供电态（即不充不分态）和交替态（即交替时间充电/分流工况）。

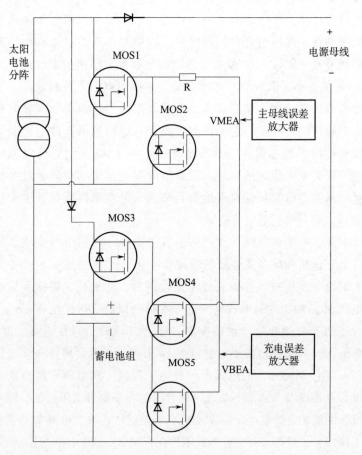

图 9-3 S4R 工作原理图

这样，在光照充足的情况下，太阳电池分阵既能对母线负载供电，又能为蓄电池组充电。太阳电池分阵输出到母线上，首先满足母线负载需求。然后，经过双触点串联开关，太阳电池分阵将对蓄电池组进行充电，将太阳电池分阵的多余能量转移到蓄电池中储存起来。只有当太阳电池分阵的输出功率大于母线负载消耗功率和蓄电池组充电功率之和（或电池已经充满电）时，相应的太阳电池分阵的分流调节器开始工作，经过单触点开关或触点串联开关，将太阳电池分阵多余输出功率直接消耗在太阳电池分阵上，实现母线电压的恒定。当负载需要用电时，在分流调节退出分流之后，充电调节电路也逐渐退出充电，以优先满足主母线短期峰值负载的需求。

　　注意，分流调节器也是采用一个分阵以 PWM 分流其他分阵顺序开关分流来工作。这样，在重负载时，可能出现在一个分阵同时 PWM 分流和 PWM 充电的情况，造成调节母线电压闭合回路和充电闭合回路之间的交叉。如果同时分流和充电，就会带来风险，在电路设计中特别留意。

　　从图 9 - 3 可见，功率管 MOS1 用于对太阳电池分阵分流以维持母线电压的恒定，功率管 MOS2，MOS4，MOS5 的设计是为了防止同一分阵充电和分流同时工作。其工作原理简单叙述如下：

　　· MOS1 和 MOS3 均处于截止状态时，不分流，也不充电，太阳电池分阵的功率直接输出到母线上，首先满足母线负载的需求；

　　· 在满足母线负载的需求后，MOS1 截止不再分流，MOS3 处于开关导通状态，将太阳电池分阵的多余能量对蓄电池组进行充电，太阳电池分阵的输出电流交替提供给母线和蓄电池；

　　· MOS1 和 MOS3 处于开关调节状态时，蓄电池组充电电流受控，多余的充电功率被分流；

　　· MOS1 导通、MOS3 截止状态，相应太阳电池分阵的输出功率被分流以维持母线电压的稳定。

　　S4R 功率调节器最大限度使用了太阳电池分阵输入的能量，充分利用了太阳电池分阵的限流特性，提高了系统的供电效率。与常用充电调节方式（串联跟随充电调节方式和并联充电控制方式）相比，采用母线串联跟随充电调节方式，其效率一般为 90% ～ 92%，而 S4R 功率调节器由于采用太阳电池分阵供电，充电分开设置的充电方式，充电效率预计大于 95%。在阴影期峰值负载工组时，放电调节器 BDR（Battery Discharger Regulator）开始工作，其供电输出效率一般为 92%～96%。

9.2.1.2　S4R 功率调节技术的控制策略

按照 S4R 功率调节器的基本原理，其控制方式如图 9-4 所示。它使用太阳电池调节器，采用了两域控制方式。在光照期，太阳电池调节器 SAR 调节分流和充电的大小；在阴影期，控制 BDR 对母线供电。

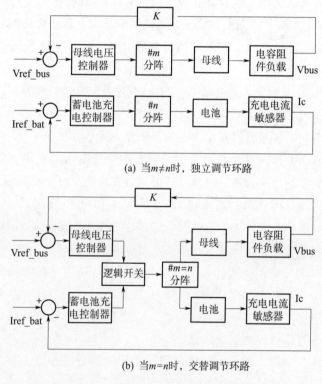

(a) 当 $m \neq n$ 时，独立调节环路

(b) 当 $m = n$ 时，交替调节环路

图 9-4　S4R 功率调节器的控制原理

充电调节器 BCR 的设计是通过独立的闭环来控制的，控制充电电流的大小。S4R 工作的基本原则是分流系统参考电压的最高部分将能量调节传送至母线，串联调节系统参考电压的最低部分将能量

传送至蓄电池。

分流部分的调节原理基本与此类似，不同的是检测回来的是母线电压。为保证母线电压的恒定，分流调节器对应的太阳电池分阵进行分流。

根据负载和蓄电池对母线能量的要求，整个系统可以工作在两个不同的模式，即中等负载范围（此时母线和蓄电池用不同的太阳电池分阵来调节，因此控制是彼此独立的）和重负载范围（由于控制方式的确定，两个子系统在同一个太阳电池分阵来回地切换）。

中等负载范围。当母线负载功耗不是很大的时候，分流和充电控制器用不同的太阳电池分阵来调节自己的能量，这样每个控制器在自己独立的闭环控制范围内，分别对各自的分阵进行调节，如图 9-4（a）所示。由于负载不是在重载模式，太阳电池分阵的分流调节器分别工作以维持母线电压稳定，多余的能量用来对蓄电池充电；如果检测到蓄电池已经充满，分流开关将太阳能电池多余的能量分流掉。从动态分析的观点来看，在这个负载范围内的两个控制器通过不同的太阳电池分阵调节所需要的能量。

重负载范围。当母线上出现重负载时，太阳电池分阵不再被分流，这种情况下，太阳电池分阵能量足够供给母线负载和对蓄电池充电；如果负载进一步加大，太阳电池分阵不再对蓄电池充电，能量全部供给负载；极端情况下，如在光照期转到阴影期的时候，放电调节器开始工作。在光照期重负载的情况下，分流和充电两个闭环反馈回路在同一个分阵的时候依然表现出独立的特性，各自调节。但是这种独立控制会影响正常开关模式，即由原来的两种开关状态（连续分流，连续充电）变成三种状态（开关分流，开关充电，给母线供电），此时很难知道母线调节的工作状态。在这种特别情况下，为了避免两个闭环出现调节性能减退，根据母线要求的特点，在两个子系统设计的时候考虑两种情况：1）当两个子系统在竞争的时候，为了避免蓄电池连接到地，允许母线调节器有两种工作状态，即分流、充电。2）极重负载时，如果出现全部的分阵连接到了母线，而此时蓄电池也处于充电状态，可以通过逻辑设置让电池暂时不充电，分阵能量全部供给负载。从动态的观点来看，这两个闭环不再是独立的闭环，充电环路和母线调节环路将要相互影响，如图 9-4（b）。为了维持母线电压在一个固定的值，在这种负载范围内调节器环路必须增加一个逻辑开关来决定哪个环路工作，哪个环路不工作，如图 9-3 所示，MOS2，MOS4，MOS5 的设置就是为了达到这个目的。当两个环路都需要太阳电池分阵的时候，母线调节器有比电池充电调节器更高的优先权，即先满足母线能量的要求，再满足充电要求。

9.2.2　数字分流调节器的组成

太阳电池是恒流性电源，它使用分流调节器来控制输出电压，调节输出功率。为此，它需要测量实际输出电压与给定电压之差，用于控制分流器分流大小，达到供电电压的稳定。一般卫星电源系统都是利用主误差放大器 MEA 控制顺序开关旁路调节器（S3R）或顺序开关旁路串联调节器（S4R）、蓄电池组放电调节器（BDR）的工作，通过对上述模块的统一调度、协调管理，满足卫星各种工况条件下的一次电源功率需求。这样，需要考虑的因素很多，与蓄电池充放电也有关系，增加了分流过程、充电过程控制的耦合，必须防止充电过程、分流过程的混乱。同时，这些控制电路均由各种逻辑电路组成，使用元件多，较为复杂，功耗也大。

另外，当太阳电池阵帆板要跟踪太阳定向时，电池阵与控制器之间的信号连接需要通过一个旋转机构，名为 BAPTA。当分流级数较多时，BAPTA 触点更多，带来安全性、可靠性的大大降低。为此，在不减少分流级数的条件下，又要减少 BAPTA 的触点数时，作者提出了粗精两级数字分流调节器方法，企图在两个有相对运动的部件之间进行电连接时，降低困难度和风险性。同时，将一个分流调节器完成调功和调压双重任务，分离由两个"低等级"的分流调节器分别承担两项任务，避免运行中的一些冲突。该方法在某个卫星地面试验设备中应用多年，证明了该方法技术上可行，但未进行过空间环境方面的考核。

假设某卫星电源系统的太阳电池阵使用 16 级分流调节，该方法采用粗精两套 AD 变换器，异地同步进行分流控制，如图 9 - 5 所示，用一套四位 AD 作为粗控分流控制器，另一套用 12 位 AD 作为精控分流控制。前者位于太阳帆板上，后者位于星内。

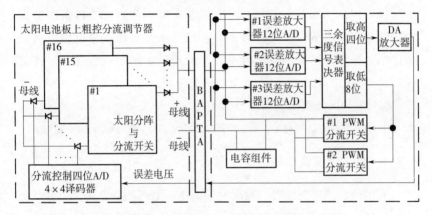

图 9 - 5　数字分流调节器方块图

精度分流调节器包括：三套 12 位 AD 变换器、三余度表决器、两套热备份的 PWM 分流负载开关。PWM 分流用于平衡实际负载的波动，以维持母线电压的恒定。显然，这样构成的星内分流调节器部分，很容易计算机化、软件化。利用软件功能和灵活性，可以提升其产品功能，使产品规格、模块化，加快生产进程和可靠度。这就是说，星内分流调节器部分可以用微控制器 MCU 控制功率开关（通常用 MOS 管）的导通与关断来实现。采用 12 位 AD 变换器实现分流调节器的原理：首先，利用高四位作为分流级数开关旁路控制，用来调节太阳电池阵输出功率的能力，既确保供给卫星设备需要的功率，也确保供给卫星的输入功率不要过大，从而构成一个功率调节器，调节进入星内的电能量级。然后，利用低 8 位作为负载电流的补偿控制，构成母线电压的稳压器。它的原理是利用实际负载消耗电流和分流补偿电流之和来平衡太阳电池阵输出，使得电池阵输出电压稳定在要求值的范围之内，构成并联型稳压器。注意，高四位是作为分流级数开关旁路控制的，但不直接操控分流开关，而是首先经过 D/A 变换成模拟量，其旨在于达到控制用线缆数的压缩，通过 BAPTA 后，再由四位 A/D 变换和译码恢复 16 条控制线缆，对 16 路旁路开关分流控制。

由于四位 AD 电路简单，在太阳电池板上分流调节器由二极逻辑电路构建，以适应于太阳板上恶劣环境条件。而且可以采用高电压供电，使用宽范围的逻辑电平，功能简单，则实现容易，可以实现对太阳电池阵输出功率的 16 个等级的粗级旁路分流控制。这样，通过 BAPTA 的电流或控制电信号只剩下有三种类型，即正、负母线和误差电压，从而大大降低了对 BAPTA 的技术要求，提高了可靠性。

9.2.3　数字分流调节器的工作原理

采用两套 AD 变换器，对同一误差电压进行测量，一个 4 位 AD 输出与另一个 12 位 AD 输出的高 4 位相比，它们是完全相同的。因此，只要利用一根误差电压模拟信号线通过 BAPTA，在太阳电池阵帆板上再用 4 位 AD 转换和译码就容易实现对 16 路分流开关（MOS 功率管）的控制。

太阳电池板集成"粗控分流控制器"形成独立部件，便于模块化和集成、快速生产，其原理组成如图 9 - 6 所示。这就是说，太阳电池板的运行过程相对独立自主，由一根信号线就能控制其输入到卫星的电能。从系统层面看，简化了控制和管理。

星内集成的"精控分流控制器"构成常规并联型调压器。

9.2.4　三余度信号表决器功能

由于星内分流调节器由三套 AD 和微处理器组成，借用微处理器的软件就很容易实现三余度信号表决器功能：

·对三个输入信号进行表决，给出信号的表决结果和出错标志

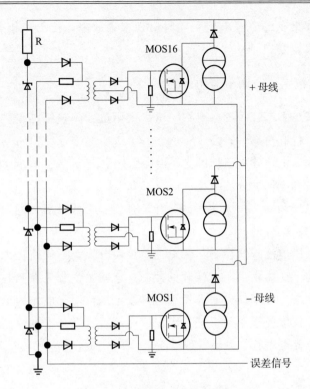

图 9-6　太阳电池板上分流调节器

（三个输入、二个输出）；

　　• 对三个信号排序，确定它们的大小顺序：最大、中值、最小；

　　• 如果某信号与中值的误差超过门限值，则称该信号出现瞬态故障，瞬态故障持续 8 拍，则称该信号出现永久故障；

　　• 如果所有信号都没有出现永久故障，表决结果选中值输出；

　　• 如果有一个输入信号出现永久故障，去除该信号，系统进入二余度信号表决；

　　• 在二余度信号表决情况下，若二个信号的误差不超过门限值，则取二值的平均值输出；

　　• 在二余度信号表决情况下，若二个信号的误差超过了门限值，则给出出错的标志；

· 如果有二个输入信号同时出现永久故障，给出出错的标志，表决结果置零。

9.2.5　数字分流调节器的好处

· 减少 BAPTA 的触点数，减少太阳电池阵帆板与星体相互依赖程度，提高可靠性；

· 太阳电池阵易于标准化、模块化；

· 有利于增加分流级数；

· 稳压和调功两大功能的分开，有利于降低对部件的要求和安全、可靠性的提升；

· 太阳电池阵的控制与蓄电池组控制分离，不仅简化太阳电池阵的结构，还简化太阳电池阵的控制。这就是说分流控制与充电控制相互独立，分流仅仅服务于维持母线电压，而充电作为电源系统的负载，仅服务于充电工艺要求。这样，可以提高电源控制的安全性，防止充电过程、分流过程混乱。

9.3　自主充放电管理的蓄电池模块

9.3.1　概述

小卫星的蓄电池组用于太阳能电池板与小卫星母线之间能量的存储、转变和释放，保证卫星母线的能量的不间断供给，在地球阴影区对卫星设备的供电；保证卫星短期特大负载需求时和太阳电池阵一起实现联合供电。为此，伴随蓄电池组存在有一套控制设备，它们涉及到许多方面，甚是复杂。考虑到小卫星电源系统的集成和性能提升需求，作者提出将蓄电池组及其所用的控制设备（如：充电控制器和放电控制器、均衡器、微处理器）集成为一个整体，这是有可能性的。当充电控制器工作时，放电控制器一定不工作，反之亦然。同时，技术上也是可行的。如果能使用一套设备，在一个时间段完成充电任务，在另一个时间段完成放电任务，那么这种设备就实现了蓄电池组控制设备的集成。用一套电路来代替充电和放电两套控制电路，可以大大降低电路的复杂性，提高电路的使用率，减小了电源的成本、体积和质量，提高了电源系统的可靠性。2005年，作者与771所联合设计制作了一套小卫星用锂离子电池组充放电控制集成设备，形成集成蓄电池模块。它是基于双向 DC/DC 变换器的原理设计的，实现集成化、智能化、高性能、轻质量、小体积和低成本的设计目标。所谓集成蓄电池模块是指，蓄电池的充电、放电电路、保护电路和蓄电池组本体集成在一起，使其蓄电池内部的充电、放电、均衡、安全保护等工作能自主运行管理和控制，使用时简单地跨接到电源母线上就可以了。它由三部分组成：双向 DC/DC 变换器、锂电池组及电池控制管理器，如图 9-7 所示。这就是说，集成蓄电池模块直接连到电源母线上，当母线上有多余电能时它自行补充充电；当电能不足时它自动提供放电对电源母线实施补给。这样集成蓄电池组真正成为一个独立模块，直接安装到卫星，即插即用。

　　双向 DC/DC 变换器是具有能量双向流动的新型 DC/DC 转换器。在卫星运行于日照区时，电能从太阳电池阵输入，经双向 DC/DC 变换器，送蓄电池组，可以对其自动充电。在卫星运行于阴影区时，或卫星短期大负载用电时，蓄电池自动放电，将电能反向送双向 DC/DC 变换器，实现对卫星负载供电。从而，保证卫星正常地运行，并保护用电的安全。

　　电池控制管理器的功能包括：充放电切换控制、电池组的保护、电池充电规律控制和均衡控制，以及其他星上常规设备的管控功能。它由微处理器 MCU 和附加电路组成，完成电池组的自主控制和管理。按照这种架构进行设计，可以将星上的蓄电池组设备变成为一个智能化设备，它自主地进行充放电工作，自主管控，与外界的相互影响关系变得简单化，运行的可靠性提高，应用的复杂性降低。从而，可以形成独立的蓄电池运行模块，方便应用，支持"即插即用"方式快速建造卫星。

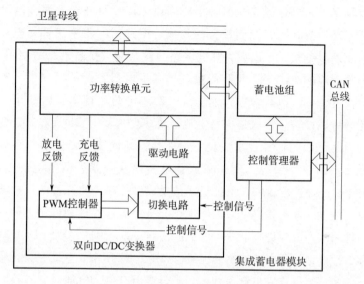

图 9 - 7　集成蓄电池模块的组成

9.3.2　双向 DC/DC 变换器

9.3.2.1　设计要求

　　以一个微小卫星为例，它的轨道高度为 500 km。微小卫星围绕地球飞行一周所需时间约 100 min。其中，处于日照区的最短时间约 60 min，处于日影区的最长时间约 40 min。一次电源总功率为 100 W，设计要求如下：

　　1）要求尽量减小蓄电池组及其充放电 DC/DC 变换器的质量和体积；

　　2）充放电变换器应保证在负载突变等工作环境下可靠工作。其中，充、放电变换效率要求均≥90%；

　　3）在充电时，要保证卫星在 60 min 的日照区内，将蓄电池组充足电。

　　4）蓄电池组容量要保证在 40 min 内，持续提供 100 W 放电能量；

5）蓄电池组除应具有自主充放电管理功能外，还应具有完善的保护功能，并通过供电管理执行单元（MEU）对蓄电池组进行卫星星务的常规管理。

6）采用冗余方案，即多个智能蓄电池模块联合运行（如：一套工作，2 套备份）。

9.3.2.2　电源总体方案

电源分系统由太阳电池阵和三套集成蓄电池模块并联构成，如图 9-8 所示。三套集成蓄电池模块完全相同，它的工作状态由供电管理执行单元（MEU）进行管理。集成蓄电池模块内部由关断电路、双向 DC/DC 变换器、蓄电池管理器和锂离子蓄电池组构成。

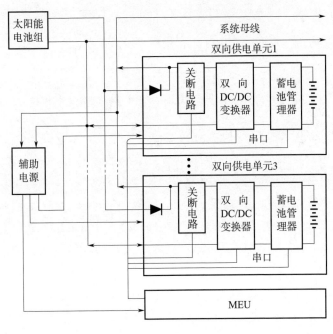

图 9-8　一次电源框图

（1）双向 DC/DC 变换器方案选择

双向 DC/DC 变换器用一套变换电路实现能量的双向传递，可省去一套充电或放电 DC/DC 变换器。具体到实际电路设计中，所需功率器件和电感数量减半，控制电路由两套减为一套，PCB 面积相应减小，最终可将变换器的体积和质量减小约 45%。在微小卫星电源分系统中，双向 DC/DC 变换器方案的选择至关重要。

首先，确定主电路拓扑。电源分系统额定功率为 100 W，直流母线和蓄电池组之间不要求电气隔离，适合使用非隔离型双向 DC/DC 变换器。Buck/Boost 型双向 DC/DC 变换器具有功率密度高、适用大变比变换和易于实现软开关的优点，选为本方案的主电路拓扑（如图 9 - 9 所示）。

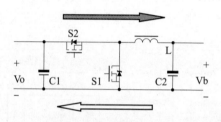

图 9 - 9　Buck/Boost 型双向 DC/DC 变换器主电路拓扑

当双向 DC/DC 变换器对蓄电池组充电时，工作在 Buck 模式。S2 为 PWM 开关管，S1 为同步整流管（续流管），Vo 为输入端，Vb 为输出端。能量流入蓄电池组。当双向 DC/DC 变换器用蓄电池组放电时，工作在 Boost 模式。S1 为 PWM 开关管，S2 为同步整流管（续流管），Vb 为输入端，Vo 为输出端，能量流出蓄电池组。

其次，采用同步整流技术，获得了较高的变换效率，满足电源分系统效率要求。

第三，优化补偿网络设计，提高系统可靠性。

（2）数字化电池组方案选择

专用数字化电池组的设计，应满足质量和体积的要求。在此基础上，设计完善的保护功能、容量均衡控制功能和通信通能，实现智能化管理。

选择矩形 12 Ah 锂离子电池构成专用数字化电池组。其单体电池（标称电压 3.6 V）的尺寸为 80 mm×30 mm×110 mm，质量为 350 g。锂离子电池具有体积小、质量轻、比能高、无污染、自放电率低等突出优点，但同时存在如下缺点：1）无法急速充电；2）内部阻抗高；3）工作电压变化较大；4）放电速率较大时，容量下降较大。因此，在专用数字化电池设计中，必须进行过充电、过放电、过电流、过热等保护设计，以提高电池组的使用安全性。

针对锂离子电池组产生容量不均衡的原因，在专用数字化电池组的设计中，采取了相应的容量管理策略。通过容量均衡控制功能，有效提高蓄电池组的充、放电容量利用率，增加了蓄电池寿命，对于延长微小卫星在轨时间，具有非常重要的意义。

所谓数字化电池组，就是内嵌有微处理器（MCU）的电池组，利用 MCU 对电池组充放电进行管理、控制、保护，确保其正常工作和提升性能。它由蓄电池组和管理器组成。

（3）关断电路设计

在智能蓄电池模块中，关断电路的功能是：一方面，当供电管理单元检测到双向供电单元内部产生故障时，将该双向供电单元关断，退出电源分系统；另一方面，当该双向供电单元处于备用状态时，供电管理单元检测专用数字化电池组的容量，判断是否需要维护充电。如果需要，开通双向供电单元，对专用数字化电池组进行维护充电；如果不需要，将该双向供电单元关断，减小双向供电单元静态损耗。关断电路如图 9 - 10 所示。

图 9 - 10 中，D1 为阻塞二极管，也称防反充或隔离二极管，其作用是防止微小卫星处于日影区时，锂离子电池组通过太阳能电池组放电。

V4 为关断控制 MOS 管，SD1 为关断控制信号，Vin＋为太阳能电池组输入电压，Vout＋为母线电压。当双向供电单元产生故障或处于备用状态时，SD1 为高电平，Q1 导通将 Q2 基极电压拉为低电平，从而使 Q2 关断。Q2 关断后，V4 的 VGS 为 0，V4 关断，从而使双向供电单元退出一次电源。太阳能电池组通过隔离二极管 D1，

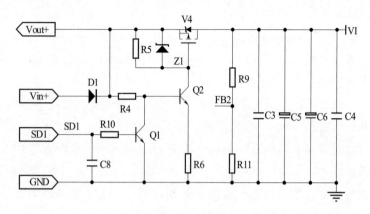

图 9 - 10　关断电路

直接给提供母线电压 Vout+。

当双向 DC/DC 变换器对锂离子电池组进行充、放电变换时，S1 为低电平，Q1 关断，Vout+通过 R4 给 Q2 提供偏置电流，使 Q2 开通，V4 的 VGS 电压为 R5 和 R6 的分压值（Z1 为 12V 稳压管，对 V4 栅极提供保护），该电压使 V4 开通，太阳能电池组通过双向 DC/DC 变换器对锂离子电池组充电。

（4）数字化蓄电池组容量计算

在微小卫星电源分系统中，由专用数字化电池组进行能量的存储与释放。如果电池组容量不足，在日影区将不能给微小卫星提供足够的能量，使系统不能正常工作。因此，电池组容量的选择至关重要。

根据微小卫星工作状态以及锂离子电池的电化学特性，整理蓄电池组容量设计参数如表 9 - 1 所示。

表 9 - 1　蓄电池组容量设计参数

系统总功率	100 W
太阳能电池组输入电压	30～45 V
4 串锂离子电池组标称电压	3.6 V×4＝14.4 V
4 串锂离子电池组放电终止电压	2.7 V×4＝10.8 V

4 串锂离子电池组充电终止电压	4.2 V×4＝16.8 V
双向 DC/DC 变换器放电变换输出电压	28 V
充电时间	60 min
放电时间	40 min
锂离子电池额定充电率	1 C
锂离子电池最大放电率	2 C

由表可知，锂离子电池组理想充电电流为 1 C。其理论上充足电的时间为 1 h，实际充足电所需时间约 80 min。微小卫星最短充电时间为 60 min。因此，在一个充电周期内，电池组不能充足电，需要增加电池组的容量解决这个问题。

选择 4 节 12 Ah 锂离子电池串联，构成 12 Ah 蓄电池组。其标称容量为：3.6×4×12＝172.8 Wh，以 108.7 Wh 放电（放电功率），最长放电时间为

$$T_{放电(max)} = \frac{标称功率}{放电变换输入功率} = \frac{172.8 \text{ Wh}}{108.7 \text{ Wh}} \times 60 = 95.4 \text{ min}$$

12 Ah 电池组最大放电时间大于 40 min 实际放电时间。电池组经过 40 min 放电后，实际放出的容量为

$$放电率 = \frac{实际放电时间}{最大放电时间} = \frac{40}{95.4} \times 100\% = 42\%$$

故，实际放电容量为

$$放电容量 = 172.8 \text{ Wh} \times 42\% = 72.6 \text{ Wh}$$

由计算可知，选择 12 Ah 电池组，放电时间和放电容量均可满足设计要求。

在实际设计中，选择充电速率为 0.67 C，充电电流为

$$I_{充电} = 12 \times 0.67 \approx 8 \text{ A}$$

电池充足电的最短时间为

$$T_{最短时间} = \frac{1}{0.67} \approx 1.5 \text{ h}$$

假设充电变换器的效率为 92%，那么所需充电功率为

$$充电输入功率 = \frac{充电电流 \times 充电电压}{效率} = \frac{16.8 \times 8}{0.90} = 149 \text{ W}$$

在实际运行中，太阳能电池组电压降为 32 V 时，电池组开始放电，设实际充电时间为 50 min。由上面放电计算公式可知，电池组放电 40 min，放掉了 42.8% 的能量。实际充入容量为

实际充入容量 = 充电电压 × 充电电流 × 充电时间 = 16.8×8×50÷60 = 112 Wh

实际充入容量（112 Wh）大于放电容量（72.6 Wh），可以确保充电速率为 0.67 C 时，50 min 内将蓄电池组充足电。

综合以上计算结果可知，选择 12 Ah 的锂离子电池组可满足设计要求。

9.3.2.3　双向 DC/DC 变换器电路设计

设计电原理图如图 9 - 11 所示。主电路由主回路、控制电路、驱动电路和辅助电源构成。其中控制电路由 PWM 控制器、切换电路和恒流转恒压辅助电路组成。

双向 DC/DC 变换器的充、放电工作模式由供电管理单元进行切换。双向 DC/DC 变换器在充电工作模式下，为 Buck 变换器。在放电工作模式下，为 Boost 变换器。

（1）充电模式工作原理

在充电工作模式下，Vo 为输入端，输入电压变化范围为 30～45 V，Vb 为输出端，输出电压为 16.8 V。反馈信号从 R10、R11 构成的分压网络中获取电压反馈信号，从电流采样电阻 R23 两端获取电流反馈信号。电流反馈信号和电压反馈信号分别经过运算放大器放大后，由 D6、D7 选择其中一个成为反馈信号 FB1。

反馈信号 FB1 输入到继电器 JK 的常闭点。在充电模式下，SD2 为低电平（SD2 为工作模式切换信号，由供电管理单元控制其输出状态），继电器 JK 不吸合，FB1 经继电器输出成为反馈信号 FB。

反馈信号 FB 经 PWM 控制器 UC1843 的 PID 补偿网络（R1、R2、R3、C1、C2）调节后，在 UC1843 内部和 2.5 V 基准进行比

较，生成 PWM 信号，在 UC1843 的 6 脚输出驱动信号 PWMA。由于双向 DC/DC 变换器工作在两种模式，将 PWMA 反相，生成另一路驱动信号 PWMB。PWMA 和 PWMB 分别送到继电器的常闭点和常开点。此时，SD2 为低电平，PWMA 经继电器输出成为驱动信号 PWM。

驱动信号经过驱动电路后，分别驱动功率管 S2 和 S1。S2 和 S1 的驱动信号相位相反。其中 S2 和 PWM 相位相同，S2 为 PWM 开关管，S1 为同步整流管。主回路构成典型的闭环控制 Buck 电路，对蓄电池组进行充电变换。

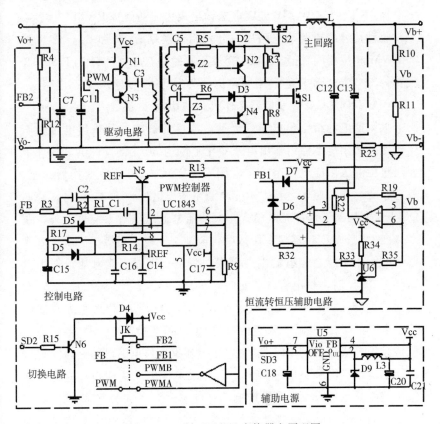

图 9-11　双向 DC/DC 变换器电原理图

（2）放电模式工作原理

在放电工作模式下，Vb 为输入端，输入电压变化范围为 10.8～16.8 V，Vo 为输出端，输出电压为 28 V。反馈信号从 R4、R12 构成的分压网络中获取电压反馈信号 FB2。

反馈信号 FB2 输入到继电器 JK 的常开点。在充电模式下，SD2 为高电平，继电器 JK 吸合，FB2 经继电器输出成为反馈信号 FB。

与 Buck 工作模式相同，反馈信号 FB 经 PWM 控制器 UC1843 的 PID 补偿网络调节后，在 UC1843 的 6 脚输出驱动信号 PWMA。并将 PWMA 反相，生成驱动信号 PWMB。此时，SD2 为高电平，继电器 JK 吸合，PWMB 经继电器输出成为驱动信号 PWM。

驱动信号经过驱动电路后，分别驱动功率管 S2 和 S1。S2 依然和 PWM 相位相同，但与 Buck 变换不同的是，此时，S1 为 PWM 开关管，S2 为同步整流管。主回路构成典型的闭环控制 Boost 电路。

（3）双向 DC/DC 变换器工作模式的切换

太阳能电池组输出电压受光照、温度等影响，其输出电压会产生变化。太阳能电池组输出电压变化范围为 30～45 V。供电管理单元通过检测太阳能电池组输出电压来决定双向 DC/DC 变换器的充、放电模式。在光照区，当太阳能电池组输出电压大于 33 V 时，双向 DC/DC 变换器工作在充电模式。太阳能电池组除对系统供电外，还经双向 DC/DC 变换器对专用数字化电池组充电。当微小卫星进入光影区时，太阳能电池组输出电压很快降低，当太阳能电池组输出电压降至 32 V 时，供电管理单元向双向 DC/DC 变换器发出放电指令，双向 DC/DC 变换器切换到放电模式，放电电压为 28 V。太阳能电池组电压低于 28 V 后，直接由双向 DC/DC 变换器提供的 28 V 电压维持系统母线稳定。双向 DC/DC 变换器提前放电的目的是，实现太阳能电池组供电和蓄电池供电之间母线电压的无缝切换，避免母线电压突变对系统产生不利的影响。

双向 DC/DC 变换器具体的充、放电模式切换由控制信号 SD2 和 SD3 来实现，SD2 为切换控制信号，SD3 为辅助电源关断信号。

以 Buck 工作模式切换到 Boost 工作模式为例,供电管理单元进行双向 DC/DC 变换器工作模式切换时,先将 SD3 置位为高电平,将辅助电源关断,由于 UC1843 失去 Vcc,控制电路停止工作。1 s 后,将 SD2 置位为高电平,继电器吸合,选择 FB2 和 PWMB 分别为反馈信号和驱动信号。SD2 为高电平 2 s 后,SD3 复位为低电平,辅助电源建立。双向 DC/DC 变换器进入 Boost 工作模式。双向 DC/DC 变换器完成切换。Boost 模式切换至 Buck 模式的工作原理相同。

(4) 恒流转恒压切换电路

双向 DC/DC 变换器具有恒流转恒压输出特性,满足对锂离子蓄电池组的充电特性要求。

通过外加切换电路实现对锂离子电池组的恒流转恒压充电(如图 9 - 12 所示)。两个运算放大器和基准电压分别构成电压、电流误差放大器,分别控制充电电流和充电电压。运算放大器选择 LM358,U6 为精密电压基准 TL431,为 LM358 提供精密基准电压。D6 与 D7 构成或门电路,选择恒流/恒压控制模式。

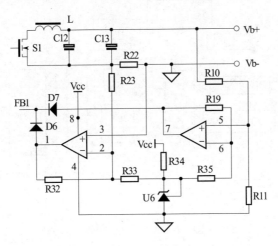

图 9 - 12 恒流转恒压辅助电路

在电压误差放大器中,基准电压(2.5 V)加到运放的反相输入端,输出电压(16.8 V)经 R10 和 R11 构成的分压网络,加到运放的同相端，并与 2.5 V 基准比较，通过 D7 送出充电电压反馈信号。

在电流误差放大器中，R24 和 R15 为运放反相端提供 0.16 V 基准，R22 为 0.02Ω/2 W 电流采样电阻，流过 R22 的电流的电压降直接输入到电流放大器同相端，并与基准电压比较。当充电电流小于 8 A 时，R22 上的压降小于 0.16 V，电流运放输出低电平，或门电路选择 FB1 为电压反馈信号，电池组恒压充电。当充电电流大于 8 A 时，R22 上的压降大于 0.16 V，电流运放输出高电平，或门选择 FB1 为恒流控制信号。充电输出电压下降，电池组进入恒流充电模式。

9.3.2.4　数字化电池组设计

（1）数字化电池组架构

专用数字化电池组由锂离子电池组、均衡电路、辅助源、SPI 总线接口、RS232 电平转换和 AD 定标低通滤波构成，其结构框图如图 9-13 所示。

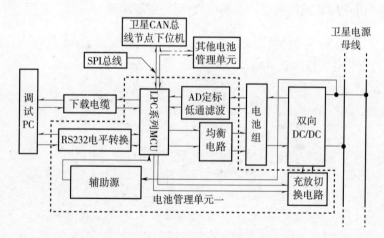

图 9-13　专用数字化电池组结构框图

上位机控制 MCU 的辅助源，当上位机要求某一电池组单元工作时，通过打开辅助源启动 MCU。在备份模式下，通过关闭辅助源来关断 MCU，以减小静态功耗。

MCU 依据上位机的指令对 BDC 进行充、放电工作模式的切换，切换信号为 S1、S2。具体切换方式见前述内容。

MCU 对采集到的信息按规定要求通过 SPI 总线上传给上位机。具体传送内容及方式需进一步协商。

MCU 检测电池组中单体电池的电压及充、放电电流，进行过充电、过放电和短路保护。充电时：蓄电池组充电模式为恒流转恒压，恒流充电电流及恒压电压都由 BDC 设定，MCU 检测蓄电池组电压和充电电流，BDC 进入恒压充电后，充电电流逐渐减小，当充电电流降至设定值（100 mA）或某节单体电池电压上升到 4.25 V 时，MCU 关断 BDC，终止充电。放电时：MCU 检测电池组电压，当某节单体电池电压降至 2.7 V 时，MCU 关断 BDC，终止放电。MCU 实时检测蓄电池组的充、放电电流，当电流大于设定值时，MCU 关断 BDC，终止充、放电，并自动延迟一段时间后，重新启动，如果故障依然存在，MCU 重新启动保护，直到故障消除。

这种保护方式的缺陷是：每次充、放电时，电池组中容量略小的单体电池都放电到最低保护电压，充电时都达不到充足电压。这样经过多次充、放电循环后，单体电池之间的容量之差越来越大，最终造成容量略小的单体电池过早损坏，进而造成整个电池组不能工作。

通过加入容量均衡控制功能，使单体电池电压都达到 4.2 V 时或都达到 2.7 V 时才进行保护，可以有效提高电池组的容量利用率。

MCU 对检测到的单体电池进行比较分析，对需要进行容量均衡控制的单体电池进行均衡控制。

（2）数字化电池组硬件电路

管理电路由 PHILIPS 新型单片机 LPC938 为核心构成，该单片机执行速度 6 倍于普通 51 系列单片机。其内部集成了 8 路 10 位 AD 转换器，转换速率为 4μs，基准参考电压为 1.23 V，采样精度可达 1.8 mV。

LPC938 内部还有独立振荡源的看门狗电路、SPI 总线、增强型

UART 总线、RTC 时钟电路。I/O 口的最大驱动电流为 20 mA（有总功率限制）。

LPC938 可以进入完全掉电模式，此时功耗电流仅为 2 uA，并可通过多种方式唤醒。

（3）容量均衡电路设计

专用数字化通过软件确定电压最高的单体电池以及该电池与其他电池的电压差。判断是否需要进行容量均衡控制。当压差大于 10 mV时，对电压较高的单体电池进行容量均衡控制，当电压差降至 2 mV 时，均衡控制终止。

1）产生容量不均衡的原因及造成的容量损失。

容量不均衡有两种情况：一种是单体电池端电压不均衡，一种是单体电池容量不均衡。端电压不等的电池可以在一个充电周期内达到容量均衡，而容量不等的电池在充电和放电时都要进行容量均衡控制。在串联电池组中，任意一节或几节电池电压不等，即为容量不均衡。普通锂离子电池，其端电压差小于 30 mV，而聚合物锂离子电池的端电压差通常大于 50 mV。

产生容量不均衡的原因有以下几点：

· 化学特性轻微改变。同一批次生产的单体电池，其化学特性也有细微差别。串联充电时，其中一节电池会因为化学特性的不同，其端电压与其他单体电池不同。

· 使用时间。对于参数非常接近的串联电池组，若干次充、放电循环后，会导致单体电池之间特性发生变化。

· 自放电。自放电是导致电池容量不均衡的一个因素。室温下，两节端电压相等的电池会因自放电率的不同，产生容量不均衡。

· 温度变化。温度的变化会加速电池容量不均衡。串联电池组中，若某节电池靠近发热源（如 CPU），该电池温度高于其他电池，使电池容量产生变化。

· 软短路（soft short）。软短路是导致某些电池组产生容量不均衡的主要原因。因为生产的原因，电池内部可能会有 40 kΩ 以上的短路电阻，引起 0.1 mA 的短路电流。存放 3～6 月后，对电池组进行 100 次充、放电循环，会产生 16％的容量不均衡。

电池组容量计算基本公式为

$$Q = I \times t \text{ 和 } Q = C \times V$$

式中　V——电池端电压；

　　　C——电池电容量；

　　　I——充电电流；

　　　t——充电时间。

在数字化电池组中，单体电池容量为 12 Ah，端电压变化范围为 2.7～4.2 V，电池容量为

$$C = \frac{I \times t}{\Delta V} = \frac{12 \times 3\ 600}{1.5} = 28\ 800 \text{ F}$$

式中　I——1C 充电电流（12 A）；

　　　t——单位 1C 充电时间（1 h）。

如果电池组有 100 mV 的不均衡量，则损失的容量为

$$Q_{损失} = C \times V = 28\ 800 \times 0.1 = 2\ 880 \text{ C}$$

$Q_{损失}$约占总容量的 10％。电池端电压相差越大，电池组容量相差越大。如果端电压差为 200mV，环境温度 25℃下，电池组损失 24％容量。使用容量均衡控制技术消除电压差对容量的影响，可以延长电池组放电时间。

专用数字化电池组中，在电池两端接均衡控制 MOS 管和限流电阻分流电阻构成的均衡电路，通过对充、放电电流分流来实现容量均衡控制。容量均衡电路如图 9-14 所示。

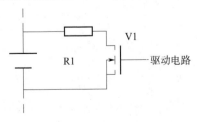

图 9-14　容量均衡控制电路

电池组放电时，若某节电池需要均衡控制，与该电池并联的功率管导通，通过功率管及限流电阻分流，使其端电压下降。电池组充电时，若某节电池需要均衡控制，与该电池并联的功率管导通，使充电电流分流，最终使其电压与其他电池电压相等。通过充、放电分流这种方式，实现电池组容量均衡控制，使电池组得到完全的充、放电。确定容量均衡控制方案后，还要确定均衡控制判定条件、分流电流、均衡时间等参数，保证数字化电池组在 60 min 充电、40 min 放电的使用周期内实现有效的容量均衡控制。

2）均衡电流计算。

均衡电路应克服温度、自放电、化学特性变化等原因对电池组产生的影响。

电池组经过 100 次充、放电循环后损失 9% 容量。平均到每次充、放电循环为 0.09%，也就是 1.08 mV 的压差。设均衡能力为损失电压的 1.5 倍，则均衡电路应有均衡为 1.62 mV 电压差的能力。考虑温度对容量的影响，则需要更大的均衡能力。例如，某节电池 5℃ 的温升会引起 10 mV 的电压差，加上每次充、放电循环引起的 1.08 mV 压差，综合其他因素，均衡电路应具有均衡 30 mV 电压差的能力。

取 45 min 均衡控制时间，所需均衡电流为

$$I = \frac{C \times V}{t} = \frac{28\ 800 \times 0.03}{2\ 700} = 320 \text{ mA}$$

设电池组中某节电池高于其他电池电压 100 mV，均衡电流为 320 mA，均衡控制时间 t 为

$$t = \frac{C \times V}{I} = \frac{28\ 800 \times 0.1}{0.32} = 9\ 000 \text{ s} = 150 \text{ min} = 2.5 \text{ h}$$

设均衡电流为 1 A，均衡控制时间 t 为

$$t = \frac{28\ 800 \times 0.1}{1} = 2\ 880 \text{ s} = 48 \text{ min}$$

微小卫星电源分系统对效率要求很高。如果选择 1 A 的均衡电流，限流电阻 4 Ω，那么消耗在限流电阻上的功耗约为 4 W 左右，

将降低系统效率。

由于在组成数字化电池组时预先采取了避免产生容量不均衡的措施，所以选择均衡电流为 320 mA。设端电压为 4.0 V 时的均衡电流为 320 mA，则限流电阻为

$$R_{限流} = \frac{电池端电压}{均衡电流} = \frac{4.0}{0.32} = 12.5 \ \Omega$$

$R_{限流}$实际选取 12 Ω。消耗在该电阻上的功率为

$$P = I^2 R = 0.32^2 \times 12 = 1.23 \ \text{W}$$

选取 2 W、12 Ω 的限流电阻即可满足设计要求。

完成均流电路设计后，还应采取辅助措施，确保电池组保持容量均衡。

3) 容量均衡控制措施。

在设计专用数字化电池组时，除了进行容量均衡控制外，针对电池组化学特性轻微改变、自放电及温度变化等原因引起的容量不均衡现象，还采用了以下措施，避免电池组产生容量不均衡：

·单体电池的选择。首先，选择同一厂家、同一批次、未经使用的 12 Ah 单体电池，以保证电池参数的一致性。其次，将 6 节单体电池并联，先进行一次完全放电（至 2.7 V），再进行一次完全充电（至 4.2 V）。最后，选择 4 节端电压相差在 5 mV 以内的单体电池构成蓄电池组。

·结构设计。进行结构设计时，合理设计电池组结构，避免发热源靠近某节单体电池，使该电池温度与其他电池不同。

·备用电池管理。微小卫星电源分系统中，共有 4 套专用数字化电池组，1 组工作，3 组备用。备用时，专用数字化电池组的检测电路定时检测单体电池状态，通过均衡控制，使电池组端电压差保持在 5 mV 以内。

9.3.3 蓄电池控制管理器

9.3.3.1 管理架构

MEU 通过串口对智能蓄电池模块进行管理，MEU 与电池模块

的管理单元之间的关系为主从方式，即 MEU 为主机，单片机为从机。主机通过发送和接收回应得到每台电池模块的工作状态及其相关数据，并利用所获得的数据来对电池模块进行管理。

　　MEU 的管理三台智能蓄电池模块的程序总体框架，如图 9-15 所示。

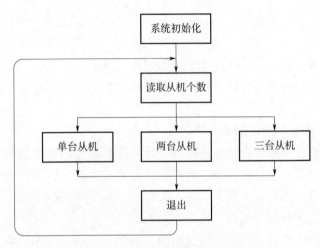

图 9-15　MEU 管理的总体框架

　　MEU 通过串口读取电源的工作状态，如果电源没有回应即认为电源不存在，继续对存在的电源进行管理。

9.3.3.2　MEU 与单片机之间的通信命令

　　(1) 每个单片机接收的命令及其回应

　　1) 电源工作状态。

命令格式：

地址字节	同步字节（0x12）	命令字节（0x09）	校验和字节

命令说明：

　　·地址字节：各套电池组上单片机的地址，1 号机为 0xC1，2 号机为 0xC2，3 号机为 0xC4。

·同步字节：用于数据接收的同步。

·命令字节：0x09 表示发送当前电源工作状态的命令。

·校验和：用于通信校验的功能。

命令回应：

单片机接收到此命令后，会立即发送命令回应，格式为：

同步字节 （0x12）	当前电源 地址字节	命令字节 （0x09）	数据字节数 （1 个字节）	数据 （电源工作状态）	校验和 字节

"电源工作状态"，其值表示为表 9-2。

表 9-2　"电源工作状态"数值含义

数值	含义
0x00	表示电源处在充电当中
0x01	表示电源处在放电当中
0x02	表示电源处在充电截止当中
0x03	表示电源处在放电截止当中
0x04	表示电源处在放电尝试当中
0x05	表示电源处在放电失败当中
0x06	表示电源处在过压保护当中
0x07	表示电源处在电量不足当中
0x08	表示电源处在关机当中

校验和为，同步字节＋命令字节＋数据个数字节＋数据字节，只取低 8 位。

2）输入电压。

命令格式：

地址字节	同步字节（0x12）	命令字节（0x05）	校验和字节

命令回应：

单片机接收到此命令后，会立即发送命令回应，格式为

同步字节 （0x12）	当前电源 地址字节	命令字节 （0x05）	数据个数字节 （2个字节）	数据字节 （输入电压）	校验和 字节

"输入电压"，其含义如表 9-3 所示。

表 9-3　"输入电压"数值含义

数值	含义
第 1 个字节	表示输入电压的高 8 位字节
第 2 个字节	表示输入电压的低 8 位字节

注意：两个字节合为一个 16 位的数表示实际输入的值乘以 1 000，如果字节 1 位为 0x7D，字节 2 为 0x00，组成 16 位的数为 0x7D00，转换为十进制为 32 000，即实际输入电压卫 32 000/1 000，即 32 V。此为数据字节，按 8 位发送。

3）输出电压。

命令格式：

地址字节	同步字节（0x12）	命令字节（0x06）	校验和字节

命令回应：单片机接收到此命令后，会立即发送命令回应，全为数据字节，按 8 位发送，格式为

同步字节 （0x12）	当前电源 地址字节	命令字节 （0x06）	数据个数字节 （2个字节）	数据字节 （输出电压）	校验和 字节

4）置为正常模式。

命令格式：

地址字节	同步字节（0x12）	命令字节（0x0C）	校验和字节

命令回应：单片机接收到此命令后，会立即发送命令回应，全为数据字节，按 8 位发送，格式为

同步字节 （0x12）	当前电源 地址字节	命令字节 （0x07）	数据个数字节 （0 个字节）	数据字节 （无数据）	校验和 字节

9.4 太阳电池阵的两个极值跟踪问题

9.4.1 问题的提出

9.4.1.1 太阳阵输出部分功率调节技术

空间电源系统是小卫星的重要组成分系统，它为小卫星其他分系统的正常工作和空间数据的传输提供必须的电能，它的发展水平对提高卫星性能、延长工作寿命起着决定作用。

对于工作寿命在半年以上的地球轨道小卫星，空间电源一般采用光伏发电系统，因为该系统具有质量轻、寿命长、可靠性高等优点。其典型结构是由太阳电池阵、功率调节单元、蓄电池和负载等组成，其中功率调节单元是将太阳阵与负载连接起来的不可缺少的环节，因为太阳阵的输出功率很难与负载需求相匹配，需要功率调节单元来实现功率控制。

通常情况下，有两类型的太阳阵输出部分功率调节方法，一种是直接能量转换（Direct Energy Transfer，DET），它将多余功率用分流调节技术耗散掉，母线电压保持在预先给定的电平；一种是峰值功率跟踪（Peak Power Tracking，PPT），它严格按小卫星的需求输出功率且最大可达到太阳阵的峰值功率。目前国内星载电源系统大多数采用耗散型直接能量转换系统，采用分流调节器技术消耗太阳阵上的多余功率。峰值功率跟踪方法未得到工程上的实用。作为一种较新的先进方法，国外的一小部分小卫星已采用峰值功率跟踪法进行功率调节，但尚未广泛使用。

目前得到广泛应用的典型光伏发电系统由太阳帆板、蓄电池、控制器和分流器组成。它是一种耗散型能源系统，其最大特点是在不同的寿命时期和不同的环境条件下，太阳阵的工作点电压均被限定在母线电压处，这决定了此种电源不能充分利用太阳阵可能输出的最大功率。这种直接能量转换电源系统的最大优点在于简单，即只需一个直流电压反馈电路来控制可变阻值元件，就能达到稳压的目的。另外，它还具有可靠性高，质量轻，耗功小等优点。

但考虑到光伏发电系统的一个基本特点是输出特性受环境影响较大，其输出的峰值功率点经常发生漂移，并且在整个寿命的不同阶段，输出功率的差别较大。为了在不同的寿命期间和不同的环境条件下都能充分利用到太阳阵可能输出的最大功率，采用峰值功率跟踪的方法。

峰值功率时，可通过适当的控制使太阳阵的工作点偏离峰值功率点，降低输出功率满足需求。实际上，在峰值功率跟踪系统中，当满足功率需求后，再多余的电流就简单的不从阵上提取。这样，多余的太阳阵功率不需经过电处理，而是留在阵上。所以，它是一种非耗散型系统，不需要分流调节器和散发多余功率的耗散器件。另外，通过在各方面对 PPT 系统和 DET 系统的优劣比较，可看出在大部分情况下，采用 PPT 系统要优于采用 DET 系统，但是并不是全部情况下。下面是具体给出的几种最适合采用 PPT 系统的情况。

PPT 系统适用如下几种情况：

1）在中低轨道的小卫星上采用，因为它们进出影频繁，整个任务期太阳电池的温度变化明显。使用 PPT 可充分利用出影温度低的这部分较多的功率，这时正是需要对蓄电池组进行充电的时候，与"多发电多需求"一致。

2）在低轨道的地球观测卫星上采用。对于观测卫星，其负载工作模式较多，工作点经常变化，需要进行 PPT 操作，跟踪峰值功率点，减少蓄电池过放。

3）在小卫星的初期功率需求高于末期功率要求时采用，可使所需太阳阵面积明显减少。

PPT 系统本质上是一个 DC－DC 变换器，它与太阳电池阵串联。它由电池阵输出端的电压动态地改变太阳电池阵的工作点，并在能量需求超过峰值功率时跟踪峰值功率点。太阳光源的特点是能在太阳电池阵温度很低时（出影后）以及在寿命初期输出较大的功率。峰值功率跟踪器能够获得低温时的太阳阵所产生的多余功率，而这一点是非常有意义的，因为刚出影时正值星上耗能的高峰期，既要满足逐渐增加的负载功率要求，又要给蓄电池充电。由于 PPT 与太阳阵串联，它要消耗总功率的 4%～7%。对于初期功率要求高于末期功率要求的任务，采用 PPT 具有不少优点。

目前国外 PPT 技术主要分为两大类：开环系统技术和闭环系统技术。开环系统技术通常是测量一个或多个太阳阵参数，预计或决定太阳阵的峰值功率。闭环系统技术的基本原理是直接判定峰值功率点的位置。通过这种不断检测和调节的过程，调节可控参数使系统的工作点到达并维持于最大功率点。可控参数的调节通常采用脉宽调制电路实现，利用它实现阻抗匹配，达到峰值功率点。

开环系统技术根据可控参数预计峰值功率点的本质，决定了它具有以下缺陷：当系统发生一些无法预计的变化时，不能作出准确的响应。相比之下，闭环系统可克服这类缺点，并在对系统适应性、稳定性、可靠性及精度要求等方面都比开环系统技术有大的提高。

目前国外的主要 PPT 技术如下：

1）参考阵测量法。基本原理：通过扫描、搜索分布在太阳主阵各关键点的参考阵来估测太阳阵 I－V 特性曲线，然后搜索峰值功率点。

2）直接测量法。基本原理：假定整个太阳阵的峰值功率等于几个太阳电池串的峰值功率和，将每个电池串的峰值功率测出，储存后再加起来，就得到整个阵的峰值功率。

3）并联跟踪法。基本原理：增加一个与小卫星并联的可变负载，以使实际负载与可变负载的总和等于产生峰值功率的最优负载。

4）太阳阵失稳工作点电压启动法。基本原理：不断进行峰值功率查询，利用斜波发生器不断产生脉冲负载，去增加源负载，直至检验到 98% 负载消耗。为在稳定工作条件下，2% 的功率余量必须留出，可使输出功率接近峰值功率。

5) 动态阻抗比较法。基本原理

$$P = VI$$

$$\frac{\mathrm{d}P}{\mathrm{d}I} = V\frac{\mathrm{d}I}{\mathrm{d}I} + \frac{\mathrm{d}V}{\mathrm{d}I}I$$

$$\frac{\mathrm{d}P}{\mathrm{d}I} = 0$$

$$\Rightarrow \frac{V}{I} = -\frac{\mathrm{d}V}{\mathrm{d}I}$$

即在 $I-V$ 曲线的峰值功率点满足上式，增量源电导率与负载电导率的数值相等。

6) 利用轻微扰动电流来跟踪峰值功率点。基本原理：利用一个 70 周干扰信号，轻微改变太阳阵电压和电流。通过敏感由此引起的输出功率的小变化来确定最大功率点。

7) 通过敏感太阳阵温度来达到最大功率输出。基本原理：它本质是控制太阳阵的负载阻抗。敏感太阳阵的温度，并转换为控制信号作用于脉宽调制开关调节器改变输入阻抗，实现阻抗匹配，使输出峰值功率。

8) 通过检测 $I-V$ 曲线各点切线的斜率来跟踪峰值功率点。基本原理：不断检测 $I-V$ 曲线各点切线的斜率，调节外负载阻抗使工作点处切线斜率的绝对值近似为 1，可输出最大功率。

9) 通过用瓦特计测量输出功率。基本原理：用外特计测量太阳阵输出功率，将其加在微分器上，当结果输出为 0，就表明工作在 $I-V$ 曲线上的峰值功率点。

10) 通过在太阳阵的输出端接一个可变的交流负载。基本原理：由于太阳阵发出峰值功率时，交流负载阻抗等于太阳阵的交流内阻抗。因此，通过周期性改变该负载，引起负载电流 I 和负载电压 V 分别变化 ΔI 和 ΔV，就可得到太阳阵的交流内阻抗 $\Delta V/\Delta I$ 和负载阻

抗 V/I，使用一个包含比较器的反馈环来使这两个量相等，就可使太阳阵发出峰值功率。

以上 10 种国外主要的 PPT 技术。它们各有优缺点，可根据不同的要求，选择合适的方法。峰值功率跟踪系统的输出功率调节对于需快变且调节范围较小的功率调节是十分适合的，但对于调节范围较大的功率调节不能满足要求，需考虑别的方法。因为 PPT 系统是通过调节 PWM 型开关调节器的占空比来进行功率调节，这个占空比不能过大，也不能过小，否则对后续线路要求过分严格，工程上不易实现。因此，PPT 系统的功率调节一般是限定在一个小范围内。

9.4.1.2　太阳阵输入部分功率调节技术

前一段我们是假定输入太阳能一定的条件下讨论输出部分功率调节的方法，我们再从输入的角度来考虑。正如我们所知，太阳电池阵的输出功率和太阳入射光线与电池阵平面法线夹角的余弦成正比。因此考虑采用太阳帆板对日定向控制系统，灵活地捕获并跟踪太阳，以使太阳光垂直入射太阳阵。这样可保证在同样大小帆板面积的情况下得到最大的输出功率，并且在我们不需要最大输出功率时，可以通过适当控制使帆板相对太阳偏转一定的角度，从而降低输出功率。

在两轴太阳帆板对日定向跟踪系统中，太阳帆板可在两个轴的方向上转动。定义太阳阵电池阵坐标系 $oxyz$，与电池阵固连，原点 o 为支撑杆与电池阵的活动连接点，x 轴及 z 轴在电池阵平面内，其中 z 轴为电池阵的纵对称轴，x 轴与 z 轴垂直，oy 轴为电池阵法线方向。

入轨后，太阳电池阵伸展开。安装及伸展机构应使刚展开的电池阵的纵向对称轴 z 轴过卫星质点，并垂直于卫星的纵轴。这样，使电池阵除了绕 z 轴转外，还能绕 x 轴转。刚展开后的电池阵的初始位置可以位于卫星纵轴的任何平面内。

若电池阵平面不垂直于太阳，可用伺服电动机带动电池阵先绕 z

轴转 β 角，再绕 x 轴转 α 角。假设太阳光垂直入射时太阳阵输出功率为 100 W，且根据实践五号理论轨道参数，在某一时刻 α 为 44.598 1°，β 为 59.910 2°时太阳光垂直入射（α、β 随轨道参数而变化，如果发射时刻不同，也会改变）。可以建立 α、β 与功率之间的关系图。从图中可看出太阳阵输出功率随 α、β 的不同而不断变化。因此，可以通过调节 α、β 来改变输出功率以满足需求。

这是一种从控制输入能量角度考虑的功率调节方法。它比较适合于大范围、慢变的功率调节，因为由于执行机构的性能限制，它需要一定的调节时间。对于快变的功率调节，这种方法是不适用的。它主要适用于寿命期调节和启动特大负载时调节，应用这种调节方法时应考虑帆板转动会对卫星本体产生一定的姿态干扰。

关于对日定向系统国内外已有不少卫星采用，其应用目的旨在保证接收最大太阳入射光能，并未从功率调节的角度来考虑设计系统。

9.4.1.3　太阳阵输出与输入联会功率调节技术

我们发现输入和输出的电源控制研究工作被分开和孤立进行。根据以上讨论的两种极值控制系统的基础上，我们考虑从综合的角度来协调处理太阳阵输入和输出部分功率调节的关系，即将峰值功率跟踪系统和帆板对日定向跟踪系统这两种先进的极值系统融和在一起，利用它们的功率输出的极值特性和功率调节方面的不同适用场合，弥补它们单独采用时的一些缺点，提出一种综合智能电源控制系统。它由三大部分组成：太阳帆板、蓄电池和一个智能控制器。此控制器可以根据星上负载状况、太阳帆板发电能力状况和蓄电池充电情况，灵活地配置输出功率。当负载和蓄电池充电的总需求很大时和太阳帆板发电能力低时，如寿命初期发电能力强，不需对日定向。而在寿命末期发电能力差，在同样负载需求时，它可以控制太阳帆板迅速对日定向，使输入太阳光能最大，并在输出部分进行调节，使其工作在峰值功率点，从而产生最大的输出功率以满足需求。这就是自适应，即通过引入对太阳阵输入能量的控制，形成自适应控制回路。在总需求小于发出的峰值功率时，可智能判断不同情况下采取不同控制措施。若判断所需的是快变的小范围的功率调节，可采用控制工作点的方法，使其迅速满足要求。例如：针对负载范围变动的功率调节。若判定所需的是慢变的范围较大的功率调节时，可通过适当控制使帆板偏离太阳一定角度，以达到要求。例如，在寿命初期太阳阵输出功率很大，这时帆板可不垂直对准太阳，而是有一定的偏角。这样可降低输出功率从而满足要求。随着太阳阵逐渐接近寿命末期，输出功率逐渐降低，这时太阳帆板也慢慢减少偏转角度，提高输出功率以弥补由于寿命原因减少的输出功率，直至在末期时实现太阳光垂直入射，输出最大功率，以保证整个寿命期间配合实际需求，合理地输出功率。同时，智能控制器还对蓄电池充放电进行相应控制，如在出阴影区后，可以用最大的容许电流补充充电，保持整个电源系统始终处于最佳工作状态。

从综合的角度进行控制供配电的智能化电源控制系统，目前在国内外文献上尚未见到，属于提出的新设想。目前，国内外的文献一般是将峰值功率跟踪系统和对日定向控制系统孤立开，分别研究，未建立任何联系。综合智能控制器方案属于一种新的尝试。

综上所述，这种基于两个极值系统的智能性综合电源控制系统，其优点是由于有机地结合了两种先进的极值控制系统，利用了它们的优势，从而可较大地提高电源系统的工作效率。带来的明显效果是在同样功率需求时，所需帆板设计面积减小，工作效率较高，并通过利用最大容许电流补充充电。但是，我们也考虑到这可能带来的一些问题，比如太阳帆板转动时产生一定的姿态干扰。另外，PPT 系统有一定的适用范围，极值系统工程实现起来技术难度较大。总之，作为一种新的设想，它有许多问题需要进一步探讨。

9.4.2　自寻最优峰值功率跟踪

9.4.2.1　峰值功率跟踪与自寻优控制的一致性

太阳阵系统是一个非恒功率系统，由于温度、光照、辐照环境

（如电子、质子和紫外线等）、串联电池数、部分失效及其他因素，其输出功率会发生变化。太阳阵的各种形式的衰减会引起 $I-V$ 曲线变化，而且太阳阵的电输出还直接决定于所接受的太阳光的照射状态。因此，在整个任务期间，太阳阵的峰值功率点是漂移的。所以，太阳阵从本质上说是一种变参数系统，同时，太阳阵的另一显著特点是输出功率是工作点的函数，并且在任一时刻都存在一种电压和电流状态，可以达到峰值功率输出。

鉴定太阳阵的上述特性，要建立太阳阵的精确数学模型和处理某些无法测量和不可控的扰动因素有很大的困难。而自寻最优控制是利用自动搜索的方法在一定范围内不断改变可控参数的整定值，使某一控制指标达到最优值，适合于被控对象无法（或很难）用数学模型来表达，且被控对象的外界条件和内部特性还要发生变化，极值点经常偏移的情况。因此，利用自寻最优控制技术控制太阳阵输出峰值功率是一种比较适当可靠的方法，有其必要性。

自寻优控制的基本思想是让控制系统能根据变化了的情况，自动改变整定量，使被控量维持在最优水平。它是自适应控制的一种，类似人通过经验、逻辑推理替代定值控制和程序控制，模拟人在完成控制的操作，而不需要知道被控对象的精确数学模型，且对系统中的不确定因素引起的对象特性漂移具有自适应能力。

被控对象无法用数学表达式描述或其数学表达式非常复杂，例如原来假定的被控对象在工作过程中发生微小差异或使用过程中发生变化时，就不可能得到其精确的数学模型。自寻优控制系统可在被控对象的外界条件或内部特性发生变化时，利用自动搜索的方法在一定范围内不断改变可控参数的整定值，使某一控制指标达到最优。它的突出优点是避免了建立数学模型的复杂工作和困难，而且对不可控的干扰具有自适应能力。

自寻优控制原理是利用被控对象所具有的非线性静态特性改变控制量，试探它对被控指标的影响，从而确定相应得运转条件，使被控指标达到和接近最优。

应用自寻优控制的任务就是保证稳定运行的条件下，通过自动寻找的方法，不断确定实际工作状态与最优工作状态的偏移，从而改变可控参数的整定值以补偿发生的变化，使控制指标经常保持最优解。其调节过程的实质是利用对象本身的极值特性，不断试探以做下一步的决定，一步步搜索到最优控制指标的控制参数而不依赖于数学模型。它具有以下特点：

1）与通常的计算机最优控制不同，它只需知道被控对象具有非线性（如极值）特性，而不需要关于被控对象精确的数学模型表达式。

2）它不同于通常的按偏差的反馈控制系统，它事先不知道控制量的给定值，而要求系统去自动搜索最优工作点。

3）通常的按偏差的反馈控制系统里，控制任务是消除系统偏差，使被控量稳定在给定水平。而自寻优控制系统所寻找的最优指标（即被控量）不是固定值，也不是给定值，它决定于实际工作过程的状态，是由系统不断自动搜索（检测、计算、判断）获得的。

4）自寻最优的工作过程是一个自动搜索的过程，由于能在变化了的环境下自动寻找最优工作点，因此对于对象特性变化具有自适应的能力。这是它最为可贵和独特之处，是其他最优控制方式难于达到的。

因此，自寻最优控制与一般的恒值调节系统和随动系统的本质差别在于：后者需知道控制指标实际值与给定值之差或其他可直接测量的信息，而对于自寻最优控制，则需利用探索的方法，以求得实际运行状态与其最佳运行状态的偏移。

自寻最优控制的任务是调节控制量使工作过程中被控指标达到最优。但它的应用必须具备以下条件：

1）被控对象具有单峰极值静态特性或其他非线性特性。否则，无法进行搜索。

2）当外界条件、对象特性或参数变化时，上述极值特性的极值点发生沿可控参数坐标的不定向移动，即发生漂移。否则，采用普通的定值调节系统便能满足要求，而不必用自寻最优控制。

3）最优指标可测或可计算。自寻最优控制是通过观测最优指标的变化来改变控制量的调节方向，因此被控指标的最优值必须可以测量或通过其他测量计算获得，否则不能用自寻最优控制。

4）要求系统可控。若系统不可控，则无法获得正确反应，系统不能正常工作。

自寻最优控制的工作过程可扼要表示如下：调节被控对象的输入量，试探其对输出的影响，将表示输出偏离最优点的信号反馈到控制输入量的执行机构，改变输入量的调节方向，使输出量接近最优点。

为达到上述目的，可用不同的方法。其中步进搜索自寻优控制系统，是在微处理器的广泛应用的基础上发展的，尤其适用于微处理器控制。相对连续式自寻优控制系统，其对噪声的敏感程度降低，并具有更大的灵活性。

峰值功率跟踪本质上是一个寻优过程，通过测量电压、电流或功率，比较它们之间的变化关系，决定当前工作点与峰值功率点的位置关系，然后控制电流（或电压）沿相应的方向增大或减小，使工作点向峰值功率点靠近，直到到达峰值功率点，这时如果电流（或电压）继续沿原方向变化就会引起功率的下降，跟踪电路一旦探测到功率的这种负变化后，就发出信号使电流（或电压）变化的方向反号，最后控制电流（或电压）在峰值功率点附近一定范围内来回摆动，这表明已经跟踪上峰值功率点了。但工作点在峰值功率点两端的来回摆动导致了实际得到的平均功率略低于峰值功率，其差值就是搜索损失，这正是自寻优控制系统所持有的为了把控制对象的工作点保持在最优点附近而必须付出的代价。当负载的功率需求或太阳阵的 $I-V$ 特性曲线变化后，引起工作的偏移或峰值功率点的漂移，PPT 系统探测到这种变化后，就会重新启动下一次寻优。因此，PPT 就是一个不断测量和不断调整以达最优的过程，它不需要知道太阳阵精确的数学模型，而是在运行过程中根据可控参数的整定值，判断当前工作点与峰值功率点的位置关系，改变可控参数使工作点逐渐向峰值功率点靠近，最后工作在峰值功率点附近，这个过程与自寻最优过程有着一致性，并且因为 PPT 系统不需要了解太阳阵的精确模型，它还可以用来在太阳阵以外的其他一些特性未知的但具有峰值输出特性的电源中进行峰值功率跟踪，而这又是自寻最优的一个基本特点，即只需知道被控对象具有非线性特性，而不需与被控对象精确数学模型的特点相一致。因此在某种程度上，可以说 PPT 就是自寻最优原理在太阳阵功率调节中的一种应用。

9.4.2.2　采用模糊自寻优的峰值功率跟踪系统实现方案

（1）模糊控制原理及方法

在研究和设计控制系统时，一般需要建立被控对象的精确数学模型。然而在实际工作中有很多系统过于复杂，尤其是对于具有非线性和时变性的不确定系统，它们的传递函数或状态方程难以用传统的定量分析方法加以实现。在这种情况下，若采用常规的控制方法，就很难达到预期的效果，有的甚至无法控制。虽说可用如自适应控制等方法，但系统过于复杂，实现困难且花费大。此时，若利用操作人员的实际经验和直觉感觉，或一些不精确的控制规则，由此产生控制策略，将状态条件和控制作用表示为一组被量化的模糊语言集，然后利用模糊数学方法，并借助于计算机的手段而完成的过程控制，就是通常所指的模糊控制技术。它成功地避开了模型辨别工作。

模糊控制语言是表达人类思维活动及复杂事物的一种极其有效的手段，它根据人工控制规则，模仿人在操作过程中思维，组织控制决策表，然后由该表决定控制量的大小，进行调节，可以解决一些用传统方法难以奏效的控制问题。与传统的控制技术相比较，模糊控制具有以下的特点：

1）不依靠对象的显式模型。直接用对被控过程参数现状及其变化趋势观测判断的定性感觉，来构成控制算法。模糊控制器的基本出发点便是将现场操作人员或专家的经验、知识及操作数据加以总结归纳，形成一定的规则参与控制过程。

2）适应性较强。经研究表明，对于确定的控制对象，用模糊控制与传统控制的 PID 控制的效果相当；但对于非线性和时变等一类不确定系统，模糊控制确有较好的控制作用。

3）系统的鲁棒性较好，对参数变化不灵敏。由于模糊控制采用的不是二值逻辑，而是一种形式化的连续多值逻辑，所以当系统参数变化时，易实现较稳定的控制。

4）有效的非线性控制作用。对非线性、噪声和纯滞后有较强的抑制能力。

5）控制器的参数整定方便。只要通过对现场的情况稍作分析，就能较好地确定控制参数，而且参数使用范围广。

6）结构简单、系统硬件实现较方便。硬件结构一般无特殊要求，软件上算法也较简洁。控制器在实际运行中只需进行简单的查表运算，其他过程可离线进行。

但是，必须看到，模糊控制器尚存在不足之处。由于模糊控制是基于对过程的先验认识，具有不确定性和不准确性，而且模糊控制精度也受模糊量化等级的制约，并与模糊合成算法的运算有关。另外，对于普通的模糊控制器而言，它类似比例和微分的控制策略，还有一个非零的稳态误差，属有差调节。因此，模糊控制也不是万能的，也有其本身的局限性。模糊控制器本质上是一种推理逻辑，不同的控制过程，其推理规则也不完全相同，这在某种程度上影响了其通用性。

下面介绍典型的模糊控制器。一般来说，根据人们的直接操作经验，再运用模糊集合论的知识，就可构成一个模糊控制器。模糊控制器的一般形式如图 9-16 所示。

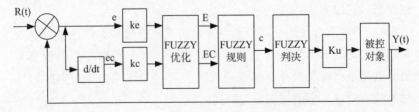

图 9-16　模糊控制器的一般形式

图中 e 为精确量表示的偏差，ec 为精确量表示的偏差变化，U 为精确量的控制输出，E，EC 为模糊化的偏差及偏差变化，c 为模糊控制量。一般模糊控制器采用的都是这种双输入单输出的模型，而控制规则的基本形式为"若 A 且 B 则 C"。

模糊控制器与一般控制器的相似点在于其基本环节是一致的，即由控制对象、控制器和反馈通道等环节组成。但两者的设计方法又有所区别。模糊控制不受精确数字模型的束缚，而是采用模糊语言，采用条件语句组成的语句模型，来确立各参数的控制规则或模糊控制表，并在实际调试过程中反复经人工修正。然后通过计算机采用查表法在控制表中找出相应的模糊控制量，最后经一定比例运算后得到实际控制量再加到被控对象上。

（2）模糊自寻优峰值功率跟踪系统的控制原理与实现方案

由于较难建立太阳阵的精确数学模型且存在无法测量和不可控的扰动因素，采用适用于被控对象无法或很难用数学式表达，且被控对象的外界条件内部特性还要发生变化的模糊自寻优技术。

模糊控制是根据人工控制规则，模仿人在操作过程中的思维，组织控制决策表，然后由该表决定控制量的大小，进行调节。它不依靠对象的显式模型，直接用对被控过程参数现状及其变化趋势观测判断的定性感觉，来构成控制算法。模糊控制具有以下优点：适用性强；系统鲁棒性较好，对参数变化不灵敏；具有有效的非线性控制作用；控制器的参数整定方便；结构简单、系统软硬件实现较方便。

本 PPT 方案运行的基本原理是基于计算功率斜率的原理。通过连续计算功率斜率，可判断出当前工作点与峰值功率点的位置关系，并以此来调节太阳阵的输出电压，就可跟踪到峰值功率点。根据基于计算功率斜率的原理，将电压变化值与功率变化值输出模糊自寻优控制器进行判断。若电压增加，功率也增加，就证明工作在 $P-V$ 曲线上的峰值功率点左边，模糊自寻优控制器输出一个正的电压步长值，使得开关调节器的参考电压值增加，从而控制开关调节器

PWM 输出的占空比以提高太阳阵的输出电压（即开关调节器的输入电压），直到因连续增加电压而超过峰值功率点，达到其右侧，这时模糊控制器就输出负的步长值，直到再次超过峰值功率点使得输出功率开始减少时，模糊自寻优控制器就输出负的步长值，减小太阳阵的输出电压，使得输出功率又开始增加，直到再次达到峰值功率点，电压连续减小又引起功率下降，这样又输出正的步长值。以上过程反复进行，最终使太阳阵工作点在峰值功率点左右一定范围内来回摆动。

另一方面，当电压增加，功率减小时，就证明工作在 $P-V$ 曲线上峰值功率的右边，模糊自寻优控制器输出电压步长值为负，使开关调节器的参考电压减小，这样就可减小从太阳阵获得的电压，使得太阳阵的输出功率达到最大。

本 PPT 方案主要由跟踪单元、PPT 控制块两部分组成，系统结构图如图 9-17 所示。跟踪单元主要由开关调节器、线性滤波器构成。PPT 控制块包括两组检测电路和模糊自寻优控制器。

两组检测电路由周期性复位的积分器、采样保持电路（S/H）和加法器构成，其功能是用来识别太阳阵输出功率和输出电压变化的大小和方向。它们在每个寻优周期的开始，检测太阳阵的输出电流和输出电压，这个电流及电压分别作为开关调节器的输入电流和输入电压。瞬时输出功率可通过它们相乘得到，但次瞬时输出功率往往不能准确地代表改变电压的试探响应，因为系统中存在无源部件。因此，只有在整个寻优周期内输出功率的平均值才能充分反映寻优响应，这是通过在每个寻优周期内对瞬时输出功率和瞬时输出电压的积分来实现的。积分后，除以积分时间可得平均功率和平均电压，分别经过 S/H 电路的前级采样并保持，只在寻优周期结束后才复位。求得了前后两个时刻的功率变化和电压变化后，作用到模糊自寻优控制器的输入端，由模糊自寻优控制器输出新的电压步长值。

跟踪单元包括开关调节器、线性滤波器等部件。

开关调节器是此方案的执行结构。它将太阳阵与蓄电池和负载断开，以使负载和蓄电池工作在独立于太阳阵的电压下；同时，通过控制开关调节器 PWM 输出的占空比来完成太阳阵输出电压的调整，以使太阳阵最终工作在峰值功率点，因此，实际上，开关调机器起到了内层电压环的作用。

另外，在太阳阵和开关调节器之间加入一个输入线性滤波器来削弱输入电流中的交流纹波分量，平滑输入电流，这样可将瞬时功率调节在平均峰值功率的一个有限范围内。

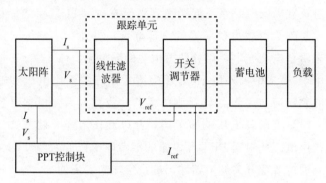

图 9-17 PPT 系统结构图

因此，PPT 系统可通过闭合两层环，即外层 PPT 环和内层电压环来实现。外层 PPT 环计算 $P-V$ 曲线的斜率并据此提供下一时刻太阳阵电压的参考值，这由 PPT 控制块来实现；内层电压环确保太阳阵的输出电压达到此参考值，这由开关调节器来实现。

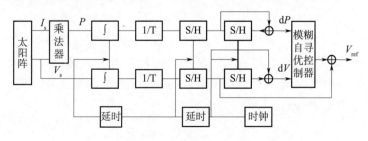

图 9-18 控制块结构图

（3）系统的两种工作模式

本系统的工作模式有两种，一种是峰值功率跟踪模式（PPT），一种是涓流充电（TC）模式。当小卫星刚出影时，调节太阳阵工作于 PPT 模式，给负载提供太阳阵的最大输出功率，而此时，蓄电池以最大允许的充电速率进行充电，以保证蓄电池的快速充电。另外，当有大功率负载接入而超过了太阳阵的最大输出功率时，也要进行峰值功率跟踪，工作于 PPT 模式，所不同的是这时蓄电池组放电，与太阳阵一起进行联合供电。当蓄电池充满并且太阳阵的输出功率没有超过负载需求时，系统就切换到涓流充电（TC）模式，在此模式中，太阳阵给负载提供所需的全部能量，另外一小部分太阳阵电流被用来给蓄电池充电，以补偿蓄电池的漏电流。

在 PPT 模式中，外层 PPT 环检测太阳阵的输出电压和输出电流，由此判断当前工作点与峰值功率点的位置关系，根据寻优算法设置下一时刻太阳阵电压的参考值，并以此作为开关调节器的参考电压；内层电压环根据 PPT 环设置的参考电压调节太阳阵的输出电压，这是通过改变开关调节器输出的占空比来实现的。

TC 模式用在当蓄电池充满电并且太阳阵的最大输出功率超过了负载需求时，此时 PPT 模式被旁路。TC 模式相对较简单，只需用一个单环的模拟控制器即可实现。由它来检测蓄电池的充电电流，并与预设的参考电流相比较，得出的误差信号通过略微改变开关调节器输出的占空比，以实现对蓄电池的恒流充电。

两种模式的切换可采用如下方法：用一个安时计来检测蓄电池的充电状态，太阳阵的输出功率可以测量出来，而负载的需求也是事先大致可知的。当测得蓄电池充满后，并且太阳阵的输出功率超过负载需求时，就通过模式转换开关使 PPT 模式被旁路而启动 TC 模式，而当蓄电池和负载的总需求超过了太阳阵的输出功率时，则使 TC 模式被旁路而启动 PPT 模式。

9.4.2.3　峰值功率跟踪系统采用的模糊自寻优控制器

在峰值功率跟踪系统中，取目标函数为太阳阵的输出功率，可控量为输出电压，而自寻优步长的自动改变，则通过能模拟人的思维过程的模糊逻辑判断来实现。模糊自寻优控制器采用双输入、单输出结构，它的第 n 时刻的输入量为第 n 时刻的功率变化量和第 $n-1$ 时刻的电压步长值，而它第 n 时刻的输出量为第 n 时刻的电压步长值。

应用模糊控制的峰值功率跟踪系统的智能型自寻优机构如图 9-19 所示。它的输出功率为目标函数，寻找最佳的电压值。

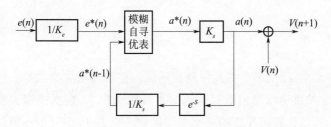

图 9-19　模糊自寻优结构图

图中 $e(n)$ 表示第 n 时刻与第 $n-1$ 时刻目标函数（即输出功率）之差的实际值，$e^*(n)$ 表示这个差值对应于模糊集论域中的值，$a(n)$ 表示第 n 时刻步长的实际值，$a^*(n)$ 表示这个步长对应于模糊集论域中的值，K_e 为量化因子，它将实际的功率变化值转换为模糊集论域中的值，K_s 为比例因子，它将 $a^*(n)$ 转换为步长的实际值。

模糊自寻优控制器的工作过程如下：在每个寻优周期开始，首先计算本时刻输出功率，将其与上一时刻的功率值的差值和上一时刻的寻优步长值作用于模糊自寻优控制器的输入端。经过量化、模糊化处理后变成模糊集论域的变量，用这两个变量查模糊自寻优表，直接获得本时刻寻优的步长值，即控制器的输出，再与本时刻的参考电压相加后，就得出下一时刻太阳阵电压的参考值，将它作为开关调节器的参考电压，以调节太阳阵的实际输出电压，直到下一个寻优周期开始。上述过程反复进行，直到将输出电压调节到太阳阵的峰值功率点电压为止。

根据太阳阵 $I-V$ 曲线的具体特征和一些经验和直觉，总结自寻优控制规则表。首先，将输出功率变化的语言变量 e^* 和步长的语言变量 a^* 分别定义为 8 个和 6 个模糊子集，即

$$e^* = \{NB, NM, NS, NO, PO, PS, PM, PB\}$$
$$a^* = \{NB, NM, NS, PS, PM, PB\}$$

其中 NB，NM，NS，NO，PO，PS，PM，PB 分别表示负大、负正、负小、负零、正零、正小、正中、正大等模糊概念。

然后，将语言变量 e^* 和 a^* 的论域分别规定为 14 个和 12 个等级，即

$$e^* = \{-6, -5, -4, -3, -2, -1, -0, +0, +1, +2, +3, +4, +5, +6\}$$
$$a^* = \{-6, -5, -4, -3, -2, -1, +1, +2, +3, +4, +5, +6\}$$

表 9-4 给出了自寻优控制规则表。控制规则表给出后，再给定 e^* 和 a^* 的隶属度赋值表（这通常由经验给出），根据模糊推理合成规则，可以计算出相应的模糊自寻优表，如表 9-5 所示。将这个表预先算出并存储起来，实际的自寻优过程就可以通过查表运算来进行，即根据 $e^*(n)$ 及 $a^*(n-1)$ 找出相应的 $a^*(n)$ 值。

表 9-4　控制规则表

$a^*(n)$ $e^*(n)$ ＼ $a^*(n-1)$	NB	NM	NS	PS	PM	PB
NB	PB	PB	PB	NS	NS	NS
NM	PM	PB	PB	NS	NS	NS
NS	PS	PM	PM	NS	NS	NS
NO	PS	PS	PS	NS	NS	NS
PO	PS	PS	PS	PS	PS	PS
PS	NS	NS	NS	PM	PM	PS
PM	NS	NS	NS	PB	PB	PM
PB	NS	NS	NS	PB	PB	PB

表 9 - 5　模糊自寻优表

$a^*(n)$ ＼ $a^*(n-1)$ ＼ $e^*(n)$	−6	−5	−4	−3	−2	−1	1	2	3	4	5	6
−6	6	6	6	6	6	6	−1	−1	−1	−1	−1	−1
−5	5	5	6	6	6	6	−1	−1	−1	−1	−1	−1
−4	4	4	5	5	6	6	−1	−1	−1	−1	−1	−1
−3	2	2	3	3	4	4	−1	−1	−1	−1	−1	−1
−2	2	2	2	2	3	3	−1	−1	−1	−1	−1	−1
−1	1	1	2	2	3	3	−1	−1	−1	−1	−1	−1
−0	1	1	1	1	1	1	−1	−1	−1	−1	−1	−1
0	−1	−1	−1	−1	−1	−1	1	1	1	1	1	1
1	−1	−1	−1	−1	−1	−1	3	3	2	1	1	1
2	−1	−1	−1	−1	−1	−1	4	4	3	3	2	2
3	−1	−1	−1	−1	−1	−1	5	5	4	4	3	3
4	−1	−1	−1	−1	−1	−1	6	6	5	5	4	4
5	−1	−1	−1	−1	−1	−1	6	6	6	6	5	5
6	−1	−1	−1	−1	−1	−1	6	6	6	6	6	6

　　这种通过改变电压值来寻找峰值点的方法可能对系统的稳定性存在不利影响，因为寻优步长过大或系统扰动过大，可能会造成系统的振荡。下面将就稳定性问题及稳态控制精度进行讨论。另外，当找到在某种状态下的峰值功率点后，就应停止搜索，避免造成不必要的扰动，并减小搜索损失，直到峰值功率点偏离原来的位置后，再重新开始一个新的搜索过程。

　　模糊自寻优控制器要想取得良好的控制功能，除了要有一个好的控制规则外，合理地选择输入变量的量化因子 K_e 和输出变量的比例因子 K_s 也是至关重要的。因为对于 K_e 及 K_s 的不同取值，模糊自寻优控制器的输出有很大区别，下面会就在线寻优、在线查询的参数自调整的模糊控制器进行讨论。

9.4.2.4　带有智能积分的参数自调整模糊控制器设计

为提高控制器稳态精度，可在常规模糊控制器基础上引入智能积分 FUZZY 控制器，并在过渡过程中对控制器的参数自调整以提高系统动态精度。

常规模糊控制器尽管鲁棒性好，但系统稳态精度差，为此引入积分作用用以减小稳态误差。如图 9-20 所示，通过对 $e^*(n)$ 的积分，适当调整可调参数，可将稳态误差控制得相当小。引入积分的缺点是 K 值的选取很难，过大使系统易振荡，过小体现不了积分作用；只要误差存在就一直积分到"积分饱和"，使系统快速性下降，为此进一步引入智能积分。

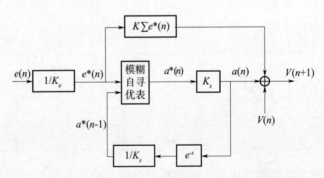

图 9-20　带有智能积分的模糊自寻优结构图

可在不同情况下，采用不同的 K 值，并且假设 $\Delta e^*(n) = e^*(n) - e^*(n-1)$。

在系统误差趋势减小时，即

$$e^*(n) \times \Delta e^*(n) < 0$$

或

$$e^*(n) = 0$$

时取消积分作用

$$\Delta V(n) = a(n)$$

在系统误差趋势增大时，即

$$e^*(n) \times \Delta e^*(n) > 0$$

或

$$e^*(n) \neq 0 \text{ 且 } \Delta e^*(n) = 0$$

引入积分作用

$$\Delta V(n) = a(n) + k \sum e^*(n)$$

　　模糊自寻优控制器要想取得良好的控制功能，除了要有一个好的控制规则外，合理地选择输入变量的量化因子 K_e 和输出变量的比例因子 K_s 也是至关重要的。因为对于 K_e 及 K_s 的不同取值，模糊自寻优控制器的输出有很大区别。量化因子 K_e 直接影响系统稳态性能，增大 K_e 使稳态性能好而动态性能差，引起较大振荡使系统不稳定。输出比例因子 K_s 过小，使响应过程太长，过大又极易引起系统振荡。因此在整个寻优过程中若固定用一组 K_e 及 K_s，不能使系统动态性能与静态性能兼顾。为此在 $e(n)$ 较大时使 K_e 变小以保证系统稳定性，同时增大 K_s 以提高寻优速度。当接近峰值功率点时，增大 K_e 减小 K_s 使稳态误差变小。依此思想设计两个模糊控制器来实现对 K_e 及 K_s 的参数自调整。

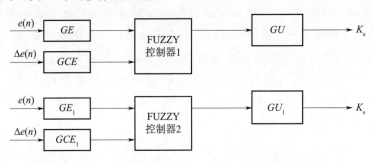

图 9 - 21　参数自调整的比例因子模糊控制器

　　这两个比例因子模糊控制器的输入量为第 n 时刻的输出功率变化 $e(n)$ 和表示第 n 时刻 $e(n)$ 变化的 $\Delta e(n)$，输出为 K_e 和 K_s 的放大

倍数 M_1，M_2。GE，GCE，GE_1，GCE_1 为量化因子，将实际的值变换为模糊集论域中的值，GU，GU_1 为比例因子，变换模糊表输出值为输出倍数的实际值。

首先，将输出功率变化的语言变量 e^* 和表示 e^* 变化的语言变量 Δe^* 分别定义为 8 个和 7 个模糊子集，M_1 规定为 7 个模糊子集即

$$e^* = \{NB, NM, NS, NZ, PZ, PS, PM, PB\}$$

$$\Delta e^* = \{NB, NM, NS, Z, PS, PM, PB\}$$

$$M_1 = \{NB, NM, NS, Z, PS, PM, PB\}$$

其中 NB，NM，NS，NZ，PZ，PS，PM，PB 分别表示负大、负中、负小、负零、正零、正小、正中、正大等模糊概念。

然后，将语言变量 e^* 和 Δe^* 的论域分别规定为 14 个等级，M_1 的论域规定为 7 个等级，即

$$e^* = \{-6, \ -5, \ -4, \ -3, \ -2, \ -1, \ -0, \ +0, \ +1,$$
$$+2, \ +3, \ +4, \ +5, \ +6\}$$

$$\Delta e^* = \{-6, \ -5, \ -4, \ -3, \ -2, \ -1, \ -0, \ +0, \ +1,$$
$$+2, \ +3, \ +4, \ +5, \ +6\}$$

$$M_1 = \{1/8, \ 1/4, \ 1/2, \ 1, \ 2, \ 4, \ 8\}$$

依上述思想设计表 9-6，给出了寻优控制规则表。控制规则表给出后，再给定 e^*、M_1 和 Δe 的隶属度赋值表（这通常由经验给出），各模糊子集的隶属度函数采用正态分布型。根据模糊推理合成规则，可以计算出相应的模糊输出表。将这个表预先算出并存储起来，实际的自寻优过程就可以通过在线查表运算来进行，即根据 $e^*(n)$ 及 $\Delta e(n)$ 找出相应的 M_1，M_2 值。对于模糊控制器 FZ2 和 FZ1 相似，只是控制规则表不同。

表 9 - 6　FUZZY1 控制器模糊控制规则表

e^* ＼ M ＼ Δe^*	NB	NM	NS	Z	PS	PM	PB
NB	NB	NM	NS	Z	NS	NM	NB
NM	NM	NS	Z	Z	Z	NS	NM
NS	NS	Z	Z	PS	PM	Z	NS
NZ	Z	Z	PM	PB	PM	Z	Z
PZ	Z	Z	PM	PB	PM	Z	Z
PS	NS	Z	Z	PS	Z	Z	NS
PM	NM	NS	Z	Z	Z	NS	NM
PB	NB	NM	NS	Z	NS	NM	NB

　　在模糊查询表离线生成后，在系统工作过程中，可在线查询，找到适合的调节因子，实现参数自调整，在线寻优流程如图 9 - 22。

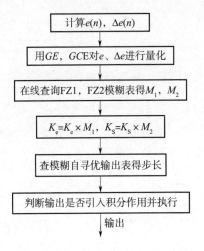

图 9 - 22　在线参数自调整的智能积分模糊控制器的程序流程框图

9.4.2.5　峰值功率跟踪系统的执行机构——自由行程开关模式调节器

　　自由行程开关模式调节器是一种基本的能量转换电路，它是一种脉宽调制式调节器，利用功率晶体管工作在开关状态而非模拟状态，将太阳阵的直流输出信号变换成一个有可变占空比的方波信号，就能起到改变太阳阵等效外负载阻抗的作用，从而可以使太阳阵工作在 $I-V$ 特性曲线的某一指定位置（如峰值功率点）。开关调节器的优点是热消耗低，稳定性高，工作效率较高。该调节器可以用来使输入电压降压、升压或降压/升压。其中降压调节器比较简单，而且应用最普遍，工作原理如图 9-23 所示。

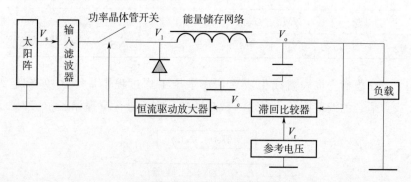

图 9-23　开关调节器原理图

　　该调节器能将太阳阵的电压和电流转化为较低的负载电压和较高的负载电流。其主回路是由起开关作用的功率晶体管/储能电感/续流二级管，滤波电容和负载电阻组成，如图 9-24 所示。

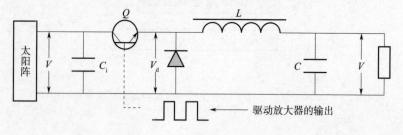

图 9-24　开关调节器具体电路

晶体管基极加的是一个周期为 T 的方波信号（次方波信号由控制回路提供）。当方波信号为正半周时，晶体管导通，需流二极管因反偏而截止，晶体管的集电极电流便通过储能电感向负载供电，并同时向滤波电容充电。此时，储能电感处于储能状态（电能转换成磁能）。

当方波信号为负半周时，晶体管截止。由于通过储能电感的电流不能突变，所以在它两端便感应出一个左负右正的自感电势，使续流二极管导通。此时储能电感便把原来存储的磁能转换成电能供给负载。滤波电容是为了降低输出电压的脉动。

根据降压型开关调节器的基本电路，并假定晶体管开关是理想的，可得开关处于导通或关断状态时电路的差分方程。

1）导通时

$$L \frac{\mathrm{d}i}{\mathrm{d}t} + V_0 = V_i$$

$$C \frac{\mathrm{d}V_0}{\mathrm{d}t} + \frac{V_0}{R} = i$$

2）关断时

$$L \frac{\mathrm{d}i}{\mathrm{d}t} + V_0 = 0$$

$$C \frac{\mathrm{d}V_0}{\mathrm{d}t} + \frac{V_0}{R} = i$$

根据上面方程，可得如下的状态方程

$$\frac{\mathrm{d}}{\mathrm{d}t} \begin{bmatrix} i \\ V_0 \end{bmatrix} = \begin{bmatrix} 0 & -\dfrac{1}{L} \\ \dfrac{1}{C} & -\dfrac{1}{CL} \end{bmatrix} \begin{bmatrix} i \\ V_0 \end{bmatrix} + \begin{bmatrix} \dfrac{D}{L} \\ 0 \end{bmatrix} V_i$$

其中 D 是晶体管开关的导通占空比。假设 τ_{ON} 为导通时间，τ 为整个工作周期时间

$$D = \frac{\tau_{ON}}{\tau}$$

在初始条件为 $i(0)$ 和 $V_0(0)$ 的条件下，对上面状态方程进

行拉氏变换，求解并转换为时域形式，可得电感电流和输出电压如下

$$i = \frac{DV_i}{R}[1 + \sqrt{f_1^2 + f_2^2} \exp(-\alpha t) \sin(wt + \theta)]$$

$$V_0 = DV_i[1 + \sqrt{g_1^2 + g_2^2} \exp(-\alpha t) \sin(wt + \varphi)]$$

其中 α，β，w，f_1，f_2，g_1，g_2，θ，φ 均可从已知条件求出。

由上式可以看出，电感电流和输出电压与晶体管开关的导通占空比 D 成正比。而在开关导通期间，流过晶体管的平均电流等于电感电流，也即从太阳阵获取的平均电流与 D 成正比。所以通过改变占空比 D，就能改变太阳阵的输出电流，那么太阳阵的输出电压也会随着发生变化，而且这种通过改变占空比 D 来控制太阳阵输出电压的方法与负载阻抗的大小无关。

正是由于开关调节器具有上述性质，就可以将它用在太阳阵的 PPT 设计中，以将太阳阵的输出电压跳到给定的参考电压。

9.4.2.6　关于提高系统稳定性和跟踪性能的方法

系统稳定性使系统能否在工程上实现的关键之一。通过改变电压值来寻找峰值点的方法可能对系统的稳定性存在不利影响，因为寻优步长过大或系统扰动过大，可能会造成系统的振荡。下面将就提高稳定性问题进行讨论。

（1）采用卡尔曼滤波器进行特性曲线的平滑

由于本方案运行的基本前提是要求对象的 $P-V$ 曲线是平滑的，另一必要条件是单峰特性。但是在检测电路，由于测量噪声的引入；在采样保持电路，由于采样周期、字长带来的影响，由于温度、光强和运行环境及其他的因素，导致实际测量的 $P-V$ 曲线带有许多小的毛刺即小的尖峰，这样特性曲线就变成了多极值的不平滑曲线，导致整个系统搜索不到峰值功率且易失去稳定性。为了使系统有效工作，考虑采用一个低通滤波器，对对象的特性曲线进行平滑处理。其中采用卡尔曼滤波器递推算法，特别适用于计算机实现。

改进的 PPT 控制块结构图如 9-25 所示。

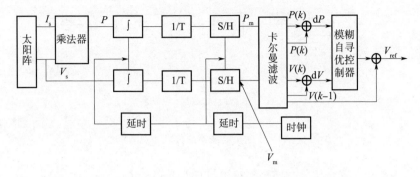

图 9-25　改进的 PPT 控制块结构图

首先必须建立一个用来描述被观测对象的运动状态的数学模型或信号模型

$$x(k+1) = \boldsymbol{\Phi}(k+1)x(k) + \boldsymbol{\Gamma}(k)w(k) \qquad (9-1)$$

其中，$\boldsymbol{\Phi}(k+1,k)$ 为状态转移矩阵，$\boldsymbol{\Gamma}(k)$ 为模型噪声驱动矩阵。

在卡尔曼滤波理论中，设模型噪声是零均值白噪声，系统的初态 $x(0)$ 可以是一确定矢量，但通常设定为一高斯分布的随机矢量，以与其他的状态矢量相一致，并设定其一阶矩和二阶矩为已知或为零，并认为 $x(0)$ 与模型噪声无关。

对于离散系统，观测方程为

$$z(k) = H(k)x(k) + v(k) \qquad (9-2)$$

其中观测噪声 $v(k)$ 也被认为是零均值的白噪声，且与模型噪声 $w(k)$ 以及系统初态 $x(0)$ 无关。

系统的信号模型和观测模型的框图如图 9-26 所示。

下面研究将卡尔曼滤波器用于滤波时的算法与结构。

根据对模型噪声统计特性的假设，我们有

$$E[x(k)] = \boldsymbol{\Phi}(k,k-1)E[x(k-1)] \qquad (9-3)$$

所以当已取得状态 $x(k-1)$ 的估值 $x*(k-1)$，但尚未取得状态 $x(k)$ 的观测值 $z(k)$ 时，可认为将 $x(k)$ 预先估计为

$$x*(k,k-1) = \boldsymbol{\Phi}(k,k-1)x*(k-1) \qquad (9-4)$$

可认为是合理的。但是，当取得观测值

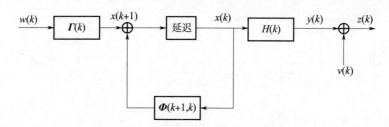

图 9 - 26 卡尔曼滤波器的信号和观测模型

$$z(k) = H(k)x(k) = v(k) \qquad (9-5)$$

之后，由于取得了有关 $x(k)$ 的更多信息，即应对原预估值进行修正，使之在无偏、均方误差最小的意义下为最优估值。由于滤波器是线性的，因此取 $x*(k)$ 为两者的加权和，即令

$$x*(k) = x*(k,k-1) + K(k)[z(k) - H(k)x*(k,k-1)]$$
$$(9-6)$$

其中的增益矩阵（加权阵）$K(k)$ 取决于 $x*(k, k-1)$ 和 $z(k)$ 两者可信度的高低差异。而校正项

$$z*(k) = z(k) - H(k)\boldsymbol{\Phi}(k,k-1)x*(k-1) \qquad (9-7)$$

则称为滤波器的残差。

根据上面讨论，可以给出离散卡尔曼滤波器的结构框图，如图 9 - 27 所示。

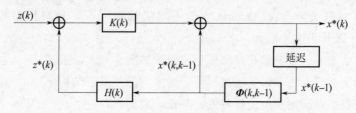

图 9 - 27 离散卡尔曼滤波器

其中的增益矩阵 $K(k)$ 可按无偏、均方误差最小来计算。

定义在未收到观测值 $z(k)$ 时的估值误差为

$$x'(k,k-1) = x(k) - x*(k,k-1) \tag{9-8}$$
$$= \boldsymbol{\Phi}(k,k-1)x(k-1) + \boldsymbol{\Gamma}(k-1)w(k-1)$$

并称它的方差阵

$$\boldsymbol{E}[x'(k,k-1)x'^{\mathrm{T}}(k,k-1)] = \boldsymbol{P}(k,k-1) \tag{9-9}$$

为验前估值误差方差阵。将式（9-8）代入式（9-9），并计及 $x'(k-1)$ 和 $w(k-1)$ 相互独立，则可得

$$p(k,k-1) = \boldsymbol{\Phi}(k,k-1)P(k-1)\boldsymbol{\Phi}^{\mathrm{T}}(k,k-1) + \tag{9-10}$$
$$\boldsymbol{\Gamma}(k-1)Q(k-1)\boldsymbol{\Gamma}^{\mathrm{T}}(k-1)$$

其中

$$\boldsymbol{P}(k-1) = \boldsymbol{E}[x'(k-1)x'^{\mathrm{T}}(k-1)]$$
$$= \boldsymbol{E}\{[x(k-1) - x*(k-1)][x(k-1) - x*(k-1)]^{\mathrm{T}}\}$$
$$\tag{9-11}$$

是 $(k-1)$ 时刻的滤波误差方差阵。在收到观测值 $z(k)$ 后，可计算出在 k 时刻的滤波误差

$$x'(k) = x(k) - x*(k)$$
$$= [I - K(k)H(k)]x'(k,k-1) - K(k)v(k) \tag{9-12}$$

由此可得在收到观测值 $z(k)$ 后的验后滤波误差方差阵为

$$\boldsymbol{P}(k) = \boldsymbol{E}[x'(k)x'T(k)] \tag{9-13}$$

另一方面，从正交投影定理有

$$\boldsymbol{E}[x'(k)zT(k)] = 0 \tag{9-14}$$

将式（9-7）和式（9-12）代入，则可得

$$\boldsymbol{E}\{[x'(k,k-1) - K(k)H(k)x'(k,k-1) - K(k)v(k)]$$
$$[H(k)x(k) + v(k)]^{\mathrm{T}}\} = 0 \tag{9-15}$$

因为

$$H(k)x(k) = H(k)x*(k,k-1) + H(k)x'(k,k-1)$$
$$\tag{9-16}$$

考虑到 $x*(k, k-1)$、$x'(k, k-1)$ 和 $v(k)$ 之间的正交关系，从而有

$$[I - \boldsymbol{K}(k)H(k)]\boldsymbol{P}(k,k-1)HT(k) - \boldsymbol{K}(k)\boldsymbol{R}(k) = 0$$
$$\tag{9-17}$$

其中，$R(k)$ 是已知的观测噪声方差阵。由之可得最优滤波器的增益矩阵的递推公式

$$K(k) = P(k,k-1)HT(k)[H(k)P(k,k-1)HT(k)+R(k)]-1$$

$$(9-18)$$

将式（9-17）代入式（9-13），可得

$$P(k) = [I-K(k)H(k)]P(k,k-1) \qquad (9-19)$$

式（9-10）和式（9-19），组成滤波误差方差阵的递推计算公式，通常称为滤波误差方差的传播方程。

根据以上讨论结果，可将卡尔曼滤波器的最优滤波方程组综合如下：

1）给定条件（先验知识）。

·系统状态方程

$$x(k) = \Phi(k,k-1)x(k-1) + \Gamma(k-1)w(k-1)$$

·观测方程

$$z(k) = H(k)x(k) + v(k), k \geqslant 1$$

·验前统计量

$$x*(0) = E[x(0)] = u_0, Var[x'(0)] = var[x(0)] = P(0)$$

$$E[w(k)] = 0, Cov[w(k),w(j)] = Q(k)\delta_{kj}$$

$$E[v(k)] = 0, Cov[v(k),v(j)] = R(k)\delta_{kj}$$

$$Cov[w(k),v(j)] = 0; Cov[w(k),x(0)] = 0$$

2）滤波方程（状态估计）。

$$x*(k) = x*(k,k-1) + K(k)[z(k) - H(k)x*(k,k-1)]$$

$$x*(k,k-1) = \Phi(k,k-1)x*(k-1)$$

3）方差迭代公式。

$$P(k,k-1) = \Phi(k,k-1)P(k-1)\Phi^T(k,k-1) +$$

$$\Gamma(k-1)q(k-1)\Gamma^T(k-1)$$

$$P(k) = [1-K(k)H(k)]P(k,k-1)$$

4）滤波增益矩阵计算公式。

$$K(k) = P(k,k-1)H^T(k)[H(k)P(k,k-1)H^T(k)+R(k)]^{-1}$$

其算法的流程图，如图 9-28 所示。

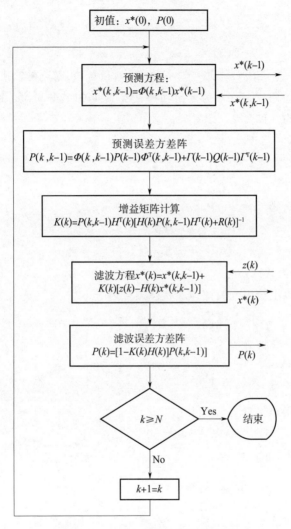

图 9-28　卡尔曼滤波算法流程图

在应用卡尔曼滤波于采用模糊自寻优的峰值功率跟踪系统中时，将采样进来的 $P_m(k)$ 和 $V_m(k)$ 经过滤波算法输出 $P(k)$ 和 $P(k-1)$，$V(k)$ 和 $V(k-1)$，然后计算 dP 和 dV 作为模糊自寻控制器的输入。

首先对于输出功率 P（k）建立状态方程

$$P(k) = P(k-1) + T\dot{P}(k-1)$$

$$\dot{P}(k) = \dot{P}(k-1) + \omega(k-1)$$

其中，P（k），P（$k-1$）分别为 k 时刻和 $k-1$ 时刻的输出功率值，T 为寻优周期，ω（k）为输出功率变化速度的模型噪声，设它是零均值白噪声。即

$$E[\omega(k)] = 0, E[\omega(k)\omega(j)] = \sigma^2 \delta_{k,j}$$

其中，σ^2 为常数。

下面建立观测方程

$$P_{\mathrm{m}}(k) = P(k) + v(k)$$

其中，$P_{\mathrm{m}}(k)$ 为观测值，$v(k)$ 为观测噪声，其统计特性为

$$E[v(k)] = 0, E[v(k)v(j)] = \sigma_{\mathrm{m}}^2 \delta_{k,j}$$

其中，σ_{m}^2 为常数。

根据以上给出先验知识，状态矢量为

$$\boldsymbol{x}(k) = [P(k) \quad \dot{P}(k)]^{\mathrm{T}}$$

状态转移矩阵为

$$\boldsymbol{\phi}(k,k-1) = \begin{bmatrix} 1 & T \\ 0 & 1 \end{bmatrix}$$

模型噪声矢量

$$\boldsymbol{W}(k-1) = [0 \quad \omega(k-1)]^{\mathrm{T}}$$

它的方差阵为

$$\boldsymbol{E}[W(k)W^{\mathrm{T}}(k)] = \begin{bmatrix} 0 & 0 \\ 0 & \sigma^2 \end{bmatrix} = Q$$

观测矩阵为

$$H(k) = [1 \quad 0]$$

观测噪声 $v(k)$ 是标量，它的方差为

$$R = E[v^2(k)] = \sigma_{\mathrm{m}}^2$$

初始化：当不知输出功率的起始值 $P(0)$ 和 $\dot{P}(0)$ 时，仅能取得

其观测值，只好采用第一和第二次的观测值 $P_m(1)$ 和 $P_m(2)$ 作为起始值。由它们计算输出功率的起始估值

$$P^*(1) = P_m(1) = P(1) + v(1)$$

$$P^*(2) = P_m(2) = P(2) + v(2)$$

$$P(2) = \frac{1}{T}[P(2) - P(1)] = \frac{1}{T}[P_m(2) - P_m(1)]$$

$$= \dot{P}^*(2) - W(1) + \frac{1}{T}[v(2) - v(1)]$$

这种方法称为两点启动。

为了得到递推计算的误差方阵 $P(2)$，计算

$$P(2) = E[\hat{x}(2)\hat{x}^T(2)]$$

其中，估值误差矢量为

$$\hat{x}(2) = \begin{bmatrix} P(2) - P^*(2) \\ \dot{P}(2) - \dot{P}^*(2) \end{bmatrix}$$

因此

$$P(2) = \begin{bmatrix} \sigma_m^2 & \frac{1}{T}\sigma_m^2 \\ \frac{1}{T}\sigma_m^2 & \sigma^2 + \frac{2}{T^2}\sigma_m^2 \end{bmatrix}$$

有了用于启动计算程序的已知条件后，即可按卡尔曼滤波算法流程图进行滤波运算。对于 $v(k)$，如同 $P(k)$ 一样，建立类似的状态方程和观测方程，计算初始条件，编程计算就可。

（2）增加峰值功率点锁定限制器防止系统振荡

本方案根据前面提到的基于计算功率斜率的原理，将电压变化值与功率变化值输给模糊自寻优控制器进行判断。若电压增加，功率也增加，就证明工作在 $P-V$ 曲线上的峰值功率点左边，模糊自寻优控制器输出一个正的电压步长值，使得开关调节器的参考电压值增加，从而控制开关调节器 PWM 输出的占空比以提高太阳阵的输出电压（即开关调节器的输入电压），直到因连续增加电压而峰值功率点达到其右侧，这时模糊控制器就输出负的步长值，直到再次

超过峰值功率点使得输出功率开始减小时，模糊自寻优控制器就输出负的步长值，减小太阳阵的输出电压，使得输出功率又开始增加，直到再次达到峰值功率点，电压继续减小又引起功率下降，这样又输出正的步长值。以上过程反复进行，最终使太阳阵工作点在峰值功率点左右一定范围内来回摆动。

这样来回摆动，使寻优时间过长且容易产生振荡，容易造成系统不稳定。因此，我们应尽量避免它的发生。采取下述方法：

选取一个输出峰值功率门限 U，当

$$| P_m - P | \leqslant U,(U > 0)$$

时，即输出功率为 P 时，我们认为已达到峰值功率点 P_m，U 的取值可根据精度要求，仿真实验和实际工作中负载的工作状况而不断改变。具体实现方法是在寻优流程中加上一个比较判别器。

9.4.3　太阳电池对日跟踪

9.4.3.1　太阳帆板对日定向控制系统控制方案研究

随着卫星技术的进展及轨道寿命的增长，采用太阳电池供电的应用卫星一个突出的共同点是要求长寿命、大功率。产生高功率的太阳电池阵大部分采用对日定向控制，以提高太阳电池的接收能力。正如我们所知，太阳电池阵的输出功率和太阳入射线与电池阵平面法线夹角的余弦成正比。为了保证在同样大小电池阵面积情况下得到尽可能大的输出功率，要求太阳阵能捕获并自动跟踪太阳，于是提出了太阳帆板对日定向的控制问题。

（1）利用轨道参数和卫星姿态计算的开环对日定向控制系统

定义太阳阵电池阵坐标系 $oxyz$，与电池阵固连，原点 o 为支撑杆与电池阵的活动连接点，x 轴及 z 轴在电池阵平面内，其中 z 轴为电池阵的纵对称轴，x 轴与 z 轴垂直，oy 轴为电池阵法线方向。

入轨后，太阳电池阵展开。安装及伸展机构应使刚展开的电池阵的纵向对称轴 z 轴过卫星质心并垂直于卫星的纵轴，亦即在支撑兼控制 y 轴方向。电池阵坐标系的 x 轴平行于卫星的纵轴。这样，使

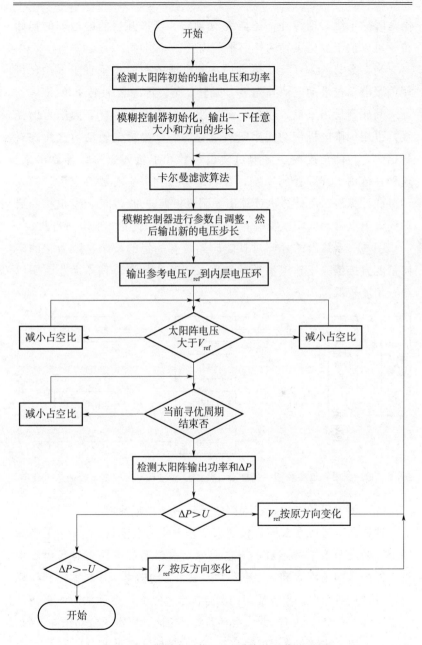

图 9-29　模糊自寻优 PPT 系统的工作流程图

电池阵除了绕 z 轴转外，还能绕 x 轴转。刚展开后的电池阵的初始位置可以位于卫星纵轴的任何平面内。

当参数 Λ、Ω、U、I 给定后，若电池阵平面不垂直于太阳，可用伺服电动机带动电池阵先绕 Z 轴转 β 角，再绕 X 轴转 α 角。

其原理是当卫星入轨后，若太阳帆板平面不垂直于太阳入射光线，可用伺服电机带动太阳帆板绕它的两个坐标轴转动两次实现对日定向。转动角度大小可通过轨道参数和卫星姿态参数计算出来。这种系统属于开环控制系统，在轨道参数和姿态参数给定后，输入到星载计算机。由计算机计算出太阳帆板偏转角 α 和 β，发出指令启动伺服电机带动太阳帆板绕相应轴转相应角，就能实现定向目的。

图 9-30 给出的开环对日定向系统有一定的缺陷，因为它的定向精度直接依赖于轨道参数的精度及卫星本体姿态偏差大小，所以导致精度较低。

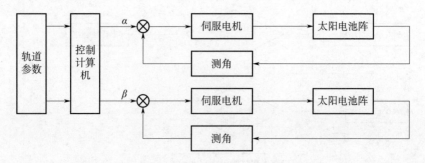

图 9-30　利用轨道参数和卫星姿态计算的开环对日定向控制系统的系统框图

（2）用太阳敏感器跟踪太阳的闭环随动控制系统

这种方案考虑在太阳帆板的太阳阵电池阵坐标系 $oxyz$ 两个坐标轴上安装两个太阳敏感器，用它们分别敏感太阳帆板相对于太阳垂直入射光线的角度 ϕ 和 η，并将太阳敏感器的输出送往星上控制计算机，经计算机与后，给出控制伺服电机启动指令，带动太阳帆板转动一定转角，直至 ϕ 和 η 降低为零，即对日定向，可实现自动跟踪太阳。这种系统是一种闭环随动控制系统。其原理框图如图 9-31 所示。

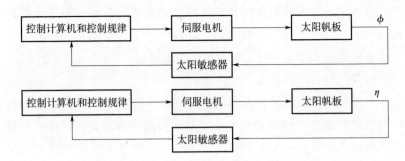

图 9 - 31　用太阳敏感器跟踪太阳的闭环随动控制系统的系统框图

　　上述系统也有缺点。当卫星进入星蚀期后，太阳敏感器输出为零，这时系统失去了跟踪随动功能。当卫星刚出星蚀期时，很难迅速捕获太阳，可能丢失定向目标。

　　(3) 由开环控制与太阳敏感器闭环随动跟踪系统组成的复合系统

　　由以上两种方案可以看出它们都有一定的优点和缺点。为了能使太阳帆板高精度对日定向并自动跟踪太阳，且在出星蚀期后及入轨后迅速捕获太阳，从而对准为最大能量接收状态，可以考虑将前两种方案综合成一种复合系统。这样的系统具有以上两方案的优点，解决了它们的缺陷。其工作过程如下：

　　1) 太阳捕获。

　　·刚入轨时：在卫星刚入轨后，首先消除初始姿态偏差，将太阳电池阵展开。然后根据当时的设定轨道参数，算出太阳帆板应转过的初始转角，启动电机带动太阳帆板转过相应的角度，捕获太阳。这时是利用开环控制分系统。

　　·出星蚀期时：进入星蚀期后，太阳敏感器接收不到太阳光而失去作用，自动随动跟踪状态中断。为了进行太阳电池阵对日定向的锁定，这时需要进行出星蚀期的太阳捕获预估工作。首先计算进入星蚀点时间和出星蚀点时间，再根据进入星蚀点的轨道参数，估算出星蚀点的轨道参数。由这些参数算出电池阵在出星蚀期时对准太阳应转过的太阳帆板偏转角，然后驱动电机转过相应角进入位置保持状态。这样当卫星出星蚀期后，可立即捕获太阳。一旦太阳敏感器指示捕获太阳后，马上转入自动跟踪状态。

2）随动跟踪太阳。

当系统捕获太阳后，由太阳敏感器指示进入自动跟踪状态。这时由开环控制分系统切换到方案 2 的闭环随动跟踪系统，将太阳敏感器的输出 α 和 β 送往星上控制计算机与计算出太阳帆板对日定向应偏转的角 α 和 β 比较，产生误差信号给出控制伺服电机的转动指令，完成对日定向。

上述复合系统的两分系统有独立的姿态参考基准，有专用的姿态敏感器。其定向精度只决定于敏感器精度、控制死区大小，与安装位置、发射日期、发射时刻、轨道精度及本体姿态等偏差关系不大，因而具有适应性强、定向精度高等优点。另外，闭环定向分系统只要求太阳敏感器敏感出太阳帆板相对于太阳-卫星连线的姿态，不必转换到对地旋转的轨道坐标系，其测量精度不依赖于轨道参数，精度做到 $1°$ 之内是不困难的，而控制规律、死区大小可以选定，因为可以实现高精度定向。

这种两轴对日定向系统较为灵活，其突出的优点是可以方便地引入其他目的控制。现在考虑利用它使电源系统可对输入能量进行适应性控制，以形成星载能源系统的综合控制技术。这样做可让系统省去耗散器并获得许多优点。耗散器作为一种功耗设备，其主要功能是消耗掉太阳阵上产生的多余功率，它提高了对热控方面的要求，增加了系统总功耗和质量。现在我们利用上述的两轴对日定向系统，可在负载不需要太阳阵发出的最大功率时，通过适当的控制让太阳帆板相对太阳偏转一定角度，直接就不接收多余的太阳能，也就不需要过大的耗散器了。具体地说，由闭环自动跟踪系统切换到开环控制系统，由控制计算机确定一定的偏转角，启动电机执行，满足输出功率要求。这种调节方式适用功率调节范围较大，调节速度要求不是很高的情况。对于小的快变的功率调节，可通过在太阳阵输出部分利用 PPT 系统调节工作点实现。

　　我们知道，太阳阵在寿命初期和刚出阴影区时可产生较大的功率。这时若输出功率已超过负载需求很多，可通过两轴对日定向系统调节太阳帆板相对太阳的角度，以使输出功率降低到需要数值。在太阳阵寿命末期，输出功率相对较小，可能不能满足功率需求。这时，迅速对准太阳以保持最大能量接收状态，并在输出部分跟踪峰值功率点，产生最大功率来满足要求。所以说，灵活的两轴对日定向系统可进行输入能量对负载的适应性控制，因而省去了功率设备——耗散器，降低对热控的要求，提高了小卫星的可靠性。

　　综上所述，这种由开环控制和太阳敏感器闭环随动跟踪控制系统组成的对日定向复合系统，可迅速完成太阳捕获，自动进行太阳高精度定向跟踪，并且通过控制太阳帆板相对太阳偏转而实现输入能量对负载的适应性控制。其应用带来的明显效果是帆板设计面积减小，省去了易损坏、发热过大的耗散器，提高了太阳阵寿命末期的功率，并且使整个电源系统的工作效率提高。

9.4.3.2　太阳帆板对日定向控制系统的实现器件及具体问题

　　太阳帆板对日定向控制系统的对日定向实现装置主要由驱动电路和驱动机构两部分组成。

　　驱动电路根据地面指令和太阳敏感器信号向驱动机构提供步进电机转动的驱动脉冲。每翼太阳阵均装有备份的太阳敏感器，每个太阳敏感器可提供太阳捕获信号和光照角误差信号，驱动电路接受上述信号后，经放大和故障检测，向驱动机构输出驱动脉冲。

　　驱动机构由步进电机、滑环和轴承组成。步进电机可正、反两方向旋转，且步距间隔很小，这种小步距可提高对日定向精度。滑环由功率滑环和信号滑环，对滑环的设计要求是电接触可靠，接触电阻小，电噪声低。如 21 A 的功率滑环，接触电阻仅 0.005 Ω，电噪声为 5 mV/A。轴承用于承受整个太阳翼的静载荷和动载荷，要求强度高并在低温、超高真空环境下不发生冷焊，为此常用 MoS_2 作润滑剂。

对日定向装置的工作模式有保持、捕获和跟踪三种。保持模式是向驱动电机的定子绕组通电,防止定子及太阳翼转动,该模式用于太阳翼展开前的飞行阶段。捕获模式是当太阳翼展开后,以 10 倍于跟踪模式的速率旋转,可迅速捕获太阳。跟踪模式是太阳翼以轨道角速度的反方向旋转,使太阳阵始终对着太阳。

(1) 测量器件

1) 太阳敏感器。太阳敏感器是对日定向系统的测量元件。它是使用最广泛的一类敏感器,几乎每颗卫星都采用了一种或多种的太阳敏感器,其主要用途之一就是用来对太阳帆板定向。

太阳敏感器的广泛应用导致各种类型的发展,其视场范围从几角分的方视场到 $128° \times 128°$ 的大视场,而分辨率从几度到小于 1 角秒。太阳敏感器有四种基本类型:一是模拟式太阳敏感器,它所产生的输出信号是太阳角的连续函数,这种信号通常是单调的;二是太阳出现敏感器,每当太阳位于视场内,它就提供一个恒定的输出信号;三是数字式太阳敏感器,它提供离散的编码输出信号,此输出为太阳角的函数;四是精太阳敏感器。它可实现高精度输出。

模拟式太阳敏感器通常叫余弦检测器,因为常用的一种敏感器类型是根据硅太阳电池输出电流随太阳角按正弦变化规律来确定的。存储在光电池中的能量正比于太阳辐射入射角的余弦,因此太阳辐射入射角正比于输出电流。

太阳出现敏感器用来保护仪器,激励硬件工作,以及使卫星或试验仪器定位。从原理上来说,它产生一个阶跃函数响应,该阶跃信号指示太阳出现在探测器视场中。它包括掩光板探测器、临界角棱镜敏感器、双窄缝太阳出现探测器等。

数字式太阳敏感器有两种基本部件——指令部件和测量部件。指令部件和太阳出现探测器一样,其视场覆盖是通过安装两个或多个视场部分重叠的敏感器单元来实现的。测量部件产生一个用数字表示的角度输出,这个角度代表太阳位于指令部件视场时太阳光线和敏感器平面的法线之间的夹角。太阳光通过折射率为 n (n 近似为

1) 的材料折射后，产生一个照亮的码道图案，然后进行编码标定。

精太阳敏感器是针对于对姿态精度要求越来越苛刻而相应产生的。它的绝对精度可达到 $5''$，相对精度则要求更高，分辨率从 $8°$ 最低有效位到 $0.1''$ 的最低有效位。这一要求可通过电子方法组和四个偏置光电池的输出电流来实现。

以上介绍了四大类太阳敏感器。对于太阳帆板对日定向系统来说，定向精度要求不高，仅要求正负 $0.5°$ 左右，且最好简单实用，可靠性好。一般我们选用模拟太阳敏感器，安装在太阳阵板上。

一般来说，模拟太阳敏感器的传递函数为

$$H(s) = I(s)/\theta(s) = K$$

其中 K 为太阳敏感器传递系数；$\theta(s)$ 为太阳角；$I(s)$ 为输出电流。

但是也有其他类型的太阳敏感器由于原理不同，传递函数与上述不同或输出信号不同，这里就不详细讨论了。

2) 角位置传感器。它可测得太阳阵法线相对于卫星俯仰轴的角位置。如果把这个角位置和星历、卫星姿态角及轨道位置的数据送入星上计算机（或地面计算机），就可计算出太阳阵法线和太阳射线之间的夹角，故可用来代替太阳敏感器控制太阳电池阵对日定向。其关键作用在于星蚀期间，由于太阳敏感器无输出信号，而角位置传感器可给出太阳法线相对于卫星的位置，便可知道太阳阵运转状况。利用它可以知道两个不同轴太阳阵之间的相对位置，当需要精密控制两个独立太阳阵之间的运动时，特别有用。

（2）系统执行机构——驱动电机和轴承

为了使太阳阵具有跟踪太阳的能力，需要一个太阳阵的驱动系统。它具有以下设备：一个电机（提供转动动力）、滑环或功率传输电缆（使电能通过转动结合处）和轴承（把各个结构部件保持在适当位置）。在现有的卫星设计中，已采用了许多种不同的驱动系统，其中大部分安装在卫星结构内，直径 $5\sim15$ cm。大约有一半已研制的驱动系统可以自由转动，其余仅限于 $0°$ 到 $360°$。

过去采用的大多数电机都是无刷的交流伺服电机、直流扭转电机和直流步进电机。有刷的直流电机也曾用过。有的电机是通过齿轮系统来传动的，齿轮传动比的范围从 $1:1$ 到 $10^6:1$。

其中步进电机具有许多优点，现在广泛应用于太阳阵驱动机构中。它的主要优点是：具有较高的定位精度，日照期运行平均速率温度高，控制简单，尤其在星蚀期间能以恒定速率运行（在再次进入日照时，无需再次捕获）。但步进电机受到工艺上的限制，步距一般不能做得太小，需与齿轮系相配合。大减速率的齿轮系一般采用谐波齿轮。步进电机的关键技术是解决质量轻、功耗小与较大的力矩和启动频率之间的矛盾。当然经过反复调整，改进设计，采取合理的加工工艺及高性能的磁性材料，上述问题是可以解决的。

对于步进电机的步距角的选择，通信、广播及测地卫星一般都采用小步距断续步进。步距角在 $0.3°\sim0.003°$ 范围内。步距角大小由卫星姿态角精度和卫星与太阳阵的惯量比决定。同样大小姿态精度，惯量比越小，步距要求越小。采用 CCD 技术的测地卫星，除要求对姿态角精度影响要小外，还要特别要求对姿态角速度影响要小。

对日定向驱动系统优先采用的轴承是深槽径向轴承和预载的角接触轴承。因为滚柱轴承是线接触的，所以驱动它们的扭矩比球轴承要大，而且滚柱轴承对由于安装误差引起对于不对称载荷比较敏感，从而会增大扭矩损失和缩短轴承寿命。大多数球轴承采用 440C 不绣钢的轴承圈和滚珠。在过去飞行的大多数卫星上，润滑剂是轴承自备的。

齿轮系的关键问题是润滑机制与刚度。润滑不好，直接影响机械寿命及可靠性；刚度不够，易引起较低频率的谐振。随着真空润滑技术的日趋成熟，齿轮系的润滑问题是可以解决的。

（3）太阳帆板对卫星本体的相对运动测量及其造成的干扰

前面讨论的测量元件——角位置传感器可测得太阳阵法线相对于卫星俯仰轴的角位置。如果把这个角位置和星历、卫星姿态角及轨道位置的数据送入星上计算机（或地面计算机），就可测量帆板对卫星本体的相对运动。

实际上电池阵特别是挠性电池阵对姿态动力学的影响是一个重要问题。因为驱动太阳帆板时在卫星本体上产生附加的运动惯量，所以对卫星姿态控制造成一定的干扰。对于大型卫星来说，在电池阵面积不太大时，可采用刚性设计，使其固有频率远离本体姿态回路频率，这样分析三个转动体之间干扰时可不考虑挠性。为避免驱动机构－太阳阵发生谐振现象，一般要求电机的自身振荡频率和谐波频率远离太阳阵的基波频率。此外，还要求上述的两种频率都要大于电机最大的激励频率；电机的自由振荡频率和谐波齿轮的振荡频率，以及电机的步进频率和帆板的固有频率都不能接近。

（4）关于卫星进出星蚀区时间的计算

卫星进入地影后，光电池不能供电，整星温度下降，太阳敏感器输出为零。精确描述地影形状比较复杂。在航天工程中，一般可做如下假设：

· 地球呈球形；

· 地球周围无大气，即不考虑地球大气对光线的折射效应，根据太阳做为光源的两种不同假设，可以得到不同的地影形状。

1）圆锥形地影。把太阳视为有大小的光源，这时地影为两个同轴相套的圆锥。外圆锥的外部为光照区，内圆锥内部为全影区，两圆锥之间为半影区。

设在地心距离为 r 处的一点，这点若在圆锥上，它和地日连线对地心的张角为

$$\psi = \pi - \arcsin(a/r) - \arcsin[(R+a)/A]$$
$$\gamma = \pi - \arcsin(a/r) + \arcsin[(R+a)/A]$$

其中 a 为地球平均半径，R 为太阳半径，A 为日地平均距离。

若卫星实际的地心距离为 r，卫星和太阳对地心的张角为 a，则有下面关系：

· $a \leqslant \psi$，卫星处于光照区。

· $\psi < a < \gamma$，卫星处于半影区。

· $\gamma \leqslant a$，卫星处于全影区。

2）圆柱形地影。在轨道比较低时，$\psi \approx \gamma$，记为 ψ。这时可假设太阳光是平行光，其地影是圆柱形。在地心距为 r 时，卫星和太阳对地心的张角为 a，则有下面关系：

· $a \leqslant \psi$，卫星处于光照区。

· $a > \psi$，卫星处于地影区。

卫星进出地影点的特点是这点既在轨道上，又在地影圆锥（圆柱）上，可用二体模型求根法计算时间。

假定卫星在一圈内轨道根数为常数，并且太阳在卫星运行一圈内位置不变。一般情况下，这种假设是允许的。可将问题转化为求下列方程组的解

$$a - \psi = 0$$
$$a - \gamma = 0$$

未知时刻 t 时卫星的空间位置用球坐标表示，坐标分别为卫星地心距、卫星赤经和赤纬。它们隐含在 a、ψ、γ 中，又和轨道根数有关，这些关系为二体问题的一些常用公式，在已知 t_0 时刻的轨道参数 a，e，i，Ω，ω，M_0 后，可解出 $r(t)$，$\alpha_r(t)$，$\delta_r(t)$。同时可求得太阳的赤经 α_h 和赤纬 β_h（由日期和时间计算）。由太阳对地心的张角为

$$\cos a = \sin \delta_r \sin \delta_h + \cos \delta_r \cos \delta_h \cos(\alpha_h - \alpha_r)$$

代入

$$a - \psi = 0$$
$$a - \gamma = 0$$

得出方程，可用比例求根法解出。

据卫星在地影内的时间不大于卫星运行周期的一半，易判别是进地影点还是出地影点。为此，设两个根为 t_1 和 t_2，且设定 $t_2 > t_1$，则：

· $t_2 - t_1 > T/2$，t_2 是进地影点，t_1 是出地影点，出影时间为 $T + t_1$。

· $t_2 - t_1 < T/2$，t_1 是进地影点，t_2 是出地影点。

· 若无解，则卫星始终处于光照区。

　　卫星在太空每运行一周期后，太阳方位发生变化，由于采用数值方法计算时间，计算量较大。可考虑采用线性卡尔曼滤波方法进行递推估计以后每周期的星蚀进出时间。

9.4.4　两种极值跟踪的星载电源智能综合控制系统

　　现在考虑从综合的角度来协调处理太阳阵输入和输出部分功率调节的关系，即将峰值功率跟踪系统和帆板对日定向跟踪系统这两种先进的极值系统揉和在一起，利用它们在功率输出的极值特性和功率调节方面的不同适用场合，弥补它们单独采用时的一些缺点，提出一种智能综合电源控制系统。

　　它由三大部分组成：太阳帆板、蓄电池和一个智能控制器。此控制器可根据星上负载状况和蓄电池充电情况，灵活地配置输出功率和输入功率。当负载和蓄电池充电的总需求很大时，它可控制太阳帆板迅速对日定向，使输入太阳光能最大，并在输出部分调节使其工作在峰值功率点，从而产生最大的输出功率以满足需求。在总需求小于发出的峰值功率时，可智能判断不同情况下采取不同控制措施。若判断所需的是快变的小范围的功率调节，可采用控制工作点接近极值点的方法，使其迅速满足要求。而慢变大范围的功率调节，可采用控制对日转角的方法，减轻在太阳阵输出控制中易出现过大动态调节范围的负担。

　　例如，针对负载小范围变动的功率调节，若判定所需的是慢变的范围较大的功率调节时，可通过适当控制使帆板偏离太阳一定角度，以达到要求。例如，在寿命初期太阳阵输出功率很大，这时帆板可不垂直对准太阳，而是有一定的偏角，这样输出功率可降低从而满足需求。随着太阳阵逐渐接近寿命末期，输出功率逐渐降低，这时太阳帆板也慢慢减小偏转角度，提高输出功率以弥补由于寿命原因减少的输出功率，直至在末期时实现太阳光垂直入射，输出最大功率，以保证整个寿命期间配合实际需求，合理地输出功率。

同时，本智能控制器还对蓄电池充放电进行相应控制，使蓄电池快速充电，减小放电深度，提高蓄电池的寿命，或减少蓄电池的容量，以保持整个电源系统始终处于最佳工作状态。

9.4.4.1　以实践 5 号为例进行轨道参数的计算分析，确定对日定向跟踪系统的具体方案

首先建立不同的坐标系：地心黄道坐标系 $O_e X_1 Y_1 Z_1$、地心赤道坐标系 $O_e X_2 Y_2 Z_2$、卫星轨道坐标系 $O_s X_3 Y_3 Z_3$，和太阳电池阵坐标系 $oxyz$。

太阳电池阵坐标系，与电池阵固连，原点为支撑杆与电池阵的活动连接点，x 轴与 z 轴在电池阵平面内，oy 轴为电池阵法线方向。

当不考虑卫星姿态偏差时，经过如下坐标变换可得到太阳矢量在卫星本体系的表达式

$$
\begin{bmatrix} S_x \\ S_y \\ S_z \end{bmatrix} = \boldsymbol{R}_x(\theta)\boldsymbol{R}_z(\theta)R_x(u)R_x(i)R_z(\Omega)R_x(-\varepsilon) \begin{bmatrix} \cos\Lambda \\ \sin\Lambda \\ 0 \end{bmatrix} = \begin{bmatrix} A_1 \\ A_2 \\ A_3 \end{bmatrix}
$$

其中，$\boldsymbol{R}_x(\theta) = \begin{bmatrix} 1 & 0 & 0 \\ 0 & \cos\theta & \sin\theta \\ 0 & -\sin\theta & \cos\theta \end{bmatrix}$，$\boldsymbol{R}_z(\theta) = \begin{bmatrix} \cos\theta & \sin\theta & 0 \\ -\sin\theta & \cos\theta & 0 \\ 0 & 0 & 1 \end{bmatrix}$，

Λ 为太阳黄经，ε 为黄赤交角，Ω 为卫星升交点赤经，u 为纬度幅角，i 为倾角。

入轨后，太阳电池阵展开，安装机构及伸展机构使电池阵的纵向对称轴（即 z 轴）通过卫星的质心，并垂直于卫星的纵轴，即电池阵的 x 轴平行于卫星的纵横。这样，电池阵除了绕 z 轴旋转外，还可以绕 x 轴旋转。

令电池阵原点 o 距卫星质心的距离为 L，电池阵平面与卫星的纵向平面之间的夹角为 η，则太阳矢量在电池阵坐标系中的表达式

$$
\begin{bmatrix} S_x \\ S_y \\ S_z \end{bmatrix} = \begin{bmatrix} 1 & 0 & 0 \\ 0 & \cos\eta & \sin\eta \\ 0 & -\sin\eta & \cos\eta \end{bmatrix} \begin{bmatrix} A_1 \\ A_2 \\ A_3 \end{bmatrix} = \begin{bmatrix} B_1 \\ B_2 \\ B_3 \end{bmatrix}
$$

显然，当参数 Λ、Ω 和 i 给定后，若电池阵平面不垂直于太阳光，可用伺服电动机带动电池阵先绕 z 轴转 β 角，再绕 x 轴转 α 角。有

$$\begin{bmatrix} S_x \\ S_y \\ S_z \end{bmatrix} = \begin{bmatrix} \cos\beta & \sin\beta & 0 \\ -\sin\beta & \cos\beta & 0 \\ 0 & 0 & 1 \end{bmatrix} \begin{bmatrix} 1 & 0 & 0 \\ 0 & \cos\alpha & \sin\alpha \\ 0 & -\sin\alpha & \cos\alpha \end{bmatrix} \begin{bmatrix} B_1 \\ B_2 \\ B_3 \end{bmatrix}$$

若要使转动后的太阳电池阵垂直于太阳光线，则有

$$\cos^{-1}(B_1\cos\beta + B_2\sin\beta\cos\alpha + B_3\sin\beta\sin\alpha) = 90°$$
$$\cos^{-1}(-B_1\sin\beta + B_2\cos\beta\cos\alpha + B_3\cos\beta\sin\alpha) = 0°$$
$$\cos^{-1}(-B_2\sin\alpha + B_3\cos\alpha) = 90°$$

求解可得

$$\alpha = \tan^{-1}\frac{B_3}{B_2}$$

$$\beta = \tan^{-1}\frac{-B_1}{B_2\cos\alpha + B_3\sin\alpha}$$

对于实践 5 号小卫星，其轨道为近圆的准太阳同步轨道，基本参数为：

轨道高度 h：	870km
轨道半长轴 a：	7241.049km
偏心率 e：	约为 0
轨道倾角 i：	98.8°
卫星运行速度 V：	7.42km/s
轨道运行周期 T：	102.2min
卫星每天运行圈数：	14.09 圈

基于这些参数的计算分析表明：Λ 和 Ω 是慢变参数，以年为周期；u 为快变参数，以轨道周期 T 为周期。所以 α、β 是 Λ、Ω 的慢变函数，是 u 的快变函数。在每个轨道周期内，把 Λ、Ω 作为常值，u 由 0° 变大到 360°。在下一个轨道周期内，Λ、Ω 换新值，u 又变化一个周期。

对于安装角 η，从 0°到 90°计算分析表明：

·当安装角 η 为 0°时，α、β 均以相同周期在 u 的周期内快变，在 Λ、Ω 的周期内慢变。

·当安装角 η 逐渐增大到 90°时，α 在 u 的周期内变化幅度逐渐减小，而 β 角依然在 u 的周期内快变。

·当安装角 η 等于 90°时，α 在 u 的周期内快变，而 β 角仅是 Λ、Ω 的函数，与 u 无关。

这样限制安装角等于 90°，即刚展开的电池阵左右对称，位于卫星水平面内，则 β 角随太阳在黄道上的位置（日期）变化。

对于 β 角的慢变特点，我们选用开环步进跟踪系统来控制。卫星入轨后，先消除初始姿态偏差，接着伸展机构打开电池阵，根据当时的卫星轨道参数及运行总天数算出 XX 角的变化规律，由此选择步进电机的步长和平均速率。在选择步进方法时，可采用小步距断续步进，以保证姿态稳定精度。

09：58 发射的实践 5 号，如图 9-33 所示的 β 角慢变规律。可

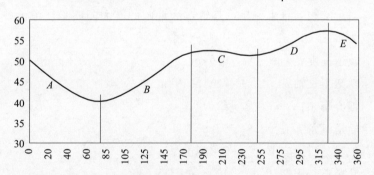

图 9-33　09：58 发射的实践 5 号 β 角慢变趋势图的线性分段

根据其变化趋势图将其分别为 A、B、C、D、E 五个近似线性分段。其中每一段可近似看成线性的，在每一段中，可由时间间隔（由黄经计算）和角度变化量计算步进电机的步长和平均速率，然后由星载计算机发出指令伺服电动机执行。到下一规定时段，由控制计算机发出指令，改变步进速率和步长及步进方向。

对于 α 角的控制采用由开环控制与太阳敏感器闭环随动跟踪控制系统组成的复合系统。卫星入轨后先消除初始姿态偏差，接着伸展机构工作将电池阵展开。根据当时的轨道参数计算应调整的初始角。星上控制计算机向伺服电机发出指令转动到所需角度。当太阳电池阵捕获太阳后，计算表明只要 α 角增量与卫星辐角 u 的增量大小相等且方向相同，电池阵就能恰好跟上太阳。为了使伺服电机带动电池阵恰好转至给定转角。

工作模式这样设计，当太阳阵转过初始转角，捕获太阳后，太阳敏感器给出信号送达计算机，计算机处理判断后，向伺服电动机发出指令，使其以与轨道角速度大小相同、方向相反的转速跟踪太阳。由于实际上很难做到速度一致及各种误差，可由太阳敏感器实时监视电池阵对太阳的跟踪情况。当跟踪误差角度超过给定阈值，计算机就向伺服电机发出指令，自动跟踪太阳。

当卫星进入星蚀期后，太阳敏感器失去作用，自动随动跟踪状态中断。这时进入星蚀期的太阳捕获预估工作，首先要计算进入星蚀期时间和出星蚀期时间，再根据进入星蚀期的轨道参数，估算出星蚀期的轨道参数。由这些参数算出电池阵在星蚀期时捕获太阳应转过的太阳帆板偏转角，然后驱动电机转过相应角进入位置保持状态。这样，当卫星出星蚀期后，可立即捕获太阳。一旦太阳敏感器指示捕获太阳后，马上转入自动跟踪状态。

9.4.4.2　基于两种极值跟踪的星载电源智能综合控制系统的总体方案

智能性综合电源控制系统将两个极值控制子系统有机结合起来，它由三大部分组成：太阳帆板、蓄电池和一个智能控制器，如图 9-34 所示。

此控制器可根据星上负载状况和蓄电池充电情况，灵活地配置输出功率。当负载和蓄电池充电的总需求很大时，它可控制太阳帆板迅速对日定向，使输入太阳光能最大，并在输出部分进行调节使其工作在峰值功率点，从而产生最大的输出功率以满足需求。在总

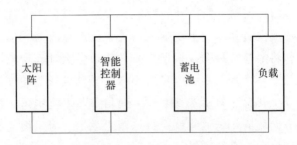

图 9 - 34　智能性综合电源控制系统总体结构示意图

需求小于发出的峰值功率时，可智能判断不同情况下采取不同控制措施。若判断所需的是快变的小范围的功率调节，可采用控制工作点的方法，使其迅速满足要求。针对负载小范围变动的功率调节，若判定所需的是慢变的范围较大的功率调节，可采用控制工作点的方法，使其迅速满足要求。针对负载小范围变动的功率调节，若判定所需的是慢变的范围较大的功率调节时，可通过适当控制使帆板偏离太阳一定角度，以达到要求。

例如，在寿命初期太阳阵输出功率很大，这时帆板可不垂直对准太阳，而是有一定的偏角。这样输出功率可降低从而满足需求。随着太阳阵逐渐接近寿命末期，输出功率逐渐降低，这样太阳帆板也慢慢减小偏转角度，提高输出功率以弥补由于寿命原因减少的部分，直至在末期实现太阳光垂直入射，输出最大功率，以保证整个寿命期间配合实际需求，合理地输出功率。

同时，本智能控制器还对蓄电池充放电进行相应控制，以保持整个电源系统始终处于最佳工作状态，即工作在最安全、可靠的工作环境中。

我们设计的智能控制方案，智能控制器用星载计算机软件实现，它以峰值功率跟踪系统为执行机构，配合两轴太阳帆板智能化跟踪系统，实现灵活配置输出功率。峰值功率跟踪系统本身的执行结构为自由行程开关模式调节器，它是一种脉宽调制式调节器，利用功率晶体管工作在开关状态而非模拟状态，将太阳阵的直流输出信号变成为一个有可变占空比的方波信号，就能起到改变太阳等效外负载阻抗的作用，从而可以使太阳阵工作在 $I-V$ 特性曲线的某一指定位置。但在使用开关调节器时，如果占空比过大或过小，例如，小于 0.1 或大于 0.9，则对电源系统中其后续线路要求非常高，虽然理论上可以实现，但可靠性很低，工程上不易实现。另外，若占空比过大或过小，则相应调节的电压波动范围较大，对整个系统不利且工程上实现困难。这一点实际限制了峰值功率跟踪系统这一较先进的功率调节系统的广泛使用。峰值功率跟踪系统的输出功率调节对于需快变且调节范围较小的功率调节是十分适合的，但对于调节范围较大的功率调节不能满足要求，需考虑别的方法。因为峰值功率跟踪系统是通过调节 PWM 型开关调节器的占空比来进行功率调节，这个占空比不能过大，也不能过小，否则对后续线路要求过分严格，工程上不易实现。因此，峰值功率跟踪系统的功率调节一般是限定在一个小范围内，这就大大限制了峰值功率跟踪系统应用于较多工作模式的卫星，因为较多工作模式的卫星负载需求不断变化且变化范围较大。这种工作模式的转换属于慢变的大范围的功率调节，这时峰值功率跟踪系统不再适用。

以上讨论峰值功率跟踪系统是假定输入太阳能一定的条件下讨论输出部分功率调节的方法。从输入角度来考虑，正如我们所知，太阳电池阵的输出功率和太阳入射光线与电池阵平面法线夹角的余弦成正比。因此考虑采用太阳帆板对日定向控制系统，灵活地捕获并跟踪太阳，以使太阳光垂直入射太阳阵。这样可保证在同样大小帆板面积的情况下得到最大的输出功率，并且在不需要最大输出功率时，可以通过适当控制使帆板相对太阳偏转一定的角度，从而降低输出功率。这是一种从控制输入能量考虑的功率调节方法。它比较适合于大范围、慢变的功率调节，因为由于执行机构的性能限制，它需要一定的调节时间。对于快变的功率调节，这种方法是不适用的。另外，在应用这种调节方法时需考虑帆板转动会对卫星本体产生一定的姿态干扰。

综上所述，考虑将两轴对日跟踪控制系统与 PPT 系统联合使用，从输入和输出可靠性提高的角度协调配合调节功率，使 PWM 开关调节器的调节占空比适度，不要太大，不要太小，使其工作在一个规定的区间内。这样电源系统工作在较易实现且安全可靠的调节工作环境中，这样也对后续线路要求不高，工程上易实现，适应能力大大加强，应用范围加大。工作中，智能控制器判断所需的是快速的小范围的功率调节，可采用峰值功率跟踪系统控制工作点的方法，使其迅速满足要求。例如，针对负载小范围变动的功率调节和蓄电池充电功率的变化，若判定所需的是慢变的范围较大的功率调节时，可通过适当控制使帆板偏离太阳一定角度，以达到要求。

这样，我们设计智能配置功率的控制器方案的基本原理是根据卫星的运行阶段和负载的功率需求及蓄电池的充放电状况，以调节峰值功率跟踪控制系统的执行结构——PWM 开关调节器的占空比在规定的工作区间作为前提，计算太阳帆板在快变轴的方向上应转过的动态跟踪角度（慢变轴的开环步进系统保持小步距断续步进方式不变），然后带动伺服电机执行，同时由太阳敏感器监视跟踪状态。图 9 - 35 为智能控制器功能示意图。

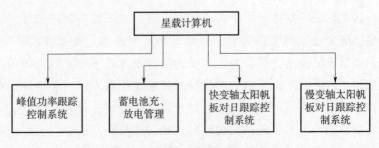

图 9 - 35　智能控制器功能示意图

基于智能控制器的工作原理，设计控制方案的适应性回路，如图 9 - 36 所示，使占空比保持在规定的一个区间内。

首先以由寿命（运行时间）、轨道参数和姿态参数计算两轴太阳帆板跟踪系统对日定向应转过的快变角 α 值与慢变角 β 的基本变化

规律。对于慢变轴应转过的 β 角，设定为智能化跟踪角。在卫星运
行期间，一般可预先知道卫星的各种工作模式，卫星在这些不同工
作模式中负载需求功率不同。在卫星运行期间，当星载计算机在得
知工作模式要发生变化时，在其出现之前，首先计算它所需功率，
并根据当时太阳电池阵的输出功率与总需求功率计算所应调节的脉
宽调制开关调节器的占空比，判断它是否在规定的区间范围内。若
不在，则通过调节太阳光线的入射角使其满足要求，这是由于太阳
电池阵的输出功率与太阳光入射角的余弦成正比。可以计算应当调
节的快变角 α，在负载变化之前，给出执行时间，发出指令由步进电
机逐步带动到给定角度。步进电机的工作模式采用小步距断续步进，
当开始以此工作模式工作时，发给伺服电机指令，使对应智能化跟
踪角 α 的帆板快变轴以与轨道角速度大小相同，方向相反的转速跟
踪太阳，并由太阳敏感器监视跟踪状态。

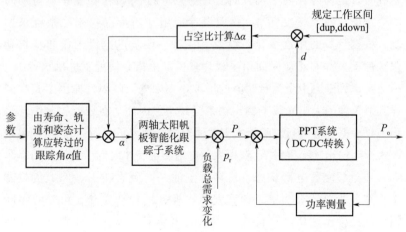

图 9 - 36　基于占空比的控制智能跟踪角 α 的适应性回路原理示意图

实际卫星工作中，我们一般可规定开关调节器的占空比工作在
[0.3，0.8] 范围内。这样的工作区间可保证整个电源系统工作在安
全可靠的环境中。但是，如果在卫星运行过程中，出现少数特殊情
况，即负载总需求功率（包括蓄电池充电功率）超过了开关调节器

调节到占空比规定上限所能提供的输出功率。这时，为了保证系统正常工作，电源控制系统的上一级——星务管理系统可对电源智能控制系统发出强制指令使占空比的上限提升为 0.9 左右。过后，再调整回来。这样，在大部分一般工作情况下，整个电源系统工作在安全、可靠的工作环境中，而在少数特殊工作状态下，又能充分发挥电源系统的最大发电潜能，满足最大需求功率。当然，此上限值并不能无限制提升，否则易造成系统瘫痪，其具体值可在卫星总体设计中根据多方面情况来确定。

9.4.4.3　智能控制器具体实现的软件流程

智能控制器具体实现的软件流程图如图 9 - 37 所示。

卫星入轨后，先消除初始姿态偏差，接着伸展机构打开太阳帆板。根据当时的卫星轨道参数及运行总天数算出两轴太阳帆板跟踪系统对日定向时在两个轴方向上分别应转的 α、β 角在整个运行期间的变化值。对于慢变角 β，我们设计选用开环步进式跟踪系统来控制，根据计算的角度变化，设置其在每一段步进电机工作的步长和跟踪速度，并在相应时间由星载计算机发出指令使伺服电机执行。

考虑到随着卫星运行时间的增加，太阳电池阵因寿命因素其在同样入射角度的太阳光线下输出功率会减小。因此，在智能控制循环流程中，根据当前运行时间给太阳电池寿命衰减因子 L_d 不断赋值，通过原太阳阵输出功率乘以 L_d 获得太阳电池实际工作时间中的输出功率。

通过检测蓄电池状态，计算蓄电池充电所需功率，加上负载需求功率即为总需求功率。计算太阳帆板分别转动 α 和 β 角时的实际输出功率。由这些结果计算由当前输出功率转换到负载需求功率的占空比 d。判断 d 值是否在我们规定的工作范围内，若不在，这需计算应智能化跟踪角 α 应调整的变化值，并给跟踪角 α 重新赋值。在这一工作模式开始之前，给出执行时间，发指令给步进电机带动帆板小步距断续步进到 α 角。在这一工作模式真正开始工作时，发给伺服电机指令，使对应智能化跟踪角 α 的帆板以与轨道角速度大小相同、方向相反的转速跟踪太阳，并由太阳敏感器监视跟踪状态。

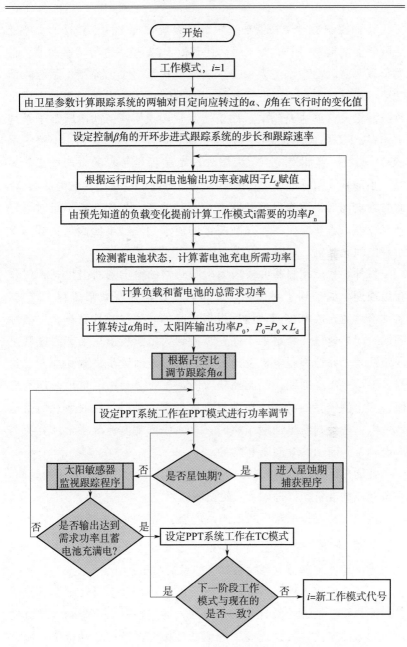

图 9-37　智能控制器具体实现的软件流程图

智能控制器对于峰值功率跟踪子系统，首先设定其峰值功率锁定限制器的锁定门限值 U，然后使其以 PPT 模式进行功率调节。根据负载总需求功率，按需求多少功率就提供多少的原则，跟踪峰值功率点或其他工作点。由智能控制器判断配置的需求功率是否满足负载需求及蓄电池充满电，如果达不到，则使峰值功率跟踪子系统工作在 PPT 模式。如果已达到，则让它切换工作模式为小电流充电 (TC) 模式。在此模式中，太阳阵给负载提供所需的全部能量，另外一小部分太阳阵电流被用来给蓄电池充电，以补偿蓄电池的容量，此时蓄电池处于满充电准备状态，随时准备太阳阵功率不足时进行补充放电。若智能控制器判断配置的需求功率已不能满足负载需求及蓄电池充满电，这时，再次切换到 PPT 模式。

另外，智能控制器可根据太阳敏感器的输出判断卫星是否工作在星蚀期，如果到了星蚀期，即转入星蚀期捕获太阳流程。首先，启动蓄电池充放电控制，然后根据当时的轨道参数计算进、出星蚀期的时间。通过计算结果，进一步得到太阳帆板出星蚀期时应转过的跟踪角。并给伺服电机发出指令，小步距断续步进到相应角。这样，卫星一出星蚀期，就能捕获太阳，可充分利用卫星出影期间低温时产生的较多的功率，在满足负载需求的同时，有效地利用蓄电池充电。待到判断星蚀期结束时，重新检测蓄电池状态，计算所需充电功率并启动蓄电池充电控制。

智能控制器根据预知的时间表，判断下一工作模式的开始时间，并做相应的准备，以进入下一轮循环流程。

这样，智能控制器不断工作，直至卫星运行工作结束。

9.4.4.4　星载电源智能化综合控制方案的意义和适用范围

提出智能化综合电源控制方案的意义在于：

·从峰值功率跟踪系统的应用角度来看，由于两轴太阳帆板对日智能化跟踪系统的配合使用，即加入通过控制太阳阵输入部分的调节功率的方法，大大提高了峰值功率跟踪系统的调功范围，降低了其对工作环境的要求，使其适用范围变广。

· 从系统工程实现性和安全可靠性角度来看，由于限制了脉宽调制开关调节器的占空比范围，也就限制了通过调节电压而调节功率的峰值功率跟踪系统的电压波动范围。采用输入部分调节功率的方法，使调节功率的方法与调节电压的方法结合使用，从而提高了系统的工程实现性和工作可靠性。

· 从控制策略和控制效果来看，由于智能控制器采用灵活的智能化控制策略，可适用于复杂多变的负载工作需求，使配置输出功率智能化。既能保证电源系统高效地工作在安全可靠的工作环境中，又能在必要时，充分发挥系统的最大发电潜能，实现按需输出的目的。多余的功率不再产生，不会因消耗多余的功率而发热，充分体现智能化的控制思想。

· 从能源控制角度，我们把太阳阵输入部分和输出部分合为一体来控制管理，是一种新观点，能有效地提高工作效率，并让系统工作在安全可靠的环境中，引入智能控制思想，从而改良电源系统。

关于智能化电源综合控制系统的适用范围，它主要针对工作模式较多的中、低轨道卫星。中、低轨道卫星进出影较频繁，整个任务期间太阳阵表面温度的变化比较明显。而在太阳阵的温度上升期间，即从出阴影温度迅速上升到温度达到稳定状态，是光照期的重要部分，此时由于受照的太阳阵温度较低，能产生较多的功率。应用本系统可在需要时，其峰值功率跟踪子系统能充分利用卫星出影期间低温产生的较多的功率，在满足负载需求的同时，有效地用于蓄电池充电。这就是说，利用峰值跟踪和出影时机这两项特点，获得最大功率的产出和利用，从而可以在同样卫星供电要求下，采用较小的太阳电池阵面积，有益于卫星的性能和成本。

另外，中、低轨道卫星具有较多的工作模式时，其负载需求功率也随工作模式的变化而不断变化，且变化范围可能很大。针对这种负载需求较复杂的卫星，一般的电源系统很难满足其要求，而应用智能化电源综合控制系统，采用了灵活多变的控制策略，可适应于这种复杂多变的负载需求，按照需求智能地配置太阳阵输出功率，真正实现用多少供多少的最佳工作状态。

9.4.4.5　智能化综合电源控制系统与其他电源控制系统的比较

DET 电源系统是目前国内、外卫星中应用最广泛的光伏发电系统。它一般由太阳帆板、蓄电池、控制器和分流器组成。它是一种耗散性能源系统，其最大特点是在不同的寿命时期和不同的环境条件下，太阳阵的工作点电压均被限定在母线电压处。这决定了此种电源不能充分利用太阳阵可能输出的最大功率。这种直接能量转换电源系统的最大优点在于简单，即只需一个直流电压反馈电路来控制可变阻值元件，就能达到稳压的目的。另外，它还具有可靠性高，质量轻，耗功小等优点。

PPT 电源系统的设计思想是考虑到光伏发电系统的一个基本特点是输出特性受环境影响较大，其输出的峰值功率点经常发生漂移，并且在整个寿命的不同阶段，输出功率的差别较大。采用峰值功率跟踪的功率调节方法可使得在任何寿命时期和任何环境条件下，太阳阵均可工作在峰值功率点。但它并不是只能工作在峰值功率点，当负载和蓄电池充电的总需求小于太阳阵所发出的峰值功率时，可通过适当的控制使太阳阵的工作点偏离峰值功率点，降低输出功率满足要求。实际上，在峰值功率跟踪系统中，当满足功率需求后，多余的太阳阵功率不需经过电处理，而是留在阵上。所以，它是一种非耗散型系统，不需要分流调节器和散发多余功率的耗散部件。这种 PPT 功率调节的方法对于需快变且调节范围较小的功率调节是十分适合的。

下面对三种电源系统加以比较。

(1) 电源类型

DET 电源系统是一种耗散型电源系统。太阳阵通过二极管直接与负载相连，在满足了负载的功率需求后，太阳阵所产生的多余功率可直接在太阳阵上或其外部的分流电阻上消耗掉，以避免消耗在星体内部。这种系统通常采用分流调节技术，分流部件由可变阻值元件构成。

在 PPT 电源系统和智能综合控制电源系统中，当满足功率需求后，多余的太阳阵功率不需经过电处理，而是留在阵上。所以，它们均是非耗散型系统，不需要分流调节器和散发多余功率的耗散部件。

(2) 功率调节方法

DET 电源系统采用直接能量转换的功率调节方法，其最大特点是在不同的寿命时期和不同的环境条件下，太阳阵的工作点电压均被限定在母线电压处。PPT 电源系统采用峰值功率跟踪的功率调节方法，可使得在任何寿命时期和任何环境条件下，太阳阵均可工作在峰值功率点或需要的工作点。

它们采用的都是在太阳阵的输出部分进行功率调节方法，而智能综合控制电源系统采用的是从综合的角度联合使用太阳阵输入部分和输出部分功率调节的方法。智能控制器对快变的小范围的功率调节，可采用在太阳阵的输出部分采用峰值功率调节方法控制工作点，使其迅速满足要求，对慢变的范围较大的功率调节时，可通过在太阳阵输入部分控制使帆板偏离太阳一定角度，以达到调节要求。

(3) 功率调节范围

DET 电源系统的功率调节是通过分流单元分掉多余的功率来实现。负载小时，分流单元消耗掉较多的功率，负载大时，分流单元消耗掉较少的功率。它的功率调节范围由分流单元的类型决定，一般来说，其功率调节范围较大。

PPT 电源系统的功率调节是通过控制工作点来进行的。它是通过调节 PWM 型开关调节器的占空比来进行功率调节，这个占空比不能过大，也不能过小，其输出功率调节范围相对来说比较小。所以它对于需快变且调节范围较小的功率调节是十分适合的。

智能综合控制电源系统采用的是从综合的角度联合使用太阳阵输入部分和输出部分功率调节的方法，其慢变的大范围的输出功率调节可以通过控制输入能量，即适当控制太阳帆板相对太阳偏转的角度而调整，其快变的小范围的功率调节可通过控制工作点实现，因此其功率调节范围相当大。

（4）太阳帆板面积

由于 DET 电源系统在不同的寿命时期和不同的环境条件下，太阳阵的工作点电压均被限定在母线电压处，其设计太阳帆板时必须综合考虑运行期间最大需求的情况，并留有足够的余量，所以帆板设计面积要大一些。

在初期功率需求高于末期功率需求时，由于 PPT 电源系统可利用卫星进出影低温产生的多余功率，因此其所需太阳帆板面积要小于 DET 电源系统。

而智能综合控制电源系统采用灵活的智能化控制策略，按实际所需提供输出功率。当负载和蓄电池充电的总需求很大时，它可控制太阳帆板迅速对日定向，使输入太阳光能最大，并在输出部分调节使其工作在峰值功率点，从而产生最大的输出个功率以满足要求。在总需求小于发出的峰值功率时，可智能判断不同情况下采取不同控制措施。若判断所需的是快变的小范围的功率调节，可采用控制工作点的方法，可通过适当控制使帆板偏离太阳一定角度，以达到要求。所以，其所需太阳帆板面积相对较小。

（5）与负载关系

在 DET 系统中，因为太阳阵的工作点基本由母线电压的设定值来决定，这样太阳阵提供的功率就主要取决于实际负载的需求，但在大部分情况下，实际负载的需求往往小于太阳阵能提供的最大功率。

使用 PPT 电源系统，由于能够按照小卫星的总需求，即实际负载和蓄电池的需求功率，并在能量需求超过峰值功率时跟踪峰值功率点，这样就可以将 DET 没能充分利用到的或者说被耗散的、满足实际负载需求以外的那部分功率利用起来，有效地用于蓄电池充电。

而智能综合控制电源系统是按负载需求多少，就智能配置多少功率。而且，由于加入输入部分的功率调节方法，其可满足相当复杂、变化幅度较大的负载需求，调节范围大大超过 PPT 系统。

（6）器件动态范围

PPT 系统是通过调节 PWM 型开关调节器的占空比来进行功率调节，这个占空比过大或过小，都对后续线路要求十分严格，因此其对器件要求较高。而且当 PPT 系统用调节电压的方法来控制工作点以跟踪峰值功率点时，其电源系统中输出电压不断变化，这对器件要求很高。不过，随着消费电子技术的发展，集成充电芯片已经得到大范围应用。

DET 系统的母线属于调节型母线，其在不同的寿命时期和不同的环境条件下，太阳阵的工作点电压均被限定在母线电压处，因此其对器件要求不高。

智能综合控制电源系统由于限制了脉宽调制开关调节器的占空比范围，也就限制了通过调节电压而调节功率的峰值功率跟踪系统的电压波动范围。并采用输入部分调节功率的方法，使调节功率的方法与调节电压的方法结合使用，从而其对器件要求降低，提高了系统的工程实现性和工作可靠性。

（7）对热控制的要求

DET 电源系统的功率调节是通过分流单元分掉多余的功率来实现的。在分流单元消耗掉多余功率时，会产生很多热能。另外，对于中低轨道的小卫星来说，充电调节器在相对短的光照期间要控制相当多的能量给蓄电池充电。因此，要求调节器的调节范围很大，考虑到它的有限效率，有可能产生大量的热能。因此，DET 系统对热控系统的要求较高。

PPT 系统和智能综合控制电源系统则没有这样的要求。

（8）控制系统功能

DET 系统中，系统的功率调节涉及分流、充电和放电三部分。其控制系统功能较简单，由分流单元、充电调节器、放电调节器分别执行各自的功能。

PPT 系统中，控制系统由 PPT 控制块和开关调节器组成，峰值功率跟踪与蓄电池充电放电控制均是由对串联功率调节器的控制来实现的。其控制系统稍微复杂，具有较灵活的控制策略。

智能化综合控制电源系统的中心控制单元是一个智能控制器，其灵活多变的智能控制策略，可根据星上负载状况和蓄电池充电情况，灵活地配置输出功率。它还可以对蓄电池充放电进行相应控制，以保持整个电源系统始终处于最佳工作状态，真正实现要多少提供多少。

（9）使用范围

DET 系统适用于各种类型的卫星。特别对进出影次数较少和从寿命初期到寿命末期的负载需求不发生衰减，或负载需求的衰减小于太阳阵输出功率的衰减率且工作模式较少的卫星，因为在这些条件下，PPT 系统和智能综合控制电源系统不具有优势且实现代价大，而 DET 系统是最简单和实用的选择。

PPT 系统比较适合于在进出影较频繁的且负载需求变化较多但范围较小的中低轨道卫星。因为中、低轨道的卫星进出影较频繁，充分利用卫星出影期间低温时产生的较多的功率。另外，负载需求变化较多且范围较小，可利用 PPT 系统不断跟踪峰值功率点和调节输出功率。

对于智能化电源综合控制系统，它主要针对工作模式较多且负载需求变化范围较大，较复杂的中、低轨道卫星。中、低轨道的卫星进出影较频繁，充分利用卫星出影期间低温时产生的较多功率。中、低轨道的卫星具有较多的工作模式时，其负载需求功率也随工作模式的变化且变化范围可能很大。应用智能化电源综合控制系统，采用了灵活多变的控制策略，可适应这种复杂多变的负载需求，按照需求智能地配置太阳阵输出功率，真正实现用多少供多少的最佳工作状态。

（10）带来的姿态干扰

考虑到 DET 系统耗散电流大，可能形成星上磁场与地磁作用，会产生一定的姿态干扰，必须设法自己抵消。特别对小卫星，星上磁场是姿态控制的一个不容忽视的干扰源。

PPT 系统不会对卫星造成姿态干扰。

智能化电源综合控制系统由于采用了在太阳阵输入和输出部分联合进行功率调节方法，因此，在系统工作中太阳帆板会不断调整其对太阳的角度，对卫星姿态控制造成一定干扰。

综上所述，这三种电源系统各有优点和缺点，各自有不同的适用范围。在卫星总体设计时，可根据实际卫星的参数和工作要求来确定采用哪一种系统。

9.5　蓄电池的过充过放保护、安时控制和均衡充电控制

9.5.1　蓄电池过充过放电的保护

蓄电池组是星上一个极重要的设备，又极易受到损害，特别是在充放电过程中。为了防止过充过放现象发生，在星上配置有各种保护设备。目前小卫星的保护设备采用硬、软件结合的方法，提高了保护品质，也减少星上的设备。

（1）蓄电池过充保护方法

周期监视蓄电池组电压和蓄电池单体电压；当蓄电池电压组电压＞30 V 时或任意一组单体蓄电池电压＞4.25 V 且持续时间＞25 s 时，发送充电终止指令；并置蓄电池过充标志位。该标志位可以通过地面指令修改。软件对过充保护具有使能控制，可通过地面指令控制是否进行蓄电池组过充控制。

（2）蓄电池过放保护方法

周期监视蓄电池组电压和蓄电池单体电压；当蓄电池组电压＜21 V 且任意三节以上蓄电池单体电压＜3 V 且连续时间大于 25 s，是指蓄电池过放标志位。该标志位可以通过地面指令修改。软件对过放保护具有使能控制，可通过地面指令控制是否进行蓄电池组过充控制。

例 9 - 1　蓄电池过充过放安全保护

它的实施过程不需要增加新的硬、软件，只是直接使用星务自主管理的事件程控（见第 6 章）。利用蓄电池的 MEU 遥测数据，当电池组电压低于 24 V 时构成事件 85#，并启动事件程控组 m#；当电池组电压低于 21 V 时构成事件 86#；当电池组电压高于 24 V 时构成事件 87#。这时，m# 组事件程控数据缓冲区内容如图 9 - 38 所示。

	事件域				指令域			
	事件代码		参数					
m# 事件组	代号	属性						
0	55	80	00	00	03	1A	00	10
1	55	81	00	00	03	16	00	10
2	56	82	00	00	03	14	00	10
3	57	83	00	00	03	13	00	10
4	57	E4	64	00	00	00	FF	10

图 9 - 38　蓄电池过放安全保护事件组程控数据缓冲区

当事件程控执行时，m# 组 0 号子事件程控数据送事件程控流动变量。查事件 0x55 出现，$X_{7654} = 1\,000$，表明立即发送 031A0010 指令，关相机供电。接着将 1 号子事件程控数据送事件程控流动变量，立即发送 03160010 指令，关测光仪供电。接着将 2 号数据送流动变量，发送 03140010 指令，关平台供电，除星务主机外。接着将 3 号数据流动变量，立即发送 03130010 指令，开平台供电。将 4 号数据流动变量，$X_{7654} = 1\,110$，表明连续出现 100 次 0x57 号事件，即电压恢复 24 V 以上有 100 s 了，恢复 m# 组事件的启动，再进行监察过放事件。

9.5.2　蓄电池充电的安时控制

利用安时计软件，对蓄电池的充电过程进行控制，其控制的内容包括：连续采集电流电压数据、计算当前电量、充电电量和放电电量，并与要求值进行比较；在蓄电池充满电后发指令停止充电。安时计充电控制采用相对电量控制，即蓄电池放出多少电量，太阳电池阵就补充相应的电量。为了提高可靠性，充电终止控制采用两级方式，一级由软件安时计来实现，二级由硬件恒流恒压控制，两级同时实现，即两种充电控制均可终止蓄电池充电。控制原理如图 9-39 所示。

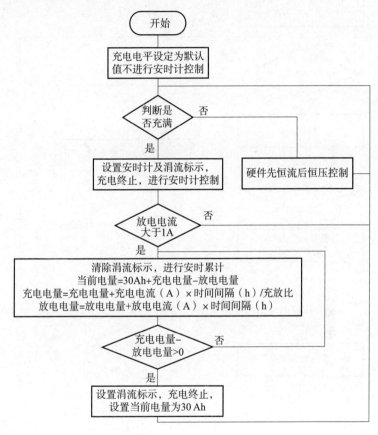

图 9-39　安时计充电控制原理

9.5.3　锂离子电池组的均衡充电控制

锂离子蓄电池均衡充电控制原理为：通过单体电池电压与该组单体电池最小值比较，大于 60 mV 进行旁路，确保蓄电池单体压差小于

60 mV。均衡控制原理如图 9 - 40 所示。

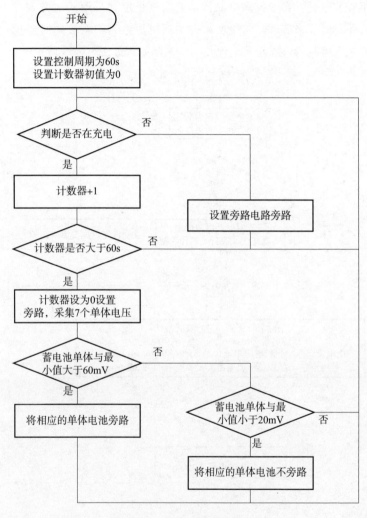

图 9 - 40　均衡充电控制原理

　　均衡充电控制由蓄电池内嵌的管理执行单元（MEU）实现，如图 9 - 41 所示。软件对均衡充电控制进行使能控制，通过地面指令进行管理，由此可以提高蓄电池的使用寿命。

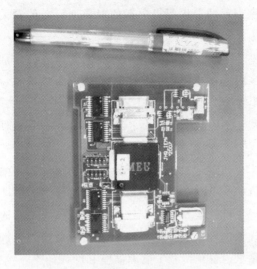

图 9 - 41　均衡充电控制用 MEU

9.6　带管理总线的电源母线技术

9.6.1　问题的提出

9.6.1.1　为什么要对星上电网进行技术改造

　　CAN 总线类型星上网在轨应用已经 10 多年了，有很好的表现。但是，如同所有事物一样，都需要前进，都会遇到新问题，都会存在不足。其中问题之一是，MEU 或下位机的大量引入。目前小卫星上大量使用嵌入 CAN 控制器的设备，又由于采用双机冷备份工作方式，从而带来各台设备的开关机指令所用的控制电缆数量急增。如同本书第 1 章所述，原本星务系统企图用"双母线制"来解决设备间电缆"点到点"连接方式不良的体系结构问题，这回又再一次产生了。它不仅带来电缆和接插件的质量增加，接插的可靠性问题加重，而且也增加了"即插即用"生产工艺过程实现上的困难。为此，需要对星上供电网进行改造，把供电的"开关机动作"排斥在供配电系统之外是不利的，从而提出新的对星上设备的开关机指令线过多的应对措施。

传统卫星上电网是分散式的，每一设备用电都分别从电源系统拉一套电缆线对其供电。小卫星发展成为电源母线式，所有设备都从一条公共电源母线上拉下用电。但不管是那一种方式，都是"单纯"的供电网，不包括信道。小卫星 10 多年的应用表明，单纯的供电网有需要改进，建立电网和供配电信息网的集成，有利于提升小卫星的性能，有利于星上电网的安全，有利于即插即用的生产方式。

另外，目前星上电缆网的铺设工作，不利于即插即用的生产方式，也不利于卫星的运行安全。这种随意性拉线布线的生产方式需要改成背板式或内埋式，如同在实验室的内壁布置电源插座、网线插座一样，在星内也预留若干电源插座和网线插座，设备随意安装，安装后插电上网立即开始工作。

显然，基于这三点，对于星上供配电系统（即总体电路），应该进一步添加供配电的管理功能，建立标准插座，方便实现即插即用。

9.6.1.2　一种可用的星上电网技术

以太网供电（PoE）技术可以为连接到以太网端口的设备（数据终端、网络摄像头或网络电话等）提供一种有效的电源解决方案。该方案的优点在于：

·由于每一个设备仅需要一套线缆，简化了连接各个设备的布线，并降低了布线成本；

·省去电源线以及适配器，使得工作环境更加安全、整洁并且开销更低；

·可以很容易地将设备从一处搬移到另一处；

·连接到以太网的设备可以被远程监控。

正是这些优点使得 PoE 成为一项从本质上改变了低功耗设备供电方式的全新技术。

作者模仿以太网供电技术思路，进一步开发，成为"星上电网提供通信和管理的技术"。即凡是连接在星上电网上的设备，电网都为其提供信息、控制和管理。信息是设备用电的电流和电压测量，为星上电源提供电网的智能管理。控制是卫星任务通过电源管理对设备的开机、关机进行指令控制，以及用电安全的控制。由于用电信息和控制集中管理，使电网变成智能电网。这样的技术，改变传统卫星供配电系统的"被动"状态，使其真正成为卫星的"总体电路"。传统卫星设备的用电电流和电压不由设备自行测量，测量的结果也不由供配电系统直接应用，它仅仅提供遥测下传或星务主机安全应急使用，效益有限。为了加强星上自主管理能力和自我保护能力，星上用电信息应该集中于星上电网的供配电系统，由它处理和使用，保护星上能源的安全和优化供电。

显然，为星上电网提供通信和管理的技术与以太网供电技术不同。后者是为了推广通信，给通信的设备提供条件，提供通信必须的电源，而前者是为了提升供配电的服务质量和安全，给用电设备提供一些方便。以太网供电技术已经有了相当广泛的应用，特别是在窄带低速方面。星上电网的通信和管理技术可以在它们成熟的技术基础之上，略加调整，形成一套新型的星上电网技术。

其实，星上电网提供通信和管理的技术不是一项新的技术。在工业中，电力线载波通信就是利用现有的电力线路来传输信号的。其工作原理简述为：将数据或语音调制在几十至几百 kHz 的载波频率上通过电力线发送出去，接收端将电力线上载有信号的载波接收下来进行解调还原出原来的语音或数据。通信的载体即现成的电力线，无需像有线通信一样重新铺设通信线路，也不像无线传输那样需要复杂的发送接收设备来传输信息。它无需架设额外的通信线路，也不占用宝贵的无线频谱资源，因此很适合于小集团内部组成局域网络达到数据或语音的传输目的。

可见，当前在信息网上添加供电，或在供电网上添加通信，都是技术上进步的需要和必然，技术上完全可以实现。"星上电网提供通信和管理技术"的提出和开发也就是有根有据的，它会带来很好的效益。

9.6.2　带电源管理的星上电网实现技术

9.6.2.1　电力线通信技术现状

电力线通信（Power Line Communication，PLC）技术是采用电力线传送数据信号的一种通信方式。该技术是通过载波方式，将载有信息的高频信号加载到电力线上，用电线进行数据传输，通过专用的电力线调制解调器将高频信号从电力线上分离出来，传送到终端设备。这就是说，该技术的重点是在现有电网上加入通信线路。

（1）窄带低速 PLC 的典型应用

自动抄表系统是最典型的 PLC 应用。PLC 也常应用于照明控制和负荷控制。电力线网络采用总线拓扑结构，提供高度可配置能力，能够从一个控制器完成对多个设备的控制。这种控制器可以管理房间内的所有灯具，甚至家里的所有灯具。此外，总线拓扑还允许多个控制器控制一个灯具。这样，一个房间内的灯具可以受其他房间控制。这种拓扑还允许控制器一直跟踪网络上的所有设备，并用作主干服务器实现可扩展性和"即插即用"安装，任何新的灯具可以立即成为网络的一部分。

总体来说，窄带 PLC 可以应用于需要与连接着电力线的设备双向通信的任何地方，从而提高便利性、舒适性、能效和安全性。因此 PLC 是一种理想的方法。

（2）窄带低速 PLC 技术可以用于星上电网

·窄带低速电力线网络技术本身已经成熟，有相当的应用实现经验；

·用于星上电网的要求仅是负荷控制，传送的信息和控制的频度都较低，窄带低速 PLC 技术能够满足需要；

·星上电网为直流电压，电压低于 100 V；

·电力线噪声远远低于地面动力电网；

·母线纹波的 P－P 值允许不大于 250m V。

这样，构建简易、可靠的星用窄带低速电力线网络就很容易了，而带来的好处较多。

9.6.2.2　带电源管理的星上电网

作者提出带控制总线的电源母线是，企图利用电源母线通信技术来改进星上设备的供电管理，减少整星电源开和关的控制电缆数量，部分减少供电开关用磁保持继电器，建立星上智能电网。如图 9-42 所示，图中左下角表示，现在设备供电，除电源线外还需要开关控制线。利用带控制总线的电源母线，企图将电源线和电源开关控制线合在一起，仅需要一套电源母线。此外，还可以实现星上智能电网功能管理，提高星上供电的安全和效益。由于电源母线"永远在线"，容易采用"无触点"控制实现对设备供电的开和关，替换常规大量使用的电磁继电器，有利于净化星内电磁环境。

带控制总线的电源母线技术有 4 个要素。

1）配电下位机。它负责控制和管理电源母线网络，形成供电信息子网，并将星上供配电功能和各装备用电信息管理功能集成。从而，配电下位机不仅充当供配电的"操作手"，也是供配电的"决策者"，它可以利用全部设备的用电信息和一次电源系统的发电信息，分配和管理全星用电。

2）智能插座。有些卫星的供电，均从配电器分别拉电源线到各设备。配电器内设众多的继电器，通过各自的供电线对设备的供电实现开机和关机。也有些卫星统一用公用电源母线接至设备，设备内藏继电器，由另外的电源开关控制线进行供电的开和关。它们带来过多的电缆、接插件、继电器，是小卫星不希望的。带控制总线的电源母线技术企图改变这一点，在星内安装通用智能插座，它内藏星上电源母线通信接口、电流电压测量和对设备供电控制开关。为了方便应用和卫星建造，它们还可以单芯片化。这就是说，智能插座是由普通插座和电源母线通信接口芯片、测量芯片、MOS 开关管等集成封装而成的，它可以嵌入到星体内壁中，实现电源母线内埋。显然，在星上建立通用插头座方式，并与电源管理任务集成，可以带来如下好处：

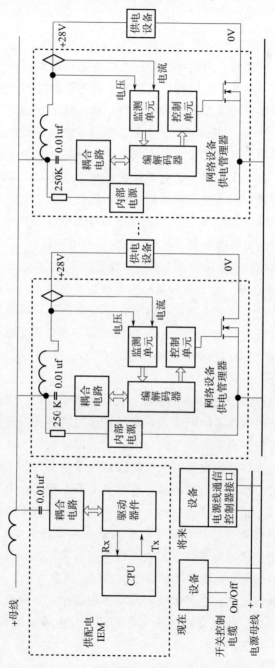

图9-42 带控制总线的电源导线示意图

· 卫星结构布局变得很灵话，设备方便在星内搬动；

· 这样做使配电器的继电器元件无触点化，节省常规电磁继电器，代之以无触点继电器；

· 电缆共享，方便可内埋，适宜即插即用；

· 电源管理集中，有利电源安全。

3）电源母线通信接口。电源母线通信接口包括：耦合设备，它将信号传入线路并过滤掉噪音；电源母线通信调制解调器。

4）星上电缆网的预埋。

如果彻底解决了设备间连接方式不良体系结构的问题，就能在星体实现电缆的"预埋"，就能减少星上设备的接插件，进一步减小设备的外形尺寸和质量，改善星上电磁环境，实现星上设备的即插即用。

第 10 章　载荷系统管理

10.1　引言

　　载荷分系统是卫星的主干设备，故称为有效载荷。它在很大程度上决定了卫星的性能和质量，是卫星的核心分系统，其他分系统都为其服务。根据卫星的飞行任务，不同型号的卫星有不同的载荷。所以，它又是卫星上变动最大的分系统。对于遥感卫星而言，返回式遥感卫星的载荷是胶片相机；传输型遥感卫星的载荷是基于光电探测器件的遥感器。而遥感器又各种各样，如多波段 CCD 相机、多谱段的红外扫描仪、紫外相机等。如果从工作原理上划分，又有行扫、推扫、面阵式相机。至于其他通信卫星、探测卫星等更是使用不同的载荷设备。从而，为了确保载荷分系统正常工作，要求卫星平台的服务工作对不同卫星也各不相同，从而，带来卫星平台生产和设计上的变化，带来卫星制造批量化的麻烦。

　　另外，即使同一类型卫星，有效载荷也是各种各样。遥感器获取、传送、表现目标图像细节的能力，称之为分辨率。随识别手段越来越多，分辨率含义也越来越全面，如：空间分辨率、辐射分辨率、光谱分辨率、时间分辨率、温度分辨率等。卫星的遥感器获取的信息量很大，构成 0 级产品，要求对其进行辐射校正、几何校正，分别形成 1 级和 2 级产品。或者进行更高要求的处理，形成更高等级的产品。特别是，目前遥感技术发展趋势是多数据源、智能化、实时化和定量化，这些都要求卫星平台对载荷系统的服务越来越"苛求"。

　　通信卫星也要求星上实现许多处理，其目的是要得到更好的抗干扰性能，要得到信号传输路径的灵活切换，或其他的特殊性能要求等。

因此，在小卫星的建造上，应该考虑用一个统一的方法来处理各种各样不同载荷设备的星上控制管理和数据处理问题。建立载荷系统的统一架构，这样做的目的是：

• "周到"服务于载荷设备，确保它们处在正常运行的"舒适"环境之中，提供它们所需的信息，协助它们完成任务，从而提升它们的效率；

• 稳定卫星平台的架构，确保小卫星实现即插即用的生产工艺过程，"包装"载荷设备，避免它的细节对卫星整体的"干扰"。

10.2　载荷设备的总体架构

根据当前小卫星制造技术的发展趋势，特别是继承星务系统的理念，提出载荷设备的总体架构方块图，如图 10 - 1 所示。它以载荷下位机为核心，建立载荷系统运行的自主管控设备，再附加专用载荷本体设备，共同组成载荷系统。因此，载荷系统从组成上，可以定义为

$$IEM = MEU + OEM$$

其中，IEM 表示载荷系统，MEU 表示载荷的管控设备，OEM 表示载荷的基本设备。

这里把载荷系统看成是一个集成的电子模块，它由管控设备和本体设备两部分组成。载荷本体设备，由专业厂商或研制部门生产（即 OEM），这样做有利于载荷本体设备的质量和成本。管控设备是对 OEM 进行"包装"，使其能方便地融入卫星这一个大系统之中，协同工作。OEM 既接收卫星整体的管控，又共享卫星整体的各种资源，特别是信息资源。显然，这样可以带来如下好处：

• 屏蔽载荷专有管控需求对卫星总体设计的约束，从而也可以放宽卫星对载荷设备的限制，开放载荷设备自主采购，加快建造速

度，回避供货瓶颈；

　　·模块化批量生产，不同型号卫星只更换专用载荷设备本体，但管控设备部分可以复用，从而降低成本，适合加速建造；

　　·由于建立星上计算机群的协同支持环境，卫星总体既可以放宽对载荷的约束，又可对其提供在轨优质服务，特别是信息共享能力，从而也提升卫星性能，减少失误，增长生存能力。

　　载荷下位机，在原星务系统中设置的目的是隔离各种型号卫星的载荷变更对卫星平台的影响，使卫星平台稳定、标准化、批量设计生产。仅用载荷下位机"一变应万变"，用这一"柔性"措施适应于多种型号的需求，实现各种不同载荷融于统一的平台管控环境之中。目前，随载荷技术的发展和提升，载荷下位机性能需要改进。特别是，载荷的数据容量、传输速度、在轨处理的实时性等技术要求愈来愈严格，这些都表明需要增添计算机群和二级高速数据网，以便构成"增强型"载荷下位机，如图 10-1 所示。它对星上载荷相关的设备进行强有力的管控，并满足现代载荷系统的更高要求。

　　可见，载荷系统的建造规范是它以载荷下位机为核心，用其对载荷本体设备实行全盘测控管。如同星务系统对全星进行测控管一样，这一点充分体现出"分形数学"所描述的自然规律，它们之间具有惊人的"自相似性"，"在不同放大倍数下看上去一模一样"，如图 10-2 所示。载荷下位机作为星务系统的代理，完成整星对载荷系统的测控管，使其自主运行。当缩小放大倍数看时，星务调度单元作为卫星工程的代理，完成整个工程对卫星的测控管，使其自主运行。当增加放大倍数看时，遥感相关设备里的本地管理执行单元 L_MEU 作为载荷系统的代理，完成对各个载荷设备的部件进行测控管，使其自主运行。从上到下，从大到小，实现分层管控。每一下层建有一个上层的代理，代理上层对该层所有设备进行测、控、管。从而形成"有序、无竞争、平稳"的运行环境，确保卫星完成既定任务。星务系统的实践表明，在 30 多颗小卫星，100 多星年的

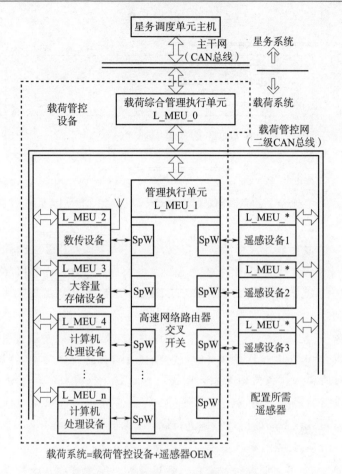

图 10-1　载荷系统总体架构方块图

飞行历史中，它的作用是成功的。按这样的架构建造载荷系统，是合理的，也容易成功。它反映了一种自然规律。

从图 10-1 中看见，载荷系统由载荷管控设备和载荷本体两大部分组成。

第一部分是载荷管控设备，它是载荷系统的通用部分，包括：

1）载荷综合管理执行单元，完成与卫星平台的通信，接受星务系统的管控和支持，并返回载荷系统的状态和信息；

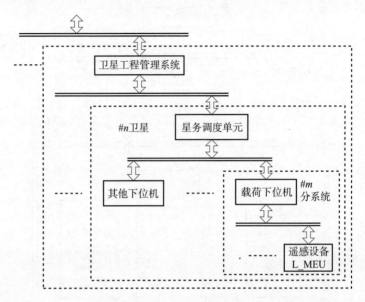

图 10-2　"分形数学"所描述的体系架构

2）星上网的二级总线（如：CAN 总线），作为星务系统的代理完成对所属全部载荷相关设备的测、控、管，负责对载荷系统内的所有设备的遥测、遥控、自主控制、工作参数、运行数据、程序存储，以及各设备间的协调工作进行综合管理；

3）数传设备，确保高速、大容量数据下传；

4）大容量存储设备，缓存大容量数据，实现载荷系统各设备的数据交换过程和星地之间数据交换过程的中间过渡；

5）计算机群，完成在轨实时信息处理，对载荷数据进行粗处理、精处理、信息理解等三级信息在轨生成，这是目标探测识别与跟踪能力、自主能力、多信息融合和协同能力、快速组装和布署能力等的需要，计算机群配置可以按需调整；

6）高速网路由器，用于调动高速数据在载荷系统中各设备之间的流向等。

可见，"增强型"载荷下位机，在数据量、传送速度、处理能力等诸多方面扩大了星务管理的能力。

第二部分是载荷本体，包括：

1）载荷硬件 OEM，如各种遥感器；

2）信息处理软件。

这样，载荷系统成为一种自主运行的系统，可以实现标准化、模块化、通用化、软件化，具有更强的计算能力和更高的可靠性。

载荷系统制造流程，如图 10-3 所示。它的生产线是从载荷管控设备备用库和载荷 OEM 备用库调出零部件组装而成。载荷管控设备为通用、批产设备，确保质量的稳定性和在轨运行的安全。载荷 OEM，由市场直接采购，利用优质设备，既快又好。这是由于将载荷系统装配生产线上的部分装配工作，转移到了卫星装配生产线以外的地方去进行，并在进入备用库之前已经完成，避免载荷本体的技术难度进入卫星生产线。将载荷的研制、生产与卫星的设计、制造分离开来。载荷的技术和设备是基础性的，可以提早研发和生产，也可以多方进行，谁成功卫星集成就用谁的。卫星的生产流程不能绑在某一部件生产的失败可能性之上。所以，能确保卫星的快速完工和产品质量。

由于载荷管控设备模块化设计，可以带来了一系列好处。模块化设计是指模块结构标准化，尤其是模块接口标准化，它力求以少数模块组成尽可能多的产品，并在满足要求的基础上使产品精度高、性能稳定、结构简单、成本低廉，且模块结构应尽量简单、规范，模块间的联系尽可能简单。因此，如何科学地、有节制地划分模块，既要便于制造管理，具有较大的灵活性，避免组合时产生混乱，又要考虑到该模块系列将来的扩展和专用、向变型产品的转移。划分的好坏直接影响到模块系列设计的成功与否。我们把载荷系统划分成两大部分，把其中的载荷管控模块又细划分为：综合管理执行单元、二级总线、数传、大容量、高速网（路由器）、实时数据处理计算机集群等六个子模块。当然理论上也可以把二级总线和高速网合并使用，实践表明还是分开的好。因为这两种网络的要求不同，分

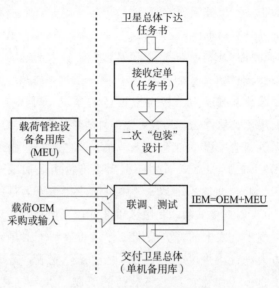

图 10 - 3　载荷系统制造流程

开所产生的花费也不是很高。载荷主模块（OEM），由专业厂商生产，有利于发挥其特长，又回避卫星制造的特色对其干扰，使其在一个宽松的环境下开发。同时，便于整星厂家优选，既降低成本、加快进度，又可确保性能。

　　载荷管控设备中的路由器，除选择 SpaceWire 外，根据要求亦可采用 USB2.0、RapidIO 等其他高速串行总线。至于二级管控总线选用 CAN 总线是基于小卫星的实践，表明它的可靠、有效、低廉。当然，也可采用其他类型的总线。它们的选用依据载荷系统内所属各设备之间数据流动的需求。数据流动控制的交叉开关，可用高速路由器内嵌的管理执行单元控制，预置路由表，实现不同工作模式下的高速信号传送流向。

10.2.1　电子卫星的载荷系统

　　图 10 - 4 给出一种电子卫星载荷系统的方块图。载荷主设备 OEM 由四个相同的接收机通道构成。地面上同一个辐射源信号从不

同方向到达它们，具有特定的相位关系，测量这个关系可以确定该信号源所在位置。OEM 提供四路满足这一特定的相位关系的电子脉冲信号，经过 AD 变换送计算机群处理，生成有用信息，用于对地面信息源的定向、跟踪。可见，电子卫星的载荷系统由三部分组成：

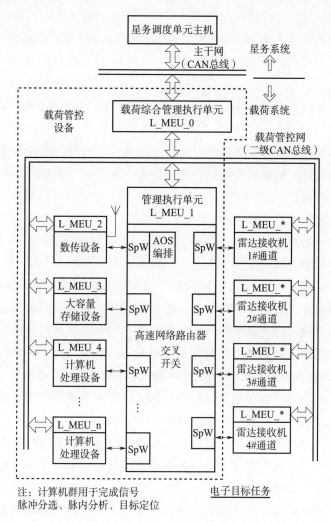

注：计算机群用于完成信号
脉冲分选、脉内分析、目标定位

图 10 - 4　电子卫星的载荷系统方块图

· 载荷管控设备；

· 四台电子信号接收机，既作为侦察目标的捕获跟踪，又作为目标特性的接收；

· 信号处理软件。

前一部分为模块化设计产品，可以批量、快速生产。后两部分为开放式全球外购 OEM 产品，确保其性能、供货、低廉。如果货架储备，也可以快速生产。

10.2.2　光学遥感卫星的载荷系统

光学遥感卫星的载荷系统的方块图见图 10 - 5。载荷主设备 OEM 由一台相机（CCD 或 CMOS）组成。它获取的图像数据送计算机群处理，生成有用信息。可见，光学遥感卫星的载荷系统也由三部分组成：

· 载信管控设备；

· 一台相机；

· 信号处理软件。

前一部分为模块化设计产品，可以批量、快速生产。后两部分为开放式全球外购 OEM 产品，确保其性能、供货、低廉。如果货架储备，也可以快速生产。

利用路由器的管理执行单元 L _ MEU _ 1 对路由表进行设置，完成多种数据的流向，使其适应各种工作模式。

· 多路载荷数据不处理的直传模式，即从遥感器将探测数据经路由器交叉开关送数传设备直接发送到地面站；

· 多路载荷数据处理后的再传模式，即从遥感器将探测数据先经路由器交叉开关送处理设备处理后，再经路由器交叉开关将处理后的数据送数传设备发送；

· 存储模式，包括直接存储和处理后再存储，即探测数据或处理后的数据，经路由器交叉开关送大容量存储设备存储；

· 回放模式，即将存储的数据取出，经路由器交叉开关送数传

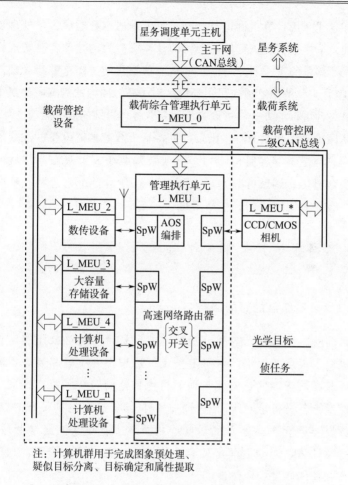

图 10-5　光学照相遥感卫星的载荷系统方块图

设备发送；

　　·复合模式，即传输和存储同时进行。

　　载荷系统的管理执行单元 L_MEU_0，对上接受星务调度单元主机的管控和支持，对下设置所属设备的工作流程，调度载荷数据的产生、流向和处理。L_MEU_0 实现管理的方法，如同星务调度单元管理全星设备一样，是通过嵌入各设备的本地 MEU 执行的。

在这里采用计算机群进行处理，是由于遥感数据庞大，处理要求实时性。采用带管理执行单元架构的计算机群为的是，容易实现将复杂的大数据量的工作划分为简单的适当数据量的工作来并行完成，用"蚂蚁啃骨头"的策略适应星上环境。对于高分图像的遥感图像星上处理这是一种可行的方法，可以灵活地获取各种级别的遥感图像产品。

从图 10-4 和图 10-5 比较可见，星上载荷本体设备的改变不会影响到它与星上测控管的接口，只要选好载荷，采购完成，就可与星上平台对接。调整好软件的配置就可以开始工作。这是一种好的架构，有益于快速研制、生产卫星。

10.3　对载荷系统的服务管理

10.3.1　对遥感器的时间服务

目前遥感器的象元空间分辨率不断提高，同时对象元的定位精度也提出了很高的要求。由于卫星飞行过程中的位置和姿态不断变化，这些参数直接反映象元与地面目标物体的对应关系。因此，必须确保星上各设备之间所用数据的时间同步，确保卫星飞行的位置、姿态数据与象元在时间上的对应。从而，才能确保依据这些位置、姿态参数计算象元的地面定位与地物目标位置一致，否则，直接影响有效载荷的质量和定位精度。

小卫星星务系统的时间管理采用两级架构。第一级是由星务主机实现，它通过遥控接收地面站的授时和校时，或者通过 GPS 接收机、北斗接收机，与导航卫星同步和校时。第二级是由星务主机授时，向全星设备广播秒同步报文，给出同步报文发布时刻的星上时间，称为星上大时间。各设备内嵌的下位机（即 MEU），在收到秒同步报文后，使本地时间计数器清零，开始毫秒或微秒计数，生产本地的小于 1 秒的时间，称为该设备用的星上小时间。从而，星上时间是星上大时间加上星上小时间之和。时间分辨刻度为 1ms

或 $1\mu s$。

　　星务系统首先采用星内的大时间统一，确保秒以上的时间同步，避免各设备之间存在大的累积误差。星上设备之间的时间同步，即卫星位置、姿态参数与卫星图像象元的同步，是确保卫星图像象元与地面目标物体的对应关系的首要因素之一。即一定要确保拍摄象元与卫星的瞬时位置和姿态匹配，从而才能利用这些数据进行处理，得到该象元与对应地物的匹配。

　　秒内的误差由各设备的晶体保证。如果需要，还可以利用下位机本地时间计数器清零时剩余数据，对本地计数器脉冲进行自适应校对，引入校正系数，减小本地晶振的频差引起的守时误差，以提高本地小时间的精度。

　　这种时间服务的方法的优点是简单，无需要增加新的硬件设备，能很好实现星上设备间的时间同步，星上设备间的时间差异仅由 CAN 总线控制器中断响应的不同，属于对时误差，可以控制在微秒级的范围之内。至于时间准确度，则依赖于星务主机的授时。因此，一般情况，小卫星上使用较高质量的恒温晶体振荡器，并采用了多种校时的方法，满足小卫星的实际应用。

10.3.2　提供遥感器控制参数的服务

　　有效载荷工作，往往需要一些环境参数，它们是由卫星总体提供的。这些参数除上述时间外，还有瞬时间的轨道参数、姿态参数等，它们都是通过星务共享信息获取的。星务系统作为"卫星总体代理"，在轨组织和分发这些数据。根据不同的载荷设备，需要的数据不同，下面举几个例子表明星务系统对载荷系统的数据服务的重要性和实现方法。

10.3.2.1　"速高比"数据服务

　　空间相机在成像过程中，由于卫星的运动和地球自转会造成图像的模糊。特别是目前遥感图像的空间分辨率越来越高，像质恶化程度就越严重。为了保证拍摄图像的像质，需要卫星平台提供当前速高比参数，用于对相机动作的控制。譬如，过去胶片相机，胶片移动速度应该与地物在焦面上移动速度匹配，避免成像模糊。近来开发的高分星载时间延迟积分电荷耦合器件相机（TDICCD），它利用多级光敏元件，对运动的同一个目标多次积分。每个光敏元积分所获得的较弱信号可以叠加为一较强的信号输出，使系统的质量、体积、信噪比、动态范围等得到改善。所以，TDICCD 作为焦面接收器件是有益的。但是其正常工作的前提是，光生电荷包的转移一定要与焦面上图像的运动保持同步，任何错误的匹配都会导致图像的模糊。

速高比是指成像过程中，相机相对被摄影景物的移动线速度与成像高度之比。它等于所拍摄物体的像在相机焦面上移动的角速度。在相机瞬时视场角和 TDICCD 行积分时间一定的情况下，为了保持地面图像的运动速度与电荷包的运动速度同步，相机的速高比也应该固定不变。然而，成像高度随卫星的各种运动，不仅带来图像比例尺变化，而且也造成焦面上图像的运动角速度的变化，进而引起在积分时间内的像移，恶化成像的质量。因此成像过程中，需要对速高比进行计算，并且引进对积分时间进行调节控制。

速高比计算步骤：

（1）卫星侧摆时视轴斜距计算

从光学成像原理来看，速高比的高度是指光学系统成像的物距，即地面景物到空间光学系统的主焦点的距离，即视轴所对应的成像点到卫星的距离 H。从图 10-6 所知

$$H = (R_E + h)\cos\alpha - \sqrt{R_E^2 - (R_E + h)^2 \sin^2\alpha} \qquad (10-1)$$

其中，R_E 地球半径，h 卫星轨道高度，α 卫星侧摆角。

（2）相机相对成像地物的速度计算

假设卫星瞬时圆周运动，地球有自转速度，故相机与被摄影地物之间的相对速度是卫星星下点地速与地球自转线速度的合成。

令卫星圆周运动相对惯性坐标系的速度为 V_c，星下点相对惯性坐标系的速度为 V_s，地球自转速度为 V_e，相机星下点相对地物的

速度为 V_{o}，则

$$
\begin{cases}
V_{\text{c}} = \sqrt{\dfrac{\mu}{R_{\text{E}} + h}} \\[2mm]
V_{\text{s}} = \dfrac{R_{\text{E}}}{R_{\text{E}} + h} V_{\text{c}} \\[2mm]
V_{\text{e}} = \dfrac{2\pi R_{\text{E}}}{24 \times 3600} \\[2mm]
V_{\text{o}} = \sqrt{V_{\text{s}}^2 + V_{\text{e}}^2 - 2V_{\text{e}}V_{\text{s}}\cos\phi\cos i}
\end{cases}
\qquad (10-2)
$$

其中，ϕ 为星下点纬度，i 为卫星轨道倾角，$\mu = 3\,986\,135\ \text{km}^3/\text{s}^2$ 是开普勒常数。

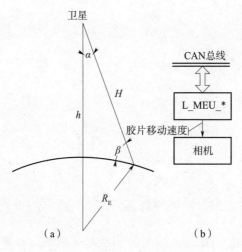

图 10-6 速高比计算和实现

（3）速高比计算

$$
\frac{V_{\text{o}}}{H} = \frac{\sqrt{V_{\text{s}}^2 + V_{\text{e}}^2 - 2V_{\text{e}}V_{\text{s}}\cos\phi\cos i}}{(R_{\text{E}} + h)\cos\alpha - \sqrt{R_{\text{E}}^2 - (R_{\text{E}} + h)^2 \sin^2\alpha}} \qquad (10-3)
$$

（4）用速高比控制相机积分时间

令相机焦距为 f，像元尺寸为 a，要使 CCD 光生电荷包的转移与焦面上图像的运动保持同步，则控制 CCD 相机行积分时间为

$$t = \frac{a}{f \times \dfrac{V_{o}}{H}} \qquad\qquad (10-4)$$

速高比控制方法，如图 10 - 6（b）所示。相机内嵌的 MEU 从网上接收速高比报文经计算获取焦面移动的控制，用于补偿卫星运动造成的图像在焦面上的运动。一般情况下，MEU 从 CAN 总线上每秒接收一次瞬时的速高比，需要经过插值计算得到相机的各瞬间的积分时间。令当前的相机积分时间为 t_0，前一秒的积分时间为 t_{-1}，前二秒的为 t_{-2}，则将来一秒内的积分时间为

$$t = a_0 + a_1\Delta + a_2\Delta^2 + \cdots$$

其中，Δ 是 1s 内的小时间

$$
\begin{aligned}
&t_0 = a_0 \\
&t_{-1} = a_0 + a_1(-1) + a_2(-1)^2
\end{aligned}
\quad,\ 即\quad
\begin{bmatrix} t_0 \\ t_{-1} \\ t_{-2} \end{bmatrix}
=
\begin{bmatrix} 1 & 0 & 0 \\ 0 & -1 & 1 \\ 0 & -2 & 4 \end{bmatrix}
\begin{bmatrix} a_0 \\ a_1 \\ a_2 \end{bmatrix}
$$

$$t_{-2} = a_0 + a_1(-2) + a_2(-2)^2$$

故

$$
\begin{bmatrix} a_0 \\ a_1 \\ a_2 \end{bmatrix}
=
\begin{bmatrix} 1 & 0 & 0 \\ 0 & -1 & 1 \\ 0 & -2 & 4 \end{bmatrix}^{-1}
\begin{bmatrix} t_0 \\ t_{-1} \\ t_{-2} \end{bmatrix}
=
\begin{bmatrix} t_0 \\ \dfrac{3t_0 - 4t_{-1} + t_{-2}}{2} \\ \dfrac{t_0 - 2t_{-1} + t_{-2}}{2} \end{bmatrix}
$$

这样，插值计算每个瞬时的相机积分时间，计算用参数 $[a_0, a_1, a_2]$ 每秒由输入速高比数据滚动更新。

10.3.2.2 "偏流角"数据服务

（1）像移的产生及其影响

在空间照相，对相机来说被摄目标的速度基本上是地球表面自转速度 V_e 和空间飞行器轨道速度在地球表面上的投影 V_s 这两个速度的合速度。

令目标速度折合到像平面坐标系上的像移速度为 V_p，将 V_p 在像面坐标系的 x 轴和 y 轴上投影，得到 V_x 和 V_y。V_x 称为前向像移

速度，V_y 称为横向像移速度，V_p 与 V_x 的夹角为 β，称为偏流角。

为了确保图像的质量，相机的像移补偿系统要对目标的像移速度进行补偿，如果没有偏流角，意味着像移速度仅仅在像面坐标系的 x 轴上。由于偏流角的存在，使得像移速度在像面坐标系存在两个分量：前向像移速度和横向像移速度，像移补偿系统需要同时补偿前向像移速度和横向像移速度这两个分量，来消除像移。像移补偿的一种途径是，首先旋转像面使得像面坐标系的 x 轴与像移速度方向尽量重合，实现偏流角的控制，然后在 x 轴上产生一个与像移速度值相等、方向相同的补偿速度，实现像移的控制，这就可以消除像移。换言之，偏流角控制本质上是为了消除横向像移速度，因此，可以说是相机像移补偿的一部分。

设偏流角控制系统的误差为 $\Delta\beta$，曝光时间为 T，则前向剩余像移量 ΔL_{p1} 和横向剩余像移量 ΔL_{p2}。分别为

$$\Delta L_{p1} = V_p (1 - \cos\Delta\beta) T$$
$$\Delta L_{p2} = V_p (\sin\Delta\beta) T \qquad (10-5)$$

从上式不难看出偏流角控制误差越大，剩余像移速度和像移量越大，对相机成像质量影响就越大。因此必须消除偏流角，以便相机能得到高质量的图像。

（2）像移补偿方法

像移补偿技术是高分辨力空间相机的关键技术，不同类型的空间相机有不同的像移补偿方法。但基本原理相同，都是采用两套控制系统。其一是偏流角控制，其本质是为了消除横向像移速度，使目标的像移平行于 x 轴方向；其二是利用走片或行扫速度补偿像移速度。

1）机械像移补偿法。机械像移补偿法的实质是在拍照瞬间根据影像的速度移动胶片，使影像在胶片上的像移量为零。这只有在胶片速度等于像移速度，并且胶片速度方向与像移速度方向相同才是可能的。

采用机械像移补偿法进行像移补偿时，需要两个机构来完成：

一是实时控制相机胶片盒转动，保持补偿机构带动胶片运动方向与像移补偿方向一致，即消除偏流角；另一个是控制胶片运动速度，在曝光时间内使胶片的运动速度与像移速度数值相等。

2）电子学补偿方法。这种方法是利用 TDICCD 行转移匹配能力而实现的一种补偿方法。TDICCD 采用的电荷延时积分方法，通过在像移速度方向上以像移速度同步的速度转移电荷，保证像移的补偿。TDICCD 只在列方向具有像移补偿能力，因此，这种像移补偿方法只有在 TDICCD 的积分时间与像移速度匹配，并且 TDICCD 列方向与像移速度方向重合才是可能的。

采用电子像移补偿法进行像移补偿时，需要两个机构来完成：一是实时控制相机的 TDICCD 器件转动，保持 TDICCD 列方向与像移速度方向一致；另一个是控制 TDICCD 的行转移速度，与像移速度匹配，完成像移速度数值上的补偿。

（3）偏流角控制

采用 TDICCD 器件摄像的图像传输式相机的总体设计中，相机是垂直地面工作的，TDICCD 列方向在像面坐标系的 P_1 轴上，P_1 轴相对于相机外筒的位置是确定的。

相机搭载的空间飞行器在 $300 \sim 450$ km 的圆轨道飞行，TDICCD 对地球表面的景物进行推扫成像。像移速度 V_p 在 $45 \sim 66$ mm/s 的范围之内。选择 TDICCD 像元尺寸为 $13\mu m \times 13\mu m$，级数为 96 级，行转移周期为 $0.29 \sim 0.19$ ms。

设行方向允许的最大剩余像移量 $\Delta L_{p2} \leqslant b/2$，偏流角调整精度为 $\Delta\beta$，根据上面的公式出：

$$\Delta L_{p2} = \Delta V_{p2} \cdot \tau \cdot N = V_p \cdot \sin\Delta\beta \cdot \tau \cdot N \leqslant \frac{b}{2}$$

$$\Delta\beta \leqslant \arcsin(\frac{b}{2 \cdot V_p \cdot \tau \cdot N}) \tag{10-6}$$

$$\Delta L_{p1} = V_p(1 - \cos\Delta\beta) \cdot \tau \cdot N$$

其中，b 为 TDICCD 像元尺寸；τ 为行转移周期；N 为 TDICCD 的级数；$\tau \cdot N$ 为曝光时间。

偏流角控制系统主要由偏流角控制器、偏流角功率放大电路、偏流角执行元件步进电机、偏流角测量元件—编码器、偏流角调整机构等组成。

偏流角调整机构由偏流角驱动装置和偏流角输出测量装置组成。当电机旋转时偏流角调整传动装置使得内筒相对外筒旋转，组成一个旋转轴系，以实现偏流角调整的功能。偏流角驱动装置总的减速比为 400。当内筒旋转时偏流角输出测量装置通过减速比使编码器输出的转角与内筒相对外筒旋转的角度相同。

偏流角控制系统的工作原理是：当偏流角控制器接收到相机控制器发出控制命令和偏流角计算值时，偏流角控制器读取偏流角测量元件—编码器测量出的偏流角测量值，计算偏流角偏差即偏流角计算值与偏流角测量值之差，如果偏流角测量值与偏流角计算值相等或偏流角偏差在容许范围内，则偏流角执行元件—步进电机不工作；当偏流角偏差不在容许范围内时，偏流角控制器判断步进电机转动方向，控制步进电机按减小偏流角偏差的方向转动一步，通过偏流角调整驱动装置，使相机内筒相对于相机外筒转动，偏流角控制器再读取偏流角测量值，再计算偏流角偏差，如果偏流角测量值与偏流角计算值相等或偏流角偏差在容许范围内，步进电机停止工作；如果偏流角偏差不在容许范围内，偏流角控制器控制步进电机按减小偏流角偏差的方向继续转动，直至偏流角偏差等于零或在容许范围内为止。

10.3.3　遥感器图像像元定位应用服务

10.3.3.1　系统几何校正技术

为了尽可能有效地提取信息，需要对遥感图像的几何变形进行校正。这些变形来自于遥感器的特征、卫星平台的运动、地球形状等因素。在校正过程中，将原始图像的像元重新定位到选定的参考网格中。这个过程包括三个步骤：

　　·选择合适的数学变形模型；

· 坐标转换和地图投影；

· 重采样。

一般采用的办法是，首先利用卫星模型方法，即将卫星位置、姿态、轨道、扫描几何特征、地球形状模型等信息用于生产"系统级"的校正产品；然后利用大量的地面控制点和多项式校正函数，进行象元位置改变，产生满意的校正效果。这种两步几何校正的方法，如图 10 - 7 所示。

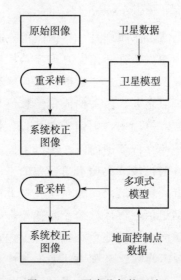

图 10 - 7　两步几何校正法

这种方法有如下不足：

· 该过程需要两次重采样，会导致不必要的图像质量退化；

· 任何可能阶数的多项式都不能校正局部地形的影响；

· 为了达到较小的残差，有时需要大量的控制点，并要求控制点分布均衡，通常情况是很难满足这个要求的；

· 不宜用于星上自动处理。

10.3.3.2　星上快速几何校正服务

作者在 1984 年处理我国国土星卫片的几何纠正中，提出"虚拟地面控制点"的几何校正方法，如图 10-8 所示。它是一种快速几何校正的方法，容易在星上完成卫星图像的系统校正，有效地服务于卫星图像的推广应用。它的基本原理是：

·挑选地面经纬度的相交点作为特殊点，称之为虚拟地面控制点（L_{ref}，B_{ref}），它对应图像的像元位置是（X_{ref}，Y_{ref}）；

·在轨利用卫星轨道、位置、姿态、遥感器工作原理等数据，实时计算这些地面特殊点的像元位置（X_{ref}，Y_{ref}）；

·一幅卫星图像上的所有虚拟地面控制点形成网格，分布均衡，与地物图像无关，只与摄像过程有关，避免常规地面控制点挑选的复杂过程；

·这幅虚拟地面控制点网格，随同原始卫星图像下传到地面，网格与图像覆盖后即可以立刻被应用，直接用于地物的初步定位分析，如果网格足够密的话，可达到满意的精度；

·如果应用方需要进一步提高精度，再引入真实地面控制点，可对虚拟地面控制点进行修正，精化后的虚拟地面控制点再用于重采样可获得更满意的校正效果。

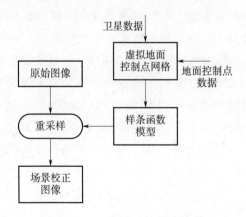

图 10-8　虚拟地面控制点几何校正法

显然，这种方法避免了上述两步几何校正法的不足，进而带来很多的优势。

　　为了达到一定的准确度，卫星图像系统几何校正要求知道精确的卫星模型和卫星运行参数。卫星的位置和姿态变化是非系统性的，对于各幅图像而言无共通性，并且数据量大。显然，在成像过程中，这些数据是随时间缓慢变化的，可以用时间为变量进行多项拟合。如

$$\alpha = \alpha_0 + \alpha_1 t + \alpha_2 t^2 + \cdots \qquad (10-7)$$

　　这些拟合系数还需要不断更新，以符合卫星实际飞行状况。所以，利用卫星运行实时获取的位置、姿态等数据进行更新，进行系统校正，是有益于校正的精度，有利于卫星图像的推广应用。但是，这些数据是庞大的、繁杂的。这表明在轨直接实施系统校正，不仅回避地面进行系统校正需要星上许多不熟悉的数据和机理，还提升了卫星本体对卫星用户的服务质量，减轻地面处理的人为困难和技术困难。

　　同时，在有了虚拟地面控制点网格后，将卫星原始图像和网格套在一起，卫星图像也就可以立刻被定位应用，不一定要等到"图像再采样"完成以后，延误即时应用。特别是，在战场上接收后，直接使用卫星原始图像，它上面叠加定位网格，有利于快速信息传送和使用。图 10-9（a）表示地面一个方格网图，由于卫片成像过程的种种因素，将出现如图 10-9（b）所示的各种变形的网。如果在变形的地物图像上叠加相应变形的网格，用网格四角点坐标双线性插值就可计算出地物坐标值。如：地物 P 点的位置可以由 A（$118°15'$，$38°20'$）、B（$118°20'$，$38°20'$）、C（$118°15'$，$38°15'$）、D（$118°20'$，$38°15'$）四点直接求得。令 P 点在左右两网线中的比例为 x，在上下两网线中的比例为 y，则 P 点的坐标为（$118°15' + x \cdot 5'$，$38°15' + y \cdot 5'$）。这种用于快速获取几何畸变图像的定位的方法，在野外工作是有益的。

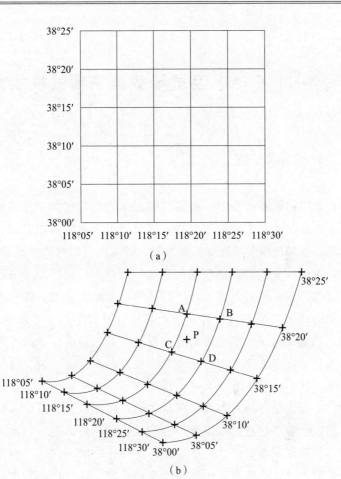

图 10 - 9　虚拟控制点

第 11 章　小卫星星载自主测试技术

11.1　概述

在卫星的研制过程中，必须进行大量的科学试验工作，用于检验卫星产品设计和生产的正确性，以便在卫星发射前纠正错误，确保卫星在轨能按预定的安排正常运行，获取需要的探测数据和图像。同时，也可以改进和控制产品的质量，提升产品的性能，进而改进设计，提升卫星研制的技术水平。这样，地面大量的、各种各样的试验和测试工作是卫星设计、生产和运行过程中的一个重要手段。因此，试验和测试工作是为研究、设计、生产和运行来服务的，并且从头到尾贯穿全部过程。从预先研究开始，直到发射，继而在轨生存全部期间，都离不开大量的试验和测试工作。这些工作涉及的经费、时间、物力和人力都是相当多的。因此，为了保证在设计和生产的各个阶段，能完成卫星产品的试验和测试，提出卫星的可测试设计。所谓可测试设计，是卫星产品设计时赋予它的一种固有属性，是现代卫星产品设计中的一个重要内容。它的目的是在系统设计和开发时就将测试性要求作为重要的一部分进行专门设计，以保证系统设计能够在后续各个阶段都能准确、及时、方便地检测和诊断出系统运行时出现的故障。

测试设计问题是随着外部测试和机内测试的发展而产生的。早期的设备比较简单，主要采用手工测试。对于较复杂的设备诊断，要用专用或通用测试设备才能完成故障的检测和隔离。对于有些重要系统和设备，则需要实时了解其运行状态，以便于有故障时及时采取相关措施。然而，外部测试设备不能总是伴随这些系统设备一起工作，而进行实时监测。所以，需要被测试系统本身具有一定的自测试能力，这就产生了嵌入式的机内测试。因此，复杂系统需要采用机内测试和外部测试相结合的办法，来达到完全的故障诊断能力。要进行机内测试，就必须把机内测试设备设计到被测设备中去。要进行外部测试，被测设备要能够方便地与专用测试设备连接，以提供充分的状态信息。这就表明，需要对被测设备和系统进行可测试性设计，即在被测对象内嵌入自测试设备和附加外测接口。

国外在复杂装备和航天器设计中普遍采用自顶而下的测试性设计，并通过 BITE（Built-in Test Equipment，机内测试设备）来实现测试工作。美国铱星计划和波音卫星工厂设计均采用了先进的测试性理念和规范的工程管理，通过测试性综合应用环境，实现了全寿命周期的垂直综合测试；消除冗余的测试，减少测试费用；实现测试系统的标准化和总体优化。国际空间站通过测试性设计还实现了自主诊断和"遥"维修的功能。从国外测试性设计成功案例分析来看，测试性设计必须尽早开始，测试性设计成功的重要基础在于采用严格的流程管理和并行工程协同工作。为了实施并行工程策略，应组建测试性设计团队，并相应地建立综合的测试性工作环境，为团队协同工作提供基础和平台。

国内开展测试性研究起步较晚，大概开始于 20 世纪 80 年代中后期，但近些年来进步很快。这主要体现在以下几方面：开展了较为系统的研究，发表了不少有关测试性方面的文章和研究报告；在重要系统和设备研制中提出了明确的测试性要求；开展了测试性设计分析工作，开发了测试性计算机辅助分析软件。

小卫星研制具有如下几大特点：一是研制和生产的时间短，测试周期不能过长；二是卫星在轨飞行，其故障修复极为困难，要求尽可能在地面剔除掉，不带问题上天；三是目前大多数小卫星都是太阳同步轨道卫星，卫星在轨过境时间较短，在轨期间如果出现故障时，需要能尽快诊断故障，并排除掉。基于这些特点，需要在小卫星设计时充分考虑单机测试的便利性、在轨诊断的有效性和响应速度、地面测试的完备性。因此，为了保证可靠性，在发射前，必须进行充分的测试；在轨运行时，也要不断地监测，当出现隐患时，自主地及时应对，延长卫星在轨寿命。目前航天领域的测试体系还是在地面上以产品的外部测试为主，即通过外部测试的覆盖率来确保发射的可靠性和安全性。随着航天技术向长时间在轨运行发展，对卫星的地面测试和运行中的在线测试能力提出了新的技术要求。一方面，由于型号技术复杂度增加，测试周期和发射准备时间缩短，要求地面测试能尽可能覆盖更多的状态，快速、准确、及时地诊断系统故障。另一方面，对卫星运行过程中的在线测试能力也提出了新要求，以保证系统的任务可靠性。要实现上述技术要求，就必须从卫星设计开始开展测试性的设计工作，将可测试性作为一个技术要求或约定写入各级产品任务书中，要求产品具有自诊断和外部诊断能力。

　　另外，小卫星在轨运行时，也需要不断测试，以便掌管星上设备的健康状况，提早预防事故的发生。特别是出现故障时，要尽可能详细地测试，并将测试结果下传，供地面专家决策，进行抢救，恢复卫星正常工作。这些表明卫星测试性具有重要性和常态化，表明卫星测试性具有监测和详测两种状态。为此，需要建立星内自动化测试的机制。常规卫星测试多数限于地面上的测试，在轨运行时，仅用常规遥测信号代替测试结果。这有时是不够的，缺少主动性，往往不易查找到故障的关键点。为此，小卫星星务系统利用自身的优势开展在轨自测试。这些优势表现在如下几个方面：

　　1) 利用星务的架构：星上网和内嵌式 MEU，实现整星测试和设备单机测试的结合。既可实现长期连续的监察性巡视测量，又可实现需要时刻的检查性详细测量。详细测量可以借用星上设备自身的内建测试能力，不需要整星另建测试设备，只需要在设备和星务主机之间添加测试结果信息传送的报文。

　　2) 在轨测试应该利用星务系统可控遥测的特点，利用同一个遥测通道的复用，当需要传送测试结果时，可暂停一部分不紧急的遥测数据。从而，扩大星上故障诊断用的信息量，有利于星地集成（结合）。

3）在轨测试还应该利用星务系统存储的历史信息，同样也是利用遥测通道的复用和下注内存数据的管理指令，在需要时可以查询。

4）同时，通过数传信道下传星上网总线记录信息也是在轨故障诊断的依据。

这样，星上建立了适当的测试环境，进行自动测试不仅是必要的，而且是可行的。在星上建立测试环境，进行自动化测试，我们称之为星上内建自测试。基于自动测试，星上才可能建立自诊断和健康管理，延长寿命。所以，我们将"内建自测试"划归星务管理的任务之一。它实现的技术基础是星务系统的可控遥测、星上网和MEU 的自主能力，并且没有新增过多的硬件开销。

我国小卫星，基于星务系统及其四个标准文档，构建了分层次、分阶段的统一测试架构。它利用星上网和智能设备机制，实现地面测试的自动化，促进地面测试辅助设备的标准化、模块化、通用化和软件化，简化地面测试设备，加快测试速度，提高测试可靠性。它也是利用星上网和智能设备机制，在星务的可控遥测支持下，可以在轨完成内建测试，监测卫星及其设备的健康状态，诊断故障和处理，保护卫星的生存能力。

11.2　小卫星的分层架构测试性设计

由于小卫星产品具有高耗资、高风险等特点，又由于它的研制过程往往是一个型号就是一个新产品。这就需要在卫星各级产品的研制过程中，采取一系列的技术和管理措施。在卫星产品的设计阶段内，就要同步插入测试性设计。这已经成为其可靠性增长的一项重要技术措施。通常，测试性设计可以通过三种方式实现。

11.2.1　产品设计和测试性设计同时展开

这需要由设计人员直接完成部件或组件的测试性设计和评估工作，最后由设备、分系统和卫星总体逐级根据测试性要求进行评估和审核，完成整个系统的测试性设计工作。这种方式的优点是由于设计人员对设计对象熟悉，设计反复少，设计周期短。但是，对设计人员的设计水平和测试性技术掌握的熟悉程度要求较高。前面所提及的美国铱星计划就是按照这种方式开展测试性设计工作的，其测试性设计在卫星研制的各个阶段都进行了严格的流程控制。铱星测试性团队认为，在早期就对测试性设计制定计划表，开展测试性设计工作，这对产品最终完成有着重要的作用，将产生巨大的影响。

11.2.2　产品设计和测试性设计反复迭代进行

这种方式是产品设计人员在完成原理设计后，由专门的测试性工作人员或独立机构进行测试性的建模、分析和评估，检验测试性指标的落实情况并给出改进性意见，改进设计后通过反复迭代过程完成产品设计和测试性设计。这种方式的优点是对设计人员的测试性技术要求降低，易于实行。但设计过程中，设计人员与测试性工作人员需要反复交互，设计周期较长。目前，国内常规卫星尚未系统地开展航天系统的测试性设计工作，设计人员对测试性设计技术还比较陌生，需要专门的测试性工作人员加入才能开展测试性设计。产品设计与测试性分析反复迭代进行是我国卫星产品开展系统测试性设计较为可行的技术手段。

通过产品设计与测试性分析反复迭代的方式进行测试性设计，产品设计和测试性分析被分解成同步进行、互相交互的两类不同工作，大大降低测试性设计中对设计人员和测试性设计辅助工具的要求。卫星的设计过程一般是从性能指标和方案确定、初步设计、详细设计到软硬件开发与试验。作为设计特性的一种，测试性设计也有一个与卫星设计并行的设计过程。

11.2.3　小卫星的分层测试性设计

目前，国内卫星的测试工作都是在卫星设计完成之后，甚至是在各分系统设备交付之后，才开始进行，而整星测试重心则集中在各设备的工作环境保证条件：供电电压、电流、温度，以及设备的遥测遥控通道的检查。显然，这是远远不够的，不满足各设备和分系统的需求。所以设计师都十分热衷于通过星表插头座从星上拉下许多外测用电缆，用于自家设备的专用测试。从而，整星测试的整体性丢失，各分系统围绕一颗卫星分别进行自家测试。测试结果由各分系统掌握，不能或很难形成整星质量状态的评估。这样测试虽有其发展过程的原因，但终归是不科学的，也会危及卫星的安全，诱发莫名其妙的事故。为了测试的独立性、安全性、整体性，在卫星的整星测试需要贯彻测试性设计。由于卫星产品的复杂性，不可能在卫星顶层进行全盘测试，否则会带来过多的、附加的测试专用环节。所以，小卫星的测试设计，包括地面测试和在轨测试，都应该基于星上网的分层测试性设计。分层测试性设计包括有两个层次，即整星层（或称为顶层）测试性设计和设备层（或称底层）测试性设计。

11.2.3.1　小卫星总体级的测试性设计

所谓顶层测试性设计是，将顶层整星测试任务安排为：测试过程的调度，测试参数、方法和判据的设置，以及结果的诊断。这三项任务的前两项，依托于星上网和 MEU 很容易就能实现，后一项，利用星务主机增补诊断软件也可完成，代价不高。因此，顶层测试性设计内容是：

1) 利用各种程序控制，安排测试过程的次序和激发因素；

2) 利用遥控上注，设置测试参数、方法和判据用的表单；

3) 建立测试任务进程，获取诊断结果。

小卫星测试性设计将上述两个层次融合在一起，在顶层产品设计的同时，就提出和协调对底层设备的"测试性接口"约定，并将这个约定纳入"四个标准文档"之中。在这些文档内，既规定了卫星顶层测试的数据格式，也规定了底层设备单机自测试的数据格式。基于这些文档，保证了顶层的测试性的可实现性。这些约定从顶到底规定了测试方法和手段，也符合当前我国小卫星生产的现状，既实现总体"集中管理"，又实现各设备的"分散操控"，达到卫星总体与设备之间的"协调"。这样做，适应于小卫星采用"开放式"的供货渠道现状，适应于小卫星快好省的原则，既实现产品设计和测试性设计同步，又容忍产品设计与测试性设计之间的迭代。

　　小卫星借助于星上网和设备内嵌入 MEU（智能接口），将整星构建成一个整体的网络计算机系统，借用计算机体系架构，很容易将卫星地面生产测试和在轨健康测试都融合于其中。因此，我们将小卫星测试系统划分成三个层面，即通信层、报文传送（操作工具）层和应用层，如图 11-1 所示。可以看出，基于这种小卫星的测试架构有如下的好处：

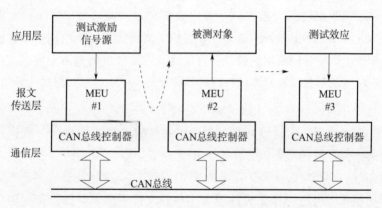

图 11-1　小卫星星务系统测试设备

　　1）容易实现星上内建测试设备，它不需要或很少需要增加星上测试用的附加硬件设备，只需借用星上已有的星上网和 MEU 来承担地面测试和在轨测试任务。

　　2）在地面测试时，只需将地面测试软件或测试过程设置表单，上注到星务主机，进行调度测试过程，从而可以简化整星地面测试过程和设备代价。

在轨的自测试，分成两种模式。其一为常规模式（监测模式），服务于卫星健康管理，监察各设备的健康状况，预防事故发生，进行一般故障自主处置。并且将健康状况保存留档，备查。其二为故障诊断模式（详测模式），当发生较大故障时，卫星转入安全状态运行，等待地面站上注详细测试软件或测试过程设置表单，进行测试、诊断和处置。在轨的两种模式自测试有利于提升星上自诊断的水平，容易实现天地间"人星的集成"。将地面专家的智能引入在轨的卫星之中并实现，这是卫星智能化的重要一大步。

小卫星星务系统基于星上网，将星上计算机群协同工作方式借用到测试工作中来。在进行某一设备的测试中，可利用另外设备空闲的计算机（MEU）作为激励源，譬如用内务下位机产生激励报文，通过 CAN 总线送该被测设备。星务主机作为测试效应的监视，三台计算机完成全部测试过程。计算机群的协同测试，容易满足测试的多样化、测试强度等要求。

11.2.3.2　小卫星设备级的测试性设计

所谓底层测试性设计是，将底层设备测试任务安排为驱动信号的生成和效应数据返回。当收到激活驱动信号的报文，由 MEU 产生激励信号，送相应主设备端口。效应数据包括：参数值、标志字符串和图像数据。目前在小卫星中，效应数据返回功能已经广泛使用。譬如，GPS 设备受到干扰时，噪声数据返回；遥感器测试背景图像数据的返回。至于激励信号使用还不多，在轨加入标准的激励信号来测试设备的健康情况不失是一个好办法。当然，这需要在设备层预置激励信号发生器，当 MEU 收到激活驱动信号的报文后，启动驱动信号生成。当然，底层设备安排的测试用驱动信号和效应数据，应该符合设备的自身需要，这是底层设备测试性设计的重要内容之一。底层测试性设计内容是：

1）接收驱动信号的激活报文，生成激励信号，送相应端口，驱动自家的设备；

2）接收测试类型报文，返回测试效应数据；

3）协调、遵循测试信息报文数据格式的约定。

11.2.3.3　星地对接检验和星务对接检验

分层测试设计完成后，必须进行正确性的检验，一般是采用两次对接的检验过程。

其一是星地对接过程，其旨在于确保卫星在轨时，地面站对卫星的测试和管控的正确性和能力，包括：星地通信渠道的畅通、数据格式描述的一致和信息理解的确定性。星地对接为卫星在轨测试和卫星管理打好基础，它是每个型号卫星发射前都必须施行的一项工艺环节，已经成为制度。

其二是星务对接过程，其旨在于确信星上网络的畅通、星务主机与各设备之间的通信协议数据格式的正确和稳定。同时也是对星上设备设计、制造的一次检查和审核，它是该设备是否可以交付的必要条件之一，是参加整星联合联和后续一切测试的前提。这个对接过程是小卫星的一个创举，它替代了传统卫星的"桌面"联试。过去，"桌面"联试是卫星研制的一个重要环节。星务对接的作用和地位是重要的，这已经被 30 多颗小卫星的研制过程所证实。目前，小卫星为加快研制进度需要一步跨进正样测试时，"星务对接"过程也是一项必须施行的工艺环节。星务对接工艺应该规范化，加大强度，它是一切地面和在轨测试的保证。

11.3　小卫星的测试方法和测试设备

11.3.1　小卫星自测试设备

利用星务系统的星上网和各设备内嵌入的 MEU，作为工具，可以构成星上自测试设备，如图 11 - 1 所示。可见在卫星总体层面上看，利用星务系统架构形成星上自测试功能，不需要增添过多的测试用硬件，仅利用现有的星上网和 MEU，再在星务主机中添加一套测试用软件即可。在设备层面，根据需要添加激励信号发生器，可以用软件方式生成；根据需要添加测试结果信息等，其中添加硬件成分也是有限的。

11.3.2　小卫星自测试方法

（1）自测试工作原理

依据预先设定的判据，检查 CAN 总线的流动信息，判断整星是否发生特别的事件，包括有输入和输出事件两大方面。

1）对外部输入的事件进行处理，检查事件是否发生特定的或异常的情况：

·检查遥控下位机是否有收到直接指令，有则监视其效果，即启动判断相应遥信指示是否改变状态，遥测数据是否变化到要求的范围内；

·检查在 CAN 总线上是否有间接指令传送，有则监视其效果，即启动判断相应遥信或遥测数据是否变化到正确的状态或数值范围内；

·监视各 MEU 发送的遥测数据是否在正常的范围内，超出后激活相应事件。遥测数据有两类：其一为阈值变量（8 位、16 位、32 位），其二为越限次数计数。

2）对内部遥测产生输出数据、信息进行分析，判断是卫星及其设备否正常工作，形成种种事件，并对他们进行分级处理：

·直接指令没有执行的故障处理、报警；

·间接指令没有执行的故障处理、报警；

·设备电源过压、过流故障处理、报警；

·设备温度超限故障处理、报警；

·蓄电池放电、过充故障处理、报警；

·其他故障处理、报警。

（2）自测试工作的内容

1）从遥控下位机发出的遥测数据中，如果星务主机检索到 #n

号直接遥控指令已经发出的信息，则获取监视与该指令相应设备的遥测数据是否变化的事件代号，激活该事件，等待该设备进行事件处理，处理结果从 CAN 总线返回星务主机的测试任务进程。

2）从 CAN 总线数据中，提取调度单元/其他下位机发出的间接指令的信息，并获取监视与该指令相应设备的遥测数据是否变化的事件代号，激活该事件，等待事件处理，处理结果从 CAN 总线返回星务主机的测试任务进程。

3）从相应下位机发出的遥测数据中提取关注的信息：

· 查找相关数据；

· 对于阈值变量，进行上/下限的比较，形成自测试结果（正常、超差）；

· 对于间歇量，进行更新状态/计数的判断（更新、未变、新数、增量）；

· 对事件处理的结果，返回星务主机的测试任务进程，送遥测或进一步处置；

· 如果需要，再由调度单元启动事件程控，对异常遥测数据诱发进一步处理。

4）根据需要（遥控或自主控制），激活对遥测数据中休眠的信息。

因此，完成全星的地面综合测试、在轨内建测试、在轨安全/健康管理、故障诊断和处理，在这里构建了一个"智能型卫星"。它是基于星上"计算机群"的"协同工作"，不是单机的独立工作。

（3）自测试过程的输入信息

测试过程的输入信息包括 CAN 总线的数据和事件判据（预设，可修改）。后者为设置，存于星务系统内，可以在轨修改。

（4）自测试过程的输出信息

测试过程的输出信息包括遥测数据和事件状态（状态旗标：Status_flag）。事件状态回馈，又形成自测试的新的输入信息。

11.4　小卫星自测试和诊断技术设计样例

以一小卫星作为设计样例，对小卫星星地一体化测试和诊断技术进行说明。

根据分层分级原则，将总线上的设备分为系统级设备（星务调度单元）和组件级设备（各个总线节点设备）。要求系统级设备具有对卫星进行综合测试、诊断和管理功能，部组件级设备对该部组件具有对所属本体设备进行详细的测试、诊断和管理功能。要求地面测试设备具有解析星上遥测和事件报警能力，并具有指令上注等功能。

1）系统级设备测试和诊断功能要求如下：

·具有星载重要参数监视能力，能给出报警和具有相应自主控制能力；

·具有对系统级事件的监督和执行检查能力，能及时记录星上发生系统级事件并传输给地面测试设备；

·具有启动星载系统级自动状态检查能力，能够迅速进行系统级自主测试并给出执行状态；

·具有系统级测试库进行在轨修改能力。

2）部组件级设备测试和诊断功能要求如下：

·具有部组件设备自身参数监视能力，给出自身健康状态并报警；

·具有对部组件事件的监督和执行检查能力，能及时记录部组件发生的事件并及时报告给系统级设备；

·具有部组件级测试库修改能力。

3）地面测试设备测试和诊断功能要求如下：

·及时解析星上状态，并给出相应提示；

·具有启动和停止星上系统级测试能力；

·具有记录传输下来的星上系统事件和部组件事件能力，并且具有解析星上事件能力。

11.4.1　基于星上网的系统级自主测试和诊断原理

小卫星系统级自主测试和诊断的设计方法是建立在星载信息总线基础上进行的。小卫星使用 CAN 总线作为测量、控制和管理总线，通过 CAN 总线将星上所有的控制和测量设备连接在一起，统一由星务主机进行调度和管理。星上用于标识设备和分系统运行状态、执行情况的所有遥测数据和部分载荷数据，都通过星上网络汇集到星务主机。用于控制设备和任务运行的所有数据和指令，也由星务主机通过星上网传送到相应设备或分系统。因此，通过星上网实现星载自主测试是可以实现的，它可以对被测设备进行信息激励和效应的反馈，从而实现闭环测试过程。由于星务系统采用的星上网加嵌入式的体系架构，因此，星务系统不需要增加硬件资源，仅需要增加一套自主测试软件即可实现。

基于星上网的小卫星自主测试技术的方法主要采用两种方式完成：

其一是被动型的方法。它是实时监视基于星上网的信息流的数据和这些数据的变化，来确定这些变化是否在正常的或者允许的范围内。

其二是主动型的方法。它是先给被测设备一个或一组具体的外部激励，通过测量被测设备对这些外部激励的响应情况，来分析被测设备在各种状态下的运行情况。小卫星的这些激励，绝大部分都可以通过测试指令来模拟。

11.4.2　基于星上 CAN 总线的自主测试技术主要功能

对于系统级和部件级自主测试的功能，基本上是一样的。它们主要有：

· 上行指令的自主测试功能：对上行的间接指令采集相应的遥测数据，并依照给定的判据，判断指令是否正确执行。

· 遥控直接指令的自主测试功能：星上收到直接遥控指令后，在遥控下位机给出遥测数据，查找相应的遥测数据，并依照给定的判据，判断指令是否正确执行。

·指定任务的自主测试功能：对一个给定的测试任务，星务主机（测试调度机）自主发送相应的测试指令，测试完成后给出测试的结果。

·卫星重要参数的监视功能：实时监视卫星的一些重要参数的变化范围，给出这些参数的健康标识。

·卫星温控状态的监视功能：判断星上温控功能是否正常。

·卫星各设备的示性状况的监视功能：判断星上各设备自检功能是否正常。小卫星采用分层自主测试。设备级的自主测试结果，通过其遥测数据中的设备"示性字"表明该设备的健康状况和运行模式。如果该示性字合理，表明设备正常工作，设备底层自测试通过，否则转对该设备的进一步测试。

11.4.3　基于星上网的自主测试实现

11.4.3.1　直接和间接指令测试库

基于星上网的自主测试方法是通过对星上网指令和数据进行分析，识别星上网数据型指令产生激励后的变化，并进行分类。卫星上的数据型指令，可以按照被测对象激励变化分成两种：增量型指令和阈值型指令。

·增量型指令是指该指令被执行后，相关设备的星上网数据在原来的基础上增加或减小一个具体范围的值。比如设备开机指令被执行后，电源负载电流是在原来的基础上增加一个具体范围的值。

·阈值型指令是指该指令被正确执行后，相关设备的星上网数据变化为一个具体范围的值。比如设备开关机指令被正确执行后，星上采集的该设备的电源电压就是一个具体范围内的数值。

所有的数据型间接指令的激励对象都可以分为以上两类或该两类的综合。因此，可以根据指令激励后的被控对象的变化分为两个指令库：增量型指令库和阈值型指令库。

·增量型指令库主要包含：被测指令代码，以其指令执行后，被测对象的星上网数据的增量范围。

　　·阈值型指令库主要包含：被测指令代码，以其指令执行后，被测对象的星上网数据的阈值范围；上述增量型指令和阈值型指令库都可通过地面站上注数据块方式进行修改、增加和减少。

11.4.3.2　运行任务测试库

　　建立星上自主测试任务库，实现对指定任务的设备、分系统以及整星的系统运行情况测试。为完成指定的测试任务，往往需要去执行一组具有内在关联的指令，如果每条指令的执行结果都符合设计预期，则最后的测试任务就能正常完成。因此指定任务的自主测试实际上是基于单条指令组合的自主测试。

　　为了完成指定任务的自主测试，星载自主测试软件提供一个自主测试任务库，该数据库中包含：任务名称、每个任务的一组数据型指令代码，以及这些指令的开始执行时间。这个自测试任务表也可以通过上注数据的方式来更改、增加和删除。

11.4.3.3　基于星上网的小卫星自主测试技术

　　基于星上网的小卫星自主测试技术的总体思路框架图如图 11-2 所示。

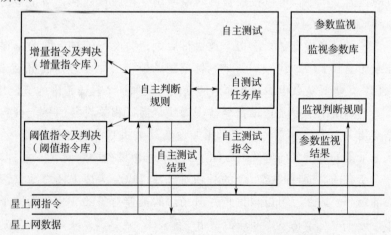

图 11-2　基于星上网的自主测试技术原理框图

（1）重要参数监视

重要参数监视功能主要用来实现实时监视基于星上网的小卫星的重要参数。它通过星上网实时获取监视的参数数据，根据参数监视表和监视规则，做出参数是否正确的判断，并将结果实时通过总线传输给星务主机进行遥测下传。所监视的参数由监视参数表单给出，其中包括有数据代号和正常值范围。该重要遥测监视表可以通过地面站上行注入数据进行修改、增减和减少。

（2）遥控指令的自主测试

对于一条数据型指令，其被激励对象即可能是增量变化，也可能是阈值变化，因此一条数据型指令，既可能是增量型指令，也可能是阈值型指令。针对这种情况，采用的方法是分别判断其作为增量型指令的执行情况和作为阈值型指令的执行情况，然后将两个结果做"与"操作，得出最终的执行结果。即两个都执行正确时，最终结果才正确。如果执行不正确，还能给出是哪个相关的网络变化。

对于增量型指令的自主测试方法如下：星载自主测试软件实时获取星上网络中的数据，将增量型指令库中相应的指令代码数据与获取的数据进行比对；同时一直监视星上网络中是否有该增量型指令发送出来；如果有，则立即转入该指令的效应数据比对，等待该数据的到来，判断出该增量型指令是否执行正确，如果不正确，在等下一组，最多等三组；如果三组数据都不正确，认为指令执行不正确，给出指令未正确执行的标识；如果三组中有一组正确，则认为指令执行正确，给出执行正确标识。

对于阈值指令的自主测试方法如下：星载自主测试软件实时获取星上网中的数据，一直监视星上网络中是否有阈值型指令发送出来；如果有，等待该阈值型指令相对应的星上网络数据的到来，获取最新的网络数据，依据阈值指令判断规则，判断出该阈值型指令是否执行正确，如果不正确，再等下一组，最多等三组；如果三组数据都不正确，认为指令执行不正确，给出指令未正确执行的标识；如果三组有一组正确，则认为指令执行正确，给出执行正确标识。

（3）指定任务的自主测试

对给定任务的自主测试方法如下：由遥控或程控启动指定的某组测试任务，同时开始计时；该组测试任务开始后，将任务中的指令的开始执行时间与当前时间比对，时间一致时，将当前时间对应的指令通过星上网发送出去，星载自主测试软件检测到该条指令后，转入总线监视，判断该指令是否被正确执行。如果该条指令被正确执行，继续将当前时间与下一条指令的时间进行比对，时间到时执行下一条指令，直到该组任务最后一条被正确执行完毕，然后关闭自主测试任务，并给出该组任务正确完成的标识。如果该组中有任一条指令未被正确执行，则暂停该自主测试任务，给出该组测试任务未正常完成标识，以便专家系统诊断。

基于星上网的小卫星自主测试技术是一种能够较高可靠性、较少人参与的进行地面自主和在轨自主测试的小卫星测试技术。它依托星上网，在目前小卫星星务系统技术的基础上，不需要增加额外的硬件，不需要对目前小卫星体系结构作大的改变的情况下，完成小卫星的自主测试。

第 12 章　小卫星制造的一种技术

12.1　引言

　　航天技术是人类探索、开发和利用太空及地球以外天体的综合性工程技术，是现代最重大的科学技术成就之一。随着航天科技的影响，在当今民用领域、军事领域、科研方面发挥出越来越重要的作用。人们对卫星需求的增强，导致了卫星数目的快速攀升，给卫星研制工作带来了巨大的压力。卫星过去这种"稀罕之物"现在有了广泛的需求，更多的卫星将出现在天空。"多、快、好、省"而不仅是"更快、更好、更省"地开发卫星产品是指日可待的事情了。只有将卫星产品纳入工业化生产方式，它才能因"多"而下降成本，加快上市节奏，确保性能。因此，开发小卫星的工业化制造技术是小卫星发展的急需，特别是工业化的柔性制造技术。

　　长期以来，卫星产品不是处于生产状态之下，而是停顿于研制状态之中。它们都采用"一星全流程"的研制模式，这种模式需要花费大量的人力、物力、财力和时间。所谓"一星全流程"是指，每颗星都生产自己专有的文档、硬件、软件，都进行自己专有的检查、测试、实验，都遍历卫星研制的全过程。在这种模式中，由于硬件设备规格不统一，卫星难以实现快速集成，又由于体系架构上的不同，软件难以在不同卫星上通用，每颗卫星都需要独立研制专有的星载软件和测试设备，造成卫星成本过高。同时，硬软件研制流程又是串行的，软件开发过程滞后，使整个研制过程延长且容易造成软件开发不完善带来卫星的失误。这些都带来当前卫星研制工作与卫星应用需求不相适应。

　　为此，目前国内外进行了卫星制造技术的研究，对卫星研制流程进行再造，以满足卫星应用的数量和多样性要求。下面简要介绍由美国空军实验室提出的"即插即用卫星"和由我国东方红卫星公司提出的"星务小卫星"这两种新的卫星制造技术，并对它们进行比对，阐明其中的异同。

　　即插即用卫星　2004—2010 年美国 AIAA 提出基于"即插即用"技术的卫星制造方法。它的特点是，首先制定一套完整的标准，以此指导上游厂商研制、生产适应"即插即用"技术的各类单机设备，然后由卫星集成商按需采购标准单机进行快速集成，实现 6 天的时间内集成卫星出厂。AIAA 使用 10 个标准和指南来约束相关厂商，生产对口的单机产品备用，从而构建了一串完整配套的、相互制约的生产链，如图 12 - 1 所示。它类似 20 世纪 90 年代国际电脑市场出现的经济、快速和可靠地组装电脑和电脑配件的生产方法。按此方法生产的卫星称之为即插即用的卫星（Plug - and - Play Satellite，PnPSat）。

　　星务小卫星　2004—2008 年由我国航天五院自主研发基金资助的东方红卫星公司开发的基于第三代星务系统技术的卫星制造方法，它是一种"适应于工业化生产"的小卫星制造方法。它的特点是，首先在国内外开放式采购合适的市场现有的商品，作为星上单机设备原始产品，称之为 OEM（Original Equipment Manufacturer）；然后由东方红卫星公司按小卫星建造规范对 OEM 进行"包装"，加入 MEU（设备管理执行单元）等附件，形成货架产品（即星上设备 IEM＝设备本体 OEM＋MEU 等），入库备用；当接到定单（下达任务）启动生产时，从货架上调用部件产品、文档，进行自动化设计、组装、测试，在最短时间内完成卫星出厂交付。东方红卫星公司使用芯片级 MEU 和四个通用文档，对市场现有产品进行"包装"改造，成为星上最终产品——电子集成模块（IEM）。这样，它采用了通用的"工业化生产的过程"：采购备料＋验收入库＋柔性生产。这里的柔性是指，适应卫星单件生产的意思。开放采购、二次"包装"、柔性生产的工厂制造流程，如图 12 - 2 所示。由于开放方式运转，避免货源受阻，可以获取低价优选产品；由于软硬件接口二次再造，具有更大的灵活性和适应性。它类似如工业产品的生产方法，是星务系统理念的推广。按此方法生产的卫星称之为星务（Xing-Wu）小卫星，简记为 XWSat。由于采用工业化方式生产，故有时也称之为批产小卫星（Batch - Process Satellite，BPSat）。

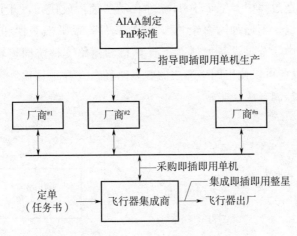

图 12 - 1　PnPSat 的生产链

　　这两种方法都可以实现"更快、更好、更省"的小卫星制造原则。它们的外界条件不同，所以实现途径也不同。但是，它们的核心技术的起点都是相同的，都是采用了内嵌式微计算机技术＋星上网络技术。正如星务系统的定义那样，星务系统＝内嵌式技术＋星上网。而即插即用卫星是"多个智能设备实现互联"，智能设备就是以内嵌或外置计算机为标志。在网络和内嵌式两项技术基础之上，各自发挥其创造力，实现快速上市、低成本出厂、优质服务运行。基于此两项技术，才有 PnPSat 的自识别、自配置、自组网、XML技术应用等新鲜技术和软件创新概念；同样，也才有 XWSat 的统一硬件、统一软件、统一接口、整体控制、智能管理、工业化柔性生产等新概念。

应该指出，2000 年五院第一颗小卫星已经提出"即连即用"的制造理念。当引入"公用机箱"概念之后，才跟进为"即插即用"的制造理念。其实，这两个理念的内容是一致的，所以 XWSat 也是一种具有"即插即用"能力的小卫星。

还要指出，PnPSat 的即插即用意指：在整星制造和运行中，基于智能软件，自注册、自识别、自组网。而 XWSat 的即插即用意指：在制造过程中，基于 4GL 软件自动快速生成代码，并且尽量减少代码长度，不增加"多余物"，提高软件产品的安全性和可靠性；在轨运行中，全星设备群体基于计算机和网络支持协同运转，需要"插拔"设备可以使用网络形成的"多路径"、"异地存储"等各种自动或远动控制方法来实施。

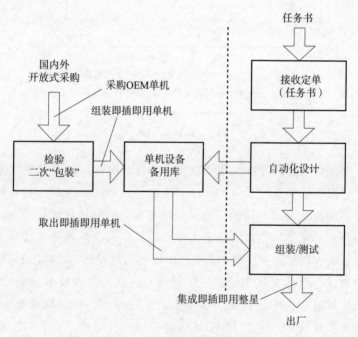

图 12-2　XWSat 的集成制造流程

12.2　即插即用卫星（PnPSat）

12.2.1　概述

从 20 世纪 60 年代以来，快速、可靠地装配航天器的愿望已经成为一大挑战。20 世纪 90 年代，国际电脑市场出现了可以快速、可靠地组装电脑和电脑配件的技术，这就是即插即用 PnP（Plug - and - Play）技术。现在，这项技术已经可以服务于任意的现代地面计算机系统。

美国较早就开始着手研究将 PC 机领域的即插即用技术进行扩展，希望将即插即用技术应用到航天领域，实现航天系统的快速、低成本研制、发射与运行，并且取得了一系列成果。2004 年，美国空军研究实验室（AFRL）为解决空间平台的快速设计、制造、装配与集成等快速响应问题，正式开展作战响应空间（Operationally Responsive Space，ORS）计划，利用空间即插即用技术对航天器内部设备进行优化重构，实现航天器更快的响应能力。2007 年，美国空军研究实验室和瑞典国防装备管理局（FMV）联合展开了基于微小卫星平台的即插即用架构 NAPA（Nanosatellite And Plug - and - play Architecture）的研究。美国空军研究实验室开发形成了卫星模块化即插即用接口设计标准：空间即插即用电子系统（Space Plug - and - Play Avionics）标准。随后，美国航空航天学会（American Institute of Aeronautics and Astronautics，AIAA）专门成立了空间即插即用架构 SPA（Space Plug - and - Play Architecture）标准委员会，致力于研究和讨论将即插即用技术应用于小型航天器和空间环境的技术方法。AIAA 的目的是，用空间即插即用架构（SPA）指南和相关的技术标准，来占领技术通道，为了使各种计算机 PnP 性能适应于小型飞行器和空间环境。该委员会初步确定了 10 个关于即插即用架构的标准，并于 2011 年间，分两次发布了所有 10 个标准草案供公开讨论，并期待这些标准能够在 2020 年前被 AIAA 标准执行委员会采纳。这些标准提供航天器平台、子系统和组件（包括有效载荷）的开发指南，开发商将即插即用的特点引入到航天器、航空电子、硬件和软件组件中，促进其快速整合。按 SPA 架构生产的卫星称之为即插即用卫星（PnPSat），有时也称为 SPA 卫星。

SPA 的首要目标是为了能够在几天时间内完成整个卫星系统的研发。基于空间即插即用架构，允许航天器模块间通过计算机接口协议，透明地构建和传输信息，减少容易出错的人工介入，加快系统的集成进程，即采用电子配置/自组织方法，来完成航天器的快速构建。此外，航天传感器和传动装置的安装也不限于特定的和预先安排的位置。因此，SPA 架构完全支持以"按单点菜"方式进行自动化设计，构建包含任意类型传感器和传动装置的复杂系统。这种自配置/自组织的系统构建方法，不但使系统易于扩展和更改，而且使网络更加强健，可以避免因自然或蓄意攻击而引起的部件失效。

2012 年 AIAA 发布的与空间即插即用架构相关的标准集合：
- 空间即插即用架构标准发展指南；
- 空间即插即用架构组网标准；
- 空间即插即用架构逻辑接口标准；
- 空间即插即用架构物理接口标准；
- 空间即插即用架构 28V 电源服务标准；
- 空间即插即用架构授时标准；
- 空间即插即用架构数据本体标准；
- 空间即插即用架构测试旁路扩展标准；
- 空间即插即用架构子网应用标准；
- 空间即插即用架构系统能力标准。

AIAA 的空间即插即用架构标准集提供了一套通用的描述方法：它以数据为中心的飞行器模型，用来形成飞行器载 PnP 网络，通过各种观点清楚地表明它们如何工作；它采用一个形象具体的公共数据字典（CDD），描述一个通用的本体时，所以能够存在一组稳定的术语，避免人为误解；它采用设备之间的接口描述，简化设备级 PnP 的实现。注意，随着 SPA 概念的不断发展，空间即插即用架构标准集也在不断地增加新的内容。

12.2.2　SPA 目标、概念、原理和结构

12.2.2.1　主要目标——快

SPA 标准集的作用是，对于小型航天器而言，企图降低设计、制造、集成和测试进程的代价。SPA 主要目标是能够实现使所有卫星的开发阶段以数天代替数月和数年。以目前的技术和标准为基础，一般要花费几个月甚至几年的时间来整合完成一颗小卫星。这些花费往往是，为了"放心"，进行接口方面的、低层次的、重复性的开发工作。

为了减少接口层面的重复开发工作，在 SPA 内部，设备间的接口都经计算机处置过，使得每一个复杂的卫星的设备，都透明地提供信息，从而加快一体化进程，减少或消除容易出错的人与人之间的理解。电子化的自配置－自组织保证了快速建造空间飞行器。此外，执行机构和传感器在飞行器位置可以适当地调整，不限于特定的预先确定的地点，回避设备布局上的冲突。在地面电子行业，这种性能被称为"即插即用"（PnP）。该方法充分支持按单点菜，构建任意复杂的任何传感器或执行器类型的布局。自配置－自组织使网络不仅容易扩充和修改，而且对部件失效具有健壮性，无论是自然原因或蓄意攻击。即插即用预期的效果，超越航天器制造，增加卫星的部件的制造效益。经过生产数十至数百个单位规模后，规模经济和非重复工程摊销费用（包括重复设计、测试和认证）可以从根本上改变了卫星制造和集成的盈利能力。在一个较低的价格下，很快地将卫星订单变成结果，生产者可以获得更好的利润空间。

随 SPA 概念提出，产生了一组内部传输协议。这套 SPA 指南的内容，将重点放在本体的标准化，使用 xTEDS 建立部件（硬件和软件）的通信接口、SPA 消息的逻辑流程、SPA 网络的功能，将现

有数据传输标准加以利用，从而形成即插即用的信息接口。SPA标准实现包含有物理接口的架构。

当然，没有标准的SPA（空间即插即用架构）可以在任何小型组织内实现，但拥有广泛基础的SPA实现需要标准来支撑，使得部件/载荷供应商之间可以进行广泛的互操作，可以降低部件供应的接口成本，将兼容部件快速集成用于配置/再配置为航天器。

SPA标准可以促进部件供应商之间的理解，消除卫星快速部署障碍。符合SPA标准的部件可以在整个SPA系统内实现完全互操作，这将允许卫星设计人员根据任务需求快速设计、模拟在轨运行，在必要时调整设计，在装配前验证设计的可行性。

12.2.2.2　基本概念——封装

即插即用概念是最早用于计算机领域，意在将复杂部件的内部结构封装起来，对外只显示简单的数据、通信、机械接口，实现部件的标准化生产。空间即插即用技术就是希望将即插即用技术引入到航天领域，实现航天器的快速制造、装配、集成与测试，并减少研制费用，实现航天器组件的简单组装、重复使用及在轨更换等功能。

SPA（空间即插即用架构）就是PnP（即插即用）在空间应用的一个体现，在该架构下的设备和网络有以下特点：

·在SPA架构下，任何设备都被视为"黑盒子"，卫星无需详细了解设备具体的实现方法，所有设备都通过数据表单的方式进行自描述，并且电源、数据、同步等信号都被集成为统一的接口。

·在SPA架构下，设备通过互联形成网络，设备之间通过消息进行通信，网络具有自组功能，可以自动的了解设备情况并把它们组织在一起协同工作。

12.2.2.3　核心技术——自配置－自组织的网络管理

SPA的网络管理的核心技术：将网络系统中的设备定义为数据生成节点或消费节点，当系统添加设备时，设备向查询服务注册其功能。一旦系统捕获该注册信息，任何有数据需求的设备都可以向查询服务请求可用资源，然后接收与之匹配的信息。随后，设备可以直接联系任意或所有匹配设备，向其提供订阅数据或使用数据服务。

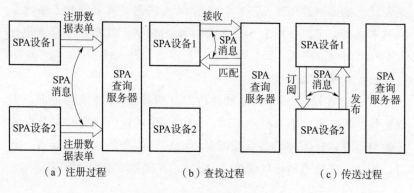

图 12 - 3　SPA 的核心概念

根据 SPA 网络管理的核心概念可以总结出一些基本服务，它们是：

·设备检测：为了能够构成自组网络，SPA 卫星必须能够在任何时候检测到添加到卫星的硬件或软件。

·设备注册：一旦卫星检测到网络已经添加设备，必须有一种机制自动把设备注册到网络，包含将设备产生的或要消费的数据传播到网络中。

·设备自识别：SPA 设备必须向卫星提供设备功能相关信息。

·指令/响应消息：SPA 设备发送 xTEDS（XML Transducer Electronic Data Sheet）定义的指令消息，启动一个活动，如条件合适，已启动设备发送一个 xTEDS 定义响应消息。

·发布/订阅消息：SPA 设备依据预先约定的发布周期按需发布数据消息。

·识别设备失效：当有活动订阅者的设备不能够提供被请求数据时，SPA 卫星可以检测到，以便找到替代数据源。

·卫星检测设备状态：SPA 卫星检测设备状态（完全运行、联系失效、设备失效）。

在开发空间即插即用技术时，需要考虑航天器设备的特点、要求和约束，如对空间环境的容错性能、时间同步要求、高能量传输、无驱动式的即插即用等。所以，根据 SPA 的网络管理的核心概念及其基本服务，可以归纳出 SPA 的基本能力如下，其旨在于有效地开发 SPA 各种标准。

（1）标准化物理接口

SPA 标准规定 SPA 网络部件应符合明确的 SPA 硬件标准，实现完整的机、电、信号标准接口。SPA 设备不仅需要支持对数据的传输与管理，还需要具备管理能量、时间同步和测试性的能力。通过设计嵌入式传感器接口模块（ASIM）兼容支持非 SPA 设备。

（2）自组网络

SPA 网络寻址和路由表采用自配置方式。当设备添加到网络时，动态创建 SPA 网络。在卫星集成时，在任何可用位置，任何 SPA－X 兼容设备都可以与相同类型的 SPA－X 网络连接，并被分配唯一的 SPA 地址。并且 SPA 可以支持异构网络，网络可以包括至少一个 SPA 本地连接网络（SPA－L）和任意数量的 SPA 子网络（SPA－X）。

（3）标准化消息

SPA 网络采用预先定义的标准化格式消息实现自发现过程。在 SPA 系统内，支持接口的硬件设备和支持接口的软件应用程序几乎没有差别。在系统扩大和运动时，使用标准消息交换部件内的数据和信息。这一整套 SPA 消息在 SPA 逻辑接口标准中进行了详细定义。

（4）查询服务

SPA 部件在不知道物理地址和其他系统部件的情况下，采用 xTEDS 与其他 SPA 部件相互协调、共享数据、发现资源并提供资源和服务。SPA 部件注册后，它们可以作为数据用户提出查询服务，标准接口的"修饰语"可提供额外信息以缩小查询的范围，用户可以订阅满足其搜索条件的提供者消息。

（5）SPA－X 接口

SPA－X 是所有能够在 SPA 系统中使用的数据通信协议的通用标识，最早能够在 SPA 系统中使用的协议包括 USB 和 SpaceWire。为了适应实时嵌入式操作系统和空间环境，需要对基础协议进行扩展。由此每个具体的 SPA－X 传输标准都源于改进的数据传输标准，如 SPA－U 和 SPA－S（分别源于 USB 和 SpaceWire）。只有符合选择的 SPA－X 子网标准的相同类型设备才能在 SPA－X 网络中被识别出来。

（6）自描述部件

为了自描述 SPA 部件接口，SPA 部件采用了基于 XML（Extensible Markup Language）的电子数据描述表单（XML Transducer Electronic Data Sheet：xTEDS），使用通用数据词典 CDD（Common Data Dictionary）描述数据产品。

12.2.2.4　架构模型——分层结构

现有两个常用的参考架构，它们是开放式系统互联（OSI）参考模型和空间数据系统的（CCSDS）参考模型，这两种架构模型都从各自视角创建了具体的抽象概念。SPA 是从数据为中心的角度建立的，不能把 OSI 或 CCSDS 模型直接映射到 SPA，但可以从架构的模型层进行比较，了解 SPA 有价值的信息，形成 SPA 标准和要求。

（1）OSI 模型与 SPA 模型比较

尽管 SPA 和 OSI 角度不同，但也可以给出 OSI 与 SPA 之间的联系纽带。图 12-4 给出 SPA 和 OSI 模型层对比。

OSI 构成 7 层模型：物理层、链路层、网络层、传输层、会话层、表示层、应用层。它们是从网络功能上研究网络的结构，充分体现出网络系统的复杂性。网络功能的分层结构概念，是实现网络的完整设计概念。"层"的含意是指，系统中能提供某一种或某一类服务功能的"逻辑构造"。在一般应用中，常常将会话层和表示层合并到应用层，形成简化的五层模型。

SPA 参考模型各层分述如下。

1）任务层：用于实现某些特定目的的系统，它使得用户无需了解系统内部信息即可与系统相互作用，譬如遥感系统、导航系统、广播系统等。

2）功能层：将系统任务目标分解为相应的功能，如：任务管理、载荷管理、平台管理。

3）应用业务层：为完成任务系统的功能而执行的应用，如：调度、命令、监测、任务请求、姿控、轨控、供电、温控、载荷控制等。

4）支持服务层：为完成系统应用的所需的资源或活动提供数据，如计划调度、软件和设备配置管理、卫星数据管理、任务管理、设备管理、数据库、操作系统等。

5）协议层：包括有支持即插即用的传输协议，描述设备/服务信息的 xTEDS 数据表单和其他标准协议，为任务系统内应用与服务提供数据交换的方法和格式。所谓"协议"是完成信息交互的协调工作所遵循的规则或约定。

6）设备层：由卫星的各种硬件设备构成，为上层模型提供物理单元的数据支持。

它们是以数据为中心，对星载设备的功能抽象描述的分层结构。从下到上，各层对设备接数据进行抽象化、简单化、标准化，将厂家原始数据经计算机处理变成规范数据，以适应即插即用。

SPA 构成 6 层模型。前 5 层逐层进行模型细化，这 5 层合并在一起，按数据传送过程将即插即用看成为一个通信网络，它又分成消息传送、网络管理、即插即用协议、即插即用接口，将其对应于 OSI 简化 5 层模型的物理层、链路层、网络层和传送层，再将应用程序（软设备）和硬设备对应于 OSI 的应用层。这样 OSI 与 SPA 模型比较，如图 12-5 所示，可以将 SPA 标准很好地映射到 OSI 各层。从而，能很好地理解 SPA 标准。SPA 设备利用网络将设备的数

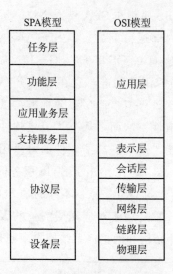

图 12 - 4　SPA/OSI 模型层对比

据分层抽象化、标准化，达到即插即用的目的。

OSI	SPA	
应用层	设备： 动量轮 太阳帆板 推进装置 星敏感器	应用程序： 姿态控制 轨道控制 保护 遥控遥测 电源管理
传输层	SPA消息传送	
网络层	SPA子网管理器：SM–S、SM–U、SM–I	
链路层	SPA–X协议：SM–S、SM–U、SM–I	
物理层	SPA接口：SpaceWire、USB、I2C	

图 12 - 5　SPA/OSI 映射

（2）CCSDS SOIS 模型与 SPA 模型比较

为解决航天器内部通信问题，CCSDS 于 2007 年发布了关于空间数据系统标准报告（CCSDS 850.0－G－1）。航天器星上信息系统（SOIS）定义了即插即用的功能，它在 OSI 分层架构的应用层下附设了一个服务子层，执行卫星底层服务标准，以实现上层软件的高可通用性和高可移植性。从而，规范了卫星软件开发过程，降低了上层软件的编写难度，极大提高了软件的可重用性，降低了卫星研发成本和研发周期。图 12-6 给出了 SOIS 服务标准的结构。从此图可见 SOIS 架构基本上与 OSI 一致，不同的是 SOIS 在应用层中加入应用层的服务接口。它是用于对应用层的公共服务，企图把应用软件与卫星的底层拓扑结构和通信体系结构隔离开来。

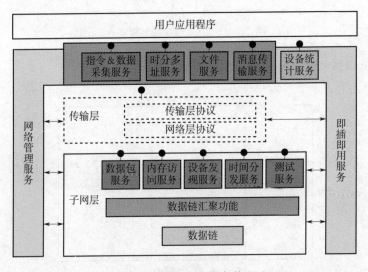

图 12-6　基于 SOIS 服务的 SPA

· 代表服务接入点

从图 12-6 可以看出 SOIS 各层添加的服务，使得它容易实现即插即用功能，是一种不错的办法。

12.2.2.5　关键方法和工具

归纳以上内容，将计算机领域的即插即用技术引入航天领域，实现各子系统、有效载荷的模块化设计与制造、空间平台的快速装配、集成、测试和发射，需突破以下关键技术：

- 基于 XML 的消息传递和自描述表单：xTEDS（XML Transducer Electronic Data Sheet）；
- 符合 SPA 标准"黑匣式"即插即用卫星部件：ASIM 模块；
- 符合自组网络需求的系统管理软硬件；
- 包含测试旁路和半实物仿真功能的测试工具；
- "按单点菜"或按钮化操作的卫星自动化系统设计工具。

12.2.3　SPA 标准

SPA 的研发研究形成了一套标准，它为创建能够连接 SPA 卫星系统的软硬件提供了标准化参考。它们被归为 2 类：一类是适用于所有 SPA 系统和部件的通用标准，一类是具体应用相关的标准，允许有多种 SPA 应用，以满足更大范围的需求。

12.2.3.1　SPA 系统能力标准

SPA 系统能力标准建立了 SPA 核心概念、SPA 系统服务和SPA 系统基本能力之间的联系。SPA 基本能力是 SPA 系统必须要有的，源自于核心概念的特殊要求。能力文件的每个要求都被映射到SPA 标准中，反映在 SPA 系统一般性能力、标准接口能力、即插即用能力、电源能力、容错性能力、测试能力、授时能力、网络能力、安全性等共 9 个方面。

12.2.3.2　SPA 数据本体标准

SPA 数据本体标准以 xTEDS 为中心，SPA 系统使用的每个硬件设备或软件应用程序必须有一个相关自描述电子数据表格，它可以充分向系统其他部件解释部件（设备或应用程序）。xTEDS 描述了所有具体部件接收的指令、生成的变量和部件传送的数据消息。

它充分描述了部件提供的服务或数据，代表访问这些服务或数据的完整协议。本标准建立了 xTEDS 的格式和允许的术语，以与 SPA 卫星系统内每个部件相容，从而定义部件的具体数据接口。xTEDS 利用 XML 格式给数据表格提供控制方案语言，允许用户依据 SPA xTEDS Schema 和 W3C XML Schema 定义组成部分。

　　xTEDS 使用可扩展标记语言（XML）给数据表格提供控制方案语言，允许用户依照 SPA 成熟 xTEDS Schema 和 W3C XML SCHE-MA 定义组成部分。准备用于 SPA 实现的所有 xTEDS 都要使用"验证 XML 分析器"来确认符合 SPA xTEDS Schema 和 XML Schema。

　　为了简化 xTEDS 的开发，可采用 xTEDS 接口模块开发通用设备接口，如设备电源及设备安全性的通用接口。SPA 本体论标准提供了开发 SPA 兼容 xTEDS 的指导，及可用模板的详细资料。

　　xTEDS 标识符（XUUID）给网络的每个 xTEDS 配备一个唯一标识。根据查询表的变化，通过 XUUID 唯一识别整个 xTEDS 数据流。允许使用 XUUID 缓存 xTEDS，预防 xTEDS 在系统启动或发现期间完全交换。

　　定义了共同术语集，由 SPA 应用程序共享，使得可以常见能够被系统上所有部件理解和访问的 xTEDS。数据消息中数据产品的描述符合本体论标准中定义的结构并依赖于通用词典（CDD）定义的术语。CDD 中使用的术语必须让系统开发人员容易识别，对每个变化类型唯一、非重复。用于验证 SPA xTEDS 是否符合 xTEDS Schema 的分析器也应该验证这一 xTEDS 是否符合 CDD，以确保只使用了注册的术语。

　　xTEDS 标准提供了电子维护的 SPA 通用数据词典（CDD）的格式和访问的详细信息，给出了 SPA xTEDS Schema、XML Schema 和验证 XML 分析器的访问信息。具体 SPA 设备名称和含义以通用指令的列表都包含在 CDD 中。验证 SPA xTEDS 是否符合 xTEDS Schema 的分析器同样可以测试 xTEDS 是否符合 CDD 要求，确保只使用已注册术语。

xTEDS 标准中提供了一种部件识别方法，每个部件有一个部件通用唯一标识符（CUUID），SPA 系统中没有两个部件的 CUUID 是一样的。SPA 服务、特定应用或任务软件使用 CUUID 来确定具体的设备类型、制造日期、部件位置和其他部件具体特性。CUUID 较小的固定 128 字节使得它非常适于在数据库中进行较快速比较和识别。由于定义了一种算法，使得两个独立的部件生产商产生的CUUID 发生重复的概率非常低。

12.2.3.3　SPA 逻辑接口标准

SPA 逻辑接口标准描述了 SPA 网络部件提供的高级能力，定义了标准 SPA 部件用于 SPA 网络的消息、协议和相互作用，它的主要内容如图 12-7 所示。

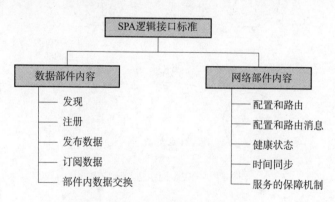

图 12-7　SPA 逻辑标准中主要内容

SPA 逻辑接口标准并不试图描述消息是如何从一个部件传输到另一个部件的，消息的路由、消息的传输、网络的拓扑的相关细节由 SPA 组网标准描述。标准中提供了标准 SPA 消息的完整列表；定义整个消息确切格式和字段的消息结构；描述了字段是如何使用的；定义了标准消息头、扩展消息头和尾；定义了部件用来彼此发现和交换数据所必须遵守的消息和协议。

12.2.3.4　SPA 组网标准

SPA 组网标准定义了网络拓扑发现、路由、部件注册和订阅处理的标准要求，如图 12－8 所示。组网标准提出了建立整个 SPA 网络的方法，提取传输细节的唯一方法，以及多个相似与不相似网络之间的通信方式。为实现网络拓扑发现，创建、分配路由选择表，数据包传输，网关操作和动态重新配置等功能，标准还定义了 SPA 网络部件的最低要求，同时指出了 SPA 网络和网络安全要求所必须具备的服务质量。

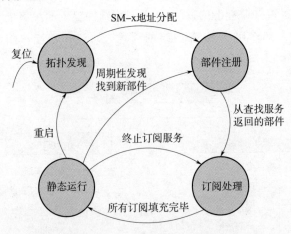

图 12－8　SPA 网络运行阶段图

12.2.3.5　SPA 授时标准

SPA 授时标准规定通过分发报时（TAT）消息和同步脉冲，同步所有 SPA 设备、处理器和应用程序事件。

SPA 消息支持报时功能。SPA 授时标准描述了同步脉冲前接收到的 SPATimeAtTone 消息。根据具体系统实现，可由 SPA 逻辑接口标准规定 TAT 消息的格式，或由 SPA 子网适用标准定义 TAT 消息。报时消息和同步脉冲被发送至所有部件。根据需求类型，消息包含部件适用的两种不同时钟，系统时钟包含由系统时钟类型决定的以秒和微秒计算的系统时间。

SPA 授时标准，关于可利用性、延迟、不稳定性和偏移问题的论述给系统授时要求也提供了通用的指导。系统若需要比这里描述的更高的授时精度，可以通过在 SPA 架构内实现增强的或改进的授时条款来完成。

12.2.3.6　SPA 物理接口标准

SPA 物理接口标准详细说明了 SPA 兼容航天器硬件部件的机械、热和电连接器的接口要求，规定了质量、封装、散热器和加热器的位置等。

SPA 标准机械接口是用螺栓与一个规则的螺纹孔网络连接。每个特定 SPA 标准都规定了网络间距和紧固件尺寸。

SPA 电连接器接口包括一个或多个连接器，包括 A/B/C/D 四类电连接器，这些连接器提供电源、数据、授时同步脉冲、接地连接和（如规定）测试旁路数据接口的连接。连接器类型和管脚分配以及连接器类型、机械安装都在本标准具体说明。标准提出了相关连接电缆，包括屏蔽细节、屏蔽短接、绝缘和电缆阻抗方面的要求。

SPA 设备的热控是通过把耗散功率传递到安装表面（传导）或周围环境（辐射）来完成的。航天器为 SPA 设备提供传导接口，但是，也可以选择其他方式，如经由散热器把热量排散到空间。

12.2.3.7　SPA 电源标准

SPA 电源标准讲解了 SPA 系统部件应用电源服务的一种方式，与航天器电源服务相关的电压参考系统（VRS）遵循单点接地电源构架。SPA 28V 电源标准建立了电源服务质量规范，这些电源服务有电压纹波、瞬态和干扰。

SPA 电源标准范围仅限于配置 SPA 航天器与 SPA 兼容设备之间的接口，接口应采用 SPA 物理接口标准规范中定义的 SPA 物理端点连接器。SPA 供电电源被控制在 28～34V，通过物理接口标准规范的电连接器，以各个电流范围等级提供给 SPA 端点部件。电源系统提供电池过压和欠压限制，以控制充电电池状态和管理航天器负荷量。标准同时提供了母线电压纹波、电流纹波、总线阻抗和瞬态规范，母线电源服务需提供硬、软过流保护，并且描述了各种端点功率电平下的设备浪涌电流限制和过流故障条件。

12.2.3.8　SPA 测试旁路标准

SPA 测试旁路标准规定了如何在 SPA 部件应用可选的测试旁路功能，支持部件级和集成系统测试活动。通过测试旁路结构机制，可以把模拟测试数据注入 SPA 运行系统（或在集成和测试期间，通过测试旁路机制从多个测试点提取操作数据）。标准适用于以测试为目的，支持旁路功能的所有 SPA 设备和 SPA 系统，同时标准也包含了测试旁路发送消息协议。

12.2.3.9　SPA 具体应用程序标准

（1）SPA－X 子网适用标准

目前，SPA 通用消息已经能够用于多种传输协议 SPA－X，包括有 USB、SpaceWire、I^2C 等传输协议。对于光学传输标准的研究正在进行中。

（2）SPA－S 子网适用标准

在 SpaceWire 数据传输标准的基础上，扩展加入 SpaceWire 协议 ID 标准和 PNP 协议 ID，SPA－S 标准规范了 SPA－S 设备所需要的物理接口和信号特征。

SPA－S 应用程序标准描述了如何在 SPA 系统实现 SpaceWire 网，涉及到细节有：联网基础结构部件所需的支持功能和网络节点上端点的兼容性信息。

SpaceWire 是一种点对点"交换结构"传输方式，它由路由器和节点构成。SPA 应用程序使用"路径路由"寻址方案，传送网络节点间的数据包。SpaceWire 适用标准描述了 SpaceWire 子网 SPA 网络特征的实现，SpaceWire 信号电平、电缆网等物理细节在 SpaceWire 标准文件 ECSS－E－50－12C 具体表述。

标准详细说明了一种能使联网部件注册和给 SpaceWire 网络端

点传递消息更容易的方法。要实现这种方式，需要 SpaceWire 网络发送底层消息，以提供"集聚"功能传输普通 SPA 消息。

　　SPA 子网管理器是一个部件，用来沟通不能由 SPA 消息本地支持的协议。SPA 支持本地包格式和寻址协议，寻址协议独立于传输它的低层网络。为了使 SPA 寻址服务、数据管理器和子网管理器能访问 SpaceWire 子网，子网就必须有一个中介程序，以便尽管本地不支持，也能完成部件发现和发送消息功能。这就是 SPA SpaceWire 子网管理器（SM—s）的职责，SPA SpaceWire 子网管理器（SM—s）的基本功能包括：

　　·发现网络所有节点和其关联的 SPA 部件；

　　·完成配置网络结构所需要的任何工作以支持寻址；

　　·向 SPA 网络 SPA 查询服务请求注册子网部件；

　　·标记所需地址，探测子网的所有其他管理器，请求地址数据以满足需求。它也存储子网 SPA 部件的分配逻辑地址，把地址块隔开，然后分配给其他管理器；

　　·分布信息（如有必要），允许子网所有端点按路径把信息传输给子网其他任何端点；

　　·把 SpaceWire 子网管理器接收到的 SPA—L 的 SPA 消息映射到子网端点；

　　·以恰当的形式，把来源于子网的消息发布到 SPA—L 实现本地路由；

　　·当一台主机安装两个或多个适配器时，提供桥接能力。不管传输类型是什么，这种能力把信息从一个子网传输到另一个子网。

　　（3）SPA—U 子网标准

　　在 USB 数据传输标准的基础上，SPA—U 标准规定了 SPA—U 设备和为低速率数据开发的适用传感器接口数据传输协议设备所要求的物理接口和信号特性。如同 SPA—S 子网一样，SPA—U 子网是在本地网络下沟通 USB 数据交换方式，形成一种子网。

12.2.4　SPA 应用

SPA 航天器在采用 SPA 网络时，根据分系统的复杂性，可能需要在 SPA 主网集成一个或多个子网。所有航天器部件，当 SPA 网或 SPA 子网连接时，无论硬件设备还是应用软件，都必须符合 SPA 相应的标准。图 12－9 为 SPA 管理服务器。

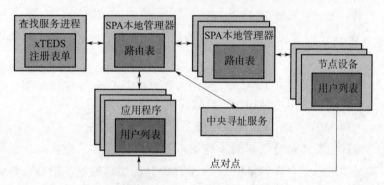

图 12－9　SPA 管理服务器

12.2.4.1　SPA 软件服务

一般由系统开发人员对整星级的 SPA 兼容系统软件进行选择或开发。SPA 内的服务集合、网络/子网管理器和应用程序一般工作在 SPA 管理服务进程 SSM（SPA Services Manager）上。SSM 可以是航天操作系统或航天操作系统的一部分，最终 SSM 也可能会采用基于 SPA 标准的开放源码。SSM 支持以下功能。

配置缓存：提供一种拓扑结构，存储系统中以往 SPA 自发现和自配置的注册数据。

配置模式：支持两种配置模式，一种为默认的执行 SPA 标准的自发现和自配置过程，另一种为利用缓存数据配置系统，称为旁路标准的 SPA 自发现和自配置过程。

添加或更新软件：提供一种给已展开系统添加新的或更新软件模块的方法。

12.2.4.2　SPA 组网

SPA 是一种网络数据交换模型，并且认为数据接口的硬件设备和支持数据接口的软件应用程序是无明显差别的。SPA 组网拓扑支持异构网络，它包括至少一个运行在 SPA 处理节点的 SPA－L 本地网络管理器和任意数量的 SPA 子网络管理器（SPA－X），如图 12 - 10 所示。SPA 系统的每个接口都对应一个 SPA 标准定义。不同 SPA 网络利用 SPA－X 管理器桥接。SPA－X 管理器有 SPA－S （SpaceWire），SPA－U（USB），SPA－I（I^2C）和 SPA－E（Ethernet）。

SPA 中央寻址服务 CAS（Central Address Service）为部件分配唯一 SPA 地址。CAS 按照子网管理器请求为其提供逻辑地址块。SPA 网络使用逻辑寻址，地址块内的地址只能分配给该子网上的节点设备。任何时候，一个特定 SPA 网只存在唯一的 CAS。CAS 过程必须挂载于 SPA－L 互连上，在 SPA 本地网络管理器 SM－L 传送其地址后，SPA 网络的所有 SPA 子网管理器（SM－X′s）都可以直接获取 CAS 服务。

通过自发过程确定 SPA 网络拓扑。SPA 网络寻址和路由选择表是自配置的，本地 SPA 互联协议用于连接 SPA 网络处理节点的应用程序。用于本地 SPA 互连的 SPA 管理器（SM－L）进程控制 SPA－L，就像一个物理子网将被 SPA 子网管理器（SM－x）过程或设备控制一样，“－x”是所有子网接口标准的一般标记，如 SpaceWire，I^2C，USB 等。SM－L 进程为节点的每个进程接收一个地址块，就像 SPA SpaceWire 子网管理器（SM－s）为 SpaceWire 网络的每个端点接收一个地址块。

SPA 子网管理器（SM－x）通常为 SPA－L 上特定协议 SPA 进程，它是某一特定协议的转换设备。SPA 子网管理器应满足如下要求：

　　·熟悉子网每个节点设备的路径路由；

　　·熟悉每个节点设备的当前活动进程，并按照 SPA 组网标准为

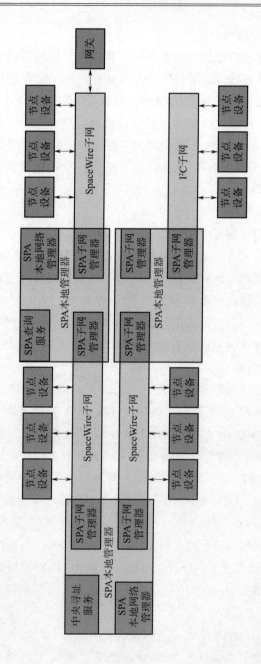

图12-10　SPA组网

它们向 CAS 请求逻辑地址；

·熟悉子网上的每个 SPA 子网管理器的路径路由，熟悉所有其他核心部件（其他 SPA 子网管理器、CAS、SPA 网络数据管理器）的逻辑地址，通知 SPA 查询服务每个需要注册的部件。

节点设备（EP）就是一个不通过其他端口与另一个 SPA 对象链接的 SPA 部件。SpaceWire 的连接节点设备应有一个路由选择表，包含到子网至少一个管理器的路由。可实现直接寻址子网其他端点和 SpaceWire 子网管理器，但不是必须的，因为 SpaceWire 子网管理器可以重新封装任何 SPA 消息，根据路由选择表送到本地目标。

例如，SpaceWire 子网管理器接收 SPA－L 数据包，移除协议特定包头，然后在本地查询表查询 SPA 目的地址，按照正确目的地或到达端点的逻辑 SpaceWire 路由，把数据包压进 SpaceWire 包头/数据包尾（EOP）。在传输方向，子网管理器移除出网数据包的 SpaceWire 包头，根据输出查询表格指示，添加一个协议包头。

在硬件实现中，SPA 子网管理器（SM－x）可充当一个简单的桥接设备，把数据包从一个协议子网移到另一个协议子网。这种情况下，需要 SPA 子网管理器（SM－x）向 CAS 为两个子网的部件请求地址，解释从一个域到另一个域的数据包。需要注意的是，同一子网共存多少个 SPA 子网管理器是常见的，它们独立进行拓扑发现。

SPA 查询服务接受提供服务的 SPA 部件的注册，将其 ID 发给请求服务的其他部件。SPA 查询服务进程必须在 SPA－L 互连上实例化，并在发现部件和地址分发后可以由 SPA 子网管理器节点直接读取。

12.2.4.3　SPA 部件

基于 SPA 系统的 SPA 兼容部件需包含以下能力：

1）运行应用程序、发送、接收传输协议消息；

2）运行 SSM 软件，发送和接收 SSM 消息；

3）存储设备 xTEDS；

4）可以裁定设备健康状态；

5）由系统电源给设备供电；

6）使用设备单点接地；

7）与系统 1PPS 秒脉冲同步连接，并为时间同步提供内部时钟；

8）使用测试旁路可以进行半物理仿真（HWILS）连接。

对非兼容 SPA 标准设备，则需要一个接口模块实现物理和数据连接。这就需要为非兼容设备添加一个嵌入式传感器接口模块（ASIM）和一个 SPA－X 连接器。ASIM 将 SPA 相关标准包裹起来，存储设备 xTEDS，完成相应的 SPA 标准行为，并通过 SPA－X 连接器与其他 SPA 兼容接口相连接。当设备生产商研发出完全符合 SPA 标准的硬件设备时，ASIM 将不再使用。

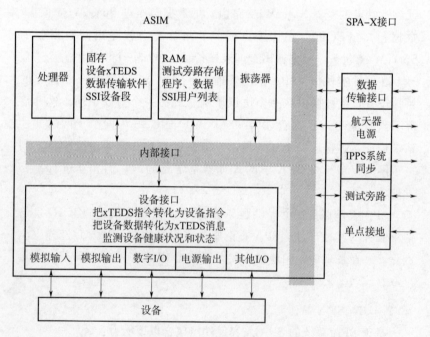

图 12－11　ASIM 与设备及 SPA－X 接口连接示意图

12.3　基于星务的小卫星（XWSat）

12.3.1　概述

　　我国从实践五号卫星一开始就遵循"多、快、好、省"的原则，进行了常规星上设备的提升和集成，创建了星务管理架构（Satellite - Affairs - Management Architecture）。它引进了星上网、内嵌式、"封装"、标准化智能接口、智能代理等概念和技术，采用了计算机数据约定、管理执行单元、星上时广播、电源母线制、商用器件等设计措施，这些都为小卫星的制造和运行安排好了一个"舒适"运行环境和开拓空间。从而，基于星务管理架构，再加以完善和扩展，推广到全星，就可以构建"快响应、低成本、高性能"的一种新型架构小卫星，这是一个有工程价值的技术工作，它是可以确保数天内能组装好整个小卫星的技术路线。2004 年，东方红卫星公司开展了第三代星务系统的研究，提出"适宜工业化生产的小卫星体系架构"。按这种架构建造小卫星，容易实现快响、低廉、普及的小卫星。

12.3.2　基于星务的新型小卫星架构

　　为了实现小卫星的快速响应能力，提升"更快、更好、更省"的等级和达到小卫星再上一个层次的集成，有六项要求：1）对目前小卫星"研制"流程进行改造，转换成小卫星"生产"流程；2）建立小卫星"设备级"的货架产品库，区别于元器件保障库；3）形成小卫星集成设计自动化"流水线"；4）统一星上产品的硬/软件建造规格和接口规范；5）标准化星上信息数据格式；6）实现星上设备群的协同整体控制。为此，航天东方红卫星公司的原有星务系统需要完善，以便适应这"六项要求"。进而，经过扩展和提升，推广到全星，能够构建一种新型的"快响应、低成本、高性能"的小卫星体系架构。依照星务管理架构制造的小卫星，为了方便起见，我们称之为基于星务（XingWu）的小卫星（XW—based Satellite，XW-Sat）。建立这样的架构，为的是使得小卫星制造走向工业化生产方式。按照星务系统理念和"六项要求"，用工业化批量生产方式制造的小卫星，故有时也可以称之为批产小卫星（Batch—Process Satellite，BPSat）。

XWSat 由三大部分组成：星体系统、星务系统和载荷系统，其旨在于简化传统卫星过多的分离的层面，形成标准化的硬件和软件的统一架构，加快研制进度。这样，对原有各式各样的功能分系统加以改造、调整和集成，把它们变为虚拟的分系统。所谓"虚拟分系统"的含义是，它们的功能依旧存在或得到加强，但物理实体已经不在或被分散了。目前的小卫星已经实现了遥测、遥控、程控分系统等的虚拟化。

（1）XWSat 的星务系统

它负责星上设备运行的状态监测、调度管理和动作控制等，实施卫星任务进程的管控。它是以软件设备为主构成的，构成卫星的业务总体（或运行总体），充当卫星总体设计部在星上的"代理"。它用计算机网络来协调、管控星上各种设备的相互联系，共同完成包括信息流、动作流、能量流的多项动态业务，最后完成飞行任务。星上各设备内嵌入星务系统的代理，称之为管理执行单元（Management Executive Unit，MEU），它们协助或代理星务主机对各自的设备进行测控管任务。同时，MEU 赋予各设备后，也提高了它们各自的性能，使其成为智能化设备，可程控电子设备、这些 MEU 与星务主机联网，并受其控制和支持，共享星上的信息资源。利用星上网络（OBN，On—Board Network），完成可变结构的测量任务、应变操作任务、供配电任务、安全保护任务、多路径的冗余和备份切换任务等，提高整星的功能密度。星务主机与星上各设备，包括应用载荷，可以根据飞行任务进行组合；也可以根据飞行事故重新构建；还可以根据飞行临时需要另行连接；具有极大的飞行任务重构

的灵活性。这就是说，星上各设备在计算机群支持下协同工作
（Computer Supported Cooperative Work，CSCW）。

　　应该强调，MEU 是星务系统与星上各设备之间的一种新型通用
信息接口技术。这种接口技术依据"内嵌和封装"新概念，其旨在
于划清整星与设备的界面，屏蔽设备的"细节"，减弱整星的"杂
务"，提升总体的价值。并且，从传统的点到点的硬件厂家专用 IDS
表接口技术规范，改变而形成了软件数据包的通用规范化的约定，
弱化总体与设备之间的相互制约，切断总体与设备间的"紧"耦合
关系，方便并行工程实施，加快卫星研制进度。配备 MEU 之后，
星上设备的接口关系可以由它进行透明化处理，使设备伴随的数据
从厂家专用性变成理想的通用性，在整星信息共享时具有简单性。
这样，从技术层面看，XWSat 的星务系统和星上设备分别可用如下
公式简单定义

$$\text{星务系统} = \text{星上网} + \text{嵌入技术} + （\text{应用软件}）$$

$$\text{星上设备（IEM）} = \text{原始设备（OEM）} + \text{MEU}$$

　　星上设备的公式表明：星上设备硬件构造是统一的。从顶层向
下看，星上所有设备都是一样的，都穿上了 MEU 这个"外衣"。上
层软件对他们的调用都是通过 MEU 的数据包，MEU 构成了设备的
统一的信息接口。这样，也带来了卫星上层软件的统一，他们可以
重复使用，屏蔽下层各式各样的差异。下层驱动软件伴随 OEM 嵌
入其中，由硬件厂商提供，形成固件。显然，这里的三个"统
一"——硬件构造统一、软件调用统一、信息接口统一，给这种架
构的小卫星带来了许多好处，使其适宜工业化生产方式。另外，
MEU 对星上设备进行封装，可以将设备工作细节和底层软件进行屏
蔽，避免了它们对整星的建造和运行的干扰，加快卫星布防，提高
运行安全。当然，根据需要上层管控也可以打开屏蔽，对设备进行
详细测试或装定。MEU 改变了传统卫星架构，将原有卫星总体与星
上设备的紧耦合关系，变成为松耦合关系，不仅减轻供货渠道约束，
加快研制进度，还提升了整星的健壮性。图 12 - 12 给出实践五号卫

星用的 MEU，它们将星上普通设备智能化，并组网运行。

图 12-12　实践五号小卫星用 MEU

　　显然，在 XWSat 中引入 MEU 的目的和效果是，使卫星总体设计、集成、运行管理都标准化了，形成小卫星的底层服务标准。利用标准的 MEU 或遵循 MEU 约定的接口，使得底层硬件接口标准化，从传统的 IO 信号接口统一为数据报文接口；也使得顶层软件与底层物理设备无关系，只存在有通信报文格式的约定，从而容易达到卫星硬件、软件的快速集成。同时由于 MEU 的封装、隔离，也放宽了设备的自由度，设备可以发挥自主能动性，完成许多有益的其他工作。

　　星务系统将星上所有智能设备组网，它遵循小卫星的总线规范，形成典型的网络系统，如图 12-13 所示。可见，星上设备群体，在内嵌计算机和星上各类网络的支持下，协同工作，维持正常卫星运行，联合完成既定任务，实现全星整体控制。

　　(2) XWSat 的星体系统

　　它由星上全部设备实体组成，构成卫星的设备总体。它的工作是从"设备级的货架"上选用所需设备，负责其布局、安装、硬件连接，服务于它们的外部环境。从而，它必须解决如下技术问题：各设备安装和工作的空间位置相容性；星内外温度的布局；设备间的电性连接等。这就是说，它要进行机电热一体化设计，形成一个卫星综合硬件产品。从而，为了加快建造进度，它必须采用如下技术措施：

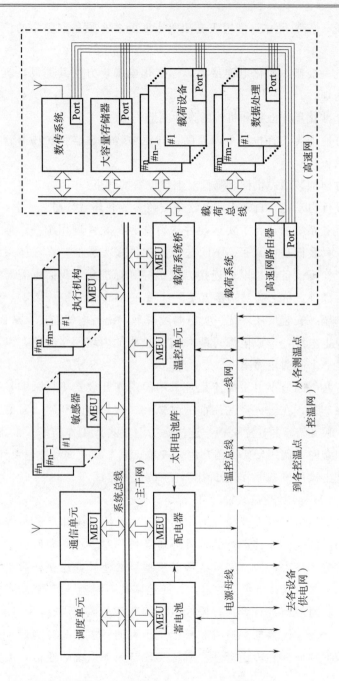

图12-13　星上网型系统

· 统一安装尺寸，借用于支架等来匹配各个设备在整星的位置关系；

· 统一插座，简化电连接器，标准化电缆，方便其铺设，实现电缆线内埋；

· 标准化星体框架和机构的设计制造；

· 方便加装热管拉平星内温度、方便加装散热器和加热器管控星内外热流；

· 方便加装减震机件，降低对上星设备的约束；

· 设计自动化，自动生成各设备安装参数和环境数据。

在星务系统中，为了实现硬件构造统一、软件调用统一、信息接口统一，我们是引入了 MEU 这个附加件来完成的。在星体系统中，为了实现设备的机电热连接方式统一和标准化，我们也需要引入一个附加件，称之为"转接支架"（Connecting Bracket，CB），借助于它来统一安装尺寸，统一实施温度管理，统一电气连接。从而，标准化星上电缆，形成电源母线和信息总线的内埋网络线路，以及它们在星体上的通用插座。

由于我们制造小卫星的流程是采用国内外开放式市场采购，采购设备级产品，在进入产品库前的测试和二次"包装"时，需要配置 MEU 和支架，并建立文档。这样，为卫星集成工作作好了准备。在卫星组装时，调用货架文档，用"按单点菜"方式进行快速设计；再从货架上调用设备，"即插即用"，直接交付测试。

（3）XWSat 的载荷系统

它是该卫星完成飞行任务的主体设备，星体系统和星务系统都要为其服务的，保证其运行的内外环境条件。对于不同类型卫星而言，它的变动最大。为了应对各种卫星型号的差异，建立载荷舱下位机，用于修改其接口数据约定，方便地调整不同型号卫星的差异，以其为中心对载荷进行管控，构成卫星的载荷总体。同时，在该下位机内建立高速网数据交换机和星上主干网的网关。前者实现对载荷高速数据的处理和传送管理。后者实现与星务系统的通信，接受其管控和支持，并透明转发对所有载荷设备的管控，形成星上主干网上的网桥。

　　显然，XWSat 的顶层的组织形态上的结构如图 12 - 14 所示。这样创建 XWSat 顶层架构的目的是为了简化卫星、统一星上硬软件底层架构、统一星上各类网络、便于互通互连和设备群体的协同工作。从而，适应广泛的星上设备供货渠道和多样性技术需求、加快研制进度、降低成本，能够实现在几天时间内完成整个卫星系统的研发工作。XWSat 用其特点和提升的能力保证实现这些目标，形成一种新的小卫星。

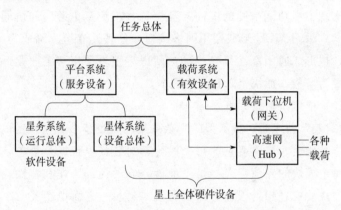

图 12 - 14　XWSat 标准化组织形态上的结构

12.3.3　XWSat 的技术特点

　　XWSat 继承和提升了星务系统架构的特色，有利于构建新的一代小卫星，它们的技术特点如下。

　　(1) 推广网络技术

　　实践五号卫星前，传统卫星架构均为"点对点连接"方式，形成电缆－箱体结构，交互连结，错综复杂，千头万绪，相互制约，相互干扰，诱发卫星不能正常运行，严重时还会损坏设备。从而带来卫星开发、维护的复杂性，增加成本，增加质量和体积，增大风险，延长卫星研发周期。为此，小卫星一开始就试图逐步改造卫星架构，引入星上现场网络和分散供电，形成双母线制：一条星上网信息总线构成星上网、一条供电母线构成供电网，企图极大地减少星上电缆网和接插件，从而避开了点对点连接架构的缺点，同时为引入即插即用（PnP）等其他新技术提供了基础。

（2）推广内嵌式技术和管理执行单元

将 MEU 嵌入各设备内是为了提高卫星总体性能，构成整星自动化的基础。同时，也加强各设备的智能，使其成为具有智能接口的可程控设备。卫星总体和部件的性能得到同步上升、协调配合，还可实现卫星功能密度的提高，各设备共享信息更透明和协同工作更稳健。采用 MEU 形成通用网络接口，使得建立星上网成为可能。同时，也形成通用电性接口标准，使得小卫星采用"工业化"生产方式成为可能，加快生产和降低成本。

（3）推广"封装"概念

"封装"技术是一种新型的复杂系统的开发技术。在开发星务系统总体结构时，把建造它的每个成分都封装或隐蔽成一个单一的模块，每个模块的界面定义尽量少地展露它的内部工作和特性，将其个性模块变成理想的设备。这就是说，封装一方面把相关的东西结合在一起，另一方面减少对外接口。采用"封装"技术，旨在把原本很复杂的星务系统分层次地进行简化，这样就可以实现对以往卫星的研制流程进行改造，将原本的设备间的复杂接口协调过程删掉，代之以理想的接口关系，不仅节约时间，还减少协调中相互理解的歧义，同时也有利于设计自动化。

采用内嵌式 MEU 和星上网，使研制过程中的"封装"技术得以应用，封装后的模块对外具有全透明的理想接口，输出信息是经过计算机处理了的，方便应用。由于卫星任务和组成越来越复杂，并且研制中经常变化，使得卫星在设计阶段的信息接口协调问题，在地面试验阶段和在轨运行阶段的电磁相容性问题，以及功能匹配问题等变得很不确定和易变，并且一旦发生又难于处理。采用"封装"技术构造星务运行系统，使得硬件的接口关系变成数据包的关系，有利于提高设计可靠性，增加设备来源的应变适应能力，加速开发进程。同时，"封装"技术可以方便各设备的修改和继承，还可以容易地调整星务系统内部和外部关系。特别是对于硬件及软件都采用"封装"技术进行分析、设计和建造，有利于小卫星设计自动化和运行自主化。这也是我们的小卫星整星试验和运行中，故障少、界面清楚、进度快的重要技术措施之一。

除用 MEU 进行信息接口的封装处理外，为了达到机电热一体化设计，需要转接支架。它将不同的机械尺寸、热环境要求、力学环境要求和电连接器统一到标准的星体之上，并且借用支架减缓对星上设备的制约。

（4）坚持卫星的分层管控

总体工作在设计阶段是至关重要的，是处在顶层对全局性的工作进行处理。星务系统把卫星总体作用延伸到卫星的运行阶段。在顶层意义上说，卫星的运行管理是由星务系统实现的或在星务系统监督下实现的，它使整星处在有序的、有节奏的、可控的、无竞争的工作状态之中，保证了卫星的可靠运行。星务系统由二级控制系统构成，如图 12 - 15 所示。星务主机形成集中监督控制级，完成整星在轨运行的协调管理；各类 MEU（下位机）形成分散的过程控制级，执行各自任务设备在轨运行的动作控制。星务系统实施的集中管理和分散控制，既提高了整星功能密度又分散了整星风险。小卫星采用二级整体控制方案，解决卫星在轨运行自主管理和控制的技术。同时，底层控制的方法、程序、测试均在形成货架设备前完成，启动快响卫星型号任务时，只需设计、测试集中管理的部分项目，方便自动化设计，缩短整星研制进程。

（5）利用信息多路径的冗余备份技术和在轨飞行任务重构技术

一般来说，小卫星难以承受用过多的冷热的硬件冗余备份来提高可靠性。为此，星务系统新开发了"信息多路径的冗余技术"。星务采用了封装技术，它的另一个目的就是隔离。当某一部件失效后，

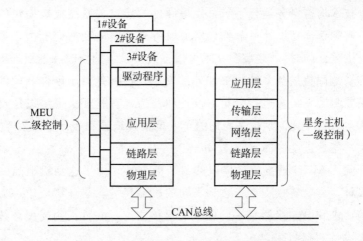

图 12-15　星务系统由二级控制系统构成

使得信息通道阻塞时，可以绕过它，更换另一条通路，使得最后动作完成，达到容错和排除故障的目的。这种冗余的方法我们称之为信息多路径的冗余技术。它可以自主控制或利用地面专家支持系统，重新注入软件，重构星上系统；或利用遥控指令系统切换信息通道和切除损坏部分，利用星上剩余的正常部件组成可以运行的降级的系统，完成飞行的主要任务或部分任务。重新构成新的系统成为原系统的整体备份，这是一种信息流多路径的整星备份方式，可以避免整星单点失效，是一种整体备份概念。

同时，这种信息多路径的冗余技术思想，进一步可推广到在轨飞行任务重构上，可以改造小卫星作为其他业务使用。

（6）测试床技术和内建测试

测试床技术是一种星务系统的开发技术，其目的有三：其一，统调整和考核系统中各部件的联合运行及其相容性和稳定性；其二，开发和调试系统的应用软件；其三，"封装"星务系统实现分系统级的整体交付，减轻整星测试中的负担，加快整星研制进度。测试床是用星务系统的真实部件或代用部件或数字模拟部件以及单检设备组成的星务系统真实运行环境，相当于星务系统的全物理或半物理仿真、测试、开发系统。利用它，在交付前实施尽可能的完备的考核和试验，消灭内部隐患；并且，隐藏星务内部工作和特性，对外构成松耦合关系，以便减少或消灭在整星工作时产生的交联隐患。

测试床也是一种检查星上设备的工具，凡进入货架的产品都必须经过测试床验收，证明其符合 MEU 通用标准。对于特殊的外购设备，需加装配件（如：转换插头、专用电缆），使其成为符合 MEU 通用标准的即插即用的设备。

内建测试能力是要求设备可以向整星提供工作信息和自判健康状态，同时又由星务主机根据其工作信息和工作效果客观判断其健康状态，用于诊断和故障处理。

（7）星上时间广播

通过星上网广播星上时间，实现星上设备的时间统一。广播周期 1 s，形成星上大时间，作为星上设备的时间同步。为了获得小于一秒的时间，自建小时间计数器，形成星上小时间，供设备自己使用。根据各个设备的需要，星上小时间可以是 ms 或 μs。这样，星上设备用时间是统一的星上大时间和设备自身的小时间之和。

大时间采用恒温晶体高稳频率时钟和地面控制站的各种校时方法，来保证时间精度。大时间的网上授时，保证星上设备的时间统一和同步。从而也就保证了星上种种控制动作和测量数据在时间上的对应关系，保证了数据的可用性。小时间因为时间间隔短，即使较差晶体也不会带来累积误差。同时可以利用每秒授时，小时间计数的误差对设备本地晶体计数频率进行自适应补偿，以提高精度。

（8）带管理信息的电源母线

星上电网带有供电管理信息，形成供电信息网。这样做的目的是：

· 提升星上供配电系统的性能。传统卫星的供配电系统仅有继电器，用其触点接通或断开电源线，什么时候接通断开，为什么接通断开，都不知道；接受另外的系统管制，不仅带来相互牵线众多，关系复杂，还带来不安全和干扰。供配电系统的自身安全也得不到保护。所以利用供电母线，附带开关控制功能和供电参数监测（电压和电流），可以实现星上供配电的管理和保护。供电信息网可以方便地实现星上供配电的自主管理和保护。

·采用星体上安装的通用插座，插座内嵌无触点开关，可以省去星上大量使用的继电器，优化星上的磁环境，有利于小卫星的姿态控制。星上电缆内埋，方便卫星机电热一体化设计。

（9）智能软件

软件的统一的措施：软件产品是卫星组成的极为关键的部件之一。特别是，随着卫星性能的提升智能软件日渐重要，同时也是降低设备成本的关键。为了加快卫星制造，软件产品加速生产是极重要的一环。软件、程序代码自动生成是一种解决的途径。为此，采用两项措施：其一是架构统一，其二是利用 4GL 编程语言自动生成软件代码。

程序生成器可以加快程序编码产生的速度，产生规范和正确的代码。建立一个程序生成器，它意味着不仅仅是写了一个程序，而是写了一个可以写出许多程序的程序，写了一个写程序的"母"程序。其实，程序生成器的思想已经很早就开始使用。特别是，对于同类但有差异的专项应用程序，如卫星设备自动化测试程序、小卫星的 MEU 内嵌式应用程序、星务调度管理程序等。

星务系统的软件设备开发技术采用如下复用和加快措施：

·利用 4GL 技术，根据文本文件和标准数据字典，自动生成星务主机软件代码和 MEU 软件代码，由于 MEU 的屏蔽作用，主机上层软件不受设备 OEM 更换的影响；

·建立支持应用软件的服务层软件库，便于软件重复使用，包括有：网络服务软件包、遥测服务软件包、遥控服务软件包、程控服务软件包、供电服务软件包、时统服务软件包、空间位置和姿态数据服务软件包、太阳数据服务软件包、安全保护服务软件包、异地存储服务软件包、其他数据存储服务软件包等；

·借用 MEU 隔离，使其设备硬件操纵用驱动软件的具体代码与硬件绑定，形成硬件与驱动软件设备一体化，从而上层软件调用标准化，无需设备驱动程序的干扰，不受设备更换影响。

因此，基于星务系统的思路构成整个小卫星，其关键技术是航天智能接口单元和智能系统软件。智能接口单元包括有：MEU、星体的通用插座和转接支架。智能系统软件包括有：

·自描述是指设备功能、特性、指标、校准、应用和厂家等信息均以识别码（电子数据表）形式存储在冗余的非易失存储器中，系统和网络服务器（控制、处理和管理器）通过访问设备的识别码便可识别设备。

·自组织是指服务器可自动连接、检测设备，配置资源，设置模式和参数等能力。

·动态自适应可重构是指在设备出现故障或任务变更时，可动态自适应地替代或增减设备并重新配置体系结构的能力。

·自认知和自诊断是指设备识别状态，检测和定位故障的能力。为了满足快响应要求，设备提供基于边界扫描的内装和旁路测试能力。

·全星统一的测控管软件，即遥测、遥控、程控和星上网通信公用软件。

·为了满足星上设备和网络的需求，小卫星应提供设备电源，提供秒脉冲定时报文。

12.3.4　XWSat 的关键技术和生产过程

XWSat 是按照星务系统理念和"六项要求"，用工业化批量生产生产方式制造的小卫星。它的关键技术和生产工艺分述如下。

12.3.4.1　XWSat 的关键技术

（1）整星平台统一硬件的信息接口方法

统一硬件的含义是，从星上各种设备中抽取共同的部分，形成标准构件，各种设备就由这些标准构件和附加特殊构件组成。标准构件形成硬件平台的统一性，附加构件形成硬件平台的差异性。抽取并形成统一硬件的目的就是为了容易实现整星的集成、融合、共享，使得卫星变成有序整体，而不仅仅是相互独立的汇集物，以应对在轨的复杂事变和日益增大的任务需求，应对不同型号的卫星项目开发，应对不同开发人员的失误概率，使得能实现"工业化生产方式的设计"，特别是快速响应卫星的研制。各种星上设备除统一的硬件外，其外围辅以附加特定其他专用硬件。统一的硬件部分就是星务管理执行单元（MEU），各设备差异部分就是设备的主体，称之为原始设备（OEM）。这就是说，星上设备可以用统一的电路接口和专有的电路组成，合称为集成电子模块（IEM），即 IEM ＝MEU＋OEM。

在此应该强调，由于采用了 MEU，它将设备和整星隔离，把原本的设备专有的接口关系和参数，变成透明的理想的通用的关系和参数，使得整星设计、管理和控制规格化、自动化。从而，对传统卫星的"接口关系协调的工艺流程"进行改造、甚至删除。专有的设备产品接口数据，在形成货架产品准备阶段时已经提前设置、使用。在卫星集成时，就无需再进行"协调"。

（2）统一软件的信息接口方法

统一软件平台，构建统一的操作系统、可以重复使用的卫星测控管的方法库、软件代码库和环境数据库等。形成标准的软部件，可多次重复使用，减少开发人工费用，并提高可靠性。统一了的软件平台，使得星上多个计算机系统可以相互支援，形成基于网络的容错备份或协同计算，既可提高容错能力，又可简化容错设备的投入。

形成统一软件平台的方法：将软件设备的功能要求、动作顺序等转化为数据，用数据约定来规范软件的运行。星务系统软件受到三个标准的数据约定规范，它们是星上网通信数据约定、遥测数据约定、遥控数据约定，其他数据均分别放在这三个文档之内。这些数据有：时间广播和星时同步数据、星时校正数据、内建测试数据、安全保护数据等。

MEU 的代码基于文本文件,利用自动组装软件制作,然后通过 JTAK 口注入。星务主机由规格化文本"任务单"文件和通用执行程序组成,前者可以根据需求调整,后者固化于机内重复使用。

软件自动组装方法,其步骤如下:

·将对星上设备的测控管和 CAN 总线通信任务形成通用软件,通用软件部分对于星上设备都一样,可以重复使用;

·设备专用的软件与设备功能配套,属于专用软件部分,根据设备的工作任务加入,随设备更新而更换;

·将上述两部分自动组装在一起,产生 MEU 的软件代码。

显然,用自动组装方法生产软件,能达到灵活性和重复使用的折衷,实现特殊性和通用性的统一,加快各种星上设备的软件生产。

对于星务调度单元,根据不同的卫星"任务单",用统一的程序对其解释,自动控制软件运行。星务调度单元软件就是一个按任务单调度的运行程序。任务单是一个规格化文本文件,既方便不同型号卫星重复使用调度单元软件,又方便应对卫星不同的运行模式调整:在轨正常模式、在轨异常模式、地面各种测试模式等。对不同需求,更换不同的任务单,不需要更换程序代码,方便重复使用。

(3) 货架产品准备方法

形成货架产品有三个步骤。其一是,测试 OEM 性能,建立相应文档。其二是,加装 MEU,利用自动生成软件,形成 MEU 的代码。其三是,配置设备支架,便于标准安装。即:

1) 市场公开采购,并进行验收测试,构成星上的 OEM 设备。

2) 加装 MEU,利用自动生成软件,配置 MEU 软件。对于不同情况有几种形成统一硬件设备加装 MEU 的方法:

·遵循 MEU 标准,在 OEM 中预先已经内嵌入 MEU 模块或相当电路接口,形成直接可即插即用的星上设备 IEM;

·在星上公用机箱内加装符合 MEU 标准的插卡,与相应插卡式设备配合,形成带卡可即插即用的星上设备 (这种方法可行但不推荐使用);

·利用智能电缆网转接，形成可即插即用的星上设备。

因此，需要制定 MEU 接口标准提供星上设备生产厂商使用；或生产 MEU 标准芯片、板卡；或制作与设备相对应的智能电缆。后两种方法是，为了适应开放式供货渠道所需，因为不是所有优质、价廉和急需产品都满足我们的 MEU 接口标准，需要用 MEU 插卡或 MEU 智能电缆配合，最后形成可即插即用的星上设备。

3）配装机电热接口，便于标准安装。

除了使货架产品具有统一的信息接口外，还需要星上设备具有统一的机电热接口。为此，星上产品入库前还需要进行"转接支架"（Connecting Bracket，CB）的配置，使得各自独立的 OEM 机电热接口数据转化成统一标准化的数据，适应统一标准化的星体结构，方便于工业化生产即插即用。

（4）整体控制原则

XWSat 采用基于计算机和网络支持的星上设备群协同运行机制，为的是提高整体运行效益，确保整星性能和安全。

（5）标准化

星上设备除固有的功能要求和技术指标外，集成到卫星进行联合制造和运行必须遵守卫星的四个标准文件。它们是：CAN 总线通信数据约定、遥测数据约定、遥控数据约定、星载数据约定（即常称的 IDS 表），构成 XWSat 的基本标准。

（6）统一载荷系统架构

建立统一载荷系统为的是应对不同型号卫星的变化，抽取其公共部分，分离专用部分，形成通用和特殊的统一。

12.3.4.2　XWSat 的生产过程

基于星务管理的小卫星（XWSat）的生产过程分成两个主要阶段。

（1）准备阶段

准备阶段即货架产品入库阶段。首先，开放式搜集/采购小卫星制造常用的设备产品。其中部分是内部按标准研制的产品，它们符合小卫星和星务 MEU 技术标准，经过全套验收测试后形成数据包一起存档、上架、备用。另外一部分产品是国内外开放式采购的，性能好、价格便宜，但不一定符合小卫星和星务 MEU 技术标准，需要对其加装配件。如果安装孔不对，准备相应的过渡板（支架），该设备加装后变成机械安装上可即插即用了。如果无 CAN 总接口，准备 MEU 插卡或 MEU 智能电缆附加配件，设备加装配件后变成电性连接可即插即用了。准备好完整的具有即插即用能力的星上设备，这时生产 XWSat 就有了物质基础。

（2）生产阶段

XWSat 研制步骤：

第一步。由任务总体下达文本式飞行任务，明确指标要求，确定该卫星的设备组成和在轨工作程序。

第二步。由产品总体，进行产品自动化设计，确定各设备相关参数（位置、天线支架、所需热管和加热/散热器、展开机构等），在装配前验证设计的可行性，达到"可制造性设计"。然后，从货架上调出设备进行组装。同时，由业务总体，进行自动化编程，在测试床上进行软件在环路验证。

第三步。全星自动化测试，代码上注，进行硬件在环路验证和环境验证。

第四步。完成全部自动化生产过程，整星交付。

可见，研制快速响应小卫必须重视四项技术：建立和维护货架产品库技术、星体机电热一体化设计自动化技术、自动编程技术、自动测试技术。

12.4　PnPSat 与 XWSat 比对

PnPSat 和 XWSat 是近年来美国和我国开发的新型卫星制造技术，比较它们的异同，吸取对方的优点和回避其困难，对我国卫星事业是有益的。

12.4.1　主要目的基本相似——快

PnPSat 是一种美国新型卫星，为了实现航天器更快的响应能力，快速可靠地装配航天器，完成 ORS 计划，在数天内集成卫星出厂。BPSat 是一种适宜用工业化制造技术生产的中国新型小卫星，采用工业化柔性生产方式，形成便宜、优质、批量、在尽量短的时间内出厂卫星产品。开发这两种卫星的目的，都是为了卫星具有即插即用的快速上市能力、低成本销售能力、高性能服务能力、工业化生产能力。即开发这两种卫星的目的，都是为了适应小卫星"多、快、好、省"的要求。在此特别要强调"多"，因为没有多，也不需要"即插即用"，也谈不上"省"，也无所谓标准化或批产。从美国开发 PnPSat 的战略和我国小卫星的 BPSat 战略比较看来，大家都瞄准了"大数量的群体性的"小或微小卫星，用于服务国家的经济、科学和军事任务。

PnPSat 是由 SPA 设备组成、借助如下三项主要技术达到卫星的即插即用能力的一种美国新型卫星，为了实现航天器更快的响应能力，快速可靠地装配航天器，完成 ORS 计划。这三项技术是：

·利用 SDEDS（xTEDS）实现自描述、自组织、自适应可重构、自认知、自诊断；

·提供内建测试、电源管理、秒同步三种服务功能；

·具有 PnP 能力的智能软件。

BPSat 是用工业化制造技术生产的一种中国新型小卫星，它具有即插即用快速上市能力、低成本销售能力、高性能服务能力、工业化生产能力，即适应小卫星"多、快、好、省"的要求。它的制造技术是：

·BPSat 体系架构；

·建立设备级货架产品库（星上设备 IEM＝设备本体 OEM＋通用接口 MEU）；

·星体系统设计自动化技术；

· 星务系统的 4GL 编程软件技术；

· 测试床技术。

12.4.2　制造的技术路线不同

对于 PnPSat，基于即插即用标准构建了一串完整配套的、相互制约的生产链，如图 12 - 16（a）所示。它首先制定完整的标准，约束上游厂商按标准制造星载 PnP 设备，当有整星定单时，采购定制单机设备（SPA），用其组装卫星。

对于 BPSat，构建了一串开放式全球采购 OEM、二次"包装"、柔性生产的制造流程，如图 12 - 16（b）所示。它基于全球、全国、全行业市场择优采购星载设备，作为 OEM。如果需要配置安装支架、MEU 转换电路或电缆，经过二次"包装"后，形成装星正式设备 IEM，然后放入设备级产品库中备用。所谓二次"包装"是意指：包装 OEM 的不宜之处，形成适合批产的星上单机产品 IEM，存入设备库。在集成卫星时，从库房货架上取出 IEM，组装、测试，卫星出厂。

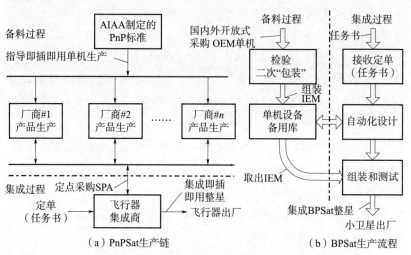

（a）PnPSat生产链　　　　　　（b）BPSat生产流程

图 12 - 16　两种不同的卫星制造流程

　　显然，PnPSat 从完善单机生产链入手，而 BPSat 从完善集成生产过程入手。

12.4.3　基本组成结构相同——计算机系统＋网络

　　PnPSat 的组成结构是利用智能设备联网，即 PnPSat＝SPA＋联网。其中，SPA 智能设备是内有微处理器或微控制器的专用设备。

　　BPSat 是按照星务系统的理念构建星上设备，内嵌 MEU 形成标准化硬件设备，即集成电子模块（IEM），再加上星上网互联，即 BPSat＝MEU＋星上网。

　　可见，这两种卫星都是多计算机分布式网络结构，基本组成的结构是相同的，只是根据需要计算机的规模大小不一样，使用的星上网类型不一样。

12.4.4　集成生产的基本元素（硬件）来源不同

　　由于这两种卫星的制造方式不同，带来用于卫星集成的材料源头不同。

　　PnPSat 集成生产的基本元素是，从遵循即插即用标准生产的厂家采购的 SPA 单机设备。该厂家需要按其标准另外生产专用产品。

　　BPSat 的是，从"设备级"产品库取出的备用 IEM。它是由开放式全球采购 OEM，经二次"包装"，集成商按适宜批产标准改造过的货架产品。外购 OEM，是厂家的通用标准产品，无需专门另外生产。

　　PnPSat 的即插即用标准和 BPSat 的批产标准，有部分相同，有部分不同。应该指出，前者是用 10 个文件来约束上游厂商生产，后者是用四个文件来包装 OEM 生成 IEM。显然，BPSat 的标准是集成商厂方专用，不要求 OEM 厂商遵守，方便更改和适应具体卫星产品，也有益于采购的开放性。

　　显然，PnPSat 从定产厂家采购，而 BPSat 开放采购二次包装入库从货架上调用。

12.4.5 星上基本元素（硬件）的架构基本相同——设备本体＋计算机系统

PnPSat 的基本部件由设备本体、ASIM 和 SPA＿x 接口组成，其连接如图 12 - 17（a）所示。BPSat 由 IEM 组成，如图 12 - 17（b）所示。

对比图 12 - 17 的左右两边，很清楚地看出，MEU 和 ASIM 是十分类似的。PnPSat 将它的标准存储在设备的 xTEDS 中，完成相应的 SPA 标准行为。BPSat 将它的约定组装到可控的运行参数中，完成相应的 IEM 的功能管理。显然，PnPSat 的 ASIM 与 BPSat 的 MEU 是相当的。这两种卫星都是分别基于它们自己的基本硬件搭建的平台，完成各自精彩的表演。这些基本硬件架构是相同的，都是微处理器或微控制器组成的计算机系统。

12.4.6 软件生产方式不同

PnPSat 使用卫星数据模型（SDM）编写星上应用软件，星上设备利用数据表单（xTEDS）的方式进行自描述，当系统添加部件时，部件向查询服务注册其功能。一旦系统捕获该注册信息，任何有数据需求的部件都可以向查询服务请求可用资源，然后接收与之匹配的信息。随后，部件可以直接联系任意或所有匹配部件，向其提供订阅数据或使用数据服务。该设备内部程序代码对外封闭，视为"黑箱子"，底层驱动程序和服务程序由设备硬件提供商嵌入设备内，遵循标准，作为固件，而顶层应用程序仅基于标准服务进行调用，从而应用程序具有可复用性。

BPSat 有两种生产软件的方法，在包装形成设备 IEM 之前使用。其一，对于用 MEU 包装的星上设备，使用 MEU 配套的软件自动组装方法：将对星上设备通用的测控管和 CAN 总线通信软件和设备专用的软件自动组装在一起，产生它的软件代码。通用软件部分对于星上设备都一样，可以重复使用。专用软件部分，根据设备的工作任务加入，具有灵活性和重复使用的折衷，特殊性和通用性的统一，

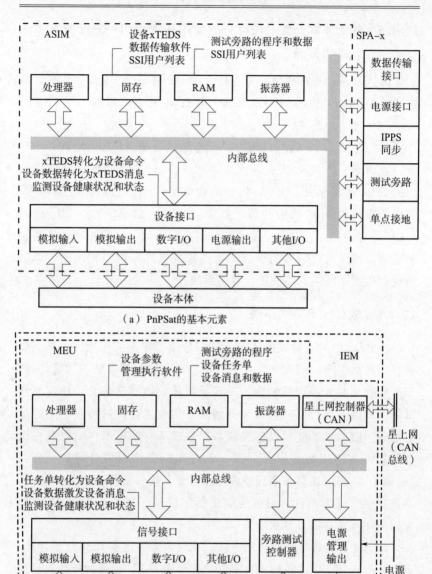

（a）PnPSat的基本元素

（b）BPSat的基本元素

图 12-17　用于集成的基本元素

可以加快各种星上设备的软件生产。其二，对于星务调度单元，根据不同的卫星"任务单"，用统一的程序对其解释，自动控制软件运行。星务调度单元软件就是一个按任务单调度的运行程序。任务单是一个格式规范化的文本文件，既方便不同型号卫星重复使用调度单元软件，又方便应对卫星不同的运行模式调整，如在轨正常模式、在轨异常模式、地面各种测试模式等。

显然，PnPSat 配置 xTEDS 表单运行，而 BPSat 的调度单元配置卫星"任务单"运行、MEU 自动生成代码。

12.4.7　星上网的类型不同

PnPSat 用的网络类型未做限定，可用 SPA-U、SPA-S、SPA-I，SPA-E 等。它支持异构网络，它包括至少一个运行在 SPA 处理节点的 SPA-L 本地网络管理器和任意数量的 SPA 子网络管理器（SPA-X）。SPA 系统的每个接口都对应一个 SPA 标准定义，不同 SPA 网络利用 SPA-X 管理器桥接。

BPSat 选定 CAN 总线作为星上主干网，作为小卫星的测、控、管运行基本支柱。另外，为了减少电缆网带来星上设备紧耦合的一系列对快速响应和可靠性的不良作用，也引入多种其他网络联合使用，如：为适应高速数据传送建立的载荷系统的高速网；适应测温、控温的一线网；带供配电管理功能的电源母线；容于主干网内的星上时间同步管理网等。但是，其他类型网络均为子网，附属于某一特定的设备，如图 12-13 所示。譬如：一线网附属于温控下位机，建立一线网的网关；高速数据网附属于载荷下位机，建立高速网的网关；伴随电源母线的配电管理网附属于配电器下位机。BPSat 主张低、中、高速网，信息和能量网，多网联合使用。

显然，PnPSat 配置多种类型星上网，而 BPSat 的星上主干网规定采用 CAN 总线，其他类型网络只作为二级网络由 MEU 管理。

12.4.8　星上网运行管理原则基本相同——发布/订阅模型

PnPSat 和 BPSat 的星上设备都是在计算机群和网络支持下协同

工作。星上网的运行管理原则，两种卫星都采用发布/订阅模型，实现发布者/订阅者位置解耦。即消息的发布者不是计划发送其消息给特定的接收者（订阅者），而是发布分为不同的类别的消息，不需要知道什么样的订阅者订阅。订阅者也只接收感兴趣的消息，而不需要知道什么样的发布者发布的消息。这种发布者和订阅者的解耦可以获取更好的可扩展性和更为动态的网络拓扑，也避免控制和管理通路中某处的信息阻塞和丢失，方便实现多路径传送。

BPSat 利用 CAN 总线的特性很容易实现广播发布，由屏蔽字选择订阅。同时，为了避免发布消息在星上网的冲突，平衡周期和突击发布的不一致，在网上运作时采用两种调度措施。其一，按发布时间调度。其二，按发布报文的事件优先级调度。

PnPSat 利用 xTEDS 查询、注册、自描述部件，实现自组网络的运行。

12.5 XWSat 的一种应用（群体概念卫星）

为什要开发即插即用技术或批产小卫星？

在开发我国第一颗现代小卫星的时候，紧跟国际的形势采用 NASA 的口号"更快、更好、更省"。但是国内还有一批学者坚持"多、快、好、省"的口号，因为它更加科学，反映了中国文化，缺了"多"，"快、好和省"是难于实现的。只是有了"多"，再经过一个过程，就会形成"快、好、省"。从美国开发 PnPSat 的战略和我国小卫星的 BPSat 战略比较看来，大家都瞄准了"大数量的群体性的"小或微小卫星，用于服务国家的经济、科学和军事任务。

如何形成"多"的形势？

在 2004 年，作者曾经探索了一种称之为"群体卫星"的原型。它类似于目前美国提倡的"分离模块"卫星，但又不完全相同，它有"模块分离"的概念，又有"模块拼接"的概念。因此，它更类似于空间站和货运飞船。即群体卫星是用小卫星组成的"空间站和多艘货运飞船"的联合体。这样一颗群体卫星就变成了近十颗小卫星的群。这样处理，它不仅会提升卫星的服务质量，而且还提高卫星的可靠性，方便在轨重组新卫星。在轨运行一段时间后，总会有部分设备损坏，如果将其拔掉，换上新的，该卫星又可继续运行。同时，在轨完成特定任务后，如果更换部分有效载荷，该卫星变成一个新型卫星又可重新服务。特别是，国内外出现突发事变，只需对在轨卫星添置特定设备，形成众多的卫星的联合集团，暂时停止原始任务，转为应急服务。应对完毕后，再恢复到原始任务。我们提出群体卫星的概念，企图将"地面组装"工作部分移至天上；企图实现在轨卫星维修、改装的目的；企图对废弃的卫星再利用和借现有卫星为急用；企图完成天上加工地面应用的联合生产作业。

12.5.1　群体小卫星概念

普通卫星是由完成规定任务的专门系统和通用系统组成。这些系统用结构或机构约束在一起，占有有限的几何空间，它们之间用有线电缆进行电能和信息的传送，各自进行特定的动作，联合起来实现飞行任务。随着卫星应用的推广，这样构造的卫星就突现出某些方面的缺点：

1）在轨不易置换、修复。为此，为了确保可靠性，星上设备均采用冗余备份，增加卫星的体积、质量和成本。往往是冗余的设备没有故障，形同虚设；而出现故障的地方，又会再次出现，造成冗余设备不足。在轨实践表明，许多局部设备损坏，形成空间垃圾，变成废物。如何更换损坏设备，变废为宝是一个有益的设计思考。

2）在轨有些已经完成任务的卫星，只需更换一部分有效载荷就可以再使用，在轨重组新卫星，对于过去的卫星结构是不可能的，因此，已完成任务的卫星的剩余价值就浪费掉了。

3）在轨有效使用面，一般指对地面，空间有限，存在资源竞争矛盾。

4）在轨体积有限，对一些应用存在不适应性，如：测量需要较长基线。当然使用机构展开方法可以改善，代价也是不小的。

5）有些应用任务要求姿态精确，对于应用的设备需要，对于整星不一定需要，为此采用整星的精确姿控是花了太大的代价的，不划算。

6）有些生产加工任务需要在轨失重环境下加工，加工后的二次产品应该返回地面再加工或其他应用。

为此，我们提出一些新想法构建卫星：卫星各部分无需紧耦合，而采用松散连接方式，即卫星的各部分由可分离体组成，各分离体各自为相应的系统，完成各自的任务。它们之间不一定要用机构或结构约束在一起，可以分散布局在一定范围的空间之内，采用小卫星星务系统星上网二级总线（无线总线）方式形成通信，实现协调控制，维持各系统分离体之间的联系，构成群体组织，联合完成在轨飞行任务。我们把这样构造的卫星称之为群体卫星。显然，由"可分离"个体所组成的群体卫星，可以方便地实现在轨更新增补，可以在轨置换修复。群体卫星的一些组成分离体，完成任务后可以退出或根据特定目的离开群体，去执行其他的任务，也可以由地面送上新的组成个体加入群体之中。显然，群体卫星的分离体采用这样的松散联系可以带来许多新的应用领域。

"可分离"的意思表示，群体卫星由一个主星组成，它携带若干个子星，形成子母星群体，各具特色，各自分工。了星平时停靠于主星之中，充电、灌注燃料、下载数据，随同主星飞行。需要时，脱离主星，完成任务后返回，再停靠于主星之中休眠。"停靠于主星之中"的方式可以很多，可以与母体同飞，可以跟随母体伴飞，也可以绳系母体跟飞。母体作为电能、燃料供给站，类似飞机空中加油方式对子体支持。子体构成可以大大简化，只有母体具有大的太阳电池帆板，子体只有专用载荷设备。

12.5.2　群体卫星的组成

群体卫星由多个可分离的完成规定任务的个体组成，形成具有一定的相互约束的个体群。每个个体之所以不称为卫星，因为它们不具备卫星所必需的各方面功能，只具有各自分工的单项功能，而卫星完整的基本功能只能由它们组合在一起来实现。群体卫星中的个体，按在群体中的地位分成二种，一种是母体，另一种是子体。群体卫星中至少有一个为母体，其余为子体。所以，群体卫星类似子母卫星。

子体一般由在轨维持控制子系统、飞行动力子系统、特定任务子系统等组成。前两个子系统是实现各分离体在轨松散连接，形成统一的群体组织，是协同工作的关键部件。在轨维持控制子系统，实现与群体卫星控制中心的通信联络、交换信息、接受命令。飞行动力子系统，实现对群体卫星中心的跟踪和对接，维系群体的存在。同时，它还实现该分离体所赋予的特定任务的运动控制。子体是用于实现某一新任务的分离个体，子体组成分块图如图 12 - 18 所示。

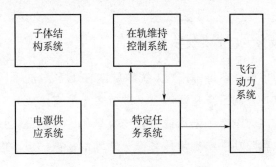

图 12 - 18　群体卫星子体的组成

母体用于指挥、管理群体卫星运行，完成卫星的规定任务，负责星地通信，各子体运行调度和支持各子体的运行任务实现。母体组成部分包括有：星地通信系统、星务系统、星上网二级总线（星上无线网）、维系群体内部跟踪信标（灯塔系统）、子体姿态和轨道标定系统等。母体还包括能源库、燃料库、大容量信息库等，用于对子体的支持。母体的组成如图 12 - 19 所示。

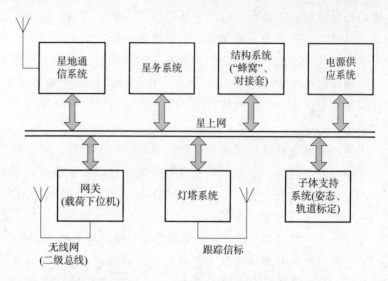

图 12-19　群体卫星母体的组成

12.5.3　群体卫星的关键技术

（1）子体的在轨维持控制系统和母体的灯塔系统

在轨维持控制系统是群体卫星维持多个分离体成为一个群体的关键之一，因为没有了结构或机构约束星体中各部分，只有用无线通信和自主跟踪功能实现星体各部分之间的松散约束，形成群体卫星整体。

灯塔系统实际上是目标无线电波发射台。在轨维持控制系统是一种无线电敏感器，用于测量子体相对于母体的方向，提供子体向母体跟进的信息。同时，当子体停靠母体时，对接动作亦需要灯塔系统的指引，使得子体进入"蜂房"或套上"对接套头"。

（2）母体对子体运行的支持系统

子体运行支持系统是用于指挥子体运行时给出子体的初始数据，包括启动时刻子体的轨道参数和姿态参数。其实这些参数可以由子体自己获取，这样增加子体的负担，为了减轻子体的负担，加强子体自己的特定任务执行能力，子体的姿态和轨道由母体测量，并传送给子体，子体据此进行任务运行。

（3）群体卫星的载荷管理下位机和无线网络

星务系统是中国空间技术研究院开发的关键技术，它是基于现场控制，内嵌式微控制器和星上网等概念开发的一项卫星设计新技术。星上网除一级总线外，还可以通过载荷管理下位机构成网关，形成二级总线。二级总线在群体卫星中，采用无线网络，以适应分离体之间的管理需要。分离体之间通过无线网络，实现子体与母体之间信息交换。子体上传自身的状态和其他信息，通过母体再传到地面。母体下传指令和其他信息到子体，指挥子体运行，提供子体运行的有效数据。

这样，利用星上网实现星上各分离体之间资源共享、信息融合和协同工作。

（4）飞行动力系统

其实这是一般的推进系统，只是为了经济和技术要求，这种推进系统要产品化，推进系统要省燃料、可靠。

12.5.4　应用举例——空间生产和试验基地群体卫星方案设想

我国已经完成了太空电泳实验，掌握了空间电泳的基本技术和方法，证明了空间制药分离纯化是有价值的，并在设计制作这种空间制药纯化设备。因此，相应的空间支撑实施就需配合考虑。这就是说，要建立相应的空间生产车间、原料输入和产品输出。采用群体卫星的构想，用一个独立的车间体，在母体的指挥和支持下可以完成这种生产的全过程。例如：制药纯化设备车间体，晶体炉车间体，蛋白炉车间体，种子改造车间体等。

空间用新技术和新设备，也需要在轨演示和实验。如：空间用设备、器件和技术，在正式使用前，可以采用群体卫星的一个独立的——实验室体进行实验。在母体的指挥和支持下，实现功能验证和空间环境考核。此外，还有生物实验室体、微重力实验体等。

　　其他空间环境的监测和空间微重力利用，都可以联合在一起，构建空间生产和试验基地群体卫星，并且还可以陆续加入新的车间体和实验室体。这样一种新型应用卫星结构，对推广卫星应用是有好处的，并且可以节省经费。分离的车间体和实验室体与卫星母体独立研制，分别运行。按并行工程运作即可省钱，又可加快研制进度。这种松耦合开发研制，可以克服多年来我国卫星平台和有效载荷相互牵制的不利因素。

　　图 12 - 20 和图 12 - 21 给出一个基地群体卫星示意图。

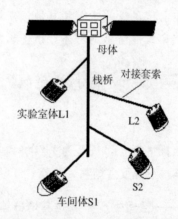

图 12 - 20　空间生产和试验基地群体卫星示意图

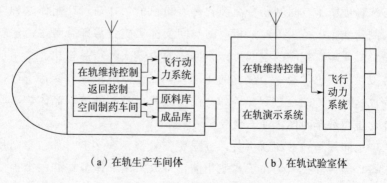

（a）在轨生产车间体　　　　　（b）在轨试验室体

图 12 - 21　试验体组成部分

　　群体卫星可能是一种新型卫星，由多个可分离体组成。它们之间用无线网联络维系成一个群体组织，它们可以用进舱、绳系或伴飞构成一个子母卫星，共同实现在轨飞行任务。这种新型卫星可能扩展许多新的应用组成。从概念和应用来说，这是一个值得进一步开拓的工作。

参 考 文 献

[1] 李孝同."实践五号"卫星星务管理系统［J］.中国空间科学技术，2000，20（5）：30－35.

[2] 李孝同.小卫星星务管理技术［J］.中国空间科学技术，2001，21（1）：29－36.

[3] 李孝同.小卫星星务系统的遥测技术［J］.航天器工程，2008，17（2）：30－35.

[4] 李孝同，施思寒.微小卫星综合电子系统［J］.航天器工程，2008，17（1）：38－43.

[5] 李孝同，施思寒，李冠群.微小卫星电子一体化技术研究［R］.国防科技报告，2005.

[6] Li Xiaotong，Shi Sihan. Integrated Micro－electronics System on CAST－Mini Bus［R］.58IAC.

[7] 李孝同，施思寒.第三代星务系统技术总结报告［R］.国防科技报告，2008.

[8] 李孝同.小卫星星务系统及其方法论［C］//.小卫星技术交流会论文集，2011.

[9] 施思寒，李志刚，李孝同.小卫星星载信息系统技术发展及其设想［C］//小卫星技术交流会议论文集，2013.

[10] 施思寒，李孝同，李晓明，张德全.CAST100平台星务系统技术［C］//小卫星技术交流会议论文集，2011.

[11] 胡毅，于东，刘明烈.工业控制网络的研究现状及发展趋势［J］.计算机科学，2010，37（1）：23－27.

[12] 李孝同，施思寒，李冠群.微小卫星电子系统一体化技术研究技术总结报告［R］//微小卫星电子系统一体化技术研究，2006.

[13] 李孝同，施思寒.第三代星务系统技术总结报告［R］//第三代星务系统设计技术——"平台化"设计方法研究：第一部分第一分册，2008.

[14] 李孝同，施思寒．第三代星务系统软件设计（一）［R］．第三代星务系统设计技术——"平台化"设计方法研究：第一部分第四分册，2008.

[15] 李孝同，施思寒．第三代星务系统软件设计（二）［R］．第三代星务系统设计技术——"平台化"设计方法研究：第一部分第五分册，2008.

[16] 李孝同，施思寒．第三代星务系统软件设计（三）［R］．第三代星务系统设计技术——"平台化"设计方法研究：第一部分第六分册，2008.

[17] 李孝同，施思寒．星务系统测控管功能的技术设计"平台化"方法［R］．第三代星务系统设计技术——"平台化"设计方法研究：第二部分第一分册，2008.

[18] 李孝同，施思寒．小卫星姿态的网络控制技术和姿控功能的技术设计方法［R］．第三代星务系统设计技术——"平台化"设计方法研究：第二部分第二分册，2008.

[19] 李孝同，施思寒，芯片级星务主机设计［R］．第三代星务系统设计技术——"平台化"设计方法研究：第三部分第一分册，2008.

[20] 李孝同．探究现代小卫星星上网技术［C］//小卫星星载总线技术研讨会论文集，2012.

[21] 张德全，蒋轶颖，施思寒．基于星上网的小卫星自主测试技术的研究［C］//小卫星技术交流会议论文集，2013.

[22] 刘朋，施思寒．基于星上测控通用软件框架设计［C］//小卫星技术交流会议论文集，2013.

[23] 李孝同，伍保峰，陶志刚．基于卫星 PCM 遥测设备的分包遥测方法［P］．国防专利号：ZL200510097238.1.

[24] 李孝同，伍保峰，陶志刚，李晴，施思寒．基于 CAN 总线的卫星星载网络传输方法［P］．国防专利号：ZL200610055391.2.

[25] 李孝同，陶志刚，伍保峰，施思寒，李晴．基于卫星遥控指令的事件型程序控制方法［P］．国防专利号：ZL200610055392.7.

[26] 李孝同，施思寒，伍保峰，陶志刚，李晴．卫星可变遥测码速率的设备［P］．国防专利号：ZL200610055393.1.

[27] 李孝同，施思寒．基于星上网的卫星姿态控制地面仿真测试系统及其测试方法［P］．国家专利号：ZL200610086608.6.

[28] 李孝同，施思寒．基于星上网的卫星姿态和轨道控制系统［P］．国家专利号：ZL200610086609.0.

[29] 李孝同，施思寒．卫星系统自主分级引导过程控制方法 [P]．国家专利号：ZL200810118039.8.

[30] 李孝同，施思寒．一种空间非易失存储器 [P]．国家专利号：ZL200710175491.3.

[31] 李孝同，施思寒．一种星上网络总线冗余备份的实现方法 [P]．国家专利号：ZL200710175490.9.

[32] 施思寒，李孝同．星载计算机硬件扫描错误恢复方法 [P]．国家专利号：ZL200810118040.0.

[33] 李孝同，施思寒．小卫星星务主机双机冷备结构的三机实现方法 [P]．国家专利号：ZL201010240120.0.

[34] 李孝同，施思寒．一种星载计算机软件的在轨更新方法 [P]．国家专利号：ZL201010240984.2.

[35] 载汝为．钱学森论大成智慧工程 [J]．中国工程科学，2001，3 (12)．

[36] 钱学森．一个科学新领域——开放的复杂巨系统及其方法论 [J]．城市与发展研究，2005，12 (5)．

[37] GJB 1108.2—1991 卫星测控和数据管理 PCM 遥测 [S]．

[38] GJB 1108.6—1991 卫星测控和数据管理分包遥测 [S]．

[39] 刘蕴才．遥测遥控系统（上、下册） [M]．北京：国防工业出版社，2000．

[40] 谭维炽，顾莹琦．空间数据系统 [M]．北京：中国科学技术出版社，2004．

[41] 王建华，俞孟蕻，李众．智能控制基础 [M]．北京：科学出版社，1998．

[42] 涂序彦，李秀山．智能管理 [M]．北京/南宁：清华大学/广西科学技术出版社，1997．

[43] 梁君，熊华钢．CAN 总线及其较高层网络协议在航空航天上的可适用性探讨 [J]．导弹与航天运载技术，2004 (4)：47 - 50．

[44] 任立平，周军．CAN 总线高层协议 CANaerospace 及其设计应用 [J]．测控技术，2008，27 (2)：59 - 61．

[45] 刘艳强，郓极．CANaerospace——航空机载设备通信总线协议 [J]．测控技术，2005，24 (2)：46 - 48．

[46] 邵贝贝．UCOS - II 操作系统实时多任务操作系统内核 [M]．北京：北京航空航天大学出版社，2002．

[47] 杨福宇. CAN 消极报错发送节点变为离线状态的故障 [J]. 单片机与嵌入式系统应用, 2009 (5).

[48] 杨福宇. CAN 协议的错帧漏检率改进 [J]. 单片机与嵌入式系统应用, 2011 (9).

[49] 石文江. IEC60870-5-101 规约常用报文的快速解析方法 [J]. 电网技术, 2006, 30 (增刊).

[50] 张可. IEC60870-5-101 及 IEC60870-5-104 远程通信规约在大理供电局的应用 [J]. 科技传播, 2010 (24): 171-172.

[51] 蔡春元. IEC60870-5-101 规约的应用探讨 [J]. 电力系统通信, 2011, 22 (7): 41-43.

[52] 王海波, 徐敏强, 王日新, 李玉庆. 对地观测小卫星星座长期任务规划求解技术 [J]. 系统工程与电子技术, 2011, 33 (6).

[53] 张娜, 柯良军, 冯祖仁. 一种新的卫星测控资源调度模型及其求解算法 [J]. 宇航学报, 2009, 30 (5).

[54] 代树武, 孙辉先. 卫星的智能规划与调度 [J]. 控制与决策, 2003, 18 (2): 203-206.

[55] 代树武, 孙辉先. 卫星运行中的自主控制技术 [J]. 空间科学学报, 2002, 22 (2): 146-153.

[56] 李智斌, 李果. 航天器自主控制与智能信息处理技术 [J]. 航天控制, 2004, 22 (5).

[57] 章仁为. 卫星轨道姿态动力学与控制 [M]. 北京: 北京航空航天大学出版社, 1998.

[58] 肖业伦. 航天器飞行动力学原理 [M]. 北京: 宇航出版社, 1995.

[59] 屠善澄. 卫星姿态动力学与控制 [M]. 北京: 宇航出版社, 1998.

[60] 杨大明. 空间飞行器姿态控制系统 [M]. 哈尔滨: 哈尔滨工业大学出版社, 2000 年.

[61] 王融, 熊智, 乔黎, 刘建业. 基于受摄轨道模型的小卫星轨道摄动分析研究 [J]. 航天控制, 2007, 25 (3): 66-70.

[62] 田福娟. 卫星轨道摄动与地球重力场之间的关系 [J]. 科技资讯, 2007, (4): 45-46.

[63] 蒋方华, 李俊峰, 宝音贺西. 基于不同天文标唯计算地球引力对卫星轨道的影响 [J]. 空间控制技术与应用, 2009, 35 (2).

[64] 项军华，张育林. 地球非球形对卫星轨道的长期影响及补偿研究 [J]. 飞行力学，2007，25（2）：85 - 88.

[65] 谌颖，何英姿，韩冬. 长期在轨运行卫星的轨道维持技术 [J]. 航天控制，2006，24（3）：35 - 38.

[66] 党朝辉，项军华，曾国强. [J] 基于大气阻力实时辨识的 Drag - free 卫星最优控制研究 [J]. 上海航天，2010（6）.

[67] 杜增吉. 一类二阶常微分方程组特解形式的探讨 [J]. 江苏师范大学学报：自然科学版，2008（2）.

[68] 吴幼明，罗旗帜. 一类二阶常系数微分方程组的通解 [J]. 佛山科学技术学院学报：自然科学版，2002，20（2）.

[79] 刘阳. 基于两种极值跟踪系统的星载电源智能化综合控制技术研究 [D]. 北京空间飞行器总体设计部，1998.

[70] 鄢婉娟. 太阳阵峰值功率跟踪的智能控制技术研究 [D]. 北京空间飞行器总体设计部，1996.

[71] 李延东. 卫星一次电源智能控制方法研究 [D]. 北京空间飞行器总体设计部，1992.

[72] 代树武，孙辉先. 基于模型的飞行器电源故障诊断与故障模式识别 [J]. 振动与冲击，2005，24（3）.

[73] 雷卫军，李言俊. S4R 功率调节技术在航天器上的仿真研究与实现 [J]. 宇航学报，2008，29（3）.

[74] 王万良，徐新黎，蒋一波，郑建炜，李祖欣，陈伟杰，雷必成，陈惠英. 网络控制与调度方法及其应用 [M]. 北京：科学出版社，2009.

[75] 岳东，彭晨. 网络控制系统的分析与综合 [M]. 北京：科学出版社，2008.

[76] 程雄，向慧. 对数据发布服务标准基本要素的研究 [J]. 计算机与数学工程，2007，35（8）：53 - 56.

[77] 李君宝. 快响应航天器模块化总线优化设计的建模 [J]. 宇航学报，2010，31（4）：1219 - 1223.

[78] Space Plug - and - Play Architecture Standards Development Guidebook [R]，BSR/AIAA G - 133 - 1 - 201x.

[79] Space Plug - and - Play Architecture Standards Networking [R]，BSR/AIAA G -133 - 2 - 201x.

[80] Space Plug – and – Play Architecture Standards Logical Interface [R], BSR/AIAA G – 133 – 3 – 201x.

[81] Space Plug – and – Play Architecture Standards Physical Interface [R], BSR/AIAA G – 133 – 4 – 201x.

[82] Space Plug – and – Play Architecture Standards 28V Power Service [R], BSR/AIAA G – 133 – 5 – 201x.

[83] Space Plug – and – Play Architecture Standards Sstem Timing [R], BSR/AIAA G – 133 – 6 – 201x.

[84] Space Plug – and – Play Architecture Standards Ontology [R], BSR/AIAA G – 133 – 7 – 201x.

[85] Space Plug – and – Play Architecture Standards Test Bypass Extension [R], BSR/AIAA G – 133 – 8 – 201x.

[86] Space Plug – and – Play Architecture Standards SpaceWire Subnet [R], BSR/AIAA G – 133 – 9 – 201x.

[87] Space Plug – and – Play Architecture Standards System Capabilities [R], BSR/AIAA G – 133 – 10 – 201x.

[88] Jim L, Don F, Scott C, Denise L, Wheaton B. Space Plug – and – Play Avionics [R]. AIAA 3rd Responsive Space Conference, April 25 – 28, 2005 – 5001, Los Angeles, CA.

[89] 张元昭. 空间机动平台自主管理系统体系结构研究——SDM 系统的分析与标准服务的实现 [D]. 国防科学技术大学, 2007.

[90] 唐明圣. 星上一体化综合电子系统 FDIR 框架设计及故障检测隔离机制实现 [D]. 国防科学技术大学, 2010.

[91] 李轩. 基于一体化卫星体系结构的星载软件快速开发环境的研究与实现 [D]. 国防科学技术大学, 2010.

[92] 王旭锋, 丁其伯, 舒振杰. 即插即用武器集成及其相关标准体系初探 [J]. 航空标准化与质量, 2009 (4): 4 – 8.

[93] 谭雁英, 刘澎. 基于 "即插即用" 技术的无人机载卫星导航设备的自动识别 [J]. 弹箭与制导学报, 2007, 27 (3).

[94] 张元昭, 宁洪. SOIS 中时间访问服务的 Simulink 仿真. 计算机应用, 2007, 27 (5): 1286 – 1288.

[95] Kenneth Sundberg, Scott Cannon, Todd Hospodarsky, Don Fronterhose

and Jim Lyke. A Satellite Data Model for the AFRL Responsive Space Initia-
tive［R］，SSC06 - II - 9.

［96］虞海江，马建刚，叶丹. 基于发布订阅模式的数据集成中间件系统设计实
现［J］. 计算机系统应用，2007 (11)：12 - 16.

［97］张志伟，郭长国，曹贺锋，王伟球，王睿. 基于发布/订阅通信的数据集
成模型［J］. 计算机科学，2005，32 (11)：124 - 126.

［98］高德宏，张新家，陈春雷，刘维宇. 发布订阅模式数据交换中间件设计与
实现［J］. 计算机应用，2010，30 (4)：1110 - 1113.

［99］汪锦岭，金蓓弘，李京，邵丹华. 基于本体的发布/订阅系统的数据模型
和匹配算法［J］. 软件学报，2005，16 (9)：1626 - 1635.

［100］童晓阳，廖国栋，王晓茹. 发布/订阅通信模型改进及在电站自动化中的
应用［J］. 电力系统自动化，2005，29 (14)：64 - 68.

［101］吴金成，曹娇，赵文栋，张磊. 标签集中式发布订阅机制性能分析［J］
. 指挥控制与仿真，2010，32 (6)：12 - 15.

［102］徐远芳，莫林. 基于内容的发布/订阅模型中消息匹配问题的研究［J］.
计算机与现代化，2004 (11)：67 - 69.

［103］裘楷，沈核，李娜，吴宇红. 基于 DCPS 模型的数据分发服务 DDS 的研
究［J］. 电子科技，2006 (11)：68 - 76.

［104］林冰玉，彭四伟，汪须忠. 软件开发自动化平台的研究与应用［J］. 计
算机工程与应用，2005 (9)：122 - 125.

［105］汪须忠，赵恒永. 如何实现软件开发工艺的突破谈组装软件开发的新技
术、新工艺、新工具［J］. 计算机工程与应用，2003，39 (35)：37
- 40.

［106］杨晓红，朱庆生. 组件化程序设计方法及组件标准［J］. 重庆丈学学报：
自然科学版 2001，24 (6)：120 - 123.

［107］应飚，楼伟进. 软件组件技术与知识发现系统［J］. 计算机工程与设计，
2000，21 (6).

［108］黄大丰，王志坚，高晓军，刘振涛. 基于组件技术的雷达组网系统软件
设计［J］. 信息化研究，2009，35 (6).

［109］邹三庚. 基于组件的软仲技术及其在信息系统建设中的应用［J］. 中国
无线电，2009 (3)：39 - 40.

［110］王敏. DDL 代码自动生成工具［J］. 软件导引，2010，9 (7)：24 - 26.

[111] 孙荣高，王忠群．基于数据字典的软件预防性维护设计 [J]．安徽机电学院学报，2000，15 (3)：69 - 73.

[112] 周艳明，廖湖声，王晋强，郑玉明．地理信息软件自动生成系统 [J]．计算机工程，2003，29 (11)：46 - 48.

[113] 王颖，金涛，孙玉芳．驱动程序生成器的设计与实现 [J]．软件学报，2000，11 (4)：520 - 525.

[114] 刘志强，汪东升，郑纬民．随机测试程序生成器研究 [J]．计算机工程与设计，2005，26 (2)：281 - 284.

[115] 何志芪，涂光瑜，罗毅，盛戈．基于 XML 的电力系统异构数据交互应用研究 [J]．继电器，2004，32 (6)：13 - 16.

[116] 冯少荣．利用 XML 和 Java 建立程序生成器 [J]．计算机工程与设计，2004，25 (8)：1419 - 1422.

[117] 刘博，袁方．基于 XML 的电子地图系统的设计与实现 [J]．计算机工程与设计，2006，27 (4)：708 - 710.

[118] 邱智勇，黄武浩，王康元．基于 XML 的规约组件设计 [J]．继电器，2003，31 (4)：38 - 42.

[119] 牛春霞，宋玮，张坤峰．电力系统信息的 XML 描述 [J]．电力自动化设备，2006，26 (7)：34 - 37.

[120] 徐小龙，游大海．XML 技术在清江梯级调度管理信息系统中的应用研究 [J]．计算机仿真，2003，20 (10)：33 - 35.

[121] 常明，等．基于 SGML/XML 的文件结构化研究与实现 [J]．计算机研究与发展，2002，39 (2)：199 - 204.

[122] 袁孝康．星载 TDI - CCD 推扫相机的偏流角计算与补偿 [J]．上海航天，2006，23 (6)：10 - 13.

[123] 樊超，等．速高比对 TDICCD 相机的影响分析 [J]．兵工学报．2007，28 (7)：817 - 821.

[124] 樊超，等．偏流角对 TDICCD 相机象质的影响分析 [J]．光电工程，2007，34 (9)：70 - 73.

附录 全书缩略语和专有词对照表

ASSA	Administrative System of Satellite Affairs	卫星事务管理系统（星务系统）
SKO	Satellite Keeping Operator	卫星内务操控器（星务系统）
MEU	Management Executive Unit	管理执行单元
IEM	Integratied Electric Module	电子集成模块
OEM	Original Equipment Manufacturer	原始产品
PnPSat	Plug – and – Plag Satellite	即插即用卫星
BPSat	Batch – Process Satellite	批产卫星
XWSat	Xing – Wu Satellite	星务卫星
SPA	Space Plug – and – Play Architecture	空间即插即用架构
DDC	Direct Digital Control	直接数字控制
SCC	Supervisory Computer Control	监督计算机控制控制
SoC	System on Chip	片上系统
MCM	Multi Chip Model	多芯片模块系统
CAN	Controller Area Network	控制器局域网
TTCAN	Time Triggered CAN	支持时间触发的 CAN
TECAN	Time Entailment CAN	时间制约 CAN
ASOS	Application Specific Operating Systems	特定应用的嵌入式实时操作系统
4GL	Fourth—Generation Language	第四代语言
ECB	Event Contral Block	事件控制块
TCB	Task Contral Block	任务控制块

续表

PDU	Protocol Data Unit	协议数据单元
PCI	Protocol Control Information Unit	协议控制信息单元
SDU	Service Data Unit	服务数据单元
EPA	Ethernet for Plant Automation	实时以太网
CSME	Communication Scheduling Management Entity	通信调度管理实体
SOF	Start Of Frame	帧起始位
RTR	Remote Transmission Request Bit	远程发送请求位
DLC	Data Length Code	数据长度
NRZ	Non‑Return‑to‑Zero	非归零码
EPC	Event Program Control System	事件程序控制系统
RPC	Relative Time Program Control	相对时间程控
APC	Absolute Time Program Control System	绝对时间程序控制系统
LPC	location Relative Program Control	位置程控
SAR	Solar Array Regulator	分流调节器
BDR	Battery Discharger Regulator	放电调节器
DET	Direct Energy Transfer	直接能量转换
PPT	Peak Power Tracking	峰值功率跟踪
PnP	Plug‑and‑Play	即插即用
PnPSat	Plug‑and‑Play Satellite	即插即用的卫星
XWSat	XW‑based Satellite	基于星务的卫星
BPSat	Batch‑Process Satellite	批产小卫星
ORS	Operationally Responsive Space	快速响应空间
SPA	Space Plug‑and‑Play Architecture	空间即插即用架构
XML	Extensible Markup Language	基于可扩展描述语言

续表

xTEDS	XML Transducer Electronic Data Sheet	基于 XML 的电子数据描述表单
CCD	Common Data Dictionary	通用数据词典
CSCW	Computer Supported Cooperative Work	计算机群支持下协同工作
GCP	Ground Control Point	地面控制点